大数据时代的统计与人工智能系列教材
暨南大学研究生教材建设项目资助（2022YJC006）

多元统计分析及Python建模

[illegible]　王　术　编著

中国教育出版传媒集团
高等教育出版社·北京

内容简介

本书重点介绍Python在多元数据分析和统计建模方面的应用，内容包括三个方面：多元数据的基本分析及可视化、多元数据的无监督机器学习、多元数据的有监督机器学习。内容涉及多元统计分析及软件概述、多元数据的Python处理、多元数据的Python可视化、聚类分析及Python分类、综合评价及Python应用、主成分分析及Python计算、因子分析及Python应用、对应分析及Python视图、相关与回归及Python分析、典型相关分析及Python应用、扩展线性模型及Python建模、判别分析及Python算法。本书内容丰富、图文并茂、可操作性强且便于查阅，能有效帮助读者提高数据处理与统计分析的水平和效率。全书基于Anaconda的Jupyter Notebook进行数据的多元统计分析和课堂教学。作者还建立了学习网站（www.jdwbh.cn/Rstat）和博客（www.yuque.com/rstat），书中例题的数据、习题数据及Python语言代码都可直接从上面下载使用，读者也可从封底的二维码中下载书中的数据和代码。

本书适合各个层次的多元数据分析学习者，既可作为机器学习初学者的入门指南，又可作为中、高级学习者的参考手册，同时还可作为各大中专院校和培训班的多元数据分析及Python建模教材。

图书在版编目（CIP）数据

多元统计分析及Python建模 / 王斌会，王术编著. --北京：高等教育出版社，2023.7
ISBN 978-7-04-059233-7

Ⅰ.①多… Ⅱ.①王… ②王… Ⅲ.①多元分析-统计分析②软件工具-程序设计 Ⅳ.①O212.4 ②TP311.561

中国版本图书馆CIP数据核字（2022）第144647号

Duoyuan Tongji Fenxi ji Python Jianmo

策划编辑 吴淑丽　责任编辑 吴淑丽　封面设计 王　鹏　版式设计 杨　树
责任绘图 黄云燕　责任校对 高　歌　责任印制 韩　刚

出版发行 高等教育出版社
社　　址 北京市西城区德外大街4号
邮政编码 100120
印　　刷 北京印刷集团有限责任公司
开　　本 787mm × 1092mm　1/16
印　　张 23
字　　数 510千字
购书热线 010-58581118
咨询电话 400-810-0598
网　　址 http://www.hep.edu.cn
　　　　 http://www.hep.com.cn
网上订购 http://www.hepmall.com.cn
　　　　 http://www.hepmall.com
　　　　 http://www.hepmall.cn
版　　次 2023年7月第1版
印　　次 2023年7月第1次印刷
定　　价 60.00元

本书如有缺页、倒页、脱页等质量问题，请到所购图书销售部门联系调换
版权所有　侵权必究
物 料 号 59233-00

前言

多元统计分析是统计学的一个重要分支。随着信息储存技术升级以及数据规模的迅猛增长,多元统计分析的方法已广泛应用于自然科学和社会科学的各个领域。多元统计分析课程是统计学和数据科学的主要课程之一,随着各学科之间交流的加强,自然科学和社会科学领域的许多学生都在学习多元统计分析课程。由于计算机软件的普及,多元统计分析方法及 Python 建模作为行之有效的数据处理方法,已被广泛应用到包括自然科学、工程技术、生命科学、社会科学(经济管理)在内的多个领域。

Python 语言属于 GNU 系统的一个自由、免费、源代码开放的软件。在目前保护知识产权的大环境下,开发和利用 Python 语言对我国的数据科学事业发展具有非常重大的现实意义。本书是关于 Python 语言的一个应用教材,将重点放在了对 Python 语言工作原理的解释和统计模型的建立上。Python 语言涉及广泛,对于初学者来讲,了解和掌握一些基本概念及原理是很有必要的。关于 Python 的基本数据分析请参考作者编写的《Python 数据分析基础教程——数据可视化》。在打下扎实的基础后,进行更深入的学习将会变得轻松许多。本着深入浅出的宗旨,本书将大量配合图表等形式,尽可能使用通俗的语言,以便于读者理解。

多元统计分析方法涉及较为复杂的数学理论,计算烦琐。大多数多元统计方法无法用手工计算,必须有计算机和统计软件的支持,因此在写作上也不可能将计算步骤逐一写出来。对于一般的科技工作者,重要的不在于理解多元统计方法的数学原理,也不需要完全掌握具体的计算步骤,重要的是了解多元统计方法的分析目的、基本思想、分析逻辑、应用条件和结果解释。所以读者可以忽略有关章节中数学理论和具体计算过程的推导,着重阅读每种方法的应用条件、基本分析思想、实例的具体应用和结果解释。

国内目前出版的多元统计分析教材不是很多,适合于经济管理类学生使用的教材也较少。本书的编写目的是提供一本适合财经类院校本科生和研究生使用的教材、参考书及软件使用手册。多元统计方法越来越成为各个专业学生进行科学研究的必备知识,数据分析软件越来越成为各个专业研究生进行科学研究的必备工具。该书对提升高等院校研究生学术研究能力和开展科研项目有积极的作用,并可作为研究生的公共必修课教材和使用手册。

本书写作的指导思想:

在不失严谨的前提下,明显不同于纯数理类教材,努力突出实际案例的应用和统计思想的融入,结合 Python 语言较全面系统地介绍多元统计分析的实用方法。在系统介绍多元统计分析基本理论和方法的同时,尽力结合社会、经济、自然科学等领域的研究实例,把多元统计分析的方法与实际应用结合起来,并注意定性分析与定量分析的紧密结合,努力把我们在实践中应用多元统计分析的经验和体会融入其中。几乎每种方法都强调它们各自的优缺点和实际运用中应注意的问题。为使读者掌握本书内容,又考虑到这门课程的应用性和实践性,每章都给出一些简单的思考与练习。我们鼓励读者自己利用一些实际数据去实践这些方法。

本书的特色和创新点:

(1)原理、方法、算法和实例分析相结合。鉴于目前统计分析软件已是多元统计分析应用中不可缺少的工具,本书特别注意各种多元统计的算法实现,使得给出的算法更有实用价值。为此,我们在论述算法思想时就引进易于化为计算步骤的数学公式和符号,并在计算步骤中采用了 Python 语言实现。

(2)每一章都有用 Python 语言编写的综合案例分析。本书在讲清各种方法的实际背景和数学思想的同时,对每种方法都给出具体的经济管理实例,并结合 Python 进行分析。书中的大多数案例数据都是作者收集的最新实际数据。

(3)解决了数据分析软件用于统计学教学和科研中存在的问题。国内目前缺乏适合开展多元统计分析教学科研的统计分析软件,SAS、SPSS 等国外统计软件,一是没有版权,需要昂贵的费用购买;二是使用复杂,与教科书内容设置不完全一致,经管类学生和研究人员使用尤其困难。我们将开放的 Python 语言用作多元数据分析的统计软件,解决了这个问题。本书的所有方法都可用其实现,所有实例及案例都可用其分析。书中的所有结果、图形都是由 Python 语言给出的,结果是可以信赖的。

本书吸收了国内外学者和专家有关多元统计分析论著的精华，在章节的安排上遵循由浅入深、由简到繁的原则。全书共分12章。主要内容有多元数据的收集和整理，多元数据的直观显示、聚类分析、综合评价、主成分分析、因子分析、对应分析、典型相关分析、线性与非线性模型及广义线性模型、判别分析等常见的主流方法，还参考国内外大量文献系统介绍了这些年在经济管理等领域应用颇广的一些较新方法。本书可作为数据科学与大数据专业和统计学专业本科生和研究生的多元统计分析课程教材。由于本书的内容较多，教师在选用此书作为教材时可以灵活选讲。根据我们多年的教学实践，本书讲授60课时较为合适，若有计算机和投影设备的配合，教学将会更为方便和有效。

我们建立了本书的学习网站（www.jdwbh.cn/Rstat）和博客（Rstat.leanote.com），书中的数据、代码等都可直接在网上下载使用。

本书的完成，得到了暨南大学统计学系侯雅文副教授，研究生张欣、罗亦凡、伍桑妮、卢阳宁、马小寅和梁焙婷等人的帮助，也得到了暨南大学管理学院特别是企业管理系的支持和鼓励，在此深表谢意。

由于作者知识和水平有限，书中难免有错误和不足之处，欢迎读者批评指正！

王斌会

2022年12月于暨南园

目录

上篇　多元数据的基本分析及可视化

下篇 多元数据的有监督机器学习

上篇
多元数据的基本分析及可视化

在进行任何统计分析之前，都需要对数据进行探索性分析，以了解数据的性质，特别是对高维空间的多元数据。通常在得到数据并对数据进行异常值的预处理后，首先需要对数据进行描述性的统计分析。比如，对数据中变量的最小值、最大值、中位数、平均值、标准差、偏度、峰度以及正态性检验等进行分析。然后再对这些数据进行直观分析和可视化。一维、二维数据的直观图示容易做出，但多元的高维图示就很难绘制，本篇介绍一些常用的多元数据可视化方法。

图形有助于直观了解所研究数据，如果能把一些多元数据直接绘图显示，便可从图形一目了然地了解多元数据之间的关系。当只有一个或两个变量时，可以使用通常的直角坐标系在平面上作图。当有三维数据时，虽然可以在三维坐标系中作图，但已很不方便，而当维数大于三时，用通常的方法已不能制图。

第1章 多元统计分析及软件概述

本章思维导图

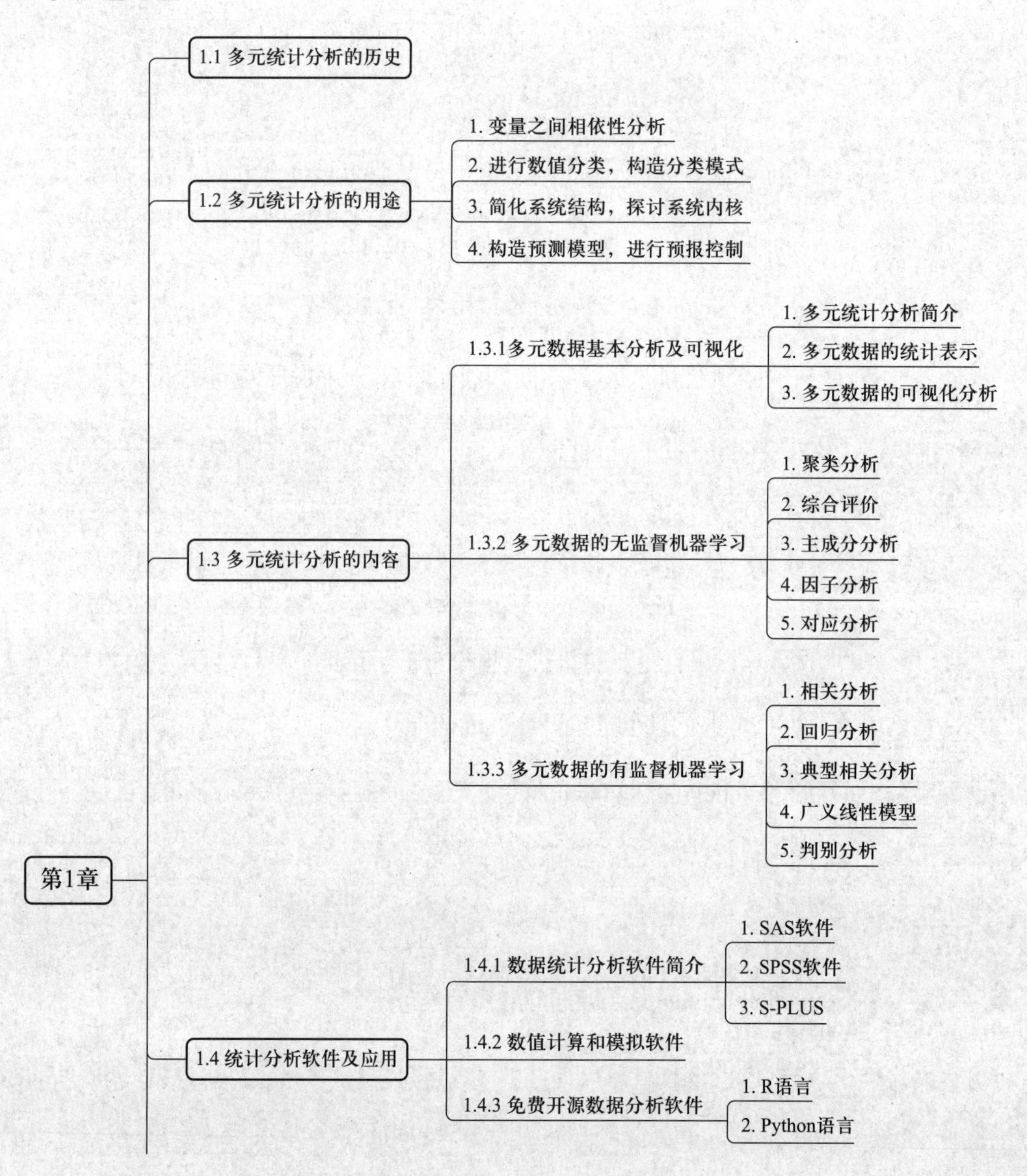

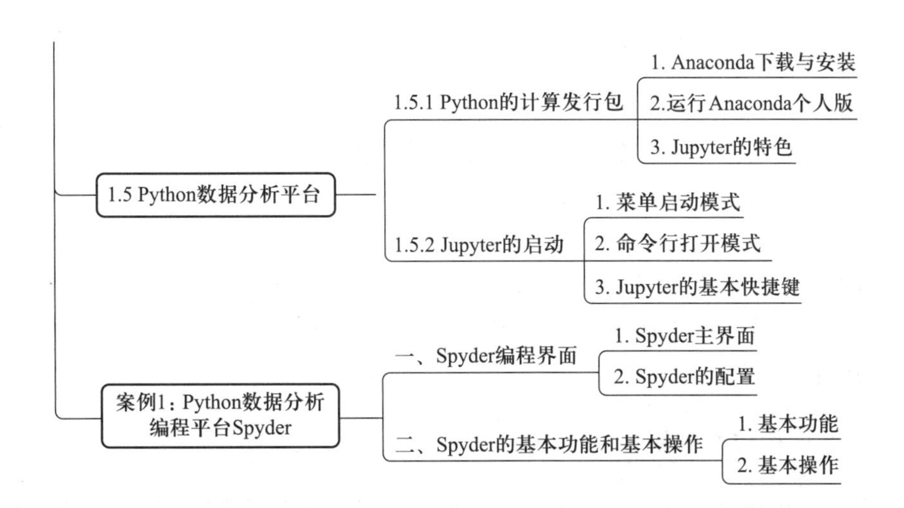

【学习目标】　要求学生了解多元统计分析的基本内容及应用领域，并掌握一些基本概念。对数据统计分析软件有一个基本认识。

【教学内容】　多元分析基本内容，以及本课程的主要安排。相关的补充知识和将要涉及的计算软件。

1.1　多元统计分析的历史

在现实生活中，受多种指标共同作用和影响的现象大量存在。多元统计分析是一个研究客观事物中多个指标（变量）间相互依赖的统计规律的数理统计学分支。有两种方法可同时对多个变量的观测数据进行有效的分析和研究。一种方法是把多个变量分开分析，每次处理一个变量去分析研究。但当变量较多时，变量之间不可避免地存在着相关性，而且分开处理不仅会丢失很多信息，往往也不容易取得好的研究结论。另一种方法是同时进行分析研究，即用多元统计分析方法来解决，通过对多个变量观测数据的分析，来研究变量之间的相互关系以揭示变量的内在规律。可以说，多元统计分析就是研究多个变量之间相互依赖关系以及内在统计规律的一门学科。

构成多元统计分析模型的数学方法并不新颖，如与多元统计有关的基本概率分布——多元正态分布就源自 19 世纪 30 年代，主成分分析是最初由卡尔·皮尔逊（K.Pearson）于 1901 年提出，再由霍特林（Hotelling）于 1933 年推广的一种统计方法。由于当变量较多时，多元分析的计算工作极端烦冗，没有计算机辅助根本无法完成。因此，直到有了计算机之后，多元统计分析技术才进入实用阶段并迅速发展。近 20 年来，随着计算机应用技术的发展和科研生产的迫切需要，多元统计分析技术被广泛地应用于经济、管理、地质、气象、水文、医学、工业、农业和教育学等领域，已经成为解决实际问题的有效方法。

1.2 多元统计分析的用途

本书从实用角度出发,给出了实际工作者在处理多元系统时经常需要解决的问题和方法。在采用多元统计分析技术进行数据处理、建立宏观或微观系统模型时,可以解决以下四个方面的问题:

1. 变量之间相依性分析

分析多个或多组变量之间的相依关系,是一切科学研究尤其是经济管理研究的主要内容,一元线性相关分析、多元线性相关分析和典型相关分析提供了进行这类研究的必要方法。

2. 进行数值分类,构造分类模式

在多元系统的分析中,往往需要将系统性质相似的事物或现象归为一类,以便找出它们之间的联系和内在规律性。过去的研究多是按单因素进行定性处理,以致处理结果反映不出系统的总特征。一般采用聚类分析和判别分析技术进行数值分类,构造分类模式。

3. 简化系统结构,探讨系统内核

可采用主成分分析、因子分析、对应分析等方法,在众多因素中找出各个变量最佳的子集合,根据子集合所包含的信息描述多元的系统结果及各个因子对系统的影响。抓住主要矛盾,把握矛盾的主要方面,舍弃次要因素,以简化系统的结构,认识系统的内核。

4. 构造预测模型,进行预报控制

在生产与研究中,探索多元系统运行的客观规律及其与外部环境的关系,进行预测预报,以实现对系统的最优控制,是应用多元统计分析技术的主要目的。在多元统计分析中,用于预报控制的模型有两大类。一类是预测预报模型,通常采用多元线性回归、广义线性模型和判别分析等建模技术;另一类是描述性模型,通常采用综合评价的分析技术。

如何选择适当的方法来解决实际问题,需要对问题进行综合考虑。对一个问题可以综合运用多种统计方法进行分析。例如,一个预报模型的建立,可先根据有关经济学、管理学原理,确定理论模型和设计方案;根据观察或试验结果,收集相应资料;对资料进行初步提炼;应用统计分析方法(如相关分析、回归分析、主成分分析等)研究各个变量之间的相关性,选择最佳的变量组合;在此基础上构造预报模型,对模型进行诊断和优化处理,并应用于经济管理的生产实际中。

1.3 多元统计分析的内容

多元统计分析包括的主要内容有多元数据基本分析及可视化、聚类分析、综合评价、主成分分析、因子分析、对应分析、相关分析、回归分析、典型相关分析、广义线性模型、判别分析等。

1.3.1 多元数据基本分析及可视化

1. 多元统计分析简介

多元统计分析方法涉及较为复杂的数学理论,计算烦琐。大多数多元统计分析方法无法用手工计算,必须有计算机和统计软件的支持。

2. 多元数据的统计表示

多元数据是指具有多个变量的数据,如果将每个变量看作一个随机向量的话,多个变量形成的数据集将是一个数据框,所以多元数据的基本表现形式将是一个数据框。对这些数据框进行的统计表示是我们进行数据分析的首要任务。

3. 多元数据的可视化分析

多元数据的可视化分析即通过图示进行数据分析。例如,通过两变量的散点图考察异常的观察值对样本相关系数的影响,利用矩阵散点图考察多元变量之间的关系,利用多元箱线图比较几个变量的基本统计量的大小差别。

1.3.2 多元数据的无监督机器学习

1. 聚类分析

聚类分析是研究“物以类聚”的一种现代统计分析方法,在社会、经济、管理、气象、地质、考古等众多的研究领域,都需要采用聚类分析做分类研究。例如,不同地区城镇居民收入和消费状况的分类研究;区域经济及社会发展水平的分类研究。过去人们主要靠经验和专业知识作定性分类处理,致使许多分类带有主观性和任意性,不能很好地揭示客观事物内在的本质差别和联系,特别是对于多因素、多指标的分类问题,定性分类更难以实现准确分类。为了克服定性分类的不足,多元统计分析逐渐地被引入数值分类学,形成了聚类分析这个分支。聚类分析是一种分类技术,与多元统计分析的其他方法相比,该方法较为粗糙,理论上还不完善,但在应用方面取得了很大成功。聚类分析与回归分析、判别分析一起被称为多元统计分析的三个主要方法。

2. 综合评价

20世纪70—80年代,是现代科学评价方法蓬勃兴起的年代,在此期间产生了很多种应用比较广泛的评价方法,如消去与选择转换法(ELECTRE法)、多维偏好分析的线性规划法(LINMAP法)、层次分析法(AHP法)、数据包络分析法(DEA)、逼近理想解排序法(TOPSIS法)等,这些方法到现在已经发展得相对完善了,而且它们的应用也比较广泛。

而我国现代科学评价方法的发展则是在20世纪80—90年代,对评价方法及其应用研究也取得了很大的成效,如可持续发展综合评价、小康社会评价、国际竞争力评价等。

目前常用的综合评价方法较多,如综合评分法、综合指数法、秩和比法、AHP法、TOPSIS法、模糊综合评判法、DEA法等。

3. 主成分分析

在实际生活中,多元问题是经常遇到的,然而在多数情况下,不同变量之间有一定的相关性,这必然增加分析的复杂性。主成分分析就是一种通过降维技术把多个指标约化为少数几个综合指标的统计分析方法。例如,在经济管理中经常用主成分分析将一些复杂的数据综合成一个商业指数的形式,如物价指数、生活费用指数、商业活动指数等。又如对全国31个省、自治区、直辖市经济发展做综合评价,这时显然需要选取很多指标,如何将这些具有错综复杂关系的指标综合成几个较少的成分,既有利于对问题进行分析和解释,又便于抓住主要矛盾做出科学的评价,主成分分析方法可以解决这个问题。

4. 因子分析

在多元统计分析中,变量间往往存在相关性,是什么原因使变量间有关联呢?是否存在不能直接观测到的但影响可观测变量变化的公共因子?因子分析就是寻找这些公共因子的统计分析方法。它是在主成分分析的基础上构筑若干意义较为明确的公因子,以它们为框架分解原变量,以此考察原变量间的联系与区别。例如,研究糕点行业的物价变动,虽然糕点行业品种繁多,但无论哪种样式的糕点,用料不外乎面粉、食用油、糖等主要原料。那么面粉、食油、糖就是众多糕点的公共因子,各种糕点的物价变动与面粉、食用油、糖的物价变动密切相关,要了解或控制糕点行业的物价变动只要抓住面粉、食用油和糖的价格即可。

5. 对应分析

对应分析又称为相应分析,于1970年由法国统计学家贝尔则克利(J.P.Beozecri)提出。对应分析是在因子分析基础之上发展起来的一种多元统计方法,是Q型(样品型)和R型(变量型)因子分析的联合应用。在经济管理数据的统计分析中,经常要处理三种关系:样品间的关系(Q型关系)、变量间的关系(R型关系)以及样品与变量之间的关系(对应型关系)。如对某一行业的企业进行经济效益评价时,不仅要研究经济效益指标间的关系,还要将企业按经济效益的好坏进行分类,研究哪些企业与哪些经济效益指标的关系更密切一些,为决策部门正确指导企业的生产经营活动提供更多的信息。这就需要有一种统计方法，将企业（样品）和指标（变量）放在一起进行分析、分类、作图，以便于做经济意义上的解释。解决这类问题的统计方法就是对应分析。

1.3.3 多元数据的有监督机器学习

1. 相关分析

相关分析就是要通过对大量数字资料的观察，消除偶然因素的影响，探求现象之间相关关系的密切程度和表现形式。在经济系统中，各个经济变量常常存在内在的关系，例如，经济增长与财政收入、人均收入与消费支出等。在这些关系中，有一些是严格的函数关系，这类关系可以用数学表达式表示出来。还有一些是非确定的关系，一个变量变动会影响其他变量，使其产生随机变化，但变化仍然遵循一定的规律。函数关系可以很容易地解决；而那些非确定的关系，即相关关系，才是我们所关心的问题。

2. 回归分析

回归分析主要研究客观事物变量间的统计关系。它是建立在对客观事物进行大量实验和观察的基础上，用来寻找隐藏在看起来不确定的现象中的统计规律的方法。回归分析不仅要揭示自变量对因变量的影响大小，还可以由回归方程进行预测和控制。回归分析的主要研究范围包括：

（1）线性回归模型：一元线性回归模型、多元线性回归模型。

（2）回归模型的诊断：回归模型基本假设的合理性，回归方程拟合效果的判定，回归函数形式的选择。

在实际研究中，经常遇到一个随机变量随一个或多个非随机变量变化而变化，而这种变化关系明显呈线性，怎样用一个较好的模型来表示，然后进行估计与预测，并对其显著性进行检验成为一个重要问题。在经济预测中，常用多元线性回归模型反映因变量与各因素之间的依赖关系。

3. 典型相关分析

在相关分析中，当考察的一组变量仅有两个时，可用简单相关系数衡量；当考察的一组变量有多个时，可用复相关系数衡量。而大量的实际问题需要我们把指标之间的联系扩展到两组随机变量，即两组随机变量之间的相互依赖关系。典型相关分析就是用来解决此类问题而提出的一种分析方法。它实际上是利用主成分的思想来讨论两组随机变量的相关性问题，把两组变量间的相关性研究化为少数几对变量之间的相关性研究，而且这少数几对变量之间又是不相关的，以此来达到化简复杂相关关系的目的。典型相关分析在经济管理实证研究中有着广泛的应用，因为许多经济现象之间都是多个变量对多个变量的关系。例如，在研究通货膨胀的成因时，可把几个物价指数作为一组变量，把若干个影响物价变动的因素作为另一组变量，通过典型相关分析找出几对主要综合变量，结合典型相关系数对物价上涨及通货膨胀的成因给出较深刻的分析结果。

4. 广义线性模型

由于统计模型的多样性和各种模型的适应性，针对因变量和自变量的取值性质，统计模型可分为多种类型。通常将自变量为定性变量的线性模型称为一般线性模型，如试验设计模型、方差分析模型。将因变量为非正态分布的线性模型称为广义线性模型，如 Logistic 回归模型、对数线性模型、Cox 比例风险模型等。广义线性回归模型是对一般线性回归模型的进一步推广，它与一般线性回归模型的区别是其随机误差或因变量的分布不再是正态分布，但其随机误差的分布是可以确定的。

5. 判别分析

判别分析是多元统计分析中用于判别样本所属类型的一种统计分析方法。它是在已知的分类之下，一旦遇到新的样品时，可以利用此法选定一判别标准，以判定该新样品放置于哪个类别中。判别分析的目的是对已知分类的数据建立由数值指标构成的分类规则，然后把这样的规则应用到未知分类的样品中去分类。例如，我们获得了患胃炎的病人和健康人的一些化验指标，就可以从这些化验指标中发现两类人的区别。把这种区别表示为一个判别公式，然后对怀疑患胃炎的人就可以根据其化验指标用判别公式进行辅助诊断。

1.4 统计分析软件及应用

1.4.1 数据统计分析软件简介

1. SAS 软件

SAS 全称为 Statistics Analysis System，最早由北卡罗来纳大学的两位生物统计学研究生编制，他们在 1976 年成立了 SAS 软件研究所，正式推出了 SAS 软件。SAS 是用于决策支持的大型集成信息系统，但该软件系统最早的功能仅限于统计分析，至今，统计分析功能仍是它的重要组成部分和核心功能。

SAS 是一个组合软件系统，由多个功能模块组合而成，其基本部分是 BASE SAS 模块。BASE SAS 模块是 SAS 的核心，主要承担数据管理任务，并管理用户使用环境，进行用户语言的处理，调用其他 SAS 模块和产品。SAS 具有灵活的功能扩展接口和强大的功能模块，在 BASE SAS 的基础上，还可以增加如下不同的模块而增加不同的功能：SAS/STAT（统计分析模块）、SAS/GRAPH（绘图模块）、SAS/QC（质量控制模块）、SAS/ETS（经济计量学和时间序列分析模块）、SAS/OR（运筹学模块）、SAS/IML（交互式矩阵程序设计语言模块）、SAS/FSP

(快速数据处理的交互式菜单系统模块)、SAS/AF(交互式全屏幕软件应用系统模块)等。SAS 提供多个统计过程,每个过程均含有极丰富的任选项。用户还可以通过对数据集的一连串加工,实现更为复杂的统计分析。此外,SAS 还提供了各类概率分析函数、分位数函数、样本统计函数和随机数生成函数,使用户能方便地实现特殊统计要求。

SAS 是由大型机系统发展而来,其核心操作方式就是程序驱动,经过多年的发展,现在已成为一套完整的计算机语言。

2. SPSS 软件

社会科学统计软件包(Statistical Package for the Social Science, SPSS)是世界上著名的统计分析软件之一。SPSS 名为社会科学统计软件包,这是为了强调其社会科学应用的一面(因为社会科学研究中的许多现象都是随机的,要使用统计学和概率论的定理来进行研究),而实际上它在除社会科学之外的其他学科的各个领域都能发挥巨大作用,并已经应用于经济学、生物学、教育学、心理学、医学以及体育、工业、农业、林业、商业和金融等领域。SAS 是功能最为强大的统计软件,有完善的数据管理和统计分析功能,是熟悉统计学并擅长编程的专业人士的首选。与 SAS 比较,SPSS 则是非统计学专业人士的首选。

3. S-PLUS

S-PLUS 是美国 Insightful 公司的旗舰产品,是世界最流行的统计分析软件之一。它主要用于统计分析、统计作图、数据挖掘等,为人们提供一个弹性的、互动的可视化环境来分析和展示数据。S-PLUS 是在 S 语言的环境下运行的,S 语言是由 AT&T 贝尔实验室开发的一种用来进行数据探索、统计分析、作图的解释型语言。它丰富的数据类型(向量、数组、列表、对象等)特别有利于实现新的统计算法,其交互式运行方式、强大的图形及交互图形功能可以让使用者方便地探索数据。但该软件已逐步被免费的 R 语言所替代。

1.4.2 数值计算和模拟软件

数值分析软件较多,这里重点介绍应用最广泛的 Matlab 软件。

Matlab 是美国 MathWorks 公司出品的商业数学软件,用于算法开发、数据可视化、数据分析以及数值计算的高级技术计算语言和交互式环境,主要包括 Matlab 和 Simulink 两大部分。

Matlab 是矩阵实验室(Matrix Laboratory)的简称,与 Mathematica、Maple 并称为三大数学软件。它在数学类科技应用软件中的数值计算方面首屈一指。Matlab 可以进行矩阵运算、函数编制、算法实现、用户界面创建、连接其他编程语言的程序等,主要应用于工程计算、控制设计、信号处理与通信、图像处理、信号检测、金融建模设计与分析等领域。

Matlab 的基本数据单位是矩阵,它的指令表达式与数学、工程中常用的形式十分相似,故用 Matlab 来解算问题要比用 C、Fortran 等语言完成相同的事情简捷得多,并且 MathWork

吸收了 Maple 等软件的优点，使 Matlab 成为一个强大的数学软件。

Matlab 包括拥有数百个内部函数的主包和三十几种工具包（toolbox）。工具包又可以分为功能工具包和学科工具包。功能工具包用来扩充 Matlab 的符号计算、可视化建模仿真、文字处理及实时控制等功能。学科工具包是专业性比较强的工具包，控制工具包、信号处理工具包、通信工具包等都属于此类。

1.4.3 免费开源数据分析软件

1. R 语言

从纯数据分析角度来说，应用最好的当属 S 语言的免费开源及跨平台系统 R 语言。R 语言是一个用于统计计算的成熟的免费软件，可以把它理解为一种统计计算语言，是为统计计算和图形显示而设计的，是贝尔实验室开发的 S 语言的一种实现，提供了一系列数据操作、统计计算和图形显示工具。R 语言可以看作 S-PLUS 的免费版本。

其特色如下：

（1）有效的数据处理和保存机制。

（2）拥有一整套数组和矩阵的操作运算符。

（3）一系列连贯而又完整的数据分析中间工具。

（4）图形统计可以对数据直接进行分析和显示。

（5）一种相当完善、简洁和高效的程序设计语言。

（6）是彻底面向对象的统计编程语言。

（7）与其他编程语言、数据库之间有很好的接口。

（8）是免费、开源和跨平台软件。

（9）具有丰富的网上资源，提供了非常强大的程序包。

（10）大多数经典的统计方法和最新的技术都可以在其中直接得到。

2. Python 语言

数据分析和挖掘的编程语言有很多，目前适合技术性数据分析师、数据科学家的主要是 R 和 Python。不过，R 语言对于初学编程的人来说，入门是有一定难度的，因为它还不是真正意义上的编程语言，而 Python 作为一种新兴的编程语言已深入人心。现在我国许多地区高考都加入了 Python 编程的内容，一些中小学也开始开设 Python 编程课程。另外，Python 博采众长，不断吸收其他数据分析软件的优点，并加入了大量的数据分析功能，成为人工智能的入门语言。它已成为仅次于 Java 语言、C 语言的第三大语言，且在数据处理领域有超过 R 语言的趋势，所以本教程采用了 Python 作为分析工具。数据分析只是 Python 的主要功能之一，在实际中，Python 相关的岗位包括：

（1）Linux 运营维护。

（2）Web 网站工程师。

（3）自动化测试。

（4）数据分析（基本具有 R 语言的数据分析和统计建模功能）。

（5）人工智能。

大数据时代，Python 用于数据分析与可视化有着独特的优势，而且 Python 作为一种胶水语言能够在开发中与其他的语言一起使用，达到快速开发的目的。

1.5 Python 数据分析平台

本书重点介绍如何应用 Python 的数据分析平台进行多元统计分析，对 Python 的编程技术只做简单介绍。关于 Python 语言的详细编程运算见相关文献。

1.5.1 Python 的计算发行包

Python 是一个强大的面向对象编程语言，这样的编程环境需要使用者不仅熟悉各种命令的操作，还需熟悉命令行编程环境，而且所有命令执行完即进入新的界面，这给那些不具备编程经验或对统计方法掌握得不是很好的使用者造成了极大的困难。所以我们通常使用基于 Python 的数据分析发行版 Anaconda 的 Jupyter 平台进行数据分析教学。

1. Anaconda 下载与安装

Anaconda 是一个数据科学平台，是 Python、R 语言等的一个开源发行版。它有 300 多个数据分析包，近年来迅速攀升为最好的数据分析平台之一。它能够用于数据科学、机器学习等领域。Anaconda 能够帮助简化软件包的管理和部署。它还匹配了多种工具，可以使用各种机器学习和人工智能算法轻松地从不同的来源收集数据。Anaconda 还可以使用户获得一个易于管理的环境设置——用户只需点击按钮就可以部署任何项目。

请在 https://www.anaconda.com/products/individual 上下载 Windows 个人版 Anaconda 的最新版本，大家可选择其中一个程序来安装和使用 Python，如图 1-1 所示。

2. 运行 Anaconda 个人版

装好 Anaconda 系统后，会在 Windows 系统菜单中出现如图 1-2 所示的菜单，里面包含了一些常用的数据分析平台，如用于系统导航的 Anaconda Navigator、执行和安装 Anaconda 包的命令行菜单 Anaconda Prompt、进行数据分析的 Jupyter Notebook、用于编程的 Spyder 等。

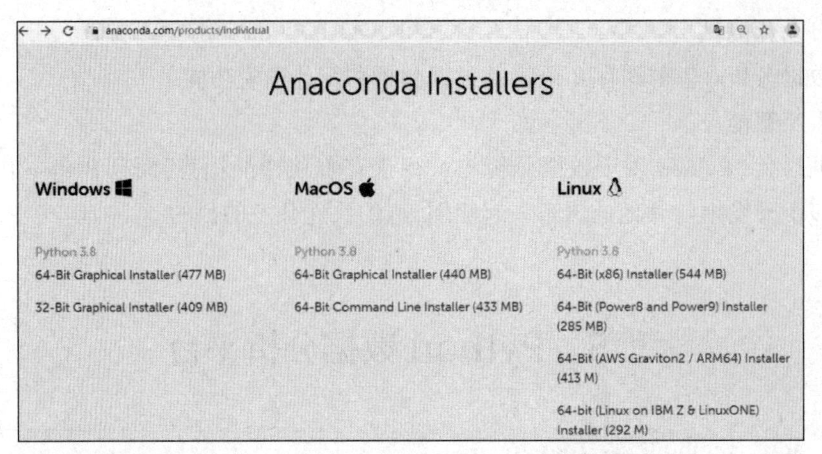

图 1-1 Windows 版的 Anaconda 下载界面

3. Jupyter 的特色

Jupyter Notebook（此前称为 IPython Notebook）是一个交互式编程笔记本，支持运行 40 多种编程语言。Jupyter Notebook 的本质是一个 Web 应用程序，便于创建和共享流程化程序文档，支持实时代码、数学方程、可视化和 Markdown。Jupyter Notebook 的用途包括数据清理和转换、数值模拟、统计建模、数据可视化、机器学习等。其特点是用户可以通过电子邮件、Dropbox、GitHub 和 Jupyter Notebook Viewer，将 Jupyter Notebook 分享给其他人。在 Jupyter Notebook 中，代码可以实时生成图像、视频、LaTeX 和 JavaScript。

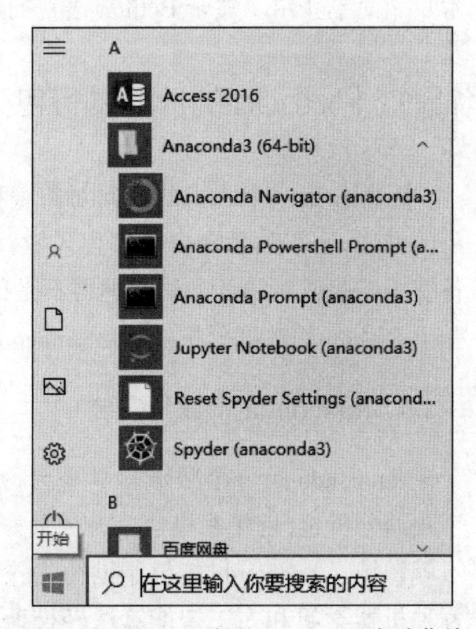

图 1-2 Windows 版的 Anaconda 启动菜单

Anaconda 发行版自带 Jupyter Notebook、Jupyter Lab 和 Spyder，以及用于科学计算和数据分析的其他常用软件包。

Jupyter 的主要优点如下：

（1）所见即所得。

（2）适合进行数据分析。

（3）支持多语言。Jupyter 支持 40 多种编程语言。

（4）分享便捷。支持以网页的形式分享。

（5）远程运行。在任何地点都可以通过网络连接远程服务器来实现运算。

（6）交互式展现。不仅可以输出图片、视频、数学公式，还可以呈现一些互动的可视化内容。

（7）方便的数学公式编辑。

如果你曾做过严肃的学术研究，那么一定对 LaTeX 不陌生，它简直是写科研论文的必备工具，不但能实现严格的文档排版，而且能编辑复杂的数学公式。在 Jupyter 的 Markdown 单元中，可以使用 LaTeX 的语法来插入数学公式。

在文本行插入数学公式，可以使用一对 $ 符号，比如要插入质能方程，可输入 `$E = mc^2$`。如果要插入一个数学区块，则可以使用两对 $ 符号。比如下面的输入可表示 $z=x/y$：

`$$ z = frac{x}{y} $$`

1.5.2 Jupyter 的启动

1. 菜单启动模式

点击 Anaconda3 的菜单 Jupyter Notebook（Anaconda3）进入 Jupyter Notebook（图 1-3）。

注意：Jupyter 环境的编程文件为 ipynb 格式。

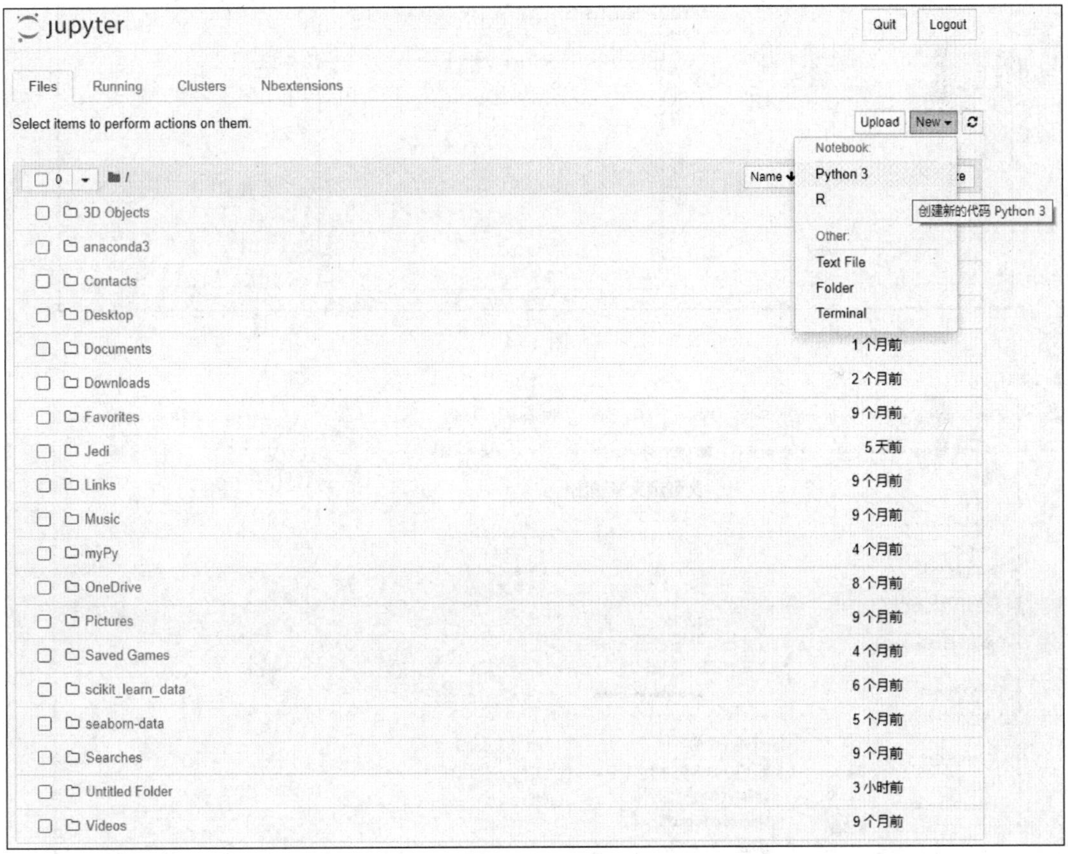

图 1-3

（1）创建新文档。点击 New 按钮可建立新的 Python3 文档。输入以下代码，见图 1-4。

（2）保存文档。将上面的代码文件保存以备后用。建议用 Download as 命名保存，如将上述文档保存为 myCode.ipynb（图 1-5）。

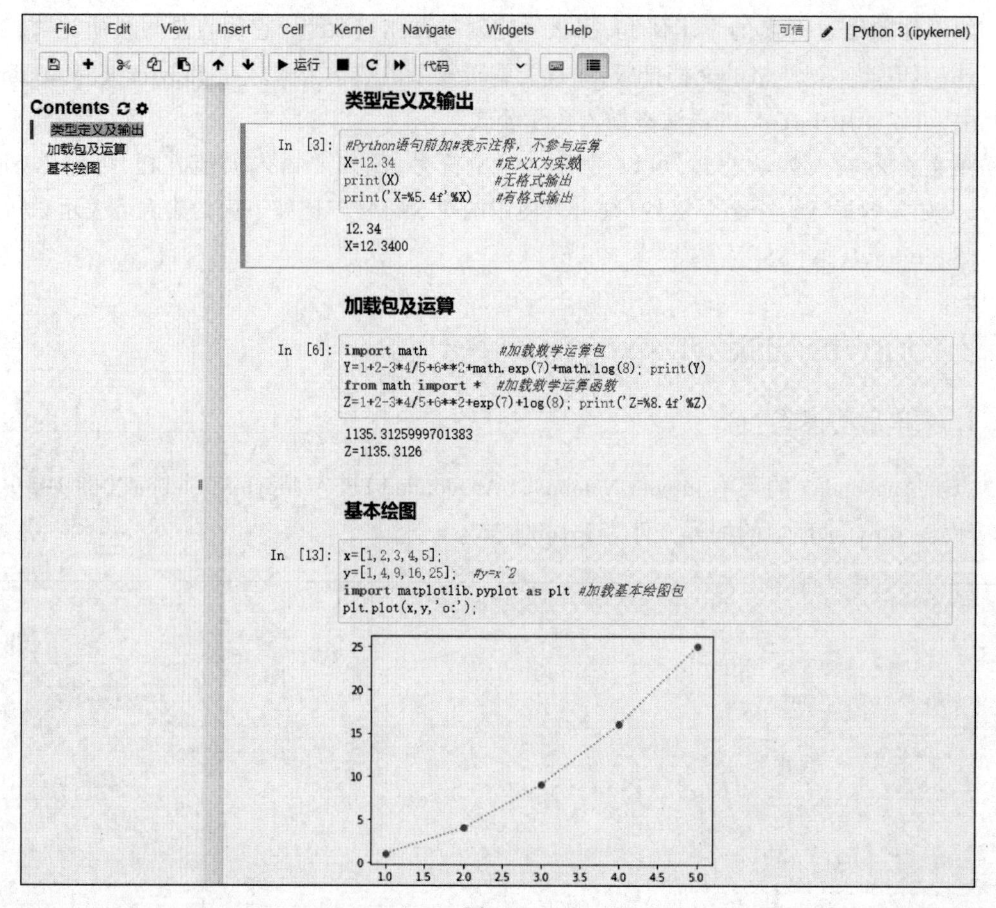
File
Edit
View
Insert
Cell
Kernel
Navigate
Widgets
Help
可信
Python 3 (ipykernel)
运行
代码
Contents
类型定义及输出
加载包及运算
基本绘图
类型定义及输出
In [3]: #Python语句前加#表示注释，不参与运算
X=12.34 #定义X为实数
print(X) #无格式输出
print('X=%5.4f'%X) #有格式输出
12.34
X=12.3400
加载包及运算
In [6]: import math #加载数学运算包
Y=1+2-3*4/5+6**2+math.exp(7)+math.log(8); print(Y)
from math import * #加载数学运算函数
Z=1+2-3*4/5+6**2+exp(7)+log(8); print('Z=%8.4f'%Z)
1135.3125999701383
Z=1135.3126
基本绘图
In [13]: x=[1,2,3,4,5];
y=[1,4,9,16,25]; #y=x^2
import matplotlib.pyplot as plt #加载基本绘图包
plt.plot(x,y,'o:');

图 1-4

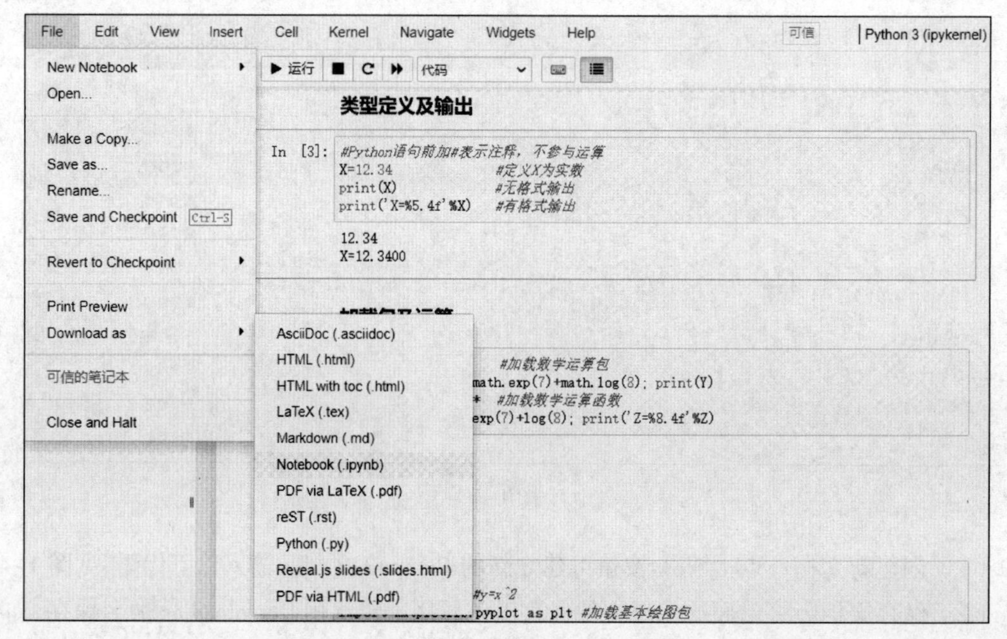
File
Edit
View
Insert
Cell
Kernel
Navigate
Widgets
Help
可信
Python 3 (ipykernel)
New Notebook
Open...
Make a Copy...
Save as...
Rename...
Save and Checkpoint
Ctrl-S
Revert to Checkpoint
Print Preview
Download as
可信的笔记本
Close and Halt
AsciiDoc (.asciidoc)
HTML (.html)
HTML with toc (.html)
LaTeX (.tex)
Markdown (.md)
Notebook (.ipynb)
PDF via LaTeX (.pdf)
reST (.rst)
Python (.py)
Reveal.js slides (.slides.html)
PDF via HTML (.pdf)
运行
代码
类型定义及输出
In [3]: #Python语句前加#表示注释，不参与运算
X=12.34 #定义X为实数
print(X) #无格式输出
print('X=%5.4f'%X) #有格式输出
12.34
X=12.3400

图 1-5

（3）上传已有文档。点击 Upload 按钮可上传已有的代码文档到当前环境。

由于 Jupyter Notebook 是在浏览器中打开的，所以要使用自己的代码或数据文档，通常需事先上传 Upload。比如要重新打开上面的 myCode.ipynb 文档，需将其上传，然后才能在 Jupyter Notebook 中重新使用。

2. 命令行打开模式

直接使用菜单模式进入有一个缺点，就是无法指定目录，而用命令行打开模式可以先在硬盘上建立自己的目录 mvsPy（将自己的数据和代码放在此目录下），如 D:/mvsPy，然后在命令行（Anaconda Prompt）模式下输入如下命令打开 Jupyter Notebook。

```
C:\Users\Lenovo>jupyter notebook --notebook-dir=D:/mvsPy
```

注意命令中目录“C:\Users\Lenovo>”，有可能在每人的计算机中不一样。

也可以通过更改目录的方式打开：

```
C:\Users\Lenovo>D:
D:\> cd mvsPy
D:\mvsPy>jupyter notebook
```

该方式同样适用于 Jupyter Lab（Jupyter Notebook 的第二代产品，但 Jupyter Lab 不在菜单里，需在命令行启动），Jupyter Lab 比 Jupyter Notebook 有更好的操作界面。

在命令行（Anaconda Prompt）模式下打开 Jupyter Lab 的命令如下：

```
C:\Users\Lenovo> jupyter lab --notebook-dir=D:/mvsPy
```

或

```
C:\Users\Lenovo>D:
D:\> cd mvsPy
D:\mvsPy>jupyter lab
```

3. Jupyter 的基本快捷键

Shift+Enter：运行本单元，选中下一个单元。

Ctrl+Enter：运行本单元。

Alt+Enter：运行本单元，在其下插入新单元。

Shift +V：在上方粘贴单元。

Y：单元转入代码状态。

M：单元转入 Markdown 状态。

A：在上方插入新单元。

B：在下方插入新单元。

X：剪切选中的单元。

这些命令在命令栏和菜单中都有相应的选项，大家可根据自己的习惯使用。

案例1:Python数据分析编程平台Spyder

如果要在Anaconda中使用Python作为数据分析编程与开发的工具,则推荐使用其Spyder平台。与其他Python开发环境相比,它最大的优点是模仿Matlab和Rstudio的“工作空间”功能,可以方便地编辑代码和修改数据的值。如果要进行大量的编程、数据处理和分析工作,可使用Spyder编辑器实现类似Matlab、Rstudio的开发环境。

关于Spyder的详细介绍,可参见Spyder网站。图1–6是进入Spyder编程的界面,与Matlab和Rstudio的编辑器差别不大,但更友好,熟悉Matlab和Rstudio的用户较易上手。

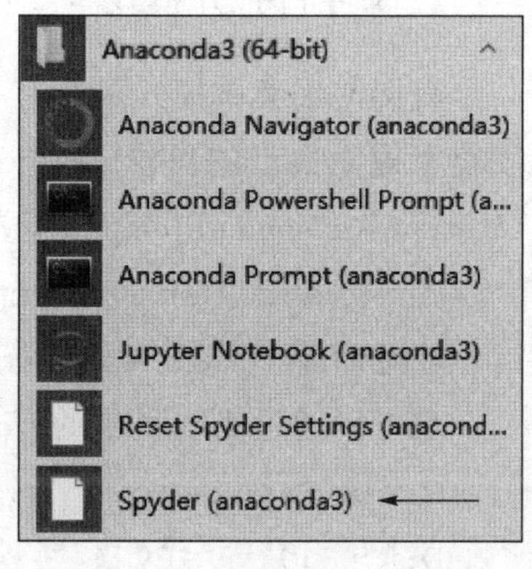

图1–6

一、Spyder编程界面

1. Spyder主界面

启动程序。点击Anaconda的菜单Spyder(Anaconda3)进入Spyder编程主界面(图1–7)。

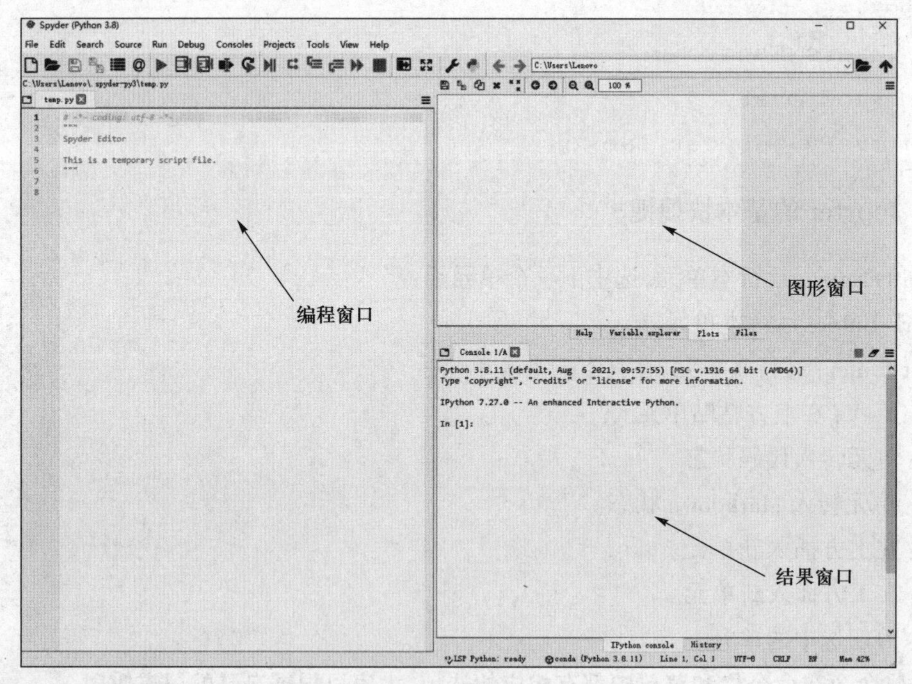

注意:Spyder环境的编程文件为py格式(Python的基本格式)。

图1–7

2. Spyder 的配置

Spyder 的基本的配置可在 Tool → Preferences 中（图 1–8）设置。

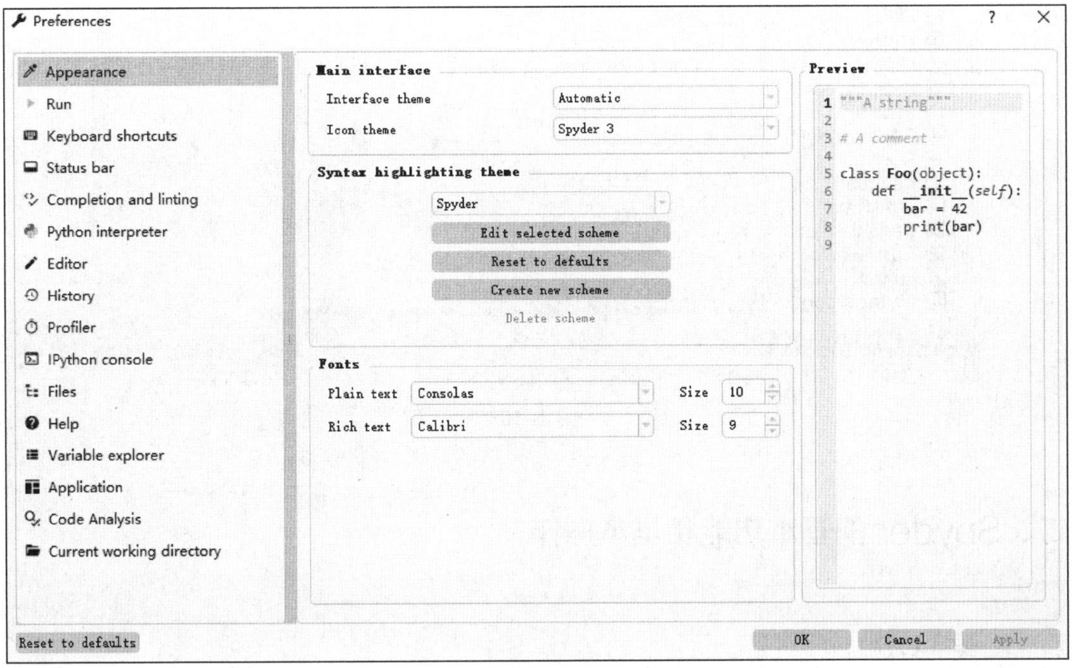

图 1–8

例如，通过 Application → Advanced settings 可以将英文界面改为中文界面（图 1–9）。又如可以通过 Editor → Display 设置背景、行号、高亮等（图 1–10）。

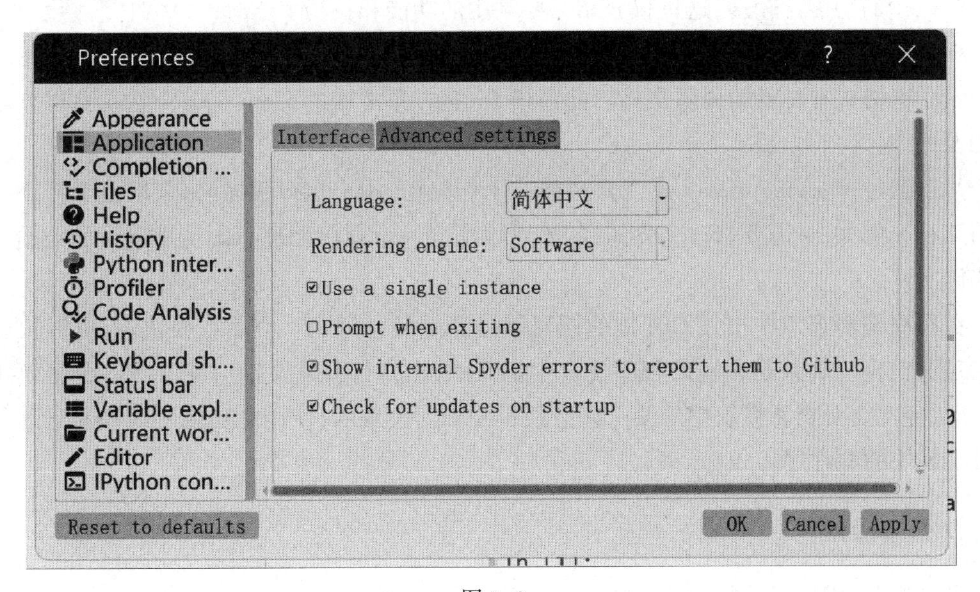

图 1–9

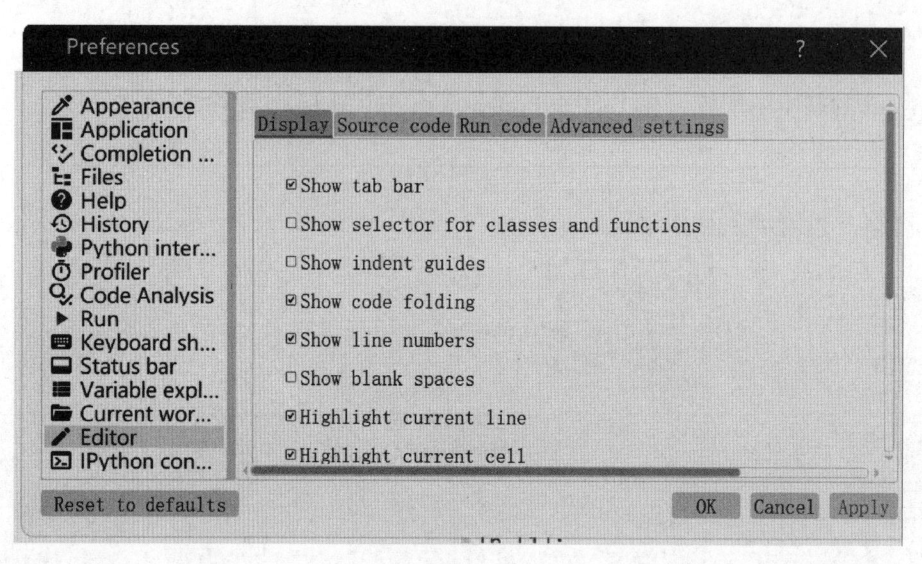

图 1-10

二、Spyder 的基本功能和基本操作

1. 基本功能

Spyder 的界面由许多窗格构成,用户可以根据自己的喜好调整它们的位置和大小。当多个窗格出现在同一个区域时,将以标签页的形式显示。例如,有 Editor、Help、Variable explorer、Plots、Ipython console、History 等,在 View 菜单中可以设置是否显示这些窗格。

Spyder 的功能比较多,这里仅介绍一些常用的功能和技巧。

在控制台中,可以按 Tab 键进行自动补全。在变量名之后输入"?",可以在 Object inspector 窗格查看对象的说明文档。此窗格 Options 菜单中的 Show source 选项可以显示函数的源程序。

可以通过 Working directory 工具栏修改工作路径,用户运行程序时,将以此工作路径为当前路径。例如,只需要修改工作路径,就可以用同一个程序处理不同文件夹下的数据文件和代码文件。

在程序编辑窗口中按住 Ctrl 键的同时单击变量名、函数名、类名或模块名,可以快速跳转到定义位置。如果是在别的程序文件中定义的,则将打开此文件。在学习一个新模块的用法时,经常需要查看模块中的某个函数或类是如何实现的,使用此功能可以快速查看和分析各个模块的源程序。

2. 基本操作

可以按 F9 键执行选择的代码或当前行的代码,如图 1-11 所示。

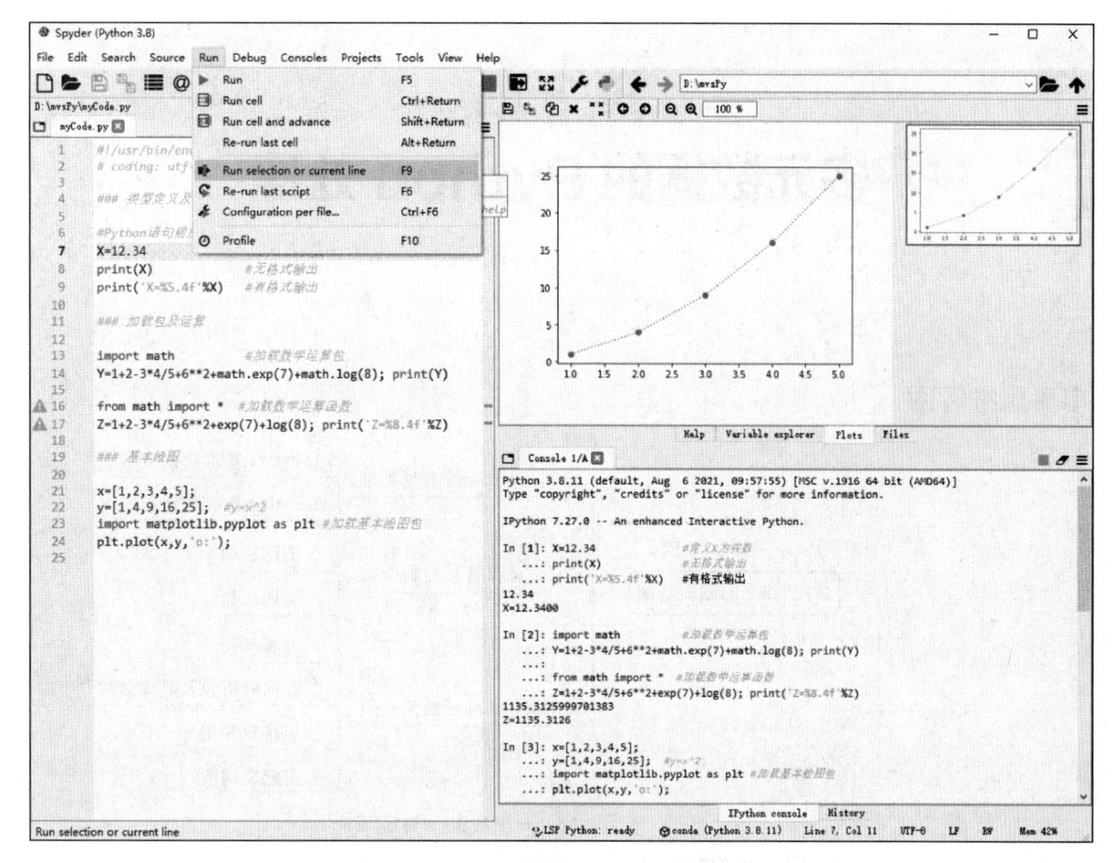

图 1-11

思考与练习

1. 多元统计分析方法的作用是什么？

2. 常用的多元统计分析方法有哪些？每一种有何用途？

3. 列出常用的统计软件，说明其使用范围、各自的优缺点。

4. 除了书中列出的统计软件外，试再列举几种统计软件，说明其使用范围、各自的优缺点。

第 2 章 多元数据的 Python 处理

本章思维导图

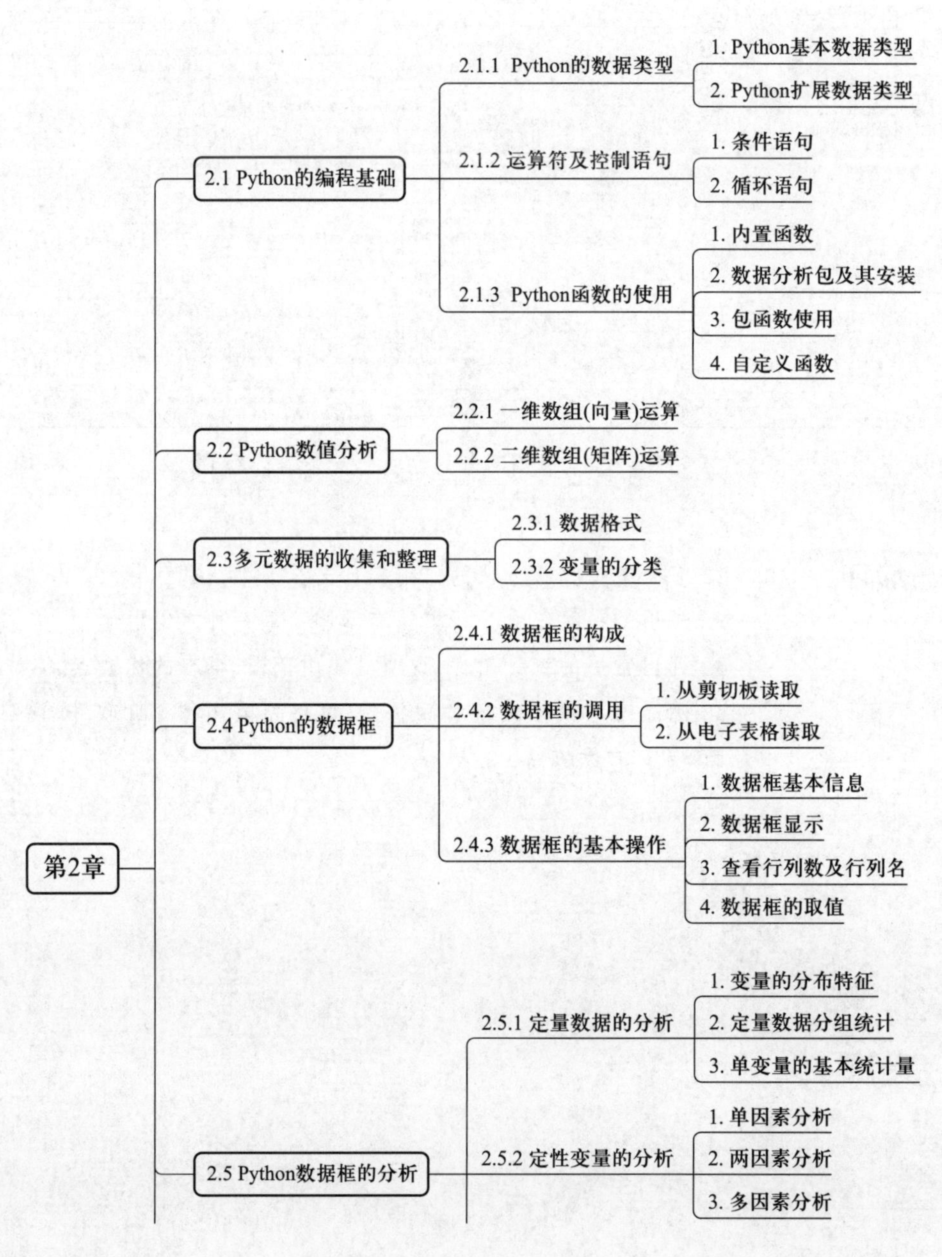

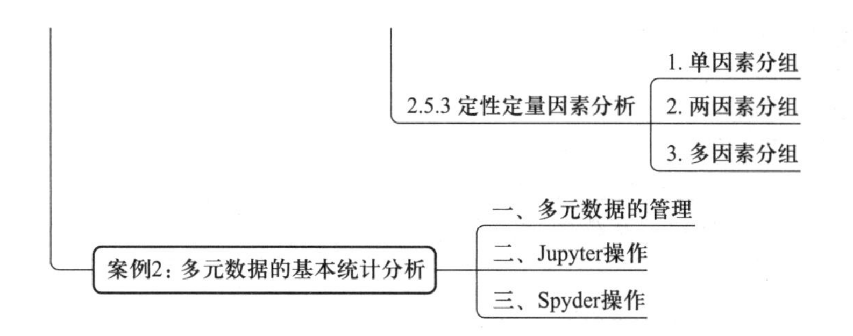

【学习目标】 要求学生熟练收集和整理多元统计分析资料、数据的数学表达，掌握多元数据的数字特征的解析表达式、数字特征的基本性质。熟悉有关 Python 编程基础以及 Python 的数据框操作和分析。

【教学内容】 多元数据的基本格式，如何收集和整理多元统计分析资料，数据的数学表达，数据矩阵，数据的 Python 表示，Python 调用多元的数据和多元数据的简单 Python 分析。

2.1 Python 的编程基础

2.1.1 Python 的数据类型

1. Python 基本数据类型

在内存中存储的数据可以有多种类型。例如，一个人的年龄可以用数字来存储，名字可以用字符串来存储。Python 定义了一些基本数据类型，用于存储各种类型的数据。

Python 的数据类型既包括数值型、逻辑型、字符型等基本数据类型，又包括列表、元组和字典等扩展数据类型。

（1）数值型。数值型数据的形式是实型，可以写成整数（如 n=3）、小数（如 x=1.46）、科学记数（y=1e9）的方式。该类型数据默认的是双精度数据。

Python 支持多种数值类型，常见的如 int（整数型）、float（实数型）等，但有别于其他编程语言，这些数值在使用前不需要定义它们的类型，直接输入使用，系统会自动识别其类型。

在 Python 中用 # 表示注释，即其后的语句或命令不会被执行。

In	n=5 # 整数 n # 相当于 print(n)
Out	5

In	x=1.2345 # 实数 x # 无格式输出
Out	1.2345
In	print("x=%10.5f"%x) # 有格式输出
Out	x=1.23450

（2）逻辑型。逻辑型数据只能取 True 或 False 值。可以通过比较获得逻辑型数据，如下所示。

In	A=True; A
Out	True
In	10<9
Out	False

（3）字符型。字符型数据的形式是夹在双引号" "或单引号' '之间的字符串，如'python'。注意：一定要用英文引号。Python 语言中的字符类型是由数字、字母、下划线组成的一串字符。一般形式为' I love Python ' 或 " I love Python "。例如：

In	s= " python "; s
Out	' Python '
In	S = ' We love Python data analysis '; S
Out	' We love Python data analysis '

Python 的所有数据类型都是类，可以通过 type( ) 函数查看其数据类型。

In	type(n)
Out	int
In	type(x)
Out	float
In	type(s)
Out	str

2. Python 扩展数据类型

Python 有几个扩展的自定义数据类型，这些数据类型是由上述基本数据类型构成的。

（1）list（列表）。list（列表）是 Python 中最有用的数据类型之一。列表可以完成大多数集合类的数据结构实现。它支持字符、数字、字符串，甚至可以包含列表（即嵌套）。列表用 [ ] 标识，是一种最通用的复合数据类型。列表是进行数据分析的基本类型。

In	L=['A','B','C','D','E','F','G','H','I']; # 字母列表 L
Out	['A','B','C','D','E','F','G','H','I']
In	X=[1,2,3,4,5,6,7,8,9]; # 数字列表 X
Out	[1,2,3,4,5,6,7,8,9]

Python 的列表具有切片功能，列表中可以用变量 [头下标：尾下标] 截取相应的列表，从左到右索引默认从 0 开始。加号 "+" 是列表连接运算符。

In	L[0] # 输出列表的第一个元素
Out	'A'
In	L[1:3] # 输出第二个至第三个元素，注意不取尾下标的 3 对应的字符
Out	['B','C']
In	X[3:] # 输出从第四个开始至列表末尾的所有元素
Out	[4,5,6,7,8,9]
In	L[:3] + X[3:] # 列表合并输出
Out	['A','B','C',4,5,6,7,8,9]

Python 的内置函数 range( ) 可创建一个整数列表，使用 range 函数可生成各种类型的列表，range 函数在 Python3 变成一个迭代器，输出需用 list。

In	i=range(9) # 从 0 开始到 8 的整数，相当于 range(0,9) list(i) # 显示整数列表
Out	[0,1,2,3,4,5,6,7,8]

In	j=range(1,9) # 从 1 开始到 8 的整数列
	list(j)

Out	[1,2,3,4,5,6,7,8]

In	k=range(1,9,2) # 步长为 2 的整数列
	list(k)

Out	[1,3,5,7]

（2）Dictionary（字典）。字典也是一种 Python 自定义的数据类型，可存储任意类型对象，可看作列表的扩展形式。字典的每个键值对用冒号 ":" 分隔，每个键值对之间用逗号 "," 分隔，整个字典包括在花括号 {} 中，格式如下：

```
dict= {key1:value1, key2:value2 }
```

键必须是唯一的，但值则不必，值可以取任何数据类型，如字符串、数值或列表。

字典是除列表以外 Python 中最灵活的自定义数据结构类型。列表是有序的对象集合，字典是无序的对象集合。

两者之间的区别在于：字典中的元素是通过键来存取的，而列表中的元素是通过下标存取的。

In	Dict={ '字母' :L, '数字' :X, '数组' :list(i)} ; Dict # 定义字典
Out	{ '字母' :['A' , 'B' , 'C' , 'D' , 'E' , 'F' , 'G' , 'H' , 'I'], '数字' :[1,2,3,4,5,6,7,8,9], '数组' :[0,1,2,3,4,5,6,7,8]}
In	Dict['字母'] # 输出键为'字母'的值
Out	['A' , 'B' , 'C' , 'D' , 'E' , 'F' , 'G' , 'H' , 'I']
In	Dict.keys( ) # 输出所有键
Out	dict_keys(['字母' , '数字' , '数组'])
In	Dict.values( ) # 输出所有值
Out	dict_values([['A' , 'B' , 'C' , 'D' , 'E' , 'F' , 'G' , 'H' , 'I'],[1,2,3,4,5,6,7,8,9], [0,1,2,3,4,5,6,7,8]])

2.1.2 运算符及控制语句

与 Basic 语言、VB 语言、C 语言、C++ 语言等一样，Python 具有编程功能，但 Python 具有面向对象的功能，同时也是面向函数的语言。既然 Python 是一种编程语言，它就具有常规语言的算术运算符和逻辑运算法，以及控制语句、自定义函数等功能。编程离不开对程序的控制，下面介绍几个最常用的控制语句，其他控制语句可参考 Python 手册。

1. 条件语句

if else 语句是分支语句中的主要语句，其格式如下。

In	x=6 ; y=5
	if x > y:
	    print(x)
	else:
	    print(y)

Out	6

Python 中有更简洁的形式来表达 if else 语句。

In	x if x> y else y
Out	6

注意:条件语句和循环语句中要输出结果,需用 print 函数,这时只用变量名是无法显示结果的。

2. 循环语句

for 循环可以遍历任何序列的项目,如一个列表或一个字符串。for 循环允许循环使用向量或数列的每个值,在编程里非常有用。

for 循环的语法格式如下:

```
for iterating_var in sequence:
    statements(s)
```

Python 的 for 循环相比其他语言更为强大,例如:

In	for i in [1,2,3,4]:print(i)
Out	1 2 3 4

下面列表的循环格式可生成新的列表,非常有用。

In	[i for i in [1,2,3,4]] # 形成列表
Out	[1,2,3,4]

2.1.3 Python 函数的使用

不同于 SAS、SPSS 等基于过程的统计软件,Python 进行数据分析是基于函数和对象进行的,同 Excel 一样,Python 的运算命令都是以函数形式出现的。

1. 内置函数

Python 中有大量的内置函数,通常不需要加载包就可以使用。

内置函数是提前导入解释器中的系统函数,比如 print( )、len( ) 等,这些函数大都基于列表或字典数据。

(1) dir( ):如果没有实参,则返回当前本地作用域中的名称列表。如果有实参,它会尝试返回该对象的有效属性列表。

In	dir( ) #print(dir( ))
Out	['In','Out','_','_1','__','___','__builtin__','__builtins__','__doc__','__loader__','__name__','__package__','__spec__','_dh','_i','_i1','_i2','_ih','_ii','_iii','_oh','exit','get_ipython','quit']

(2) round(number[, ndigits]):返回 number 舍入到小数点后 ndigits 位精度的值。

如果 ndigits 被省略或为 None,则返回最接近输入值的整数。

In	round(3.1415926,2)
Out	3.14

(3) len():返回对象(字符、列表、元组等)长度或项目个数。

In	len([1,3,5,7,9])
Out	5

2. 数据分析包及其安装

Python 具有丰富的数据分析包,大多数做数据分析的人使用 Python 是因为其强大的数据分析功能。所有的 Python 函数和数据集是保存在包(也可以看作库)里面的。只有当一个数据分析包或库被安装并被载入时,它的内容才可以被访问。这样做一是为了提高效率(若将所有的包加载会耗费大量的内存并且增加搜索的时间);二是为了帮助数据分析包的开发者,防止命名和其他代码中的名称冲突。

由于 Anaconda 发行版已安装了常用的数据分析程序包,所以我们只需加载调用即可。表 2-1 介绍了 Python 常用的六个数据分析包。

表 2-1 Python 常用数据分析包

包名	说明	主要功能
math	数学包	提供大量的数学函数
numpy	数值计算包	numpy(Numeric Python)是 Python 的一种开源的数值计算扩展包,以实现科学的计算。它提供了许多高级的数值计算工具,如矩阵数据类型、线性代数的运算库,专为进行严格的数值运算而产生,具有 Matlab 的大部分数值计算功能
pandas	数据操作包	提供类似于 R 语言的 DataFrame 操作,非常方便。pandas 是面板数据(Panel Data)分析的简写。它是 Python 最强大的数据分析和探索工具,因金融数据分析而开发,支持类似 SQL 的数据增删改查功能,支持时间序列分析,能灵活处理缺失数据
matplotlib	基本绘图包	该包主要用于绘图和绘表,是一个强大的数据可视化工具,语法类似 Matlab,是 Python 的基本绘图框架,提供了一整套和 Matlab 相似的命令 API,十分适合基本数据分析制图
scipy	科学计算包	提供了很多科学计算工具和算法,易于使用,是专为科学和工程设计的 Python 工具包,包括统计、优化、整合、线性代数模块、傅立叶变换、信号和图像处理、常微分方程求解器等,包含常用的统计估计和检验方法

续表

包名	说明	主要功能
statsmodels	统计模型包	statsmodel 可以补充 scipy.stats，是一个包含统计模型、统计测试和统计数据挖掘的 Python 模块。对每一个模型都会生成一个对应的统计结果，对时间序列有完美支持

注意：安装程序包和调用程序包是两个概念，安装程序包是指将需要的程序包安装到计算机中，调用程序包是指将程序包调入 Python 环境中。如 numpy、matplotlib、pandas、scipy 和 statsmodels 这些常用的数据分析包 Anaconda 已自动安装了，而 xxxxxx 包需要我们手动安装。安装有两种方式：

（1）命令行安装：

在 Anaconda Prompt 的命令行安装

```
> pip install xxxxxx
```

（2）在 Jupyter 中安装：

```
> !pip install xxxxxx
```

3. 包函数使用

包函数包括 math 库的相关函数、numpy 库的相关函数等。

Python 调用包的命令是 import，例如要使用 math 库的相关函数，有以下三种方法。

方法一：用 import 语句导入模块，然后在函数前使用包名加“.”。

In	import math x=8.56; [math.sqrt(x),math.log(x),math.exp(x)]
Out	[2.925747767665559,2.1471001901536506,5218.681172451978]

方法二：用 import … as 语句导入模块别名，然后在函数前使用别名加“.”。

In	import math as m [m.sqrt(x),m.log(x),m.exp(x)]
Out	[2.925747767665559,2.1471001901536506,5218.681172451978]

方法三：直接使用 from … import 语句导入函数，其中 from 后接包名，import 后接函数名。

In	from math import sqrt,log,exp [sqrt(x),log(x),exp(x)]
Out	[2.925747767665559,2.1471001901536506,5218.681172451978]

4. 自定义函数

Python 是基于函数(相当于一个数据分析方法)进行数据分析的。

函数名可以是任意字符,但要注意后定义的函数会覆盖先定义的函数。

下面简单介绍 Python 的函数定义方法。定义函数的句法:

```
def 函数名(参数1,参数2, …):
    函数体
    return
```

如计算向量 $\boldsymbol{X}=(x_1,x_2,\cdots,x_n)$ 的均值:$\bar{x}=\dfrac{\sum_{i=1}^{n} x_i}{n}$

Python 代码如下:

In	def xbar(x): # 自定义均值计算函数
	    n=len(x)
	    xm=sum(x)/n
	    return(xm)

In	x=[1,3,5,7,9] xbar(X)
Out	5.0

要了解任何一个 Python 函数,使用 help 函数即可。例如,命令 help(sum)或 ?sum 将显示 sum 函数的使用帮助。

2.2 Python 数值分析

2.2.1 一维数组(向量)运算

下面以 numpy 为例介绍一维数组(向量)运算。

numpy 是 Python 的一种开源的数值计算扩展包,这种工具可用来存储和处理大型矩阵,比 Python 自身的列表结构要高效得多(该结构也可以用来表示二维数组(矩阵 matrix)和多维数组),基本可替代 Matlab 的矩阵运算。

In	import numpy as np # 将以简化的 np 名调用函数
	a=np.array([1,2,3,4,5]); a

Out	array([1,2,3,4,5])

In	b=np.arange(5); b # 数差序列，差距 1
Out	array([0,1,2,3,4])
In	c=np.log(2*a+b**3); c
Out	array([0.69314718,1.60943791,2.63905733,3.55534806,4.30406509])

用 astype( ) 可以对 numpy 中的数据类型进行转换，该命令也适用于下面的数据框序列。

In	c.astype(int) # 将实数数组 c 转换为整型数组
Out	array([0,1,2,3,4])

下面是数组的一些基本运算。

In	print(a+b) # 加 print(a–b) # 减 print(a*b) # 乘 print(a/b) # 除
Out	[1,3,5,7,9] [1,1,1,1,1] [0,2,6,12,20] [inf,2.,1.5 ,1.3333,1.25]

numpy 的其他运算可参考 https://www.numpy.org.cn/。

2.2.2 二维数组(矩阵)运算

二维数组即我们常说的矩阵，但数组可以推广到多维情形。例如：

$$\boldsymbol{A}=\begin{bmatrix}1 & 2 & 3\\4 & 5 & 6\end{bmatrix}\qquad \boldsymbol{B}=\begin{bmatrix}1 & 4\\2 & 5\\3 & 6\end{bmatrix}$$

下面是几种生成矩阵 $\boldsymbol{A}$ 和 $\boldsymbol{B}$ 的 Python 命令：

In	# 定义二维数组(矩阵)
	A=np.array([[1,2,3],[4,5,6]]); A

Out	array([[1,2,3], [4,5,6]])

In	B=np.array([[1,4],[2,5],[3,6]]); B
Out	array([[1,4], [2,5], [3,6]])
In	A.shape # 数组的维度
Out	(2 3)
In	n=A.shape[0]; # 行数
Out	2
In	p=A.shape[1]; # 列数
Out	3
In	A.T # 矩阵转置
Out	array([[1,4], [2,5], [3,6]])

在 Python 中对同行同列矩阵相加减,可用符号“+”“-”,例如:

In	A+A # 矩阵相加
Out	array([[2,4,6], [8,10,12]])
In	B-B # 矩阵相减
Out	array([[0,0], [0,0], [0,0]])
In	C=np.dot(A,B); C # 矩阵相乘
Out	array([[14,32], [32,77]])

2.3 多元数据的收集和整理

2.3.1 数据格式

多元统计分析资料有一定的格式，当对每一观察单位使用多个测量指标（变量）时，通常以矩阵的形式表示。

下面是多元分析资料的一般格式：

	变量 X_1	变量 X_2	…	变量 X_p
样品 1	x_{11}	x_{12}	…	x_{1p}
样品 2	x_{21}	x_{22}	…	x_{2p}
	……………			
样品 n	x_{n1}	x_{n2}	…	x_{np}

可以用一个有 n 行 p 列的矩阵阵列 $\boldsymbol{X}$ 来表示这些数据。

$$\boldsymbol{X}=\begin{bmatrix} x_{11} & x_{12} & \cdots & x_{1p} \\ x_{21} & x_{22} & \cdots & x_{2p} \\ \vdots & \vdots & & \vdots \\ x_{n1} & x_{n2} & \cdots & x_{np} \end{bmatrix}=(X_1, X_2, \cdots, X_p)=(x_{ij})_{n\times p}$$

这里 $\boldsymbol{X}_j=(x_{1j}, x_{2j}, \cdots, x_{nj})'$ $(j=1, 2, \cdots, p)$ 是单变量数组向量。

当这些变量处于同等地位时，矩阵就是聚类分析、综合评价、主成分分析、因子分析、对应分析等无监督机器学习模型的数据格式；当其中一个变量为因变量，而其他变量为自变量时，矩阵为线性回归分析、广义线性模型和非线性模型等有监督机器学习模型的数据格式；若此时自变量是分类变量，则矩阵为方差分析模型的数据格式；若因变量是分类变量，则矩阵为判别分析模型的数据格式。

在多元统计分析中，每个观察单位的每个变量都须有数据，不能空缺，否则该观察单位在参加运算中将被忽略。一般的数据分析软件中可以有缺失数据，但在计算时常被忽略。

2.3.2 变量的分类

定性变量：将观察单位按属性或类别分组，例如，性别、职业等。定性变量通常需数量化后才能进行多元统计运算。

定量变量：对观察单位的某些标志所测到的数值（有单位），例如，身高 /cm、体重 /kg、收入 / 元、支出 / 元等。

【例 2.1】 股民股票投资状况问卷调查与分析

为了了解股民的投资状况，研究股民的股票投资特征，我们在暑假组织学生进行小范围的“股民股票投资状况抽样调查”（见表 2-2）。本次调查的抽样框主要涉及广东省的 6 个城市（广州、深圳、珠海、中山、佛山和东莞，其中，广州、深圳各 100 份，其他城市各 80 份），共发放问卷 520 份，回收有效问卷 512 份。问卷中设计了 18 个问题。

表 2-2 股民股票投资状况问卷调查

一、性别	二、年龄	三、您做股票投资当前的资金规模	四、您在投资股票前对股票投资的风险是否有充分的认识	五、您是专职股票投资者还是业余股票投资者	六、到目前为止，您做股票的结果是
1. 男 2. 女	___周岁	___万元	1. 有 2. 没有	1. 专职 2. 业余	1. 赚钱 2. 不赔不赚 3. 赔钱
七、您用于股票投资的资金占您家庭总资金的比重	八、您的受教育程度	九、您的职业	十、您买卖股票主要依据什么方法	十一、总的来说，您买卖股票出入市的时间间隔大约是	十二、您认为投资股票获胜原因是（可以多选）
___（%）	1. 文盲 2. 小学 3. 中学 4. 高中 5. 中专 6. 大专 7. 本科 8. 研究生及以上	1. 国家干部 2. 管理人员 3. 科教文卫从业人员 4. 金融单位从业人员 5. 工人 6. 农民 7. 个体从业者 8. 无业人员	1. 因素分析 2. 技术分析 3. 跟风 4. 凭感觉	1. 1 周以内 2. 1～2 周 3. 3～4 周 4. 1～2 月 5. 3～5 月 6. 6～12 月 7. 1 年及以上	1. 趋势要看对 2. 选股要选准 3. 时机要选好 4. 有独立的判断能力 5. 要合理地管理资金 6. 要有足够多的资金
十三、您做股票投资资金的主要来源（可以多选）	十四、您的职务	十五、您认为做股票赔钱最主要原因是（可以多选）	十六、您做股票投资的动因	十七、您参与股票买卖的时间经历	十八、您无业的原因
1. 自有资金 2. 公有资金 3. 银行贷款 4. 朋友间借款 5. 替他人买卖	1. 办事员 2. 股级干部 3. 科级干部 4. 处级干部 5. 局级干部及以上	1. 趋势看反了 2. 选股选错了 3. 出入市时机没有把握好 4. 跟着别人走 5. 分散投资策略失误 6. 其他赔钱原因	1. 赚钱 2. 体会一下玩股票的感觉 3. 别人买卖股票赚了钱我也跟着做 4. 消磨时间 5. 个人兴趣 6. 其他	1. 半年以下 2. 半年～1 年 3. 1～2 年 4. 2～3 年 5. 3～4 年 6. 4 年及以上	1. 因下岗暂时无业 2. 自愿辞职暂时无业 3. 因找不到工作暂时无业 4. 一直把炒股作为自己的职业

目前从数据管理和编辑方便来说，最好的软件应该是微软的 Excel，大量的数据可以在一个 Excel 工作簿中保存，所以本书采用该方法来管理和编辑数据。图 2-1 是该例子数据的 Excel 工作簿（文件名为 mvsData.xlsx，表 d21 中为原始数据）。

为了简化分析，下面的分析只考虑性别、年龄、资金规模、风险意识、专 / 兼职和投资结果共六个变量，其中性别、风险意识、专 / 兼职和投资结果为定性变量，年龄和资金规模为定量变量。

	A	B	C	D	E	F	G	H	I
1	编号	性别	年龄	资金规模	风险意识	专/兼职	投资结果		
2	1	男	43	38	有	兼职	赚钱		
3	2	女	41	16	无	专职	赔钱		
4	3	女	46	46	有	专职	赚钱		
5	4	女		25	有	兼职	赚钱		
6	5	女	27	52	无	兼职	持平		
7	6	男	40	43	有	兼职	持平		
8	7	女	63	69	有	兼职	持平		
9	8	男	40	61	有	兼职	赚钱		
10	9	女	25	51	有	专职	赚钱		
11	10	男	37	100	有	兼职	持平		
507	506	男	26	36	有	专职	赚钱		
508	507	女	34	40	无	兼职	持平		
509	508	女	54		无	兼职	赚钱		
510	509	女	40	44	有		赚钱		
511	510	男		55	有	兼职	赚钱		
512	511	男	19	38	无	兼职	持平		
513	512	男	43	300	有	兼职	持平		
514									

图 2-1 股票调查数据的 Excel 表单

2.4 Python 的数据框

2.4.1 数据框的构成

数据框（data frame）是一种矩阵形式的扩展数据类型，即数据框中各列可以是不同类型的数据。数据框每列是一个变量，每行是一个观测。数据框可以看成是矩阵（matrix）的推广,也可以看作是一种特殊的列表对象或字典。数据框是 Python 特有的数据类型,也是进行数据分析最为有用的数据类型。

Python 中用 pandas 包中的 DataFrame( ) 函数生成数据框,其句法是:pandas.DataFrame( ),例如:

<table>
<tr><td>In</td><td><pre>L=['A','B','C','D','E'];
X=[1,2,3,4,5];
Y=[x**2 for x in X]; #Y=X^2</pre></td></tr>
<tr><td>In</td><td><pre>import pandas as pd # 加载数据分析库
df1=pd.DataFrame([L,X,Y]); # 按行构建数据框
print(df1)</pre></td></tr>
<tr><td>Out</td><td><pre>   0 1 2 3   4
0 A B C D   E
1 1 2 3 4   5
2 1 4 9 16 25</pre></td></tr>
<tr><td>In</td><td><pre>df2=pd.DataFrame({'L':L,'X':X,'Y':Y});
print(df2)</pre></td></tr>
<tr><td>Out</td><td><pre>   L X Y
0 A 1 1
1 B 2 4
2 C 3 9
3 D 4 16
4 E 5 25</pre></td></tr>
<tr><td>In</td><td><pre>df3=pd.DataFrame({'X1':X,'X2':Y},index=L);
df3</pre></td></tr>
<tr><td>Out</td><td><pre>   X1 X2
A 1   1
B 2   4
C 3   9
D 4   16
E 5   25</pre></td></tr>
</table>

<table>
<tr><td>In</td><td>

```
# 重新定义行列名
df1.index=['行 1','行 2','行 3']
df1.columns=['列 1','列 2','列 3','列 4','列 5']
df1
```

</td></tr>
<tr><td>Out</td><td>

	列 1	列 2	列 3	列 4	列 5
行 1	A	B	C	D	E
行 2	1	2	3	4	5
行 3	1	4	9	16	25

</td></tr>
</table>

2.4.2 数据框的调用

可用以下 2 种方法读取数据，读入的数据在 Python 中以数据框的形式呈现。

1. 从剪切板读取

（1）选择需要进行读取的数据块（可复制任意数据块），拷贝之。

（2）在 Python 中使用 dat=read_clipboard( )。

这里 dat 为给读入 Python 中的数据命的名，clipboard 为剪切板。

在电子表格文件 mvsData.xlsx 的表单 d21 中选择 A1:G11，并复制到剪切板。

<table>
<tr><td>In</td><td>

```
dat=pd.read_clipboard( ) # 复制 A1:G11 数据
dat #print(dat) 可按列表输出，全书同！
```

</td></tr>
<tr><td>Out</td><td>

	编号	性别	年龄	资金规模	风险意识	专 / 兼职	投资结果
0	1	男	43.0	38	有	兼职	赚钱
1	2	女	41.0	16	无	专职	赔钱
2	3	女	46.0	46	有	专职	赚钱
3	4	女	NaN	25	有	兼职	赚钱
4	5	女	27.0	52	无	兼职	持平
5	6	男	40.0	43	有	兼职	持平
6	7	女	63.0	69	有	兼职	持平
7	8	男	40.0	61	有	兼职	赚钱
8	9	女	25.0	51	有	专职	赚钱
9	10	男	37.0	100	有	兼职	持平

</td></tr>
</table>

2. 从电子表格读取

前面我们说过，最好的数据管理和编辑软件是 Excel（WPS）电子表格，如果想直接读取 Excel 中的表格，可用 pandas 的 read_excel 函数。

In	d21=pd.read_excel('mvsData.xlsx','d21'); print(d21)

Out:

```
      编号  性别   年龄    资金规模  风险意识  专/兼职  投资结果
0      1   男   43.0    38.0    有     兼职    赚钱
1      2   女   41.0    16.0    无     专职    赔钱
2      3   女   46.0    46.0    有     专职    赚钱
3      4   女   NaN     25.0    有     兼职    赚钱
4      5   女   27.0    52.0    无     兼职    持平
…      …   …   …       …       …      …       …
507  508   女   54.0    NaN     无     兼职    赚钱
508  509   女   40.0    44.0    有     NaN     赚钱
509  510   男   NaN     55.0    有     兼职    赚钱
510  511   男   19.0    38.0    无     兼职    持平
511  512   男   43.0    300.0   有     兼职    持平

[512 rows x 7 columns]
```

读取数据之后,可用下面的命令将数据框 d21 保存到 d21.xlsx 文档中。

In	d21.to_excel('d21.xlsx',index=False) #index=False 表示不保存行标签

2.4.3 数据框的基本操作

1. 数据框基本信息

info( ) 函数可以显示数据框的基本信息。

In	d21.info( ) #数据框信息

Out:

```
<class 'pandas.core.frame.DataFrame'>
RangeIndex:512 entries,0 to 511
Data columns (total 7 columns):
 #    Column    Non-Null Count    Dtype
---   ------    --------------    -----
 0    编号       512 non-null     int64
 1    性别       512 non-null     object
 2    年龄       505 non-null     float64
 3    资金规模    511 non-null     float64
 4    风险意识    508 non-null     object
 5    专/兼职     511 non-null     object
 6    投资结果    512 non-null     object
dtypes:float64(2),int64(1),object(4)
memory usage:28.1+ KB
```

2. 数据框显示

（1）全局输出设置。pandas 的 set_option( ) 函数可设置数据框的输出行数。

In	pd.set_option('display.max_rows',6) # 全局设置输出行数，这里是输出 6 行
In	d21

Out

	编号	性别	年龄	资金规模	风险意识	专/兼职	投资结果
0	1	男	43.0	38.0	有	兼职	赚钱
1	2	女	41.0	16.0	无	专职	赔钱
2	3	女	46.0	46.0	有	专职	赚钱
…	…	…	…	…	…	…	…
509	510	男	NaN	55.0	有	兼职	赚钱
510	511	男	19.0	38.0	无	兼职	持平
511	512	男	43.0	300.0	有	兼职	持平

[512 rows x 7 columns]

（2）局部输出函数。head 和 tail 函数可以显示数据框的前后若干数据，并可形成新的数据框。

In	d21.head( ) # 默认显示前 5 行

Out

	编号	性别	年龄	资金规模	风险意识	专/兼职	投资结果
0	1	男	43.0	38.0	有	兼职	赚钱
1	2	女	41.0	16.0	无	专职	赔钱
2	3	女	46.0	46.0	有	专职	赚钱
3	4	女	NaN	25.0	有	兼职	赚钱
4	5	女	27.0	52.0	无	兼职	持平

In	d21.tail(3) # 最后 3 行

Out

	编号	性别	年龄	资金规模	风险意识	专/兼职	投资结果
509	510	男	NaN	55.0	有	兼职	赚钱
510	511	男	19.0	38.0	无	兼职	持平
511	512	男	43.0	300.0	有	兼职	持平

3. 查看行列数及行列名

In	d21.columns # 查看列名称
Out	Index(['编号','性别','年龄','资金规模','风险意识','专/兼职','投资结果'], dtype='object')

In	d21.index # 数据框行名
Out	RangeIndex(start=0,stop=512,step=1)
In	d21.shape[0] # 数据框行数 n
Out	512
In	d21.shape[1] # 数据框列数 m
Out	7

4. 数据框的取值

（1）样品选择（选择行）。由于数据框是二维数组（矩阵）的扩展，所以可以用矩阵的行列下标或行列名来显示数据。而要选择某些行，则可通过列变量满足的条件来提取。

In:
```
d21[d21['性别']=='男']
```

Out:

	编号	性别	年龄	资金规模	风险意识	专/兼职	投资结果
0	1	男	43.0	38.0	有	兼职	赚钱
5	6	男	40.0	43.0	有	兼职	持平
7	8	男	40.0	61.0	有	兼职	赚钱
9	10	男	37.0	100.0	有	兼职	持平
10	11	男	35.0	27.0	有	兼职	持平
…	…	…	…	…	…	…	…
502	503	男	48.0	11.0	有	专职	赚钱
505	506	男	26.0	36.0	有	专职	赚钱
509	510	男	NaN	55.0	有	兼职	赚钱
510	511	男	19.0	38.0	无	兼职	持平
511	512	男	43.0	300.0	有	兼职	持平

[308 rows x 7 columns]

In:
```
d21[(d21['性别']=='男')& (d21['年龄']>60)]
```

Out:

	编号	性别	年龄	资金规模	风险意识	专/兼职	投资结果
90	91	男	62.0	43.0	无	兼职	持平
123	124	男	65.0	29.0	有	兼职	赚钱
176	177	男	62.0	39.0	有	兼职	赔钱
188	189	男	61.0	42.0	有	兼职	赚钱
278	279	男	72.0	70.0	有	兼职	持平
300	301	男	63.0	51.0	有	专职	赚钱
328	329	男	63.0	60.0	有	兼职	赚钱
462	463	男	64.0	38.0	有	兼职	赚钱

（2）变量选择（选择列）。比如，要选取数据框 d21 中的“年龄”变量，直接用“d21. 年龄”即可，也可用 d21['年龄']，后者比前者烦琐，但却是不容易出错且直观的一种方法，且可推广到多个变量的情形，因而推荐使用。

In	d21['年龄'].head() # 取年龄列数据
Out	0　　43.0 1　　41.0 2　　46.0 3　　NaN 4　　27.0 Name: 年龄 ,dtype:float64

（3）选择样品和变量。

In	d21.loc[6:10,['性别','年龄','投资结果']]
Out	性别　年龄　投资结果 6　　女　63.0　持平 7　　男　40.0　赚钱 8　　女　25.0　赚钱 9　　男　37.0　持平 10　男　35.0　持平
In	d21.iloc[3:7,2:6] # 选取第 3 至第 6 行和第 2 至第 5 列数据
Out	年龄　资金规模　风险意识　专 / 兼职 3　NaN　25.0　有　兼职 4　27.0　52.0　无　兼职 5　40.0　43.0　有　兼职 6　63.0　69.0　有　兼职

多元统计分析中的绝大多数数据以数据框（矩阵）的形式出现，这点和关系数据库、电子表格、统计软件中的数据集形式一样，是所有数据分析的基础。由于 Python 是以编程为主的数据分析软件，所以选取数据框（矩阵）中的数据进行统计分析就显得十分重要。

2.5　Python 数据框的分析

2.5.1　定量数据的分析

1. 变量的分布特征

最简单的展现定量数据的图形是直方图，可用函数 hist( ) 绘制直方图。

hist(x)
x 是定量变量 该函数可返回变量的频数和组中值。

In

```
import matplotlib.pyplot as plt
plt.hist(d21. 年龄 )
```

Out

```
(array([ 24.,41.,79.,100.,96.,95.,41.,17.,10.,2.]),
array([18.,23.4,28.8,34.2,39.6,45.,50.4,55.8,61.2,66.6,72.]),
<BarContainer object of 10 artists>)
```

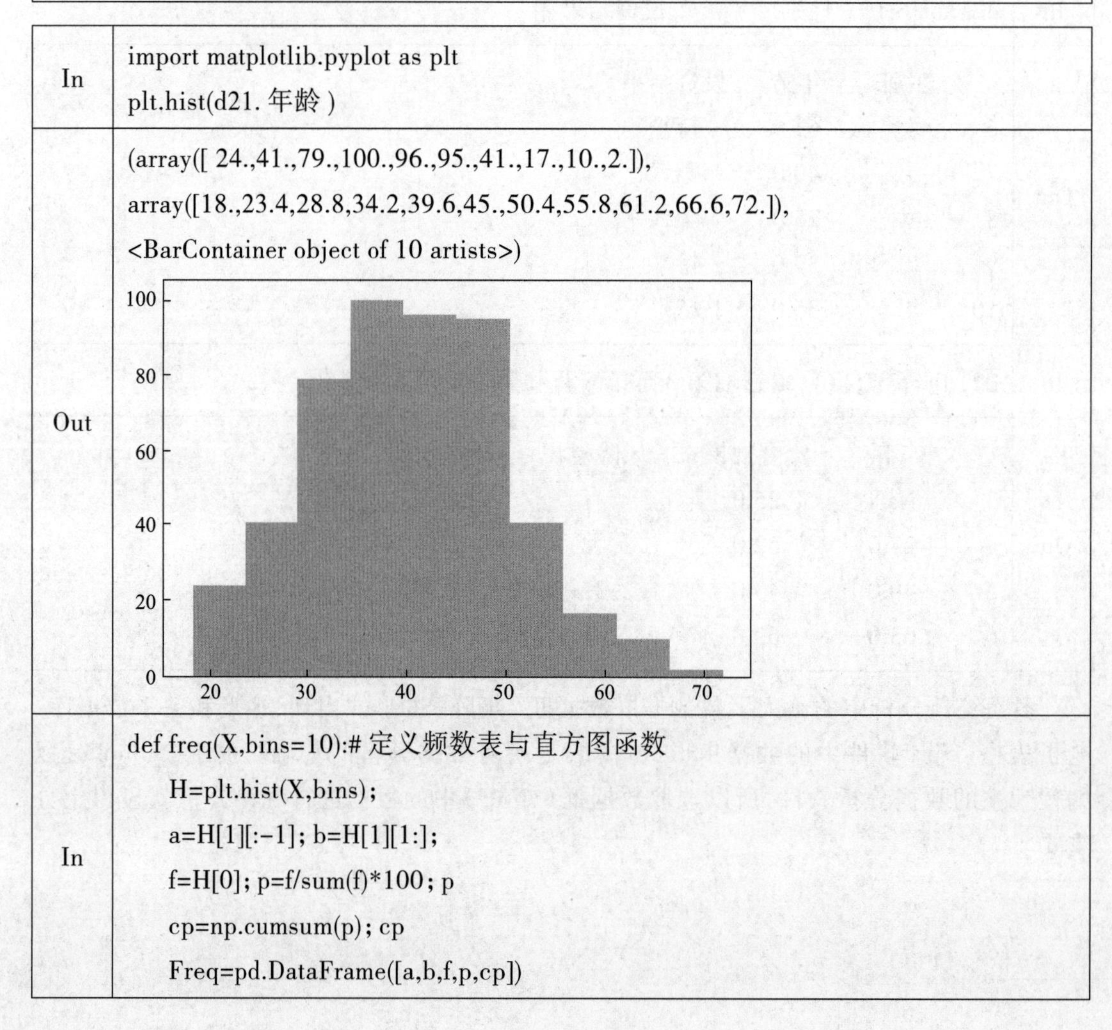

In

```
def freq(X,bins=10):# 定义频数表与直方图函数
    H=plt.hist(X,bins);
    a=H[1][:-1]; b=H[1][1:];
    f=H[0]; p=f/sum(f)*100; p
    cp=np.cumsum(p); cp
    Freq=pd.DataFrame([a,b,f,p,cp])
```

<table>
<tr><td>In</td><td>

```
    Freq.index=['[下限','上限)','频数','频率/%','累计频数/%']
    return(round(Freq.T,2))
```

</td></tr>
<tr><td>In</td><td>

```
freq(d21.年龄)#默认自动以10为组距
```

</td></tr>
<tr><td>Out</td><td>

	[下限	上限)	频数	频率/%	累计频数/%
0	0.0	20.0	11.0	2.18	2.18
1	20.0	30.0	67.0	13.27	15.45
2	30.0	40.0	166.0	32.87	48.32
3	40.0	50.0	184.0	36.44	84.75
4	50.0	60.0	61.0	12.08	96.83
5	60.0	70.0	14.0	2.77	99.60
6	70.0	80.0	2.0	0.40	100.00

</td></tr>
</table>

2. 定量数据分组统计

<table>
<tr><td>In</td><td>

```
age_cut=pd.cut(d21.年龄,bins=[0,20,30,40,50,60,70,80])#cut 为 pandas 的分组函数
age_freq=age_cut.value_counts( ).sort_index( ); # value_counts( ) 为计数函数, sort_index( ) 为排序函数
```

</td></tr>
<tr><td>Out</td><td>

```
age_freq
(0,20]        15
(20,30]       77
(30,40]      178
(40,50]      165
(50,60]       54
(60,70]       14
(70,80]        2
Name: 年龄,dtype:int64
```

</td></tr>
</table>

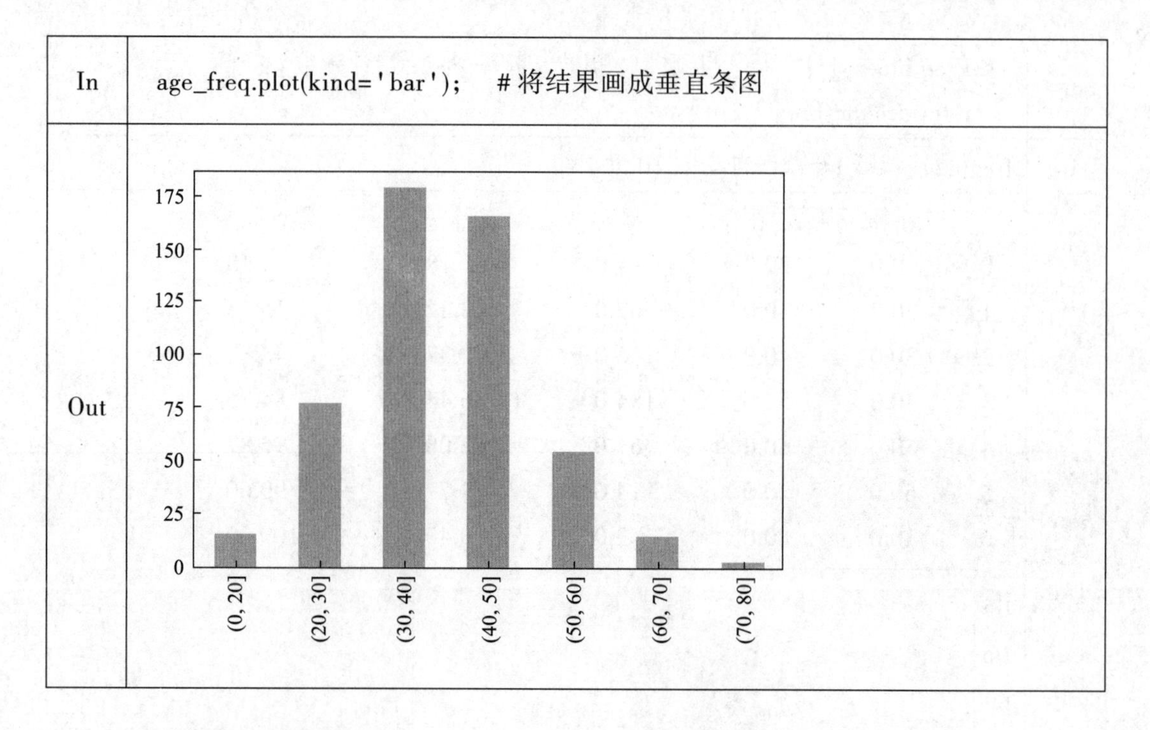

3. 单变量的基本统计量

（1）均值：

$$\overline{x}=\frac{1}{n}\sum_{i=1}^{n}x_i$$

（2）方差：

$$s^2=\frac{l_{xx}}{n-1}$$

式中：l_{xx} 为离均差平方和 $l_{xx}=\sum_{i=1}^{n}(x_i-\overline{x})^2$。

（3）标准差 s（方差的开方）。

In	x=d21.资金规模 x.mean()　#变量 x 的均值
Out	40.06849315068493
In	x.var()　#变量 x 的方差
Out	434.9070641955412
In	x.std()　#变量 x 的标准差
Out	20.854425530221185

2.5.2 定性变量的分析

pandas 包中的 pivot_table 函数可以生成任意维统计表，包括计量数据的分组统计，可以实现 Excel 等电子表格的透视表功能，且更为灵活方便。下面是 pivot_table 函数的用法。

```
pivot_table(
    values=None, # 值变量
    index=None, # 行变量
    columns=None, # 列变量
    aggfunc='mean', # 聚集函数
    fill_value=None, # 缺失值填充
    margins=False, # 是否增加边际
    dropna=True, # 删除缺失值
    margins_name='All', # 边际名称
    observed=False)
```

下面是对例 2.1 512 人进行的关于股票调查所得结果的一个简单的统计分析。

1. 单因素分析

首先对投资结果变量进行分析。

In

```
pt1=d21.pivot_table(['编号'],['投资结果'],aggfunc=len); pt1  # 如果函数中的参数顺序如定义中一样，那么也可以省略参数名称 ,len 为分组数
print(pt1)
```

Out

```
          编号
投资结果
持平      177
赔钱      175
赚钱      160
```

In

```
import matplotlib.pyplot as plt # 加载基本绘图包
plt.rcParams['font.sans-serif']=['SimHei']; #SimHei 黑体
pt1.plot(kind='bar',legend=False);
```

Out

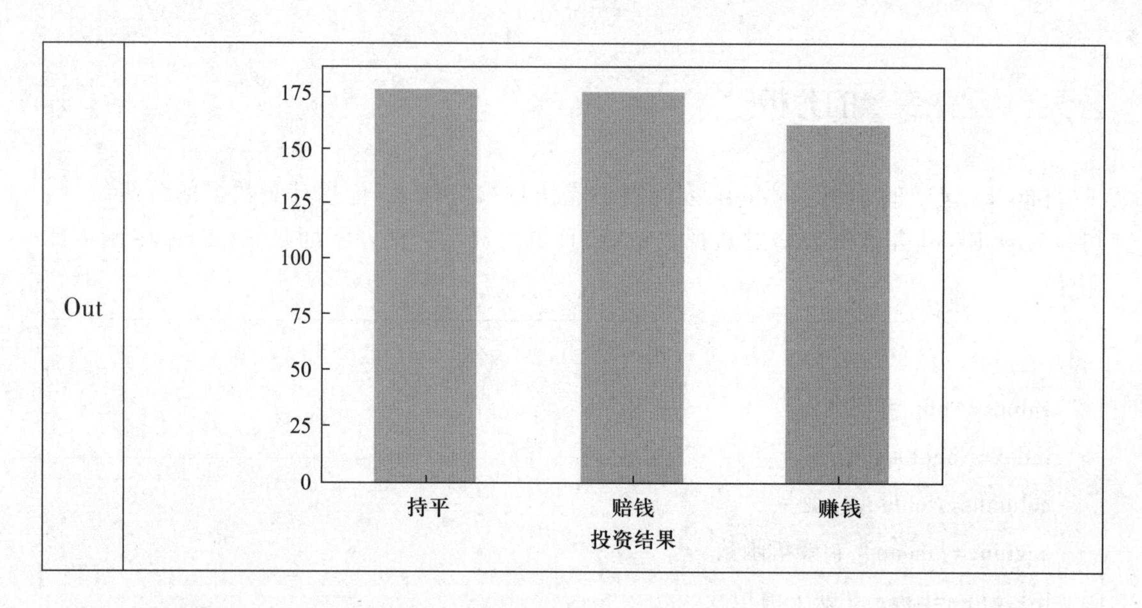

2. 两因素分析

再对性别和投资结果进行交叉分析。

In

```
pt2=d21.pivot_table(['编号'],['性别'],['投资结果'],aggfunc=len); pt2
```

Out

编号			
投资结果	持平	赔钱	赚钱
性别			
女	78	79	47
男	99	96	113

In

```
pt2.plot(kind='barh');
```

Out

男
性别
女
None, 投资结果
(编号，持平)
(编号，赔钱)
(编号，赚钱)
0 20 40 60 80 100

In

```
pt2.plot(kind='bar',subplots=True,legend=False,figsize=(6,8));
```

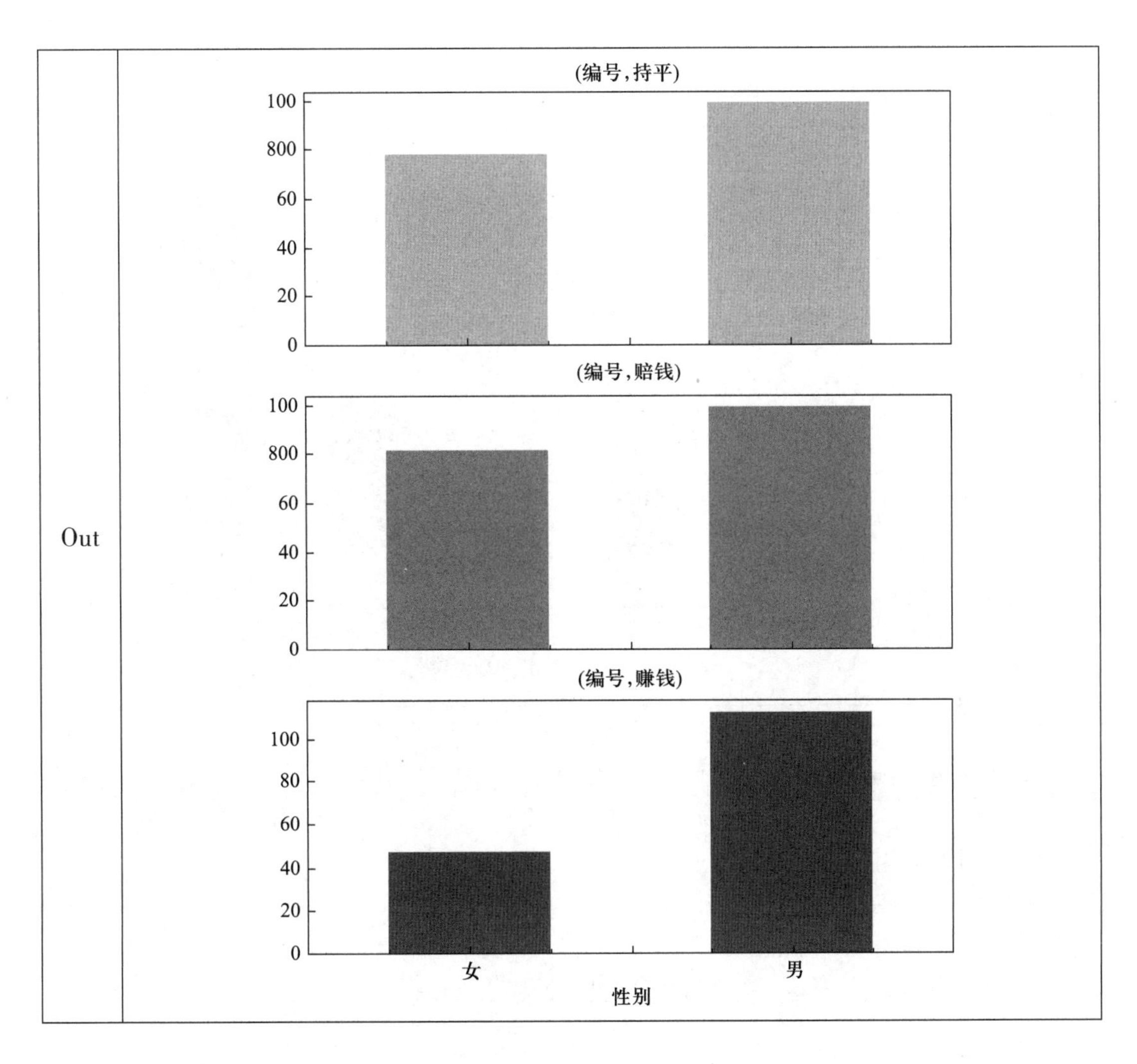

3. 多因素分析

最后对性别、风险意识以及投资结果进行交叉分析。

In

```
pt3=d21.pivot_table('编号',['性别','风险意识'],'投资结果',aggfunc=len,margins=
                True,margins_name='合计')
pt3
```

Out

性别	投资结果 风险意识	持平	赔钱	赚钱	合计
女	无	29	25	9	63
	有	49	53	38	140
男	无	27	32	16	75
	有	71	62	97	230
合计		176	172	160	508

In

```
pt3.plot(kind='bar',stacked=True);
```

Out

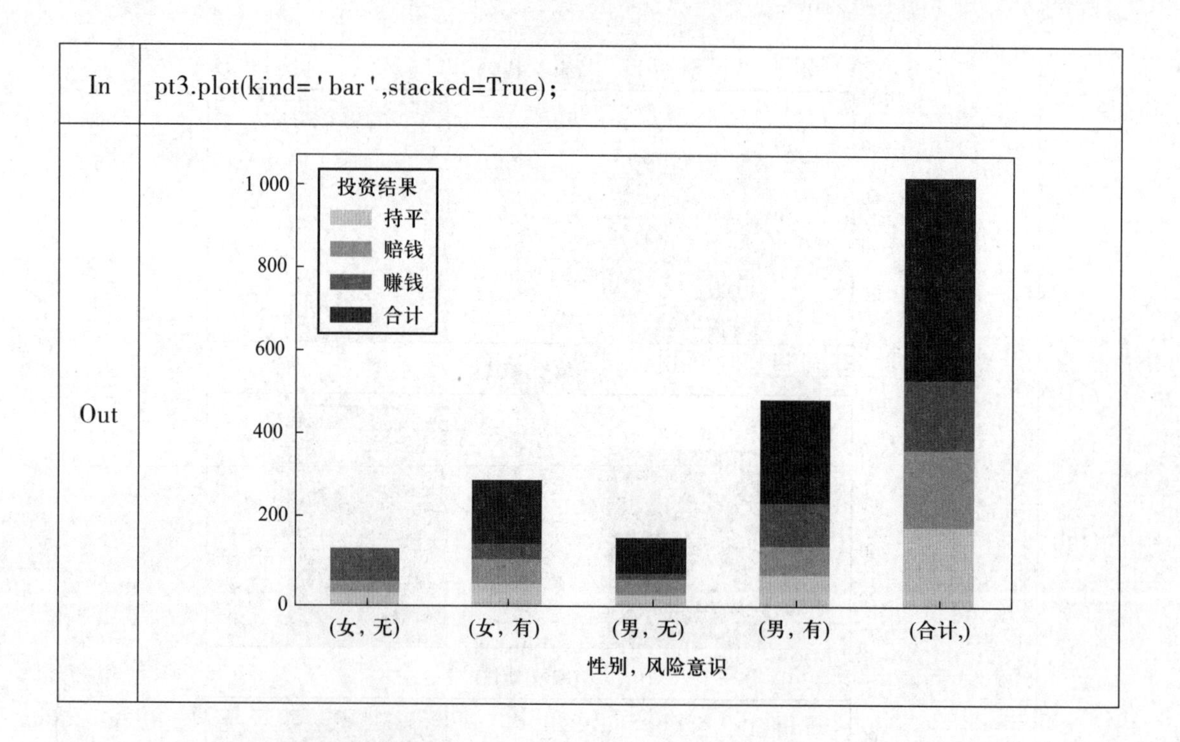

2.5.3 定性定量因素分析

1. 单因素分组

In

```
import numpy as np
pt4=d21.pivot_table("资金规模",'投资结果',aggfunc=[np.size,np.mean,np.std]);
pt4
```

Out

	size	mean	std
	资金规模	资金规模	资金规模
投资结果			
持平	177	43.209040	28.415471
赔钱	175	38.662857	15.063679
赚钱	160	38.119497	15.408926

2. 两因素分组

In

```
pt5=d21.pivot_table('资金规模',['性别','专/兼职'],aggfunc=[np.size,np.mean,np.std],margins=True,margins_name='合计')
pt5
```

Out

性别	专/兼职	size 资金规模	mean 资金规模	std 资金规模
女	专职	45	38.311111	15.415196
	兼职	158	40.452229	19.453246
男	专职	48	34.541667	14.460450
	兼职	260	41.146154	23.294194
合计		510	40.060784	20.853697

3. **多因素分组**

In

```
pt6=d21.pivot_table('资金规模',['性别','专/兼职','风险意识'],
aggfunc=[np.size,np.mean,np.std],margins=True,margins_name='合计')
print(pt6)
```

Out

性别	专/兼职	风险意识	size 资金规模	mean 资金规模	std 资金规模
女	专职	无	14	39.642857	15.750981
		有	31	37.709677	15.485894
	兼职	无	49	37.083333	13.067474
		有	108	42.083333	21.610021
男	专职	无	8	24.875000	13.757466
		有	39	36.794872	13.998458
	兼职	无	67	38.940299	14.362072
		有	191	41.738220	25.722089
合计			506	40.047431	20.871850

案例 2：多元数据的基本统计分析

一、多元数据的管理

多元数据由一些变量和它们的观测值所组成。本例是关于人们对某个问题观点的数据。其中有 6 个变量：地区编号（用数字 A、B、C、D 表示），性别（取值有男、女两种），观点（观测值为支持、反对和不知道三种）、受教育程度（有低、中、高三种取值）、年龄以及月收入和月支出。Excel 文件 mvsCase.xls 的表 Case2 中共输入了 1 200 个观测单位（问卷回答）。可以看到这些变量有定性（属性）变量，也有定量（数值）变量。按照这个数据的格式，每一列为一个变量的不同观测值；而每一行则称为一个观测单位（简称样品）（见图 2-2）。

	A	B	C	D	E	F	G	H
1	序号	地区	性别	受教育程度	观点	年龄	月收入	月支出
2	1	A	女	中	不支持	55	2299	1423
3	2	A	女	低	不支持	39	3378	2022
4	3	A	女	中	支持	33	3460	1868
5	4	B	男	高	支持	41	4564	1918
6	5	B	女	高	不支持	55	3206	1906
7	6	A	女	中	不支持	48	4043	2233
8	7	D	女	高	支持	36	3395	1428
9	8	C	男	中	支持	50	5363	1931
10	9	B	男	中	不支持	49	6227	2608
11	10	D	女	中	不支持	21	2836	1164
1186	1185	B	女	中	支持	39	3100	1744
1187	1186	C	男	高	支持	40	3820	2099
1188	1187	C	男	中	不支持	48	4364	1573
1189	1188	C	男	高	不支持	28	3969	1451
1190	1189	B	女	低	支持	46	3067	1708
1191	1190	D	男	低	支持	41	3518	2294
1192	1191	D	男	低	不支持	42	3822	1759
1193	1192	C	女	中	不支持	29	2401	2133
1194	1193	C	女	低	支持	38	3449	2138
1195	1194	A	女	高	不支持	40	2683	1843
1196	1195	A	女	高	支持	43	3768	1239
1197	1196	C	男	高	NA	51	2268	1315
1198	1197	B	女	中	不支持	45	2869	2479
1199	1198	B	男	中	支持	24	4498	1832
1200	1199	D	男	低	支持	22	3802	1747
1201	1200	B	男	中	不支持	41	3150	1480

图 2-2

二、Jupyter 操作

1. 调入数据

In	Case2=pd.read_excel ('mvsCase.xlsx','Case2'); Case2

	序号	地区	性别	教育程度	观点	年龄	月收入	月支出
0	1	A	女	中	不支持	55	2299	1423
1	2	A	女	低	不支持	39	3378	2022
2	3	A	女	中	支持	33	3460	1868
3	4	B	男	高	支持	41	4564	1918
4	5	B	女	高	不支持	55	3206	1906
...	...	...	...	...	...	...	...	...
1195	1196	C	男	高	NaN	51	2268	1315
1196	1197	B	女	中	不支持	45	2869	2479
1197	1198	B	男	中	支持	24	4498	1832
1198	1199	D	男	低	支持	22	3802	1747
1199	1200	B	男	中	不支持	41	3150	1480

1200 rows × 8 columns

2. 直观分析

（1）定性分析。

In	T1=Case2.pivot_table(['序号'],['地区'],aggfunc=len); T1

	序号
地区	
A	204
B	401
C	384
D	211

In	T1.plot(kind='bar');

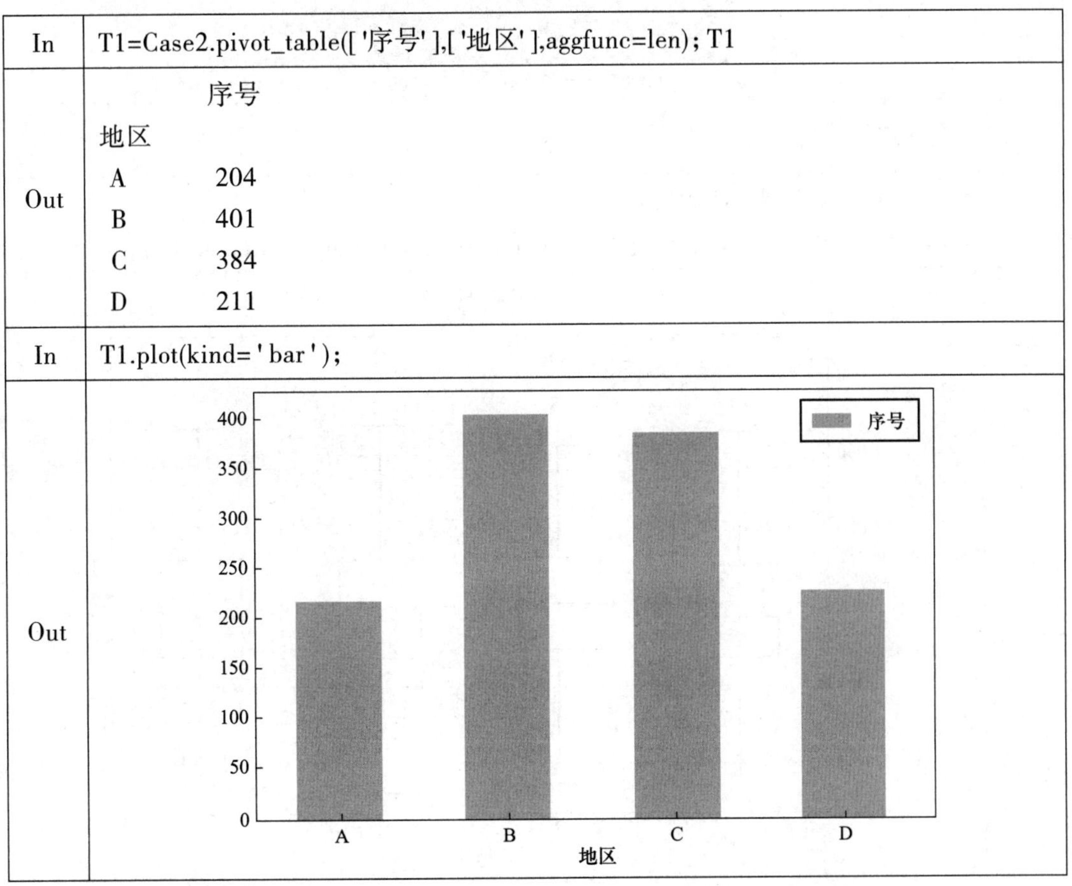

（2）定量分析。

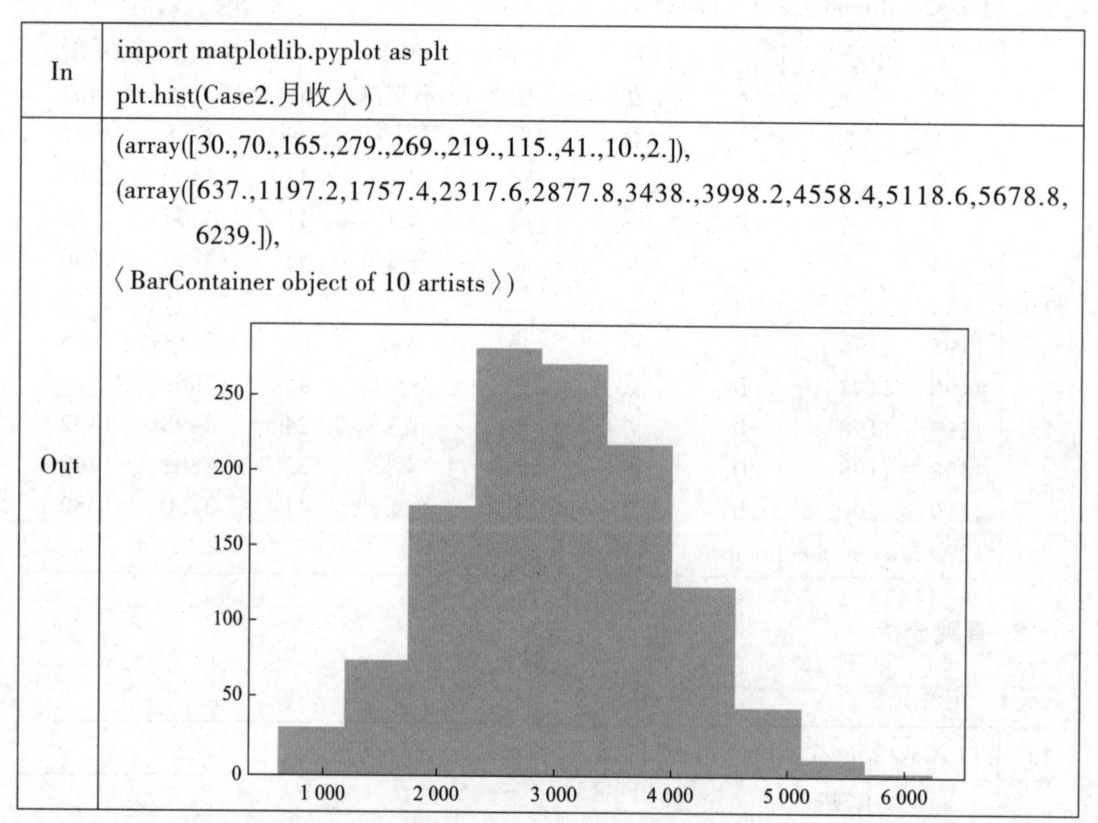

In

```
import matplotlib.pyplot as plt
plt.hist(Case2.月收入)
```

Out

```
(array([30.,70.,165.,279.,269.,219.,115.,41.,10.,2.]),
(array([637.,1197.2,1757.4,2317.6,2877.8,3438.,3998.2,4558.4,5118.6,5678.8,
       6239.]),
〈BarContainer object of 10 artists〉)
```


（3）定性定量分析。

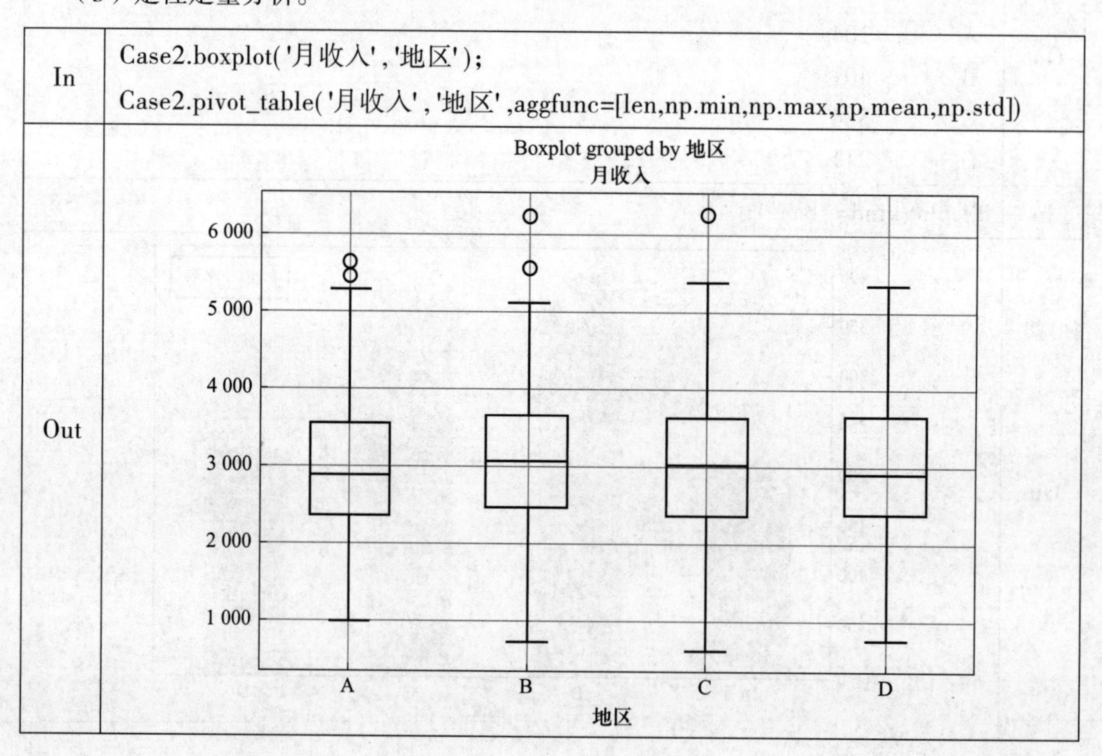

In

```
Case2.boxplot('月收入','地区');
Case2.pivot_table('月收入','地区',aggfunc=[len,np.min,np.max,np.mean,np.std])
```

Out

Out

	len	amin	amax	mean	std
	月收入	月收入	月收入	月收入	月收入
地区					
A	204	977	5611	2927.014706	876.746867
B	401	743	6227	3042.087282	892.115589
C	384	637	6239	3009.752604	919.747652
D	211	778	5321	3008.412322	902.226719

（4）二维列联表分析。

In

```
T2=Case2.pivot_table(['序号'], ['性别'], ['观点'],aggfunc=len);
T2
```

Out

	序号	
观点	不支持	支持
性别		
女	309	286
男	319	282

In

```
T2.plot(kind='bar',legend=False);
```

Out

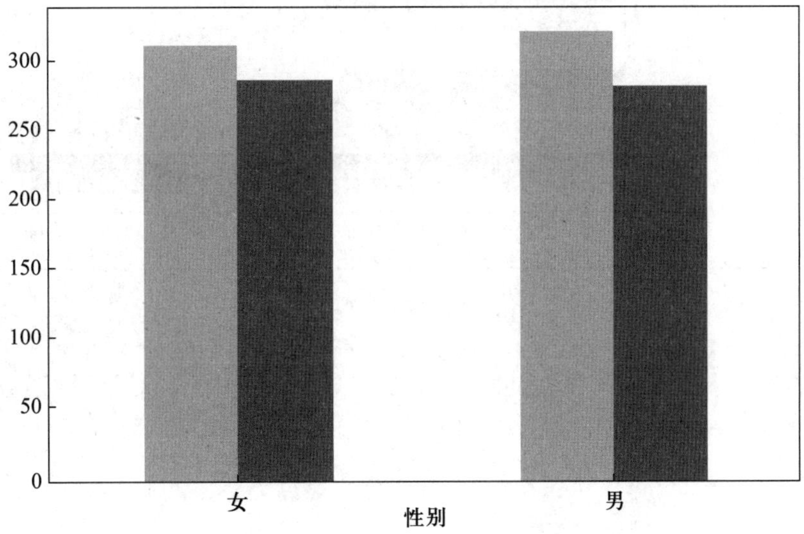

300
250
200
150
100
50
0
女
男
性别

（5）多维列联表分析。

In

```
T3=Case2.pivot_table(['序号'],['性别','教育程度'],['观点'],aggfunc=len);
T3
```

Out

```
                    序号
          观点    不支持   支持
性别  教育程度
 女       中       141    146
          低        82     68
          高        86     72
 男       中       160    128
          低        81     88
          高        78     66
```

In

```
T3.plot(kind='barh',legend=False);
```

Out

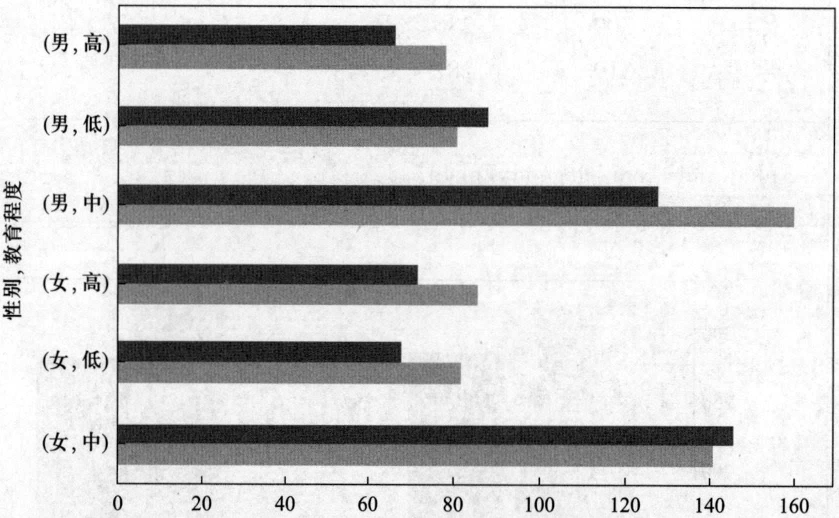

性别，教育程度

(男，高)
(男，低)
(男，中)
(女，高)
(女，低)
(女，中)

0 20 40 60 80 100 120 140 160

三、Spyder 操作

Spyder 操作截图见图 2–3。

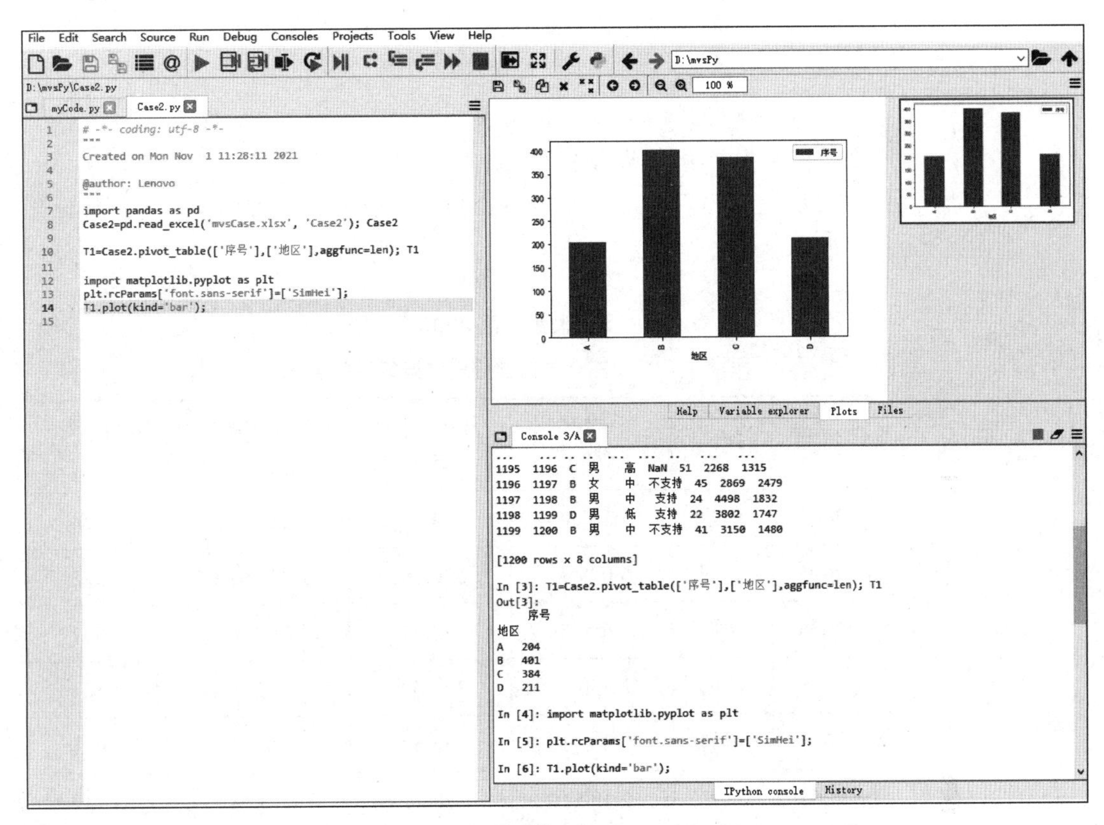

图 2–3

思考与练习

一、思考题（手工解答，纸质作业）

1. 数组、矩阵和数据框有何不同？
2. 如何收集和整理多元统计分析资料？
3. 列出常用的计算基本统计量的 Python 函数。
4. 如何用 Python 命令读取 Excel 数据？
5. 定性数据和定量数据分析有何不同？

二、练习题（计算机分析，电子作业）

1. 某厂对 50 名计件工人某月份工资进行登记，获得以下原始资料（单位：元）。

1 465，1 405，1 355，1 225，1 000，1 760，1 755，1 710，1 605，1 535，

1 985，1 965，1 910，1 845，1 810，2 270，2 240，2 190，2 040，2 010，2 980，2 820，2 600，2 430，2 290，1 375，1 295，1 265，1 175，1 125，1 735，1 645，1 625，1 595，1 575，1 940，1 880，1 865，1 835，1 815，2 220，2 110，2 095，2 030，2 030，2 670，2 550，2 520，2 370，2 320

试按组距为300编制频数表，计算频数、频率和累计频率，并绘制直方图。

（1）写出Python程序。

（2）用Python进行基本统计分析。

2. 表2-3是粤港澳大湾区2005年、2010年和2015年三个年份部分经济运行指标的数据。

表2-3　粤港澳大湾区2005年、2010年和2015年三个年份部分经济运行指标数据

年份	地区	GDP/亿元	从业人员/万人	进出口额/亿美元	专利授权/件
2005	广州	5 187.85	574.46	534.76	5 724
2005	深圳	5 035.77	576.26	1 827.91	8 983
2005	珠海	640.53	94.01	257.26	931
2005	佛山	2 450.67	348.69	257.11	8 704
2005	惠州	805.11	222.62	190.21	651
2005	东莞	2 188.19	388.13	743.68	3 114
2005	中山	894.59	188.85	187.51	2 108
2005	江门	801.70	214.53	90.54	1 553
2005	肇庆	435.95	215.05	21.76	187
2005	香港	14 875.12	353.40	5 888.7	1 669
2005	澳门	990.71	24.80	63.87	3
2010	广州	10 859.29	711.07	1 037.62	15 091
2010	深圳	10 002.22	758.14	3 467.63	34 951
2010	珠海	1 225.88	103.02	434.83	2 768
2010	佛山	5 685.36	443.46	516.58	16 946
2010	惠州	1 741.93	260.14	342.35	1 628
2010	东莞	4 308.92	626.25	1 215.66	20 397

续表

年份	地区	GDP/ 亿元	从业人员 / 万人	进出口额 / 亿美元	专利授权 / 件
2010	中山	1 877.87	207.34	311.13	8 538
2010	江门	1 581.52	249.55	143.33	5 415
2010	肇庆	1 094.06	213.05	43.91	550
2010	香港	15 481.66	363.10	8 232.54	2 601
2010	澳门	1 904.31	32.40	63.83	34
2015	广州	18 313.8	810.99	1 338.62	39 834
2015	深圳	18 014.07	906.14	4 424.55	72 120
2015	珠海	2 066.35	108.92	476.38	6 790
2015	佛山	8 133.66	438.41	657.12	27 523
2015	惠州	3 178.68	281.51	543.56	9 797
2015	东莞	6 374.29	653.41	1 675.43	26 820
2015	中山	3 052.79	210.51	356.01	22 198
2015	江门	2 264.19	242.92	198.31	6 384
2015	肇庆	1 970.01	218.44	82.08	1 726
2015	香港	19 487.44	390.3	9 870.61	2 940
2015	澳门	2 857.47	40.40	119.43	142

请仿照本章 2.5 节和案例 2 的分析方法对该数据进行分析。

第3章
多元数据的Python可视化

本章思维导图

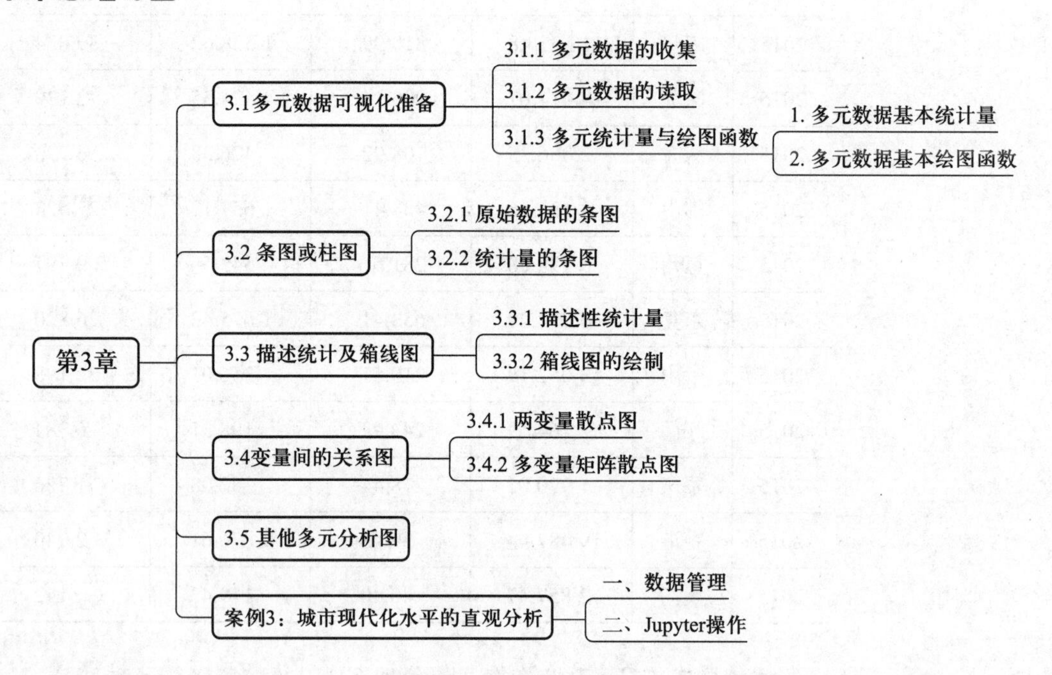

【学习目标】 要求学生了解多元数据的直观表示方法，了解多变量图形的一些特点，并掌握一些复杂数据的图示技术。

【教学内容】 多元数据的直观表示方法，包括条图、箱线图、相关图等统计图形及Python使用，一般的数据表示可用如Excel一类的软件。

图形有助于对所研究数据的直观了解，如果能把一些多元数据直接绘图显示，便可从图形一目了然地看出多元变量之间的关系。当只有1个或2个变量时，可以使用通常的直角坐标系在平面上作图。当有三维变量时，虽然可以在三维坐标系里作图，但已很不方便，而当维数大于3时，用通常的方法已不能制图。

多元统计分析问题的数据维数一般都大于3，所以自20世纪70年代以来多元数据的图示法一直是人们所关注的问题。人们想了不少办法，这些方法大体上分为两类：一类是使高维空间的点与平面上的某种图形相对应,这种图形能反映高维数据的某些特点或数据间的某些关系;另一类是在尽可能多地保留原始数据信息的原则下进行降维,若能使数据维数降至二维或一维,则可在平面上作图。后者可用本书介绍的聚类分析、主成分分析、因子分析、对应分析等方法去解决。本章仅对前者介绍几种可视化方法,更多的可视化方法可在有关专著中找到。

3.1 多元数据可视化准备

3.1.1 多元数据的收集

随着我国国民经济飞速发展,居民可支配收入不断提高。一方面,消费是经济的出发点与落脚点,关系着一国民众的民生幸福;另一方面,消费水平的高低也反映了经济发展的质量。为了解全国居民平均消费水平情况,进一步了解地区差异对居民消费的影响,例 3.1 对各地区居民平均消费情况进行可视化分析。

【例 3.1】 为了研究全国 31 个省、自治区、直辖市(不含港、澳、台)[1]2019 年城镇居民生活消费的分布规律,根据调查资料做区域消费类型划分。在统计分析中,通常把每一行称为一个样品,每一列称为一个变量。此例样品数 n=31,变量个数 p=8。原始数据见表 3-1,数据来自《2020 中国统计年鉴》。[2] 变量解释及单位如下:

食品:人均食品支出(元 / 人)

衣着:人均衣着商品支出(元 / 人)

设备:人均家庭设备用品及服务支出(元 / 人)

医疗:人均医疗保健支出(元 / 人)

交通:人均交通和通信支出(元 / 人)

教育:人均娱乐、教育、文化服务支出(元 / 人)

居住:人均居住支出(元 / 人)

杂项:人均杂项商品和服务支出(元 / 人)

表 3-1 2019 年全国城镇居民家庭平均每人全年消费性支出 单位:元

地区	食品	衣着	设备	医疗	交通	教育	居住	杂项
北京	8 488.5	2 229.5	2 387.3	3 739.7	4 979.0	4 310.9	15 751.4	1 151.9
天津	8 983.7	1 999.5	1 956.7	2 991.9	4 236.4	3 584.4	6 946.1	1 154.9
河北	4 675.7	1 304.8	1 170.4	1 699.0	2 415.7	1 984.1	4 301.6	435.8

① 为行文方便,下文中提到的全国数据都不含港、澳、台数据,以后都不再注明。

② 可直接到国家统计局官方网站下载该数据。

续表

地区	食品	衣着	设备	医疗	交通	教育	居住	杂项
山西	3 997.2	1 289.9	910.7	1 820.7	1 979.7	2 136.2	3 331.6	396.5
内蒙古	5 517.3	1 765.4	1 185.8	2 108.0	3 218.4	2 407.7	3 943.7	597.1
辽宁	5 956.5	1 586.1	1 275.3	2 434.2	2 848.5	2 929.3	4 417.0	756.0
吉林	4 675.4	1 406.8	948.3	2 174.0	2 518.1	2 436.6	3 351.5	564.7
黑龙江	4 781.1	1 437.6	884.8	2 457.1	2 317.4	2 444.9	3 314.2	514.4
上海	10 952.6	2 071.8	2 122.8	3 204.8	5 355.7	5 495.1	15 046.4	1 355.9
江苏	6 847.0	1 573.4	1 496.4	2 166.5	3 732.2	2 946.4	7 247.3	688.1
浙江	8 928.9	1 877.1	1 715.9	2 122.6	4 552.8	3 624.0	8 403.2	801.3
安徽	6 080.8	1 300.6	1 154.3	1 489.9	2 286.6	2 132.8	4 281.3	411.2
福建	8 095.6	1 319.6	1 269.7	1 506.8	3 019.4	2 509.0	6 974.9	619.3
江西	5 215.2	1 077.6	1 128.6	1 264.5	2 104.3	2 094.2	4 398.8	367.3
山东	5 416.8	1 443.1	1 538.9	1 816.5	2 991.5	2 409.7	4 370.1	440.8
河南	4 186.8	1 226.5	1 101.5	1 746.1	1 976.0	2 016.8	3 723.1	354.9
湖北	5 946.8	1 422.4	1 418.5	2 230.9	2 822.2	2 459.6	4 769.1	497.5
湖南	5 771.0	1 262.2	1 226.2	1 961.6	2 538.5	3 017.4	4 306.1	395.8
广东	9 369.2	1 192.2	1 560.2	1 770.4	3 833.6	3 244.4	7 329.1	695.5
广西	5 031.2	648.0	944.1	1 616.0	2 384.7	2 007.0	3 493.2	294.2
海南	7 122.3	697.7	932.7	1 294.0	2 578.2	2 413.4	4 110.4	406.2
重庆	6 666.7	1 491.9	1 392.5	1 925.4	2 632.8	2 312.2	3 851.2	501.3
四川	6 466.8	1 213.0	1 201.3	1 934.9	2 576.4	1 813.5	3 678.8	453.7
贵州	4 110.2	984.0	873.8	1 274.8	2 405.6	1 865.6	2 941.7	324.3
云南	4 558.4	822.7	926.6	1 401.4	2 439.0	1 950.0	3 370.6	311.2
西藏	4 792.5	1 446.3	847.7	519.2	2 015.2	690.3	2 320.6	397.4
陕西	4 671.9	1 227.5	1 151.1	1 977.4	2 154.8	2 243.4	3 625.3	413.3
甘肃	4 574.0	1 125.3	945.3	1 619.3	1 972.7	1 843.5	3 440.4	358.6
青海	5 130.9	1 359.8	953.2	1 995.6	2 587.6	1 731.8	3 304.0	481.8
宁夏	4 605.2	1 476.6	1 144.5	1 929.3	3 018.1	2 352.4	3 245.1	525.5
新疆	5 042.7	1 472.1	1 159.5	1 725.4	2 408.1	1 876.1	3 270.9	441.7

3.1.2 多元数据的读取

在例 3.1 中，第一列为地区名，是字符变量，第 2 到第 9 列为居民消费数据，为数值变量。在数据分析中，通常字符变量是不参与计算的，主要用于标记，在多元统计分析中通常将字符变量变成数据框行名(index)。

In

```
import pandas as pd
pd.set_option('display.max_rows',8)         # 显示最大行数
pd.read_excel('mvsData.xlsx','d31')         # 读取 Excel 数据表中的数据
```

Out

```
    地区   食品     衣着     设备     医疗     交通     教育     居住     杂项
0   北京  8488.5  2229.5  2387.3  3739.7  4979.0  4310.9  15751.4  1151.9
1   天津  8983.7  1999.5  1956.7  2991.9  4236.4  3584.4   6946.1  1154.9
2   河北  4675.7  1304.8  1170.4  1699.0  2415.7  1984.1   4301.6   435.8
3   山西  3997.2  1289.9   910.7  1820.7  1979.7  2136.2   3331.6   396.5
...  ...    ...     ...     ...     ...     ...     ...      ...     ...
27  甘肃  4574.0  1125.3   945.3  1619.3  1972.7  1843.5   3440.4   358.6
28  青海  5130.9  1359.8   953.2  1995.6  2587.6  1731.8   3304.0   481.8
29  宁夏  4605.2  1476.6  1144.5  1929.3  3018.1  2352.4   3245.1   525.5
30  新疆  5042.7  1472.1  1159.5  1725.4  2408.1  1876.1   3270.9   441.7
[31 rows x 9 columns]
```

为了把地区变量设置为行标记,即将第一列字符变量变成数据框的行名,数值变量设置为列变量,可以在 pd.read_excel 函数中设定参数 index_col=0,以供后期使用。

In

```
d31=pd.read_excel('mvsData.xlsx','d31',index_col=0); # 将第一列设置为行标记
print(d31)
```

Out

```
       食品     衣着     设备     医疗     交通     教育     居住     杂项
地区
北京  8488.5  2229.5  2387.3  3739.7  4979.0  4310.9  15751.4  1151.9
天津  8983.7  1999.5  1956.7  2991.9  4236.4  3584.4   6946.1  1154.9
河北  4675.7  1304.8  1170.4  1699.0  2415.7  1984.1   4301.6   435.8
山西  3997.2  1289.9   910.7  1820.7  1979.7  2136.2   3331.6   396.5
...     ...     ...     ...     ...     ...     ...      ...     ...
甘肃  4574.0  1125.3   945.3  1619.3  1972.7  1843.5   3440.4   358.6
青海  5130.9  1359.8   953.2  1995.6  2587.6  1731.8   3304.0   481.8
宁夏  4605.2  1476.6  1144.5  1929.3  3018.1  2352.4   3245.1   525.5
新疆  5042.7  1472.1  1159.5  1725.4  2408.1  1876.1   3270.9   441.7
[31 rows x 8 columns]
```

3.1.3　多元统计量与绘图函数

1. 多元数据基本统计量

设 p 个变量 $\boldsymbol{X}_1$、$\boldsymbol{X}_2$，…，$\boldsymbol{X}_p$ 的样本观测矩阵为 $\boldsymbol{X}=(X_{ij})n\times p$，于是：

（1）变量的均值向量：$\overline{\boldsymbol{X}}=(\overline{X}_1,\overline{X}_2,\cdots,\overline{X}_p)$，其中

$$\overline{X}_j=\frac{1}{n}\sum_{i=1}^{n}X_{ij}(j=1,2,\cdots,p)$$

（2）样本的方差－协方差阵：

$$\boldsymbol{S}=\begin{bmatrix} s_{11} & s_{12} & \cdots & s_{1p} \\ s_{21} & s_{22} & \cdots & s_{2p} \\ \vdots & \vdots & & \vdots \\ s_{p1} & s_{p2} & \cdots & s_{pp} \end{bmatrix}$$

其中 s_{ij} 为变量 X_i 和变量 X_j 之间的协方差，计算公式为

$$s_{ij}=\frac{1}{n-1}\sum_{k=1}^{n}(X_{ik}-\overline{X}_i)(X_{jk}-\overline{X}_j)'(i=1,2,\cdots,p,j=1,2,\cdots,p)$$

（3）变量的相关系数阵：

$$\boldsymbol{R}=\begin{bmatrix} 1 & r_{12} & \cdots & r_{1p} \\ r_{21} & 1 & \cdots & r_{2p} \\ \vdots & \vdots & \ddots & \vdots \\ r_{p1} & r_{p2} & \cdots & 1 \end{bmatrix}$$

式中：r_{ij} 为变量 X_i 和变量 X_j 之间的相关系数。样本相关系数的计算公式为

$$r_{ij}=\frac{s_{ij}}{\sqrt{s_{ii}s_{jj}}}$$

在这里，我们计算各变量的均值、协方差矩阵以及相关系数矩阵。

In	d31.mean（） # 均值向量
Out	食品　6021.254839 衣着　1379.064516 设备　1255.632258 医疗　1932.835484 交通　2867.716129 教育　2492.990323 居住　5059.958065 杂项　551.874194
In	d31.cov（） # 协方差矩阵

Out

	食品	衣着	设备	医疗	交通	教育	居住	杂项
食品	3.19e+06	349943.75	5.50e+05	5.82e+05	1.38e+06	1.28e+06	4.55e+06	381181.67
衣着	3.50e+05	129237.36	1.05e+05	1.65e+05	2.36e+05	2.06e+05	7.51e+05	77244.98
设备	5.50e+05	105269.45	1.42e+05	1.78e+05	3.04e+05	2.83e+05	1.06e+06	85398.43
医疗	5.82e+05	165058.69	1.78e+05	3.71e+05	3.97e+05	4.34e+05	1.38e+06	128981.03
交通	1.38e+06	236432.73	3.04e+05	3.97e+05	7.88e+05	6.98e+05	2.49e+06	210725.26
教育	1.28e+06	205515.36	2.83e+05	4.34e+05	6.98e+05	7.70e+05	2.44e+06	200446.68
居住	4.55e+06	750724.00	1.06e+06	1.38e+06	2.49e+06	2.44e+06	9.78e+06	700751.27
杂项	3.81e+05	77244.98	8.54e+04	1.29e+05	2.11e+05	2.00e+05	7.01e+05	66632.33

In

```
d31.corr() #相关系数矩阵
```

Out

	食品	衣着	设备	医疗	交通	教育	居住	杂项
食品	1.0000	0.5454	0.8163	0.5349	0.8726	0.8159	0.8159	0.8273
衣着	0.5454	1.0000	0.7760	0.7536	0.7407	0.6517	0.6678	0.8324
设备	0.8163	0.7760	1.0000	0.7742	0.9059	0.8552	0.8942	0.8767
医疗	0.5349	0.7536	0.7742	1.0000	0.7341	0.8128	0.7261	0.8201
交通	0.8726	0.7407	0.9059	0.7341	1.0000	0.8958	0.8964	0.9194
教育	0.8159	0.6517	0.8552	0.8128	0.8958	1.0000	0.8885	0.8852
居住	0.8159	0.6678	0.8942	0.7261	0.8964	0.8885	1.0000	0.8681
杂项	0.8273	0.8324	0.8767	0.8201	0.9194	0.8852	0.8681	1.0000

2. 多元数据基本绘图函数

对于多元数据，通常绘制基于数据框（DataFrame）的统计图，即将各列的绘图图线绘制到一张图片当中，并用不同的线条颜色及不同的图例标签来表示。基本绘图函数的格式如下：

```
DataFrame.plot(kind='line', figsize, subplots, layout, …)
```

kind 为图类型，line 表示线图，bar 表示垂直条图，barh 表示水平条图，hist 表示直方图，box 表示箱线图，kde 表示核密度估计图，即对直方图增加密度线，同 'density'，area 表示面积图，pie 表示饼图，scatter 表示散点图。
figsize 表示图形的大小（宽，高），如 figsize=(10, 5)，图宽 10 英寸[1]，高 5 英寸。

① 1 英寸 =2.54 cm。

subplots 表示是否输出子图,默认为 False。
layout 表示子图的布局,如 layout=(2,3)表示行设置 2 个子图,列设置 3 个子图。

数据框有行标签、列标签及分组信息等。要制作一张完整的图表,原本需要很多行 matplotlib 代码,现在利用数据框只需一两条简洁的语句就可以了。pandas 有许多能够利用数据框对象数据组织特点来创建标准图形的绘图方法。

In
```
import matplotlib.pyplot as plt
plt.rcParams['font.sans-serif']=['SimHei'];      #设置中文字体为黑体
```

3.2 条图或柱图

3.2.1 原始数据的条图

1. 基于变量的条图

(1)单变量条图。

In
```
d31['食品'].plot(kind='bar',figsize=(10,5));
```

Out

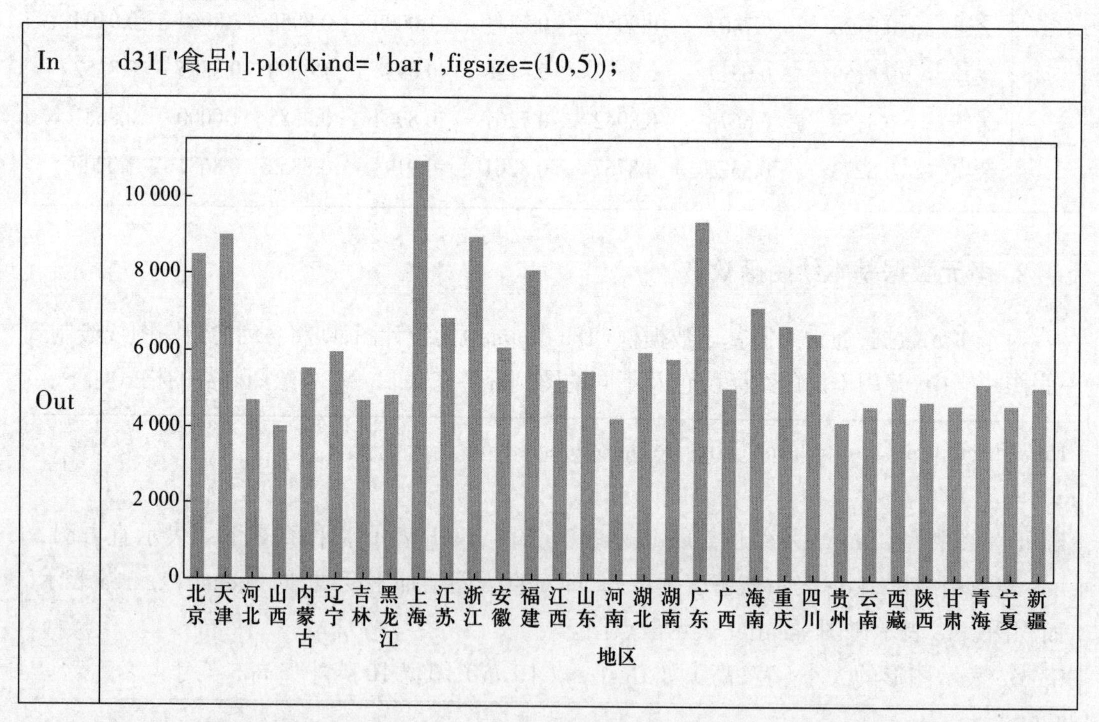

从图中可以看到,总的来说,山西、河南、贵州居民人均食品支出要低于上海、天津和广东等地。

（2）多变量条图。

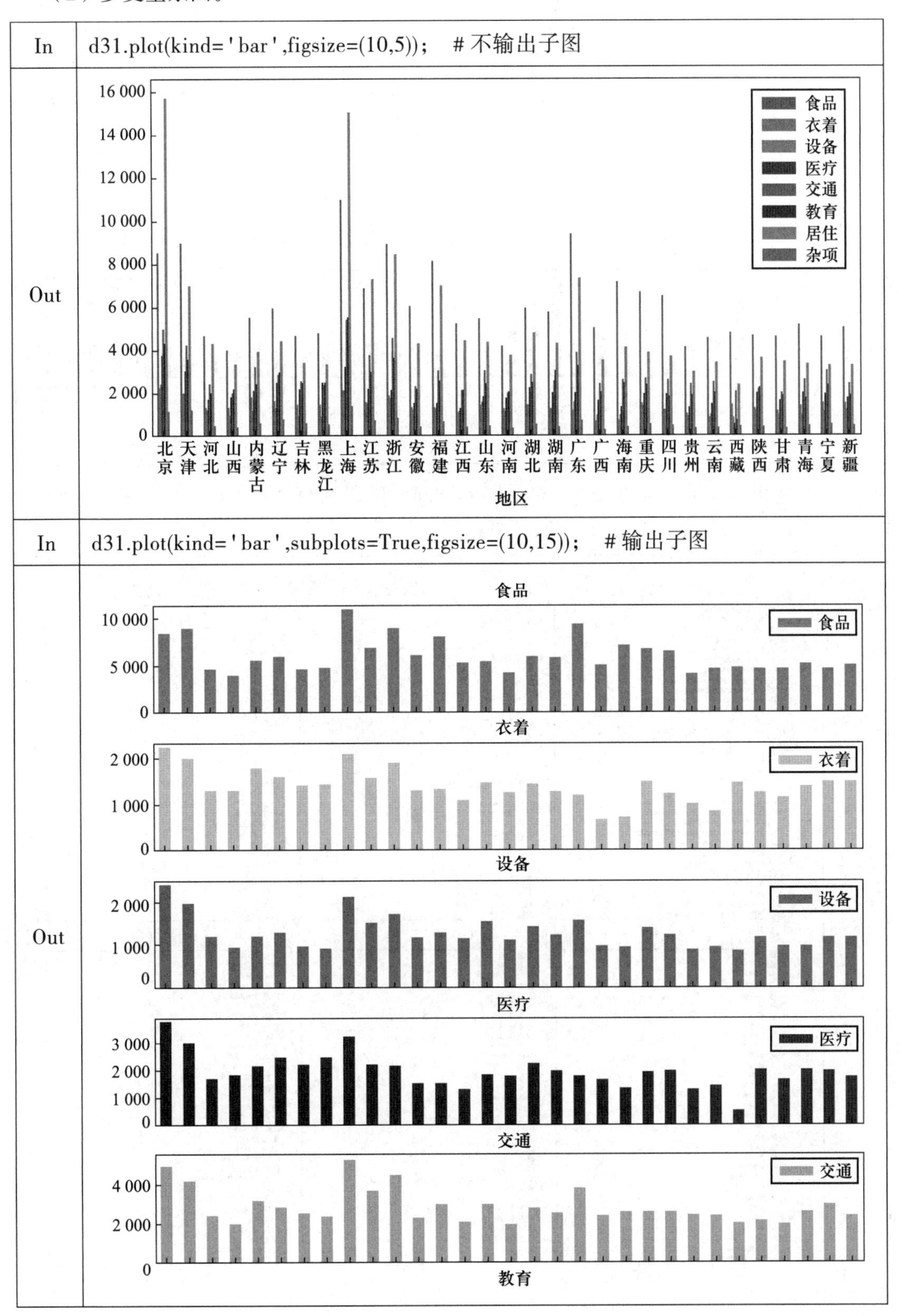
In
d31.plot(kind='bar',figsize=(10,5)); #不输出子图
Out
16 000
14 000
12 000
10 000
8 000
6 000
4 000
2 000
0
食品
衣着
设备
医疗
交通
教育
居住
杂项
北京 天津 河北 山西 内蒙古 辽宁 吉林 黑龙江 上海 江苏 浙江 安徽 福建 江西 山东 河南 湖北 湖南 广东 广西 海南 重庆 四川 贵州 云南 西藏 陕西 甘肃 青海 宁夏 新疆
地区
In
d31.plot(kind='bar',subplots=True,figsize=(10,15)); #输出子图
Out
食品
10 000
5 000
0
衣着
2 000
1 000
0
设备
2 000
1 000
0
医疗
3 000
2 000
1 000
0
交通
4 000
2 000
0
教育

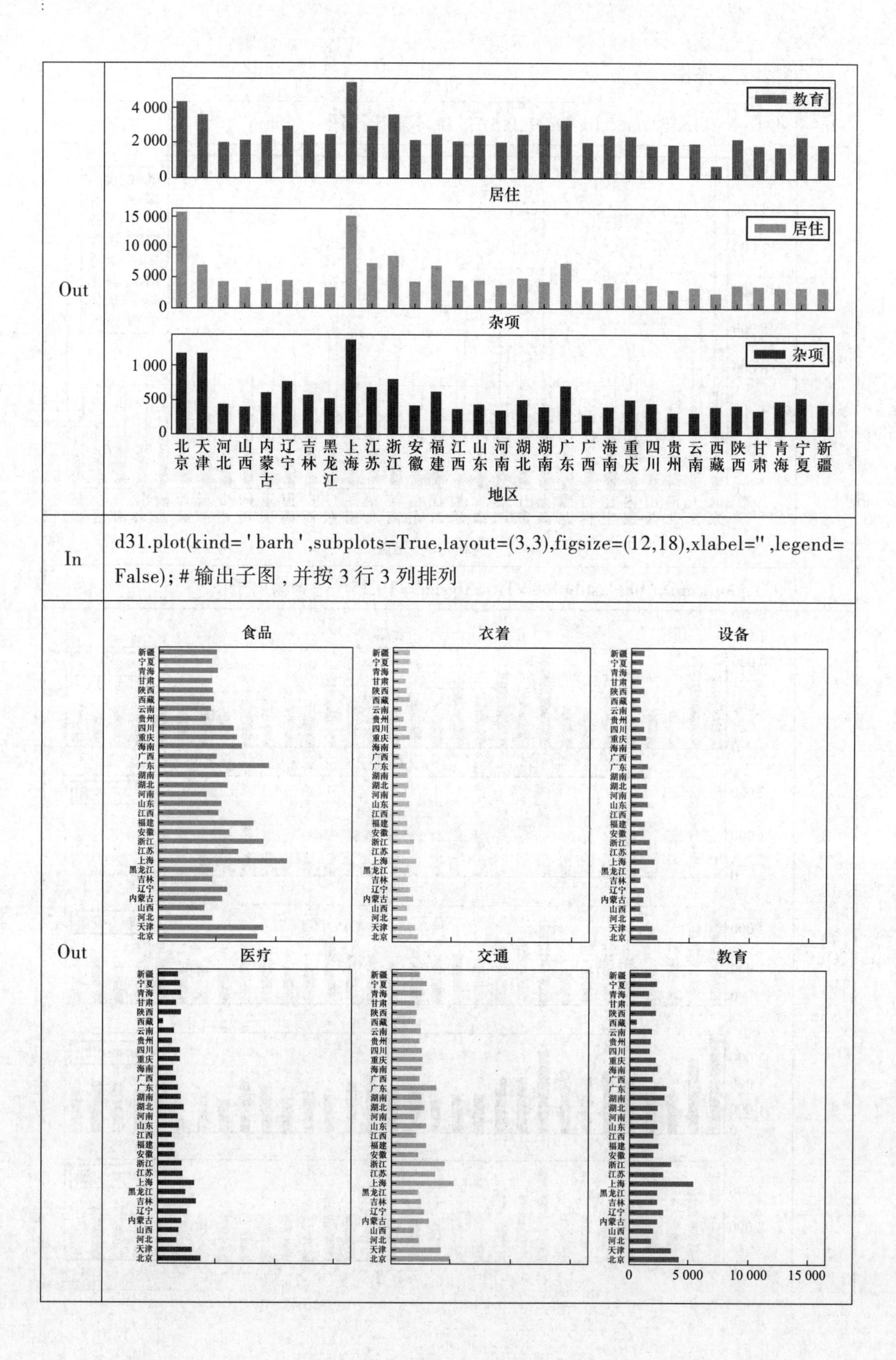
Out
教育
4 000
2 000
0
居住
15 000
10 000
5 000
0
杂项
1 000
500
0
北京 天津 河北 山西 内蒙古 辽宁 吉林 黑龙江 上海 江苏 浙江 安徽 福建 江西 山东 河南 湖北 湖南 广东 广西 海南 重庆 四川 贵州 云南 西藏 陕西 甘肃 青海 宁夏 新疆
地区
In
d31.plot(kind=' barh ',subplots=True,layout=(3,3),figsize=(12,18),xlabel='' ,legend=False); # 输出子图，并按 3 行 3 列排列
Out
食品
衣着
设备
医疗
交通
教育
新疆 宁夏 青海 甘肃 陕西 西藏 云南 贵州 四川 重庆 海南 广西 广东 湖南 湖北 河南 山东 江西 福建 安徽 浙江 江苏 上海 黑龙江 吉林 辽宁 内蒙古 山西 河北 天津 北京
0
5 000
10 000
15 000

Out

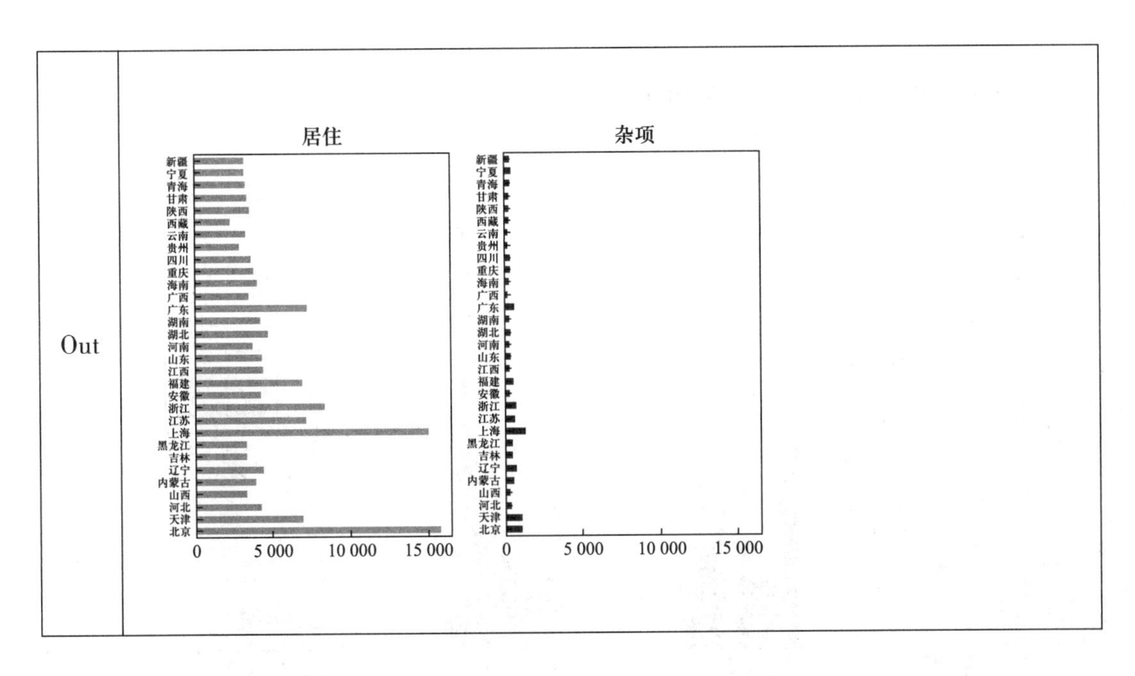

2. 基于样品的条图

（1）单样品条图。

In

```
d31.loc[['北京']].plot(kind='bar',xlabel='');
```

Out

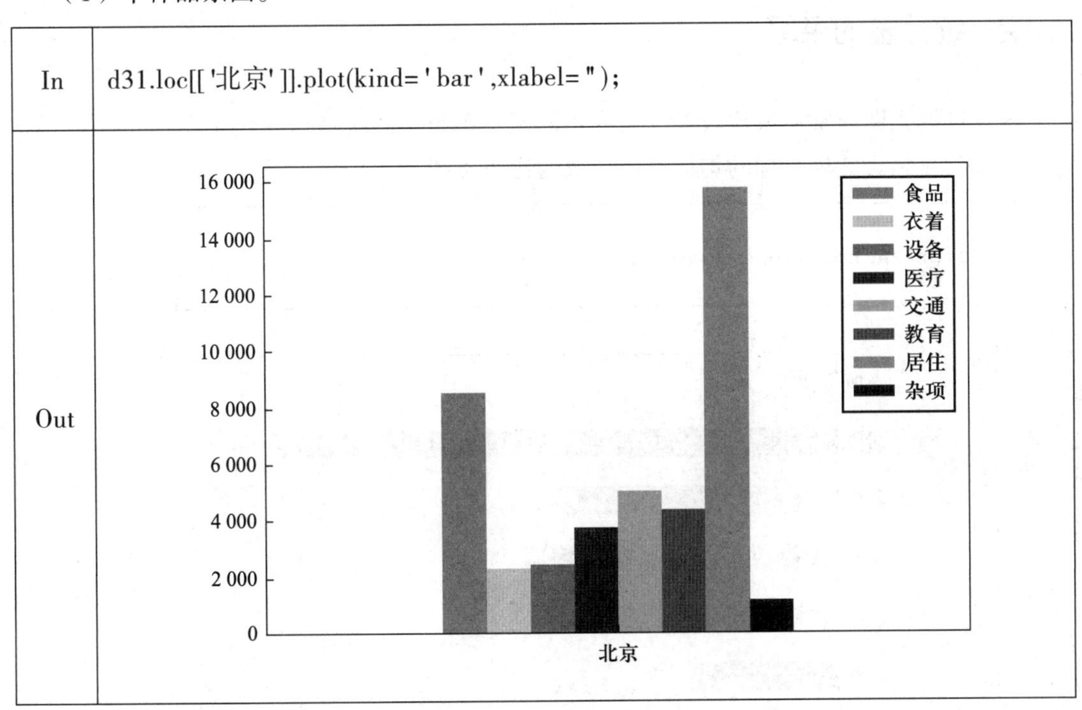

从图中可以看到，北京人均食品和居住支出较高，衣着和设备支出较低。

（2）多样品条图。

从图中可以看到，北京、上海和广东的消费模式基本相同，都是食品与居住支出较高，衣着和设备支出较低。

In	d31.loc[['北京','上海','广东']].plot(kind='bar');
Out	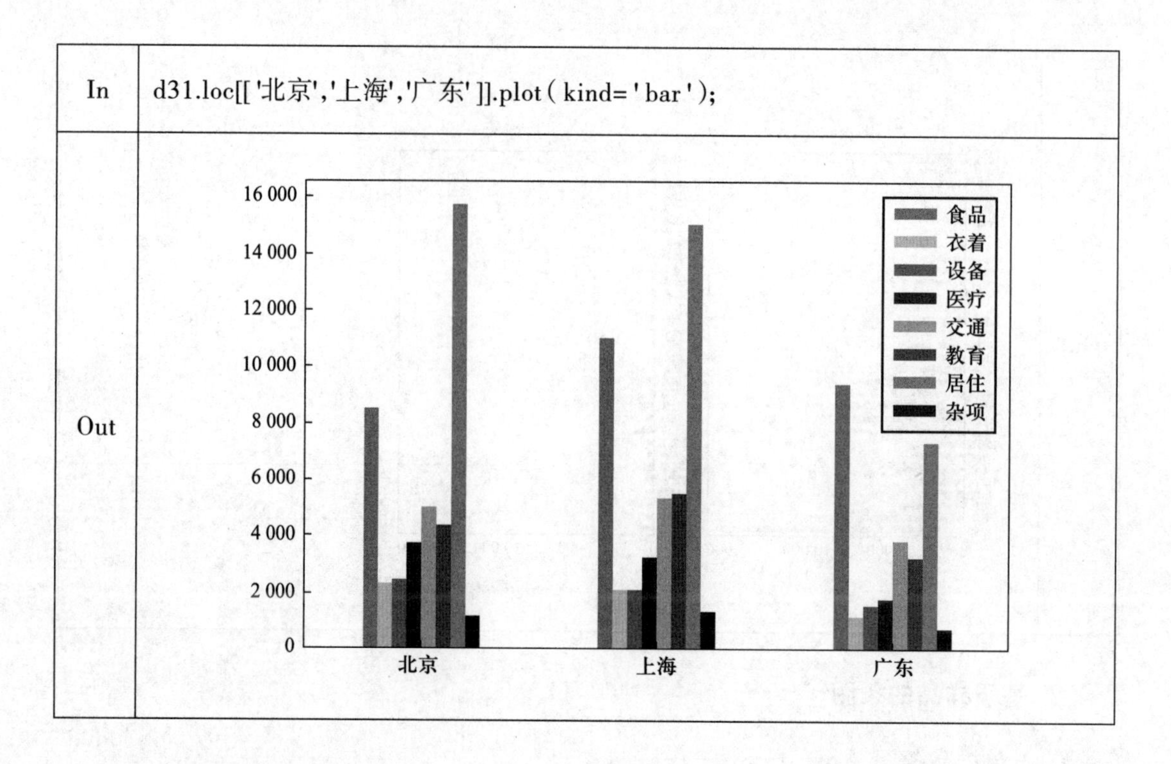

3.2.2 统计量的条图

统计量的条图通常用来比较各变量在不同观察单位上的统计值变化大小，下面是 31 个省、自治区、直辖市 8 项指标的均值和中位数的比较条图。

In	d31.mean().plot(kind='barh');
Out	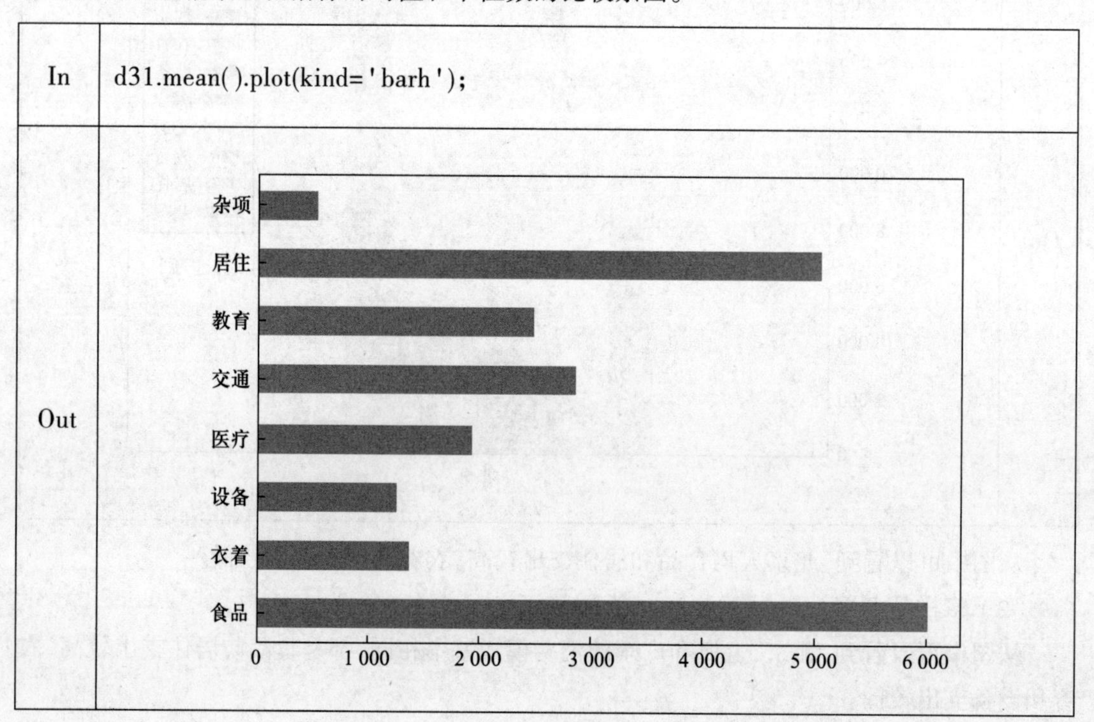

3.3 描述统计及箱线图

3.3.1 描述性统计量

In

```
d31.describe( ).round(1)          # 描述统计量
```

Out

	食品	衣着	设备	医疗	交通	教育	居住	杂项
count	31.0	31.0	31.0	31.0	31.0	31.0	31.0	31.0
mean	6021.3	1379.1	1255.6	1932.8	2867.7	2493.0	5060.0	551.9
std	1784.9	359.5	377.4	609.3	887.9	877.2	3127.0	258.1
min	3997.2	648.0	847.7	519.2	1972.7	690.3	2320.6	294.2
25%	4675.5	1219.8	946.8	1617.6	2351.0	1995.6	3361.0	397.0
50%	5416.8	1359.8	1159.5	1925.4	2576.4	2352.4	3943.7	453.7
75%	6756.8	1484.2	1405.5	2144.6	3018.8	2719.2	4593.0	608.2
max	10952.6	2229.5	2387.3	3739.7	5355.7	5495.1	15751.4	1355.9

3.3.2 箱线图的绘制

Tukey 提出的箱线图是一种用于显示一组数据分散情况的统计图，因形状如箱子而得名。箱线图在很多领域有应用，常见于品质管理。这种图由箱子和其上引出的两个尾组成，用来比较多组数据的分布特征。

箱线图可以比较清晰地表示数据的分布特征。它由 4 部分组成：

（1）箱子上下的横线为样本的 75% 和 25% 分位数，箱子顶部和底部的差值为四分位间距。

（2）箱子中间的横线为样本的中位数。若该横线没有在箱子的中央，则说明样本分布存在偏度。

（3）箱子向上或向下延伸的直线称为“尾线”，若没有异常值，样本的最大值为上尾线的顶部，样本的最小值为下尾线的底部。默认情况下，距箱子顶部或底部大于 1.5 倍四分位间距的值称为异常值。

（4）图中顶部加圆圈的点表示该处数据为异常值。该异常值可能是由输入错误、测量失误或系统误差引起的。对例 3.1 绘制这 31 个省、自治区、直辖市 8 项指标的箱线图。

1）垂直箱线图。

In

```
d3_1.plot.box( )          # 按列作箱线图
```

Out

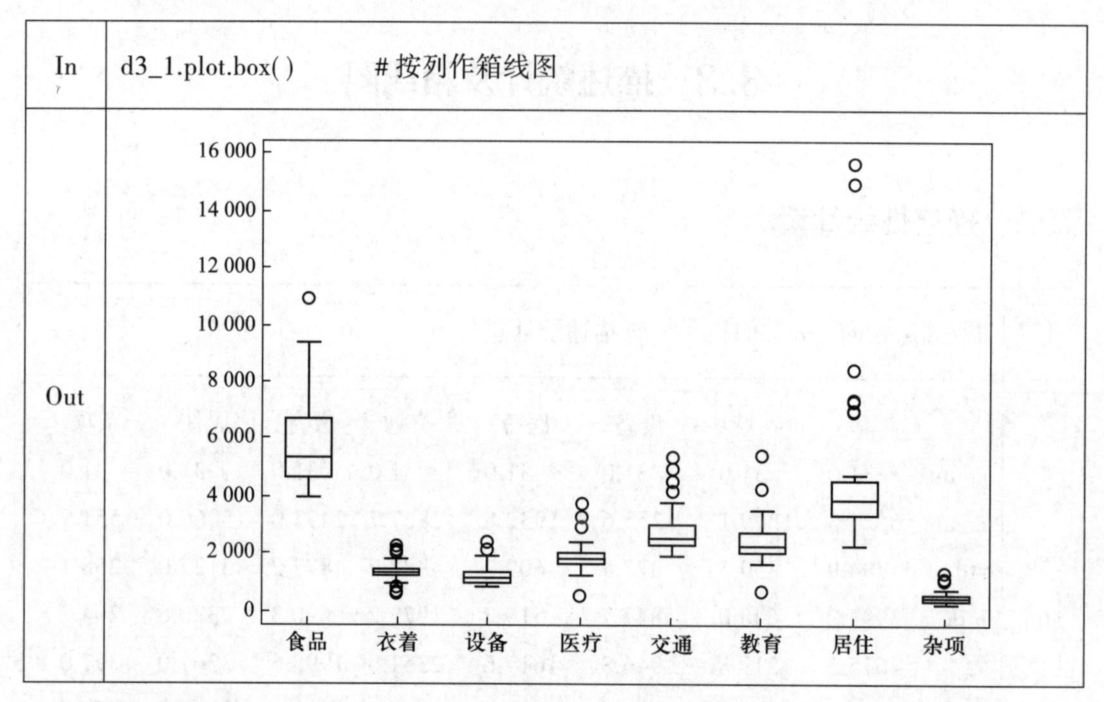

2）水平箱线图。

In

```
d3_1.plot.box(vert=False)      # 箱线图中图形按水平放置
```

Out

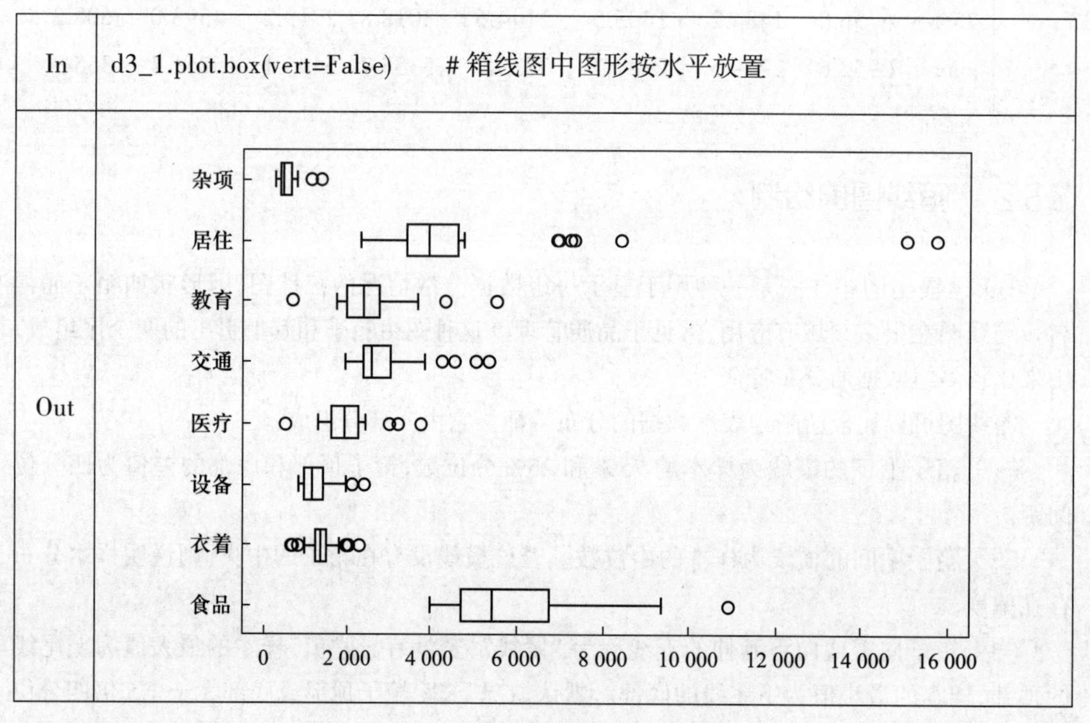

从图中可以看出，人均食品消费支出远高于其他项目，并且在人均食品消费支出中上海特别突出（图中 o 点），北京、上海的人均居住支出远高于其他地区，形成离群值。这也正好表明了箱线图能够快速识别异常值的优点。

3.4 变量间的关系图

3.4.1 两变量散点图

描述两变量之间关系的最直观的图是散点图(scatter)。

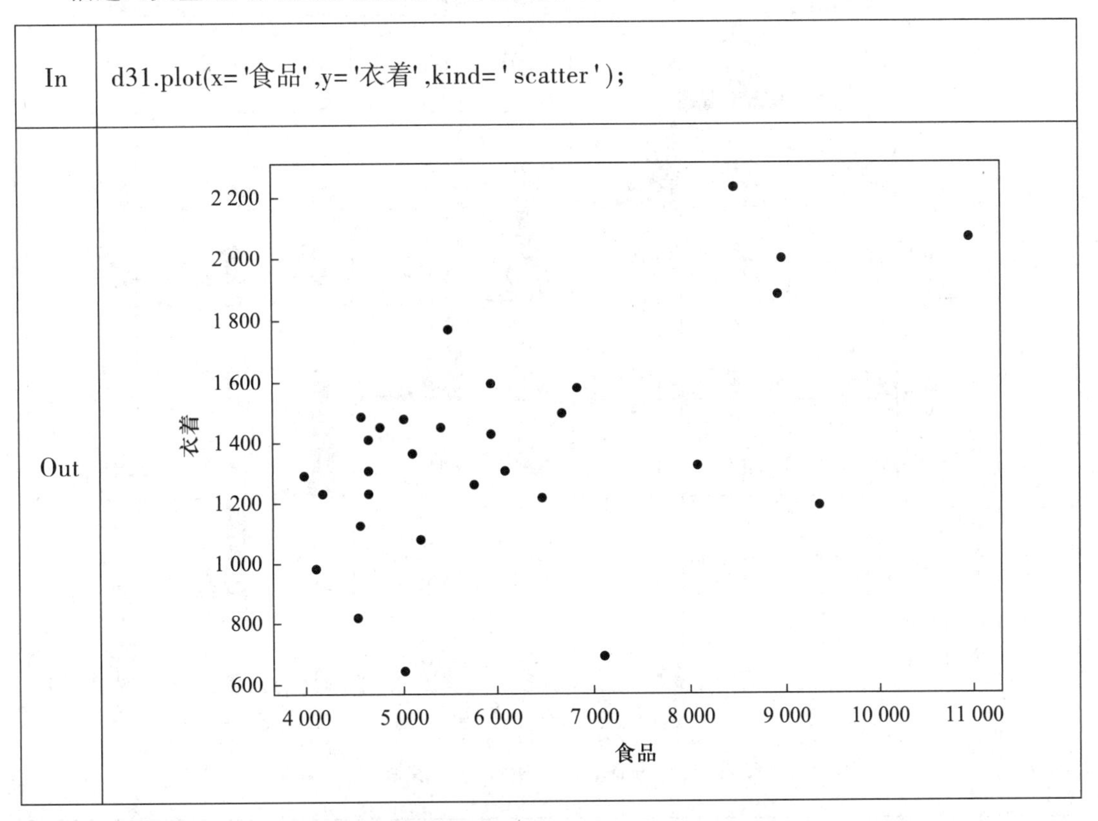

从图中可以看出食品与衣着之间的关系。

一般来说,人们希望能够从数据中回答以下三个问题:

(1)这两个变量是否有关系?这从散点图就很容易看出。

(2)如果有关系,它们的关系是否有意义?这需进行统计检验,具体见第9章线性相关分析。

(3)这些关系是什么关系?是否可以用数学模型来描述?具体见第9章线性回归分析。

3.4.2 多变量矩阵散点图

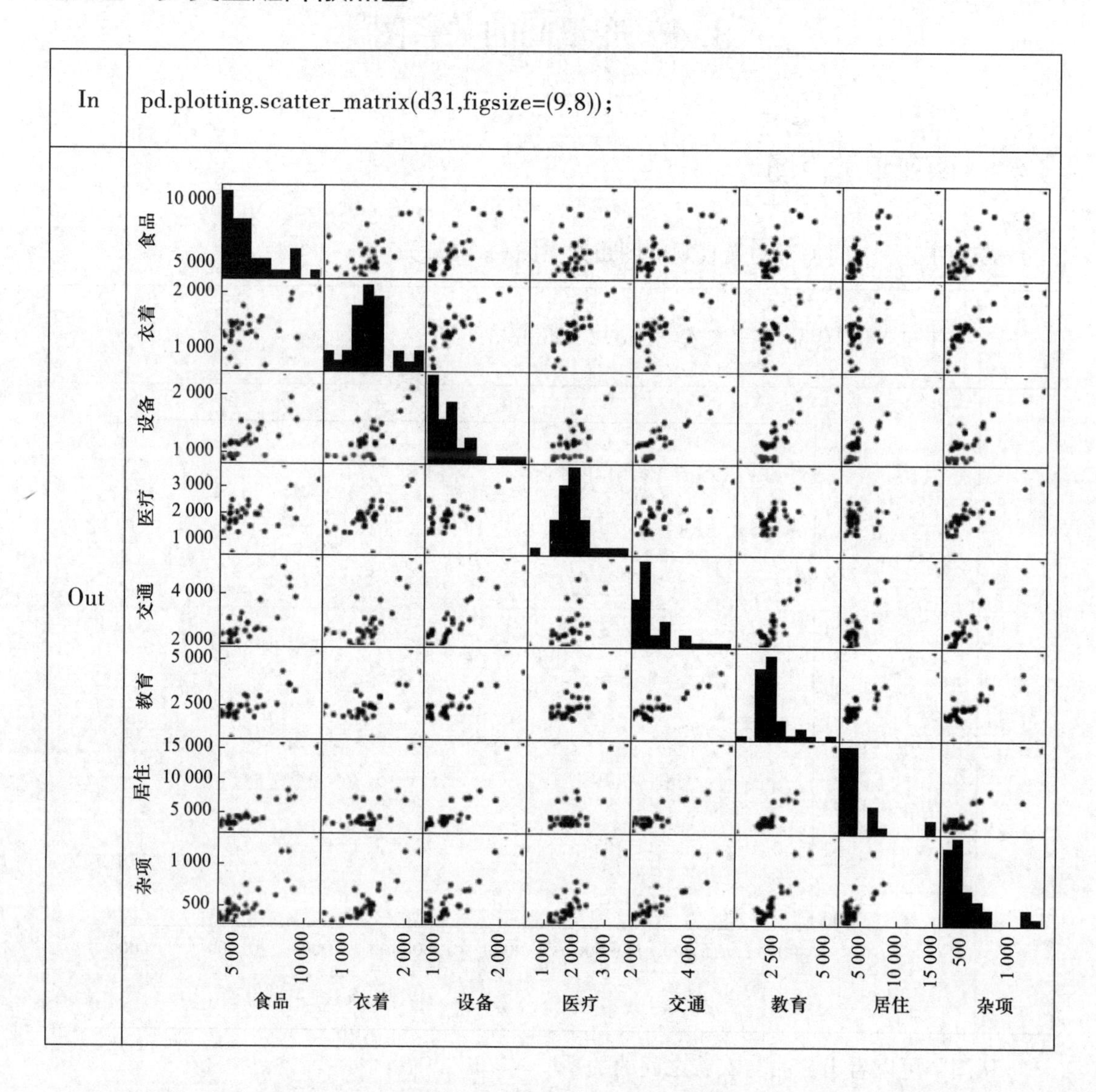

3.5 其他多元分析图

多元数据的图表示法还有很多，详见后面章节，如系统聚类图（4.3）、主成分分析图（6.3）、因子分析图（7.4）、双重信息图（7.4）、对应分析图（8.3）、典型相关图（10.4）、判别分析图（12.2）。

案例 3：城市现代化水平的直观分析

城市现代化的指标体系主要依据城市现代化的特征表现来选取，即城市功能多样化、产业结构高级化、城市经济高效化、城市基础设施现代化、城市环境生态化和城市社会文明化。依据以上特征，力求所选取的指标具有全面性、代表性、简洁性和可操作性，我们提出如下指标体系（读者可扩充）：

城市经济指标，X_1：人均 GDP（元 / 人）；X_2：第三产业增加值占 GDP 比重（%）。

城市社会指标，X_3：城镇人口占常住人口比例（%）。

城市居民生活指标，X_4：居民人均可支配收入（元）；X_5：每 10 万人拥有医生数（名）。

城市人口素质指标，X_6：每万人中专业技术人员数（名）；X_7：每百人公共图书馆藏书数（册）。

城市基础设施指标，X_8：人均道路铺装面积（平方米 / 人）；X_9：每万人拥有公共汽电车数（辆）。

一、数据管理

图 3-1 是广东各地区城市现代化指标体系的数据截图。

地区	X1	X2	X3	X4	X5	X6	X7	X8	X9
广州	57491	59.539	91.51	76828.83	715	8.77	13.17068	187.3963	388.1707
深圳	60801	46.6122	100	177506.73	4348	8.79	102.8308	274.0615	638.6522
珠海	45284	43.5373	87.9	53668.53	993	18.56	13.15848	42.4107	196.5402
汕头	13284	42.2196	72.34	15068.48	320	4.77	0.93792	50.4039	103.1505
佛山	41266	36.4228	78.39	66541.98	206	3.09	4.55315	60.6522	210.1388
韶关	21124	44.4195	49.76	20124.57	51	1.11	2.42531	23.1507	225.554
河源	17157	47.954	32.47	17191.05	23	0.72	2.37522	27.5387	186.5749
梅州	19579	36.0859	41.63	19983.73	52	1.11	3.02537	10.0846	299.2843
惠州	28930	34.099	55.01	29234.73	800	2.24	4.63003	45.1559	249.4103
汕尾	12278	36.0667	51.88	9040.29	464	0.58	2.51819	41.032	175.1539
东莞	33263	42.4345	73	104333.23	1096	13.66	3.16933	398.6743	361.0625
中山	36207	35.2204	74.3	51488.42	3500	3.99	5.15552	41.4785	237.1822
江门	26908	42.724	56.78	21950.24	244	3.08	3.893	39.6025	208.7723
阳江	18417	44.5762	44.1	14546.46	93	1.06	2.18898	61.5622	183.3071
湛江	26593	33.0674	39.7	19454.09	358	1.03	3.10863	40.1158	199.9586
茂名	25269	43.2705	39.3	11993.41	166	0.55	1.24433	18.5661	111.7429
肇庆	27165	58.9097	38.99	30750.15	310	1.16	5.18702	60.1364	289.7293
清远	15662	45.0777	38.5	19245.04	463	1.52	3.08597	61.5356	168.9934
潮州	18670	48.4535	53.6	34263.68	524	0.81	2.91036	81.4901	248.8359
揭阳	13989	42.526	41.2	15754.39	471	0.46	0.84071	42.0357	132.2624
云浮	17330	32.9093	37.3	16761.5	112	0.25	3.09097	31.261	198.1033

图 3-1

二、Jupyter 操作

1. 调入数据：在 Jupyter 编辑器中执行

In	Case3= pd.read_ excel('mvsCase.xlsx','Case3',index_ col=0);Case3

Out

	X1	X2	X3	X4	X5	X6	X7	X8	X9
地区									
广州	57491	59.5390	91.51	76828.83	714.911	8.7661	13.17068	187.3963	388.1707
深圳	60801	46.6122	100.00	177506.73	4347.830	8.7913	102.83076	274.0615	638.6522
珠海	45284	43.5373	87.90	53668.53	993.304	18.5633	13.15848	42.4107	196.5402
汕头	13284	42.2196	72.34	15068.48	319.595	4.7689	0.93792	50.4039	103.1505
…	…	…	…	…	…	…	…	…	…
清远	15662	45.0777	38.50	19245.04	462.895	1.5165	3.08597	61.5356	168.9934
潮州	18670	48.4535	53.60	34263.68	523.865	0.8095	2.91036	81.4901	248.8359
揭阳	13989	42.5260	41.20	15754.39	471.401	0.4628	0.84071	42.0357	132.2624
云浮	17330	32.9093	37.30	16761.50	112.399	0.2479	3.09097	31.2610	198.1033

21 rows × 9 columns

2. 变量的直观分析

（1）单变量条图。

In	Case3.X1.plot(kind='bar',figsize=(9,5));

Out

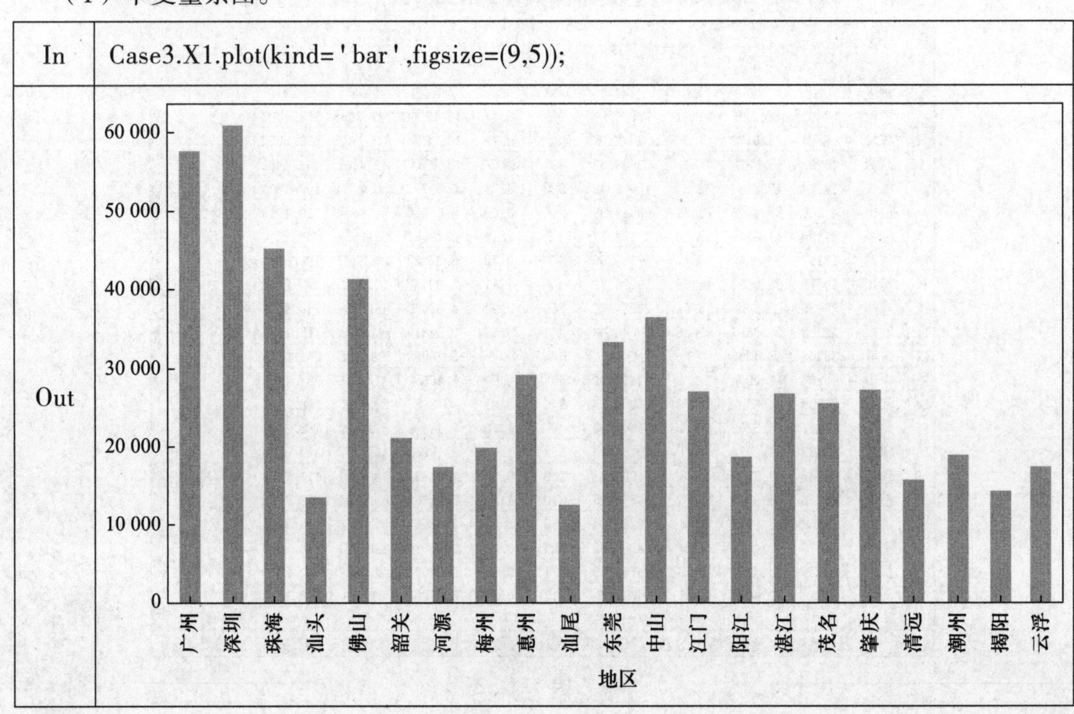

（2）多变量条图。

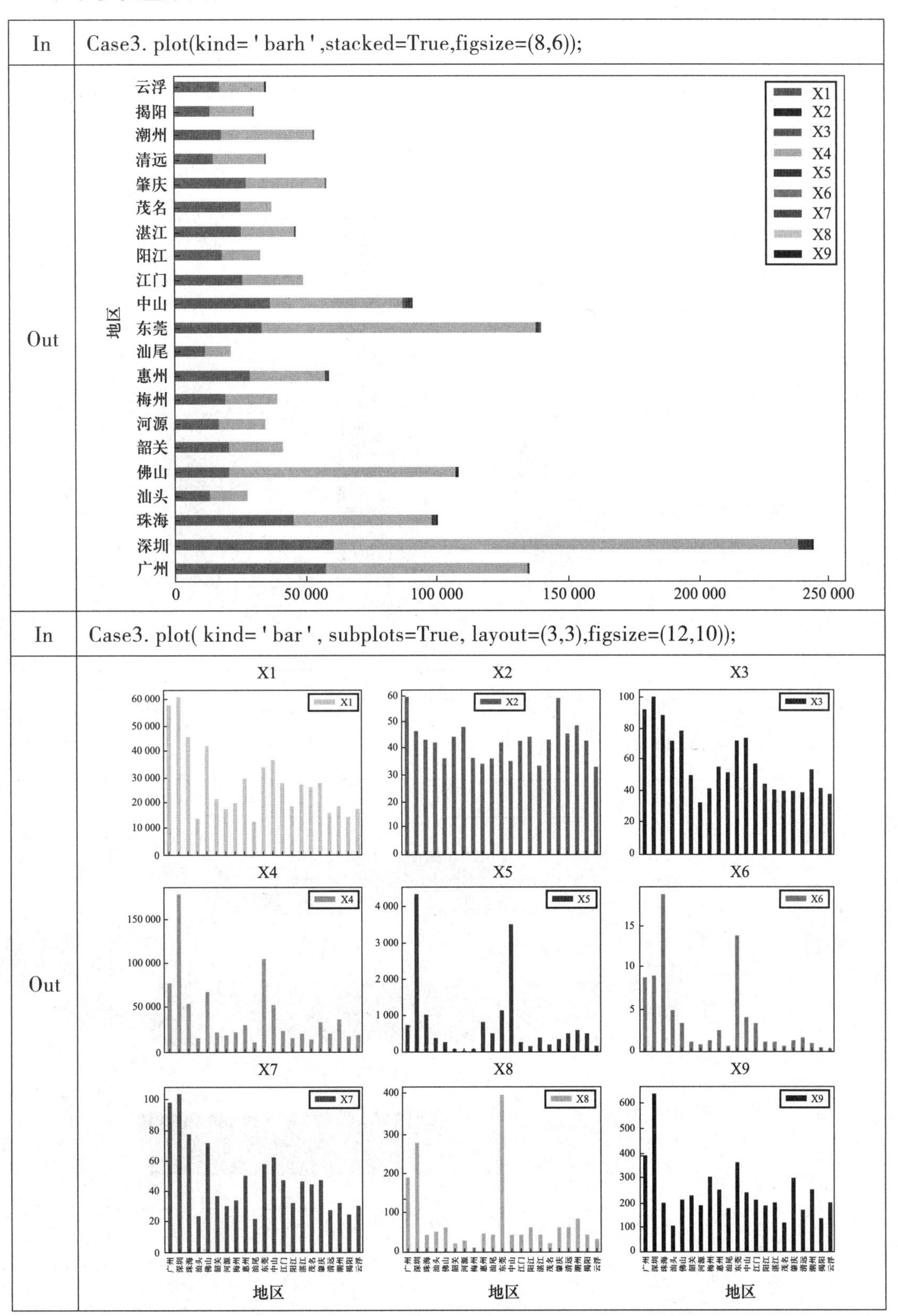
In
Case3. plot(kind='barh',stacked=True,figsize=(8,6));
Out
地区
云浮
揭阳
潮州
清远
肇庆
茂名
湛江
阳江
江门
中山
东莞
汕尾
惠州
梅州
河源
韶关
佛山
汕头
珠海
深圳
广州
0
50 000
100 000
150 000
200 000
250 000
X1
X2
X3
X4
X5
X6
X7
X8
X9
In
Case3. plot(kind='bar', subplots=True, layout=(3,3),figsize=(12,10));
Out
X1
X2
X3
X4
X5
X6
X7
X8
X9
地区
地区
地区

3. 地区的直观分析

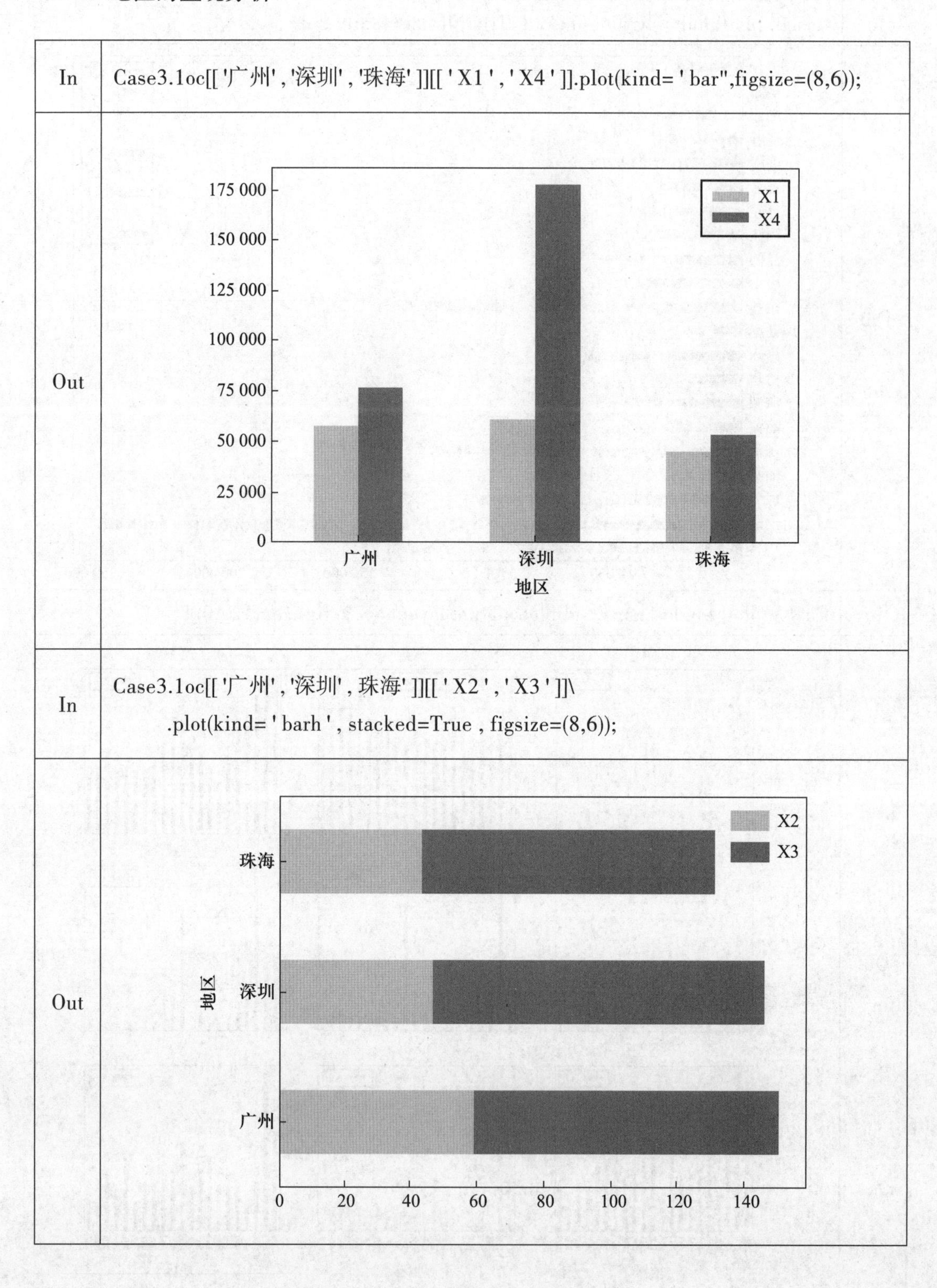

In	Case3.loc[['广州' , '深圳' , '珠海']][[' X1 ' , ' X4 ']].plot(kind= ' bar",figsize=(8,6));
Out	
In	Case3.loc[['广州' , '深圳' , 珠海']][[' X2 ' , ' X3 ']]\ .plot(kind= ' barh ' , stacked=True , figsize=(8,6));
Out	

思考与练习

一、思考题（手工解答，纸质作业）

1. 条图的绘制要注意哪些事项？

2. 箱线图的组成和作用是什么？

3. 除了书中列举的多元统计图外，请给出其他5种表示多元数据的统计图。

二、练习题（计算机分析，电子作业）

1. 请对第2章练习题2的粤港澳大湾区经济数据进行可视化分析。

2. 表3-2是某年广东省各市高新技术产品情况。

表3-2 2004年广东省各市高新技术产品情况

地区	工业总产值/亿元	工业增加值/亿元	产品销售收入/亿元	产品出口销售收入/亿美元
广州	1 486.05	478.55	1 454.67	31.75
韶关	28.55	7.56	27.75	0.77
深圳	3 266.52	940.86	3 120.18	350.60
珠海	465.07	74.60	447.08	37.74
汕头	147.73	43.80	140.01	5.39
佛山	930.49	191.99	891.08	45.63
江门	251.23	52.86	235.79	6.90
湛江	75.66	21.38	72.70	1.34
茂名	25.37	10.37	23.26	0.10
肇庆	70.06	16.90	65.64	3.17
惠州	525.67	109.43	495.99	40.52
梅州	18.09	4.72	16.97	0.26
汕尾	26.21	7.66	25.79	1.44
河源	2.41	0.68	2.17	0.01
阳江	29.52	8.78	26.52	0.51
清远	18.93	3.08	18.34	1.02
东莞	679.87	128.34	673.82	51.20
中山	414.64	77.25	390.16	25.87
潮州	40.98	8.21	40.19	1.94
揭阳	26.34	6.88	25.05	0.41
云浮	18.77	5.85	16.08	0.64

试对该资料按本章讲的多元图示方法进行直观分析。

中篇
多元数据的无监督机器学习

现实生活中常常会有这样的问题：由于缺乏足够的先验知识，因此难以人工标注类别或进行人工类别标注的成本太高。很自然地，我们希望计算机能代我们完成这些工作，或至少提供一些帮助。根据类别未知（没有被标记）的训练样本解决模式识别中的各种问题，称之为无监督机器学习。

无监督机器学习中的典型算法是聚类分析。聚类分析的目的是把分类对象按一定规则分成若干类，这些类不是事先给定的，而是根据数据的特征确定的。因此，聚类分析通常只需要知道如何计算相似度就可以开始工作了。

常用的无监督机器学习算法还有综合评价法、主成分分析方法、因子分析方法、对应分析法等。

第4章
聚类分析及Python分类

本章思维导图

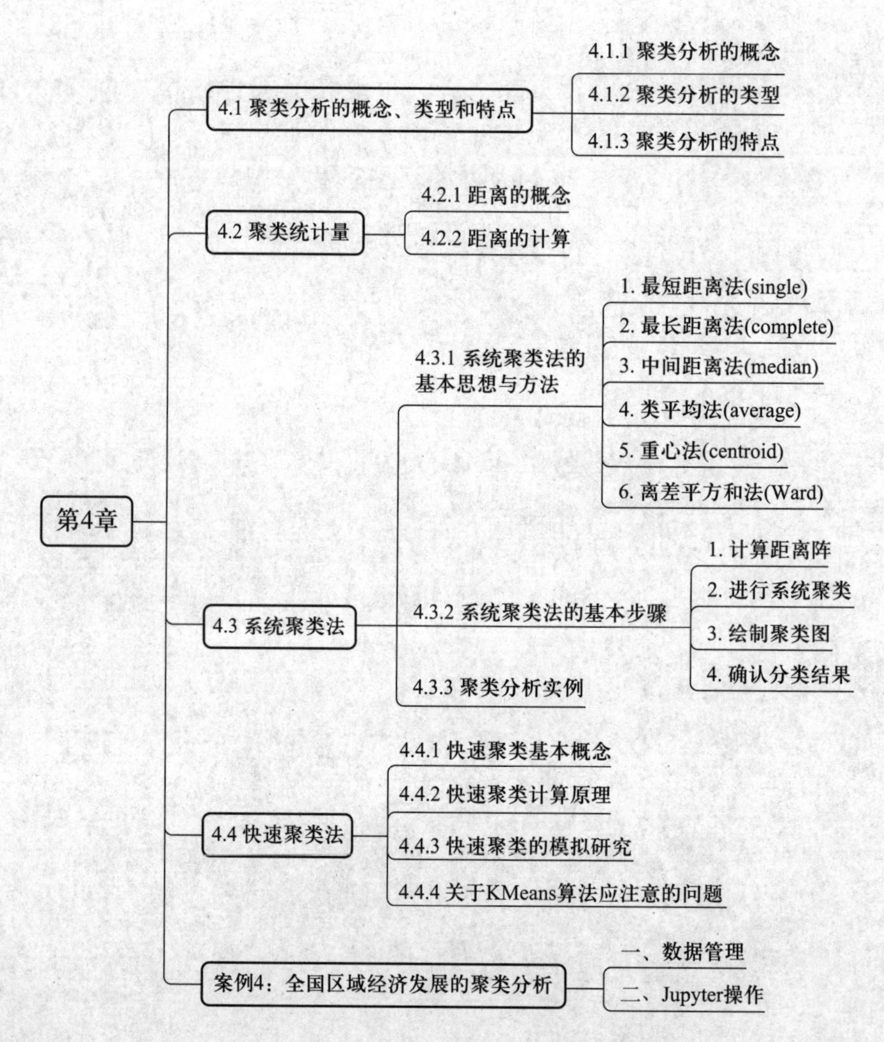

【学习目标】 要求学生理解聚类分析的目的、意义、统计思想。熟悉Q型样品聚类分析常用统计量的定义。了解6种系统聚类方法，掌握Python中最长(短)法、距离法、类平均法、重心法和Ward法的具体使用步骤。了解Python中KMeans聚类的基本用法。

【教学内容】 聚类分析的目的和意义。聚类分析中所使用的几种尺度的定义。6种系统聚类方法的定义及其基本性质。实际问题中选用聚类方法与对应距离的原则。Python程序中有关聚类分析的算法基础。Python中KMeans聚类的方法和用法。

4.1 聚类分析的概念、类型和特点

4.1.1 聚类分析的概念

聚类分析法(Cluster Analysis)是研究“物以类聚”的一种统计分析方法。在社会生活的众多领域,都需要采用聚类分析做分类研究。过去人们主要靠经验和专业知识作定性分类处理,很少利用数学方法,致使许多分类带有主观性和任意性,不能很好地揭示客观事物内在的本质差别和联系,特别是对于多指标的分类问题,定性分类更难以实现准确分类。为了克服定性分类的不足,多元统计分析逐渐被引入数值分类学,形成了聚类分析这个分支。

聚类分析方法近十年来发展很快,并且在经济、管理、地质勘探、天气预报、生物分类、考古学、医学、心理学以及制定国家和区域标准等方面都取得了很有成效的应用,因而也使其成为目前国内外较为流行的多变量统计分析方法之一。

聚类分析的目的是把分类对象按一定规则分成若干类,这些类不是事先给定的,而是根据数据的特征确定的。在同一类中这些对象在某种意义上趋向于彼此相似,而在不同类中对象趋向于不相似。

4.1.2 聚类分析的类型

在实际问题中经常要将一些东西进行分类。例如,在古生物研究中,需要根据挖掘出来的骨骼的形状和大小进行科学的分类;在地质勘探中,需要通过矿石标本的物探、化探指标对标本进行分类。又如在经济区域的划分中,需要根据各主要经济指标将全国各地区分成几个区域。这里骨骼的形状和大小,标本的物探、化探指标以及经济指标是我们用来分类的依据,称它们为指标(或变量),用 $X_1, X_2, X_3, \cdots, X_p$ 表示,p 是变量的个数;需要进行分类的骨骼、矿石和地区称作样品,用 $1,2,3,\cdots,n$ 表示,n 是样品的个数。聚类分析的数据结构见表 4–1。

在聚类分析中,基本的思想是认为所研究的样品或指标(变量)之间存在着程度不同的相似性(亲疏关系)。于是根据一批样品的多个观测指标,具体找出一些能够度量样品(指标)之间相似程度的统计量,以这些统计量为划分类型的依据,把一些相似程度较大的样品

表 4-1 聚类分析数据结构表

样品	变量			
	X_1	X_2	…	X_p
1	x_{11}	x_{12}	…	x_{1p}
2	x_{21}	x_{22}	…	x_{2p}
3	x_{31}	x_{32}	…	x_{3p}
⋮	⋮	⋮	⋮	⋮
n	x_{n1}	x_{n2}	…	x_{np}

(指标)聚合为一类,把另外一些彼此之间相似程度较大的样品(指标)聚合为另一类,关系密切的聚合到一个小的分类单位,关系疏远的聚合到一个大的分类单位,直到把所有样品(指标)都聚合完毕,形成一个由小到大的分类系统。最后再把整个分类系统画成一张聚类图,用它把所有样品间的亲疏关系表示出来。

通常根据分类对象不同将聚类分析分为两类:一类是对样品进行分类处理,叫 Q 型聚类;一类是对变量进行分类处理,叫 R 型聚类。Q 型聚类又叫样品分类,就是对观测对象进行聚类,是根据被观测对象的各种特征进行分类。

聚类分析的类型 {
- Q 型聚类:对样品的聚类
- R 型聚类:对变量的聚类

在经济管理中多用 Q 型聚类方法。

4.1.3 聚类分析的特点

聚类分析方法与传统的统计分组方法相比具有如下特点:

(1)综合性。聚类分析可以利用多变量信息对样本进行分类,克服单一指标分类的弊端。

(2)形象性。聚类分析可以利用聚类图直观地表现分类形态及类与类之间的内在关系。

(3)客观性。聚类分析可以克服主观因素,比传统分类方法更客观、细致、全面和合理。

4.2 聚类统计量

聚类分析的基本原则是将有较大相似性的对象归为同一类,而将差异较大的个体归入不同的类。为了将样品聚类,就需要研究样品之间的关系。其中一种方法是将每一个样品看作 p 维空间的一个点,并在空间定义距离,距离较近的点归为一类,距离较远的点应属于不同的类。而要对变量进行聚类,通常需要计算它们的相似系数,性质越接近的变量,它们的相似系数越接近于 1(或 -1),彼此无关的变量的相似系数越接近于 0。比较相似的变量归为一类,不怎么相似的变量属于不同的类。

4.2.1 距离的概念

对样品进行聚类时,我们用距离来刻画样品间的“靠近”程度,通常用得最多的还是对定量数据的距离聚类。

令 d_{ij} 表示样品 i 和 j 的距离,一般要求 d_{ij} 满足四个条件:

(1) $d_{ij}=0 \Leftrightarrow$ 当 $i=j$;

(2) $d_{ij} \geqslant 0 \Leftrightarrow$ 对一切 i 和 j;

(3) $d_{ij}=d_{ji} \Leftrightarrow$ 对一切 i 和 j;

(4) $d_{ij} \leqslant d_{ik}+d_{jk} \Leftrightarrow$ 对一切 i、j 和 k。

在聚类分析中并不严格要求定义的距离都满足这四条,一般来说前三条大部分是能满足的,有一些不能满足(4),但是在广义上也称其为距离。

当选用 n 个样品、p 个指标时,就可以得到一个 $n\times p$ 的数据矩阵 $\boldsymbol{X}=(x_{ij})_{n\times p}$。该矩阵的元素 x_{ij} 表示第 i 个样品的第 j 个指标的观测数据。从表 4-1 可以看到,每个样品有 p 个变量,则每个样品都可以看成 p 维空间中的一个点,n 个样品就是 p 维空间中的 n 个点,记 d_{ij} 为样品 i 和 j 的距离。于是对表 4-1 的数据可以计算得 $n\times n$ 的距离矩阵 $\boldsymbol{D}=(d_{ij})_{n\times n}$:

$$\boldsymbol{D}=\begin{bmatrix} d_{11} & d_{12} & \cdots & d_{1n} \\ d_{21} & d_{22} & \cdots & d_{2n} \\ \vdots & \vdots & & \vdots \\ d_{n1} & d_{n2} & \cdots & d_{nn} \end{bmatrix}=\begin{bmatrix} 0 & d_{12} & \cdots & d_{1n} \\ d_{21} & 0 & \cdots & d_{2n} \\ \vdots & \vdots & \ddots & \vdots \\ d_{n1} & d_{n2} & \cdots & 0 \end{bmatrix} \tag{4-1}$$

样品聚类都是基于此距离矩阵进行的。为了叙述方便,我们举一个简单的例子。

【例 4.1】 两个变量、9 个样品数据及其散点图(见表 4-2、图 4-1)

表 4-2

i	x_1	x_2	i	x_1	x_2
1	2.5	2.1	6	4.0	6.4
2	3.0	2.5	7	4.7	5.6
3	6.0	2.5	8	4.5	7.6
4	6.6	1.5	9	5.5	6.9
5	7.2	3.0			

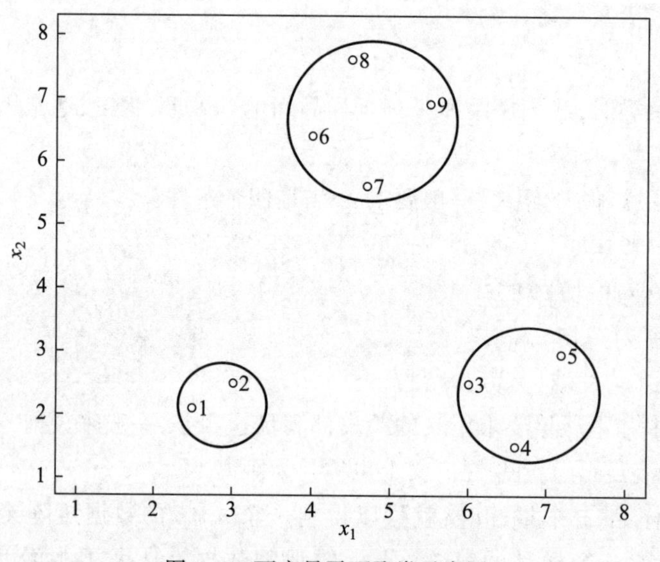

图 4-1 两变量平面聚类示意图

In

```
sn=[1,2,3,4,5,6,7,8,9]
x1=[2.5,3,6,6.6,7.2,4,4.7,4.5,5.5]
x2=[2.1,2.5,2.5,1.5,3,6.4,5.6,7.6,6.9]
import matplotlib.pyplot as plt
plt.plot(x1,x2,'.'); plt.xlabel('x1'); plt.ylabel('x2')
for i in sn:plt.text(x1[i-1],x2[i-1],sn[i-1])
```

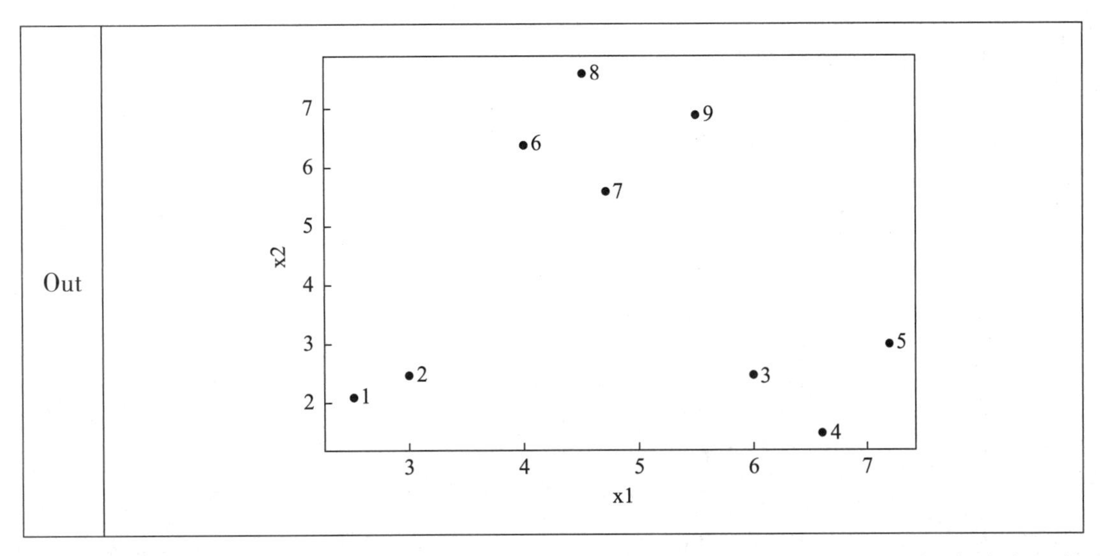

由于只有两个变量，所以从散点图上就可以直观地将这 9 个样品分为 3 类，但当变量较多时，这种方法显然是不行的。

4.2.2 距离的计算

为了计算平面上各点之间的距离 d_{ij}，在聚类分析中对连续变量常用的距离有：

（1）明氏距离。

$$d_{ij}(q) = \left[\sum_{k=1}^{p}(x_{ik} - x_{jk})^{q}\right]^{\frac{1}{q}} \tag{4-2}$$

当 $q=1$ 时，$d_{ij}(1) = \sum_{k=1}^{p}|x_{ik} - x_{jk}|$，称为绝对值距离（manhattan） （4-3）

当 $q=2$ 时，$d_{ij}(2) = \left[\sum_{k=1}^{p}(x_{ik} - x_{jk})^{2}\right]^{\frac{1}{2}}$，称为欧氏距离（euclidean） （4-4）

（2）马氏距离。

马氏距离又称为曼哈顿距离（manhattan distance）、城市街区距离（city block distance）。

$$d_{ij}(M) = (\boldsymbol{x}_i - \boldsymbol{x}_j)' \Sigma^{-1}(\boldsymbol{x}_i - \boldsymbol{x}_j) \tag{4-5}$$

式中：$\boldsymbol{x}_i$ 为样品 i 的 p 个指标组成的列向量；Σ 为样品协方差阵。

优点：马氏距离既排除了各指标间的相关性干扰，又消除了各指标的量纲。

缺点：样品协方差矩阵在聚类过程中不变的假设显然是不合理的。

距离矩阵计算函数 pdist 的用法如下：

```
pdist (X,method=' ')

X 为数据矩阵或数据框
method 默认为欧氏距离，还可以是绝对值距离或曼哈顿距离等
```

In	import pandas as pd X=pd.DataFrame({'x1':x1,'x2':x2},index=sn); X
Out	x1 x2 1 2.5 2.1 2 3.0 2.5 3 6.0 2.5 4 6.6 1.5 5 7.2 3.0 6 4.0 6.4 7 4.7 5.6 8 4.5 7.6 9 5.5 6.9

In	from scipy.spatial.distance import pdist,squareform
	Da1=pdist(X).round(3); # 欧氏距离向量
	print(Da1)

Out	[0.64 3.523 4.144 4.785 4.554 4.134 5.852 5.66 3. 3.736 4.23 4.026 3.536 5.316 5.061 1.166 1.3 4.383 3.362 5.316 4.428 1.616 5.547 4.519 6.451 5.511 4.669 3.607 5.334 4.254 1.063 1.3 1.581 2.01 1.526 1.221]

In	Ds1=squareform(Da1); # 欧氏距离方阵
	pd.DataFrame(Ds1,index=X.index,columns=X.index)

Out	1 2 3 4 5 6 7 8 9 1 0.000 0.640 3.523 4.144 4.785 4.554 4.134 5.852 5.660 2 0.640 0.000 3.000 3.736 4.230 4.026 3.536 5.316 5.061 3 3.523 3.000 0.000 1.166 1.300 4.383 3.362 5.316 4.428 4 4.144 3.736 1.166 0.000 1.616 5.547 4.519 6.451 5.511 5 4.785 4.230 1.300 1.616 0.000 4.669 3.607 5.334 4.254 6 4.554 4.026 4.383 5.547 4.669 0.000 1.063 1.300 1.581 7 4.134 3.536 3.362 4.519 3.607 1.063 0.000 2.010 1.526 8 5.852 5.316 5.316 6.451 5.334 1.300 2.010 0.000 1.221 9 5.660 5.061 4.428 5.511 4.254 1.581 1.526 1.221 0.000
In	Da2=sch.distance.pdist(X,'cityblock'); Da2 # 曼哈顿距离

Out	array([0.9, 3.9, 4.7, 5.6, 5.8, 5.7, 7.5, 7.8, 3., 4.6, 4.7, 4.9, 4.8, 6.6, 6.9, 1.6, 1.7, 5.9, 4.4, 6.6, 4.9, 2.1, 7.5, 6., 8.2, 6.5, 6.6, 5.1, 7.3, 5.6, 1.5, 1.7, 2., 2.2, 2.1, 1.7])

In	Ds2=squareform(Da2); # 曼哈顿距离方阵
	pd.DataFrame(Ds2,index=X.index,columns=X.index)

Out

	1	2	3	4	5	6	7	8	9
1	0.0	0.9	3.9	4.7	5.6	5.8	5.7	7.5	7.8
2	0.9	0.0	3.0	4.6	4.7	4.9	4.8	6.6	6.9
3	3.9	3.0	0.0	1.6	1.7	5.9	4.4	6.6	4.9
4	4.7	4.6	1.6	0.0	2.1	7.5	6.0	8.2	6.5
5	5.6	4.7	1.7	2.1	0.0	6.6	5.1	7.3	5.6
6	5.8	4.9	5.9	7.5	6.6	0.0	1.5	1.7	2.0
7	5.7	4.8	4.4	6.0	5.1	1.5	0.0	2.2	2.1
8	7.5	6.6	6.6	8.2	7.3	1.7	2.2	0.0	1.7
9	7.8	6.9	4.9	6.5	5.6	2.0	2.1	1.7	0.0

4.3 系统聚类法

4.3.1 系统聚类法的基本思想与方法

确定了距离后就可以进行分类了。分类有许多种方法,最常用的一种方法是在样品距离的基础上定义类与类之间的距离。首先将 n 个样品分成 n 类,每个样品自成一类。然后每次将具有最小距离的两类合并,合并后重新计算类与类之间的距离,这个过程一直持续到所有的样品归为一类为止,并把这个过程做成一张聚类图,由聚类图可方便地进行分类。因为聚类图很像一张系统图,所以这一类方法就叫作系统聚类法(hierachical clustering method)。系统聚类的方法是目前在实际中使用最多的一类方法。

从上面的分析可以看出,虽然我们已给出了计算样品之间的距离,但在实际计算过程中还要定义类与类之间的距离。如何定义类与类之间的距离,也有许多种方法,不同的方法就产生了不同的系统聚类结果。常用的有以下 6 种:

1. 最短距离法(single)

该法是用 $D(p,q)=\min\{d_{ij} \mid i\in G_p, j\in G_q\}$ 来刻画类 G_p 与类 G_q 中最邻近的两个样品

的距离（图 4-2）；若类 G_p 与类 G_q 合并为 G_r 后，则 G_r 与其他类 G_s 的距离为

$$D(r,s)=\min\{D(p,s),D(q,s)\}$$

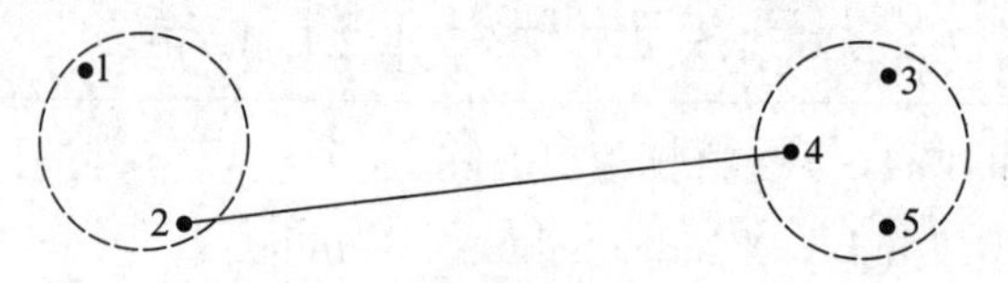

图 4-2　最短距离法示意图

2. 最长距离法（complete）

该法是用 $D(p,q)=\max\{d_{ij} \mid i \in G_p, j \in G_q\}$ 来刻画类 G_p 与类 G_q 中最远的两个样品的距离（图 4-3）；若类 G_p 与类 G_q 合并为 G_r，则 G_r 与其他类 G_s 的距离为

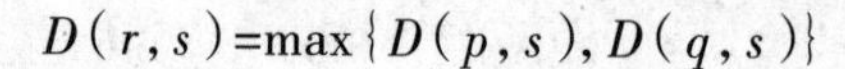

$$D(r,s)=\max\{D(p,s),D(q,s)\}$$

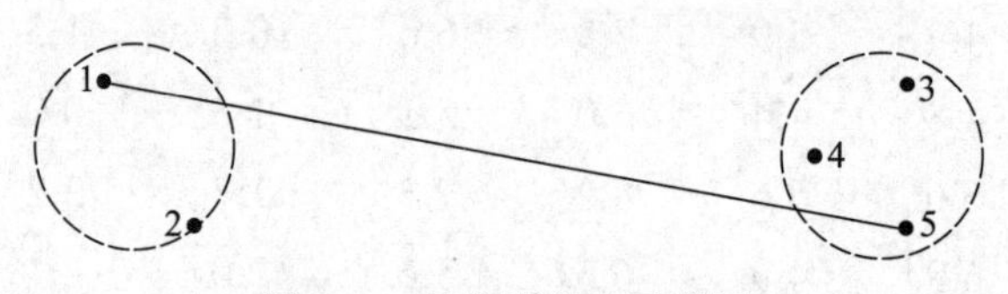

图 4-3　最长距离法示意图

3. 中间距离法（median）

类与类之间的距离既不采用两类之间最近距离，也不采用最远距离，而是采用介于最远和最近中间的距离。该方法是对最短距离法和最长距离法的一个折中。

4. 类平均法（average）

将两类之间的距离定义为这两类元素两两之间距离的平均。

5. 重心法（centroid）

在样本空间中，类用它的重心（即该类样品的均值）做代表，类与类之间的距离就用重心之间的距离来衡量。对样品聚类来说，每一类的类重心就是该类样品的均值。

6. 离差平方和法（Ward）

该方法是 Ward 提出来的，所以又称 Ward 法。该方法的基本思想来自方差分析，如果分类正确，同类样品的离差平方和应当较小，类与类的离差平方和较大。具体做法是先将 n 个样品各自成一类，然后每次缩小一类，每缩小一类，离差平方和就要增大，选择使离差平方和增加最小的两类合并，直到所有的样品归为一类为止。

这 6 种系统聚类法的并类原则和过程完全相同，不同之处在于类与类之间的距离定义不同。

4.3.2 系统聚类法的基本步骤

1. 计算距离阵

计算 n 个样品两两间的距离 D。

2. 进行系统聚类

（1）构造 n 个类，每个类只包含一个样品。
（2）合并距离最近的两类为一新类。
（3）计算新类与当前各类的距离，若类个数为 1，结束；否则回到步骤（2）。

3. 绘制聚类图

在系统聚类基础上，可用 sch.linkage 函数绘制系统聚类图（cluster dendrogram）。

4. 确认分类结果

在系统聚类基础上，可根据 cut_tree 函数给出具体分类结果。
结合 Python，本书给出 6 种常用的系统聚类方法。
系统聚类函数 sch.linkage 的用法如下：

```
sch.linkage (D,method = "complete",…)
```

D 为相似矩阵，通常为距离矩阵。
method 包括"single","complete","average","median","centroid","ward"，默认为"complete"。

4.3.3 聚类分析实例

下面对例 4.1 的数据应用最短距离法进行系统聚类。

1. 最短距离法（single，采用欧氏距离）

In

```
import scipy.cluster.hierarchy as sch
Hs=sch.linkage(Ds1,method='single');     # 最短距离法系统聚类
pd.DataFrame(sch.cut_tree(Hs)+1,index=X.index,columns=X.index)   # 聚类过程
```

Out	1	2	3	4	5	6	7	8	9
1	1	1	1	1	1	1	1	1	1
2	2	1	1	1	1	1	1	1	1
3	3	2	2	2	2	2	2	1	1
4	4	3	3	2	2	2	2	1	1
5	5	4	4	3	3	2	2	1	1
6	6	5	5	4	4	3	3	2	1
7	7	6	5	4	4	3	3	2	1
8	8	7	6	5	5	4	3	2	1
9	9	8	7	6	5	4	3	2	1

第一步：共有9类，即每个样品自成一类{1}，{2}，{3}，{4}，{5}，{6}，{7}，{8}，{9}，这9类之间的距离就等于9个样品点之间的距离阵Ds1。

第二步：合并距离最近的两类为一新类，矩阵Ds1的最小元素是Ds1(1,2)=0.64，故将类{1}和{2}合并成一新类{1,2}，然后计算类{1,2}与{3}，{4}，{5}，{6}，{7}，{8}，{9}之间的距离。

以此类推，计算新类与当前各类的距离，并反复进行归并，如第八步是样品{1,2,5,3,4}形成一类，样品{6,7,8,9}形成一类。

最后将其绘成系统聚类图。

In

```
sch.dendrogram(Hs,labels=X.index);    #绘制最短距离法系统聚类图
```

Out

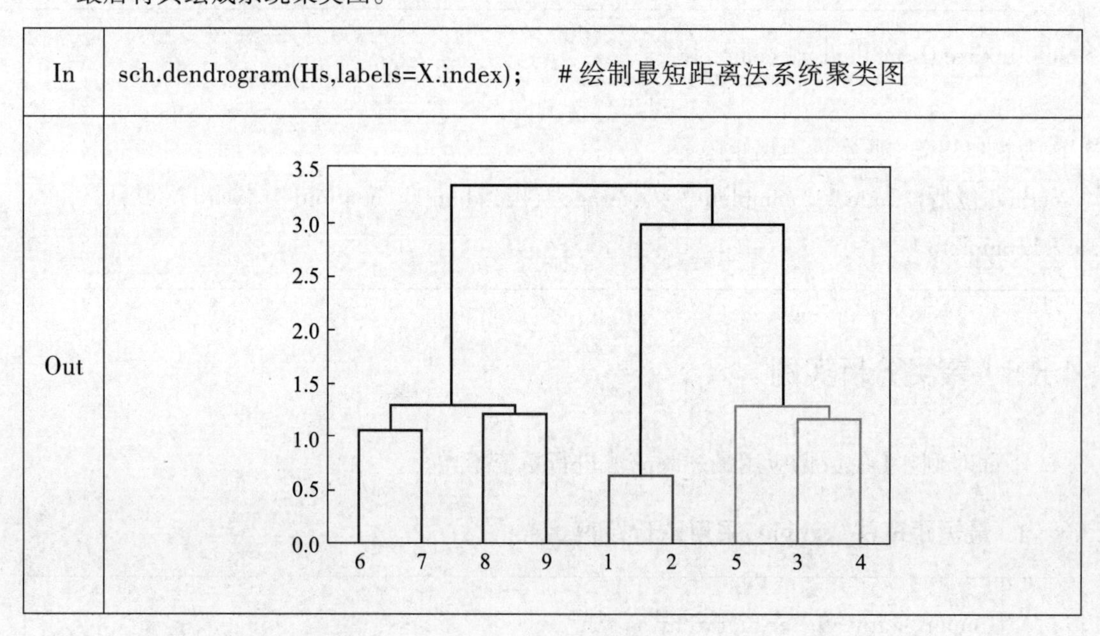

2. 最长距离法(complete,采用欧氏距离)

In

```
Hc=sch.linkage(Ds1,method='complete');    #最长距离法系统聚类
pd.DataFrame(sch.cut_tree(Hc)+1,index=X.index,columns=X.index)  #聚类过程
```

Out

	1	2	3	4	5	6	7	8	9
1	1	1	1	1	1	1	1	1	1
2	2	1	1	1	1	1	1	1	1
3	3	2	2	2	2	2	2	1	1
4	4	3	3	2	2	2	2	1	1
5	5	4	4	3	3	2	2	1	1
6	6	5	5	4	4	3	3	2	1
7	7	6	5	4	4	3	3	2	1
8	8	7	6	5	5	4	3	2	1
9	9	8	7	6	5	4	3	2	1

In

```
sch.dendrogram(Hc);
```

Out

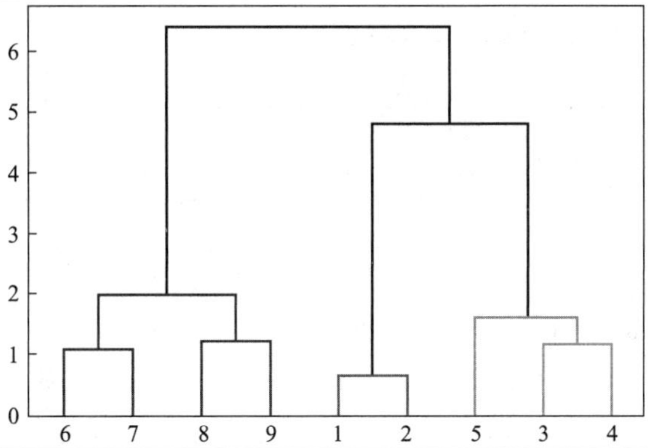

In

```
sch.dendrogram(Hc,labels=X.index,orientation='right');
```

Out

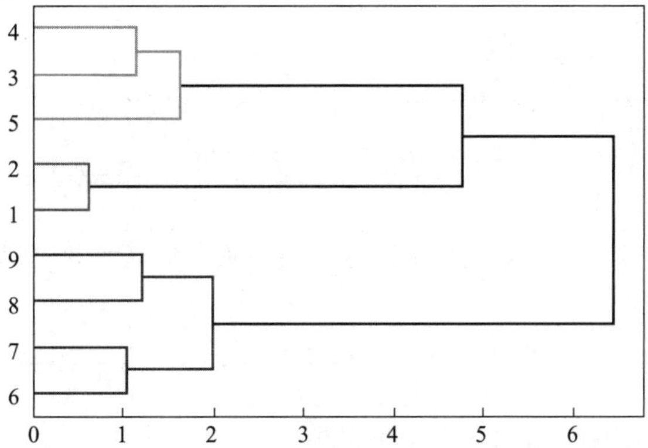

【例 4.2】 续例 3.1,为了研究全国 31 个省、自治区、直辖市 2019 年城镇居民生活消费的分布规律,根据调查资料做区域消费类型划分。指标名及原始数据见表 3-1。为了对系统聚类法有一个全面的了解,我们将各种聚类方法进行对比分析,从中确定最好的聚类结果。

用 Python 把 31 个省、自治区、直辖市消费类型进行分类，下面给出采用欧氏距离分别用最短距离法、最长距离法、类平均法、中间距离法、重心法和 Ward 法的有关结果和系统聚类图。

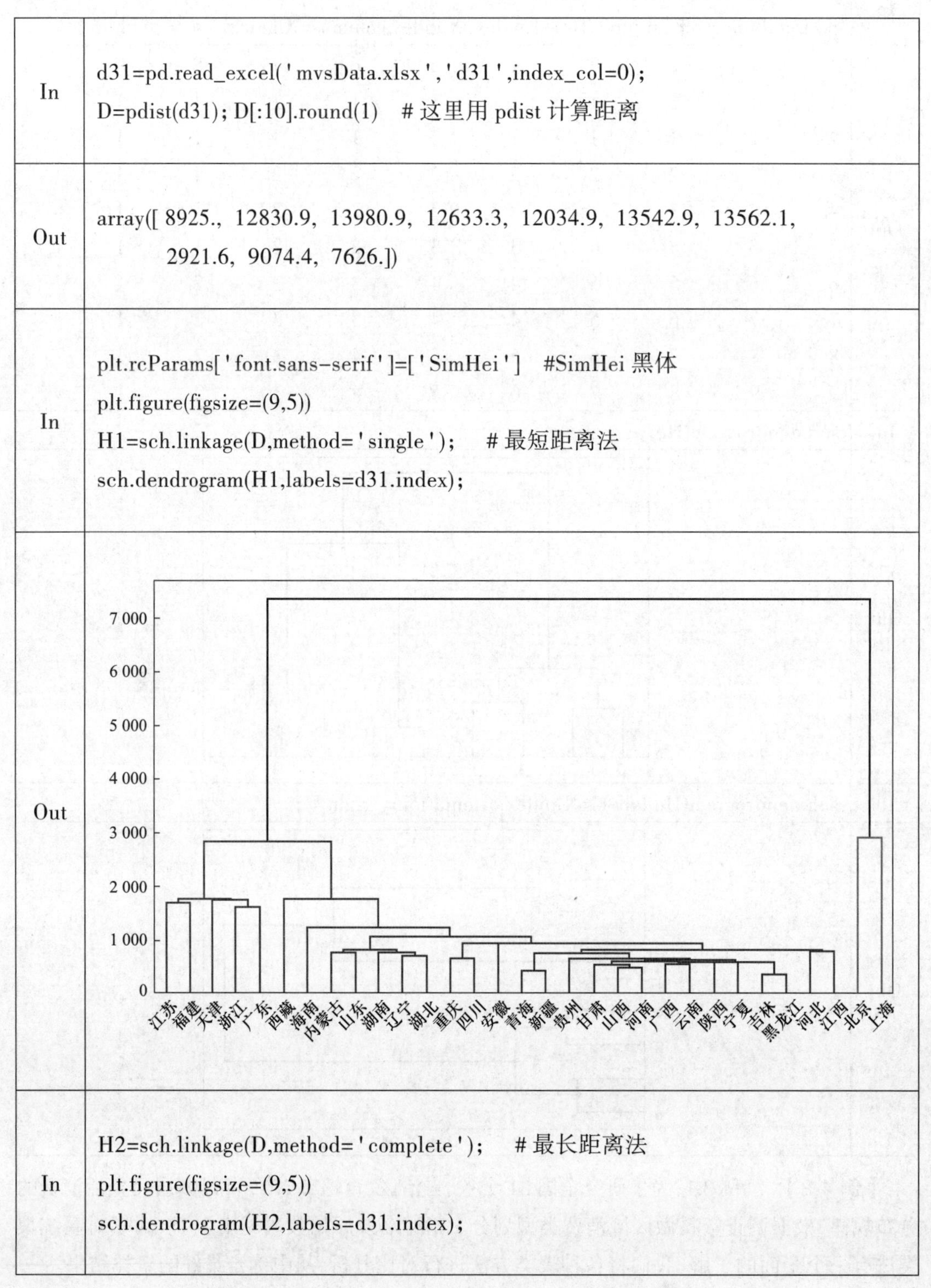

In

```
d31=pd.read_excel('mvsData.xlsx','d31',index_col=0);
D=pdist(d31); D[:10].round(1)   # 这里用 pdist 计算距离
```

Out

```
array([ 8925.,  12830.9,  13980.9,  12633.3,  12034.9,  13542.9,  13562.1,
        2921.6,  9074.4,  7626.])
```

In

```
plt.rcParams['font.sans-serif']=['SimHei']   #SimHei 黑体
plt.figure(figsize=(9,5))
H1=sch.linkage(D,method='single');    # 最短距离法
sch.dendrogram(H1,labels=d31.index);
```

Out

In

```
H2=sch.linkage(D,method='complete');    # 最长距离法
plt.figure(figsize=(9,5))
sch.dendrogram(H2,labels=d31.index);
```

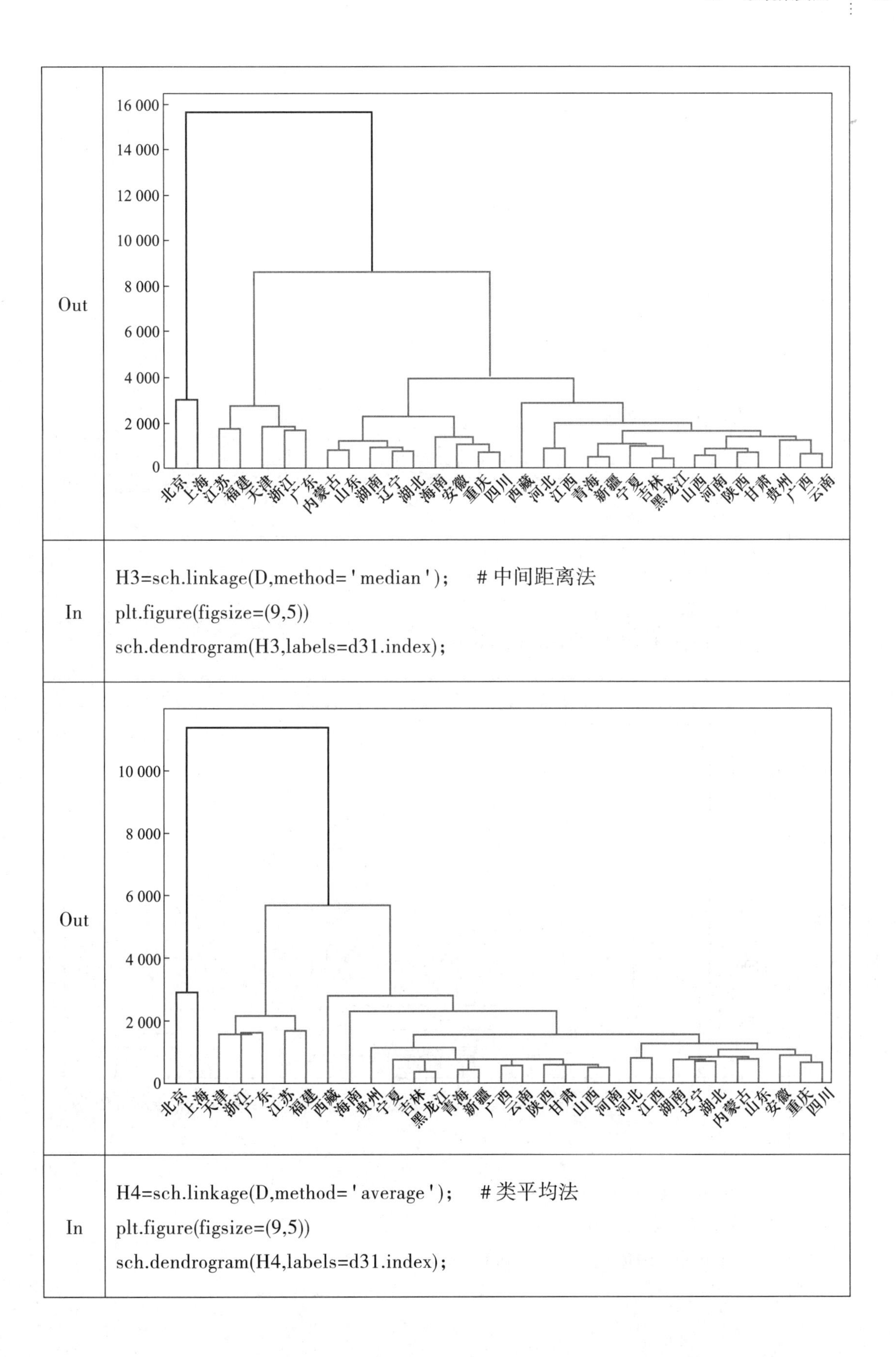

In	H3=sch.linkage(D,method='median'); # 中间距离法
	plt.figure(figsize=(9,5))
	sch.dendrogram(H3,labels=d31.index);

In	H4=sch.linkage(D,method='average'); # 类平均法
	plt.figure(figsize=(9,5))
	sch.dendrogram(H4,labels=d31.index);

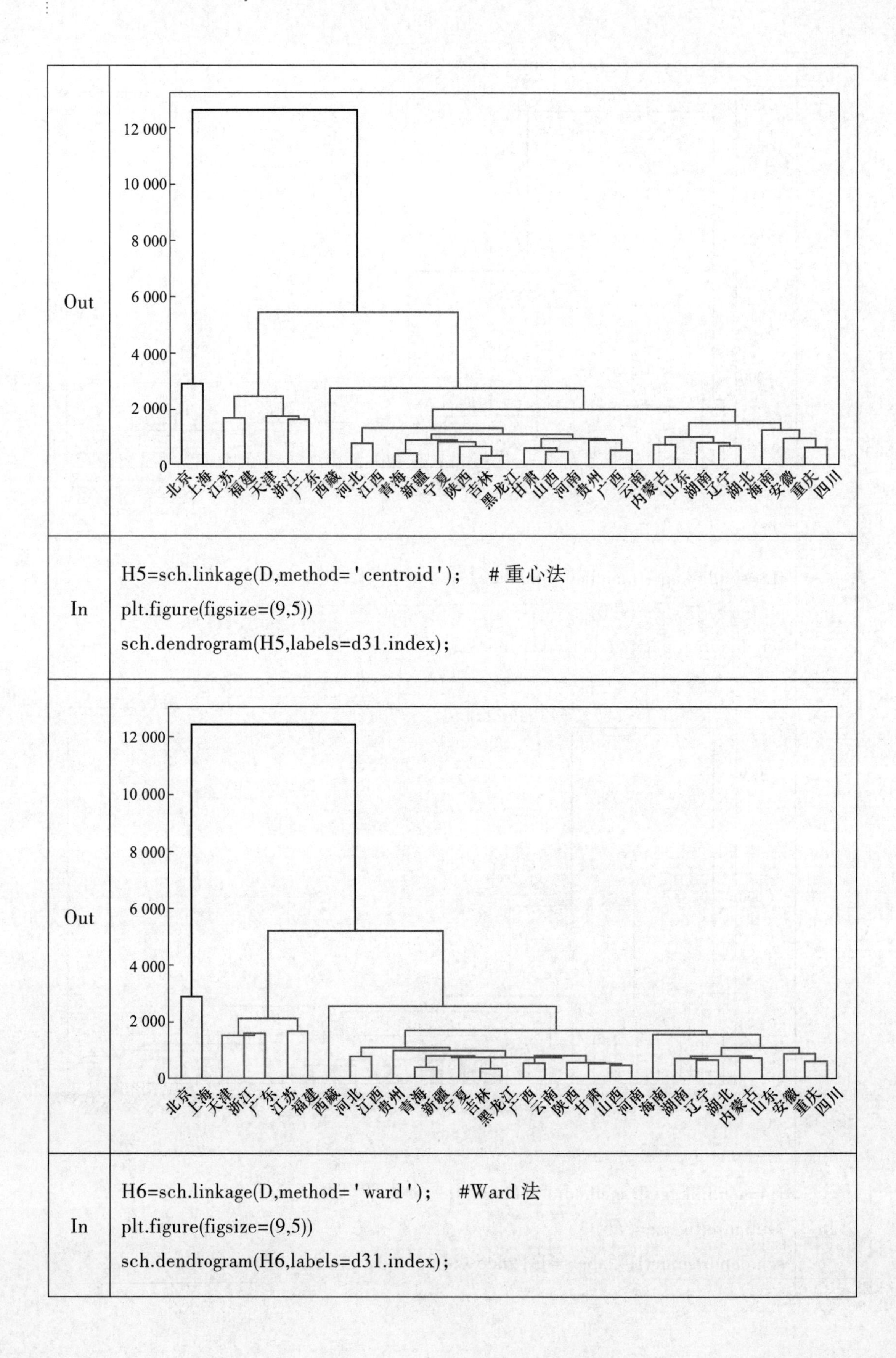


```
H5=sch.linkage(D,method='centroid');    #重心法
plt.figure(figsize=(9,5))
sch.dendrogram(H5,labels=d31.index);
```

```
H6=sch.linkage(D,method='ward');    #Ward 法
plt.figure(figsize=(9,5))
sch.dendrogram(H6,labels=d31.index);
```

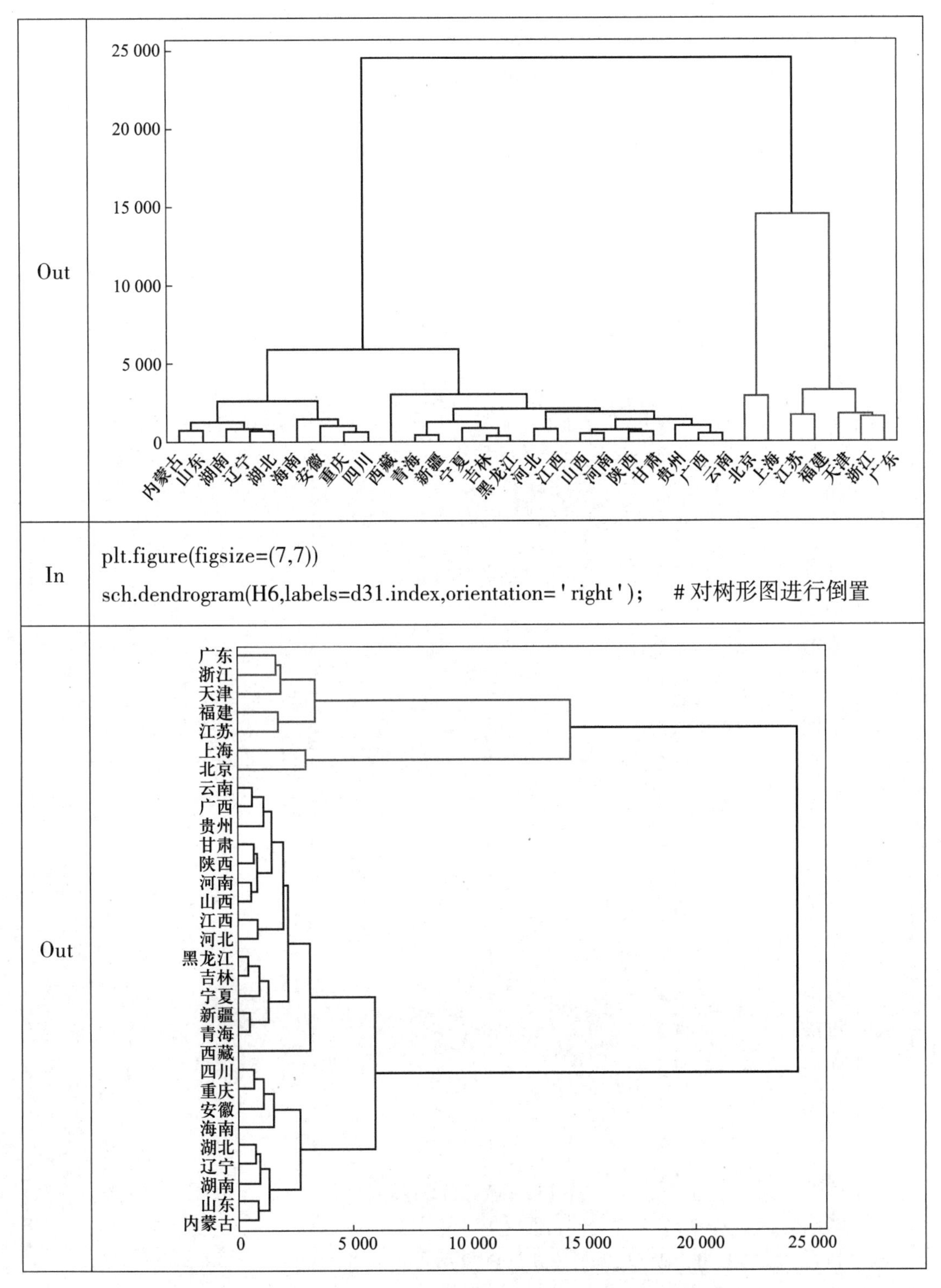


```
plt.figure(figsize=(7,7))
sch.dendrogram(H6,labels=d31.index,orientation='right');    #对树形图进行倒置
```

由上面系列的图可以看到,不同方法的分类不完全一样,这也说明目前聚类方法还不够成熟。综合考虑以上的分析结果,我们认为从全国各省、自治区、直辖市的消费情况来看,使用 Ward 方法聚类的效果较好,且分为四类较为合适。

In

```
sch6=pd.DataFrame(sch.cut_tree(H6))[[29,28,27]]+1
sch6.index=d31.index; sch6.columns=['分 2 类','分 3 类','分 4 类']
sch6
```

Out

	分 2 类	分 3 类	分 4 类
地区			
北京	1	1	1
天津	1	2	2
河北	2	3	3
山西	2	3	3
内蒙古	2	3	4
辽宁	2	3	4
吉林	2	3	3
黑龙江	2	3	3
上海	1	1	1
江苏	1	2	2
浙江	1	2	2
安徽	2	3	4
福建	1	2	2
江西	2	3	3
山东	2	3	4
河南	2	3	3
湖北	2	3	4
湖南	2	3	4
广东	1	2	2
广西	2	3	3
海南	2	3	4
重庆	2	3	4
四川	2	3	4
贵州	2	3	3
云南	2	3	3
西藏	2	3	3
陕西	2	3	3
甘肃	2	3	3
青海	2	3	3
宁夏	2	3	3
新疆	2	3	3

下面是按分 4 类确定的相应地区。

In	sch6[sch6.分 4 类 ==1]['分 4 类']
Out	地区 北京　　1 上海　　1
In	sch6[sch6.分 4 类 ==2]['分 4 类']
Out	地区 天津　　2 江苏　　2 浙江　　2 福建　　2 广东　　2
In	sch6[sch6.分 4 类 ==3]['分 4 类']
Out	地区 河北　　3 山西　　3 吉林　　3 黑龙江　3 江西　　3 河南　　3 广西　　3 贵州　　3 云南　　3 西藏　　3 陕西　　3 甘肃　　3 青海　　3 宁夏　　3 新疆　　3
In	sch6[sch6.分 4 类 ==4]['分 4 类']
Out	地区 内蒙古　4 辽宁　　4 安徽　　4 山东　　4 湖北　　4 湖南　　4 海南　　4 重庆　　4 四川　　4

从表4-3可以看出，北京、上海、天津、江苏、浙江、福建和广东7个省、市的消费水平与其他省、自治区、直辖市有较显著的差异，这是符合实际情况的。

表4-3 按类整理聚类图结果

<table>
<tr><td>分类</td><td>第一类</td><td colspan="4">第二类</td></tr>
<tr><td>分2类</td><td>北京、上海、天津、江苏、浙江、福建、广东</td><td colspan="4">山东、河北、山西、内蒙古、辽宁、吉林、黑龙江、安徽、江西、河南、湖北、湖南、广西、海南、重庆、四川、贵州、云南、西藏、陕西、甘肃、青海、宁夏、新疆</td></tr>
<tr><td rowspan="2">分3类</td><td>第一类</td><td>第二类</td><td colspan="3">第三类</td></tr>
<tr><td>北京、上海</td><td>天津、江苏、浙江、福建、广东</td><td colspan="3">山东、河北、山西、内蒙古、辽宁、吉林、黑龙江、安徽、江西、河南、湖北、湖南、广西、海南、重庆、四川、贵州、云南、西藏、陕西、甘肃、青海、宁夏、新疆</td></tr>
<tr><td rowspan="2">分4类</td><td>第一类</td><td>第二类</td><td>第三类</td><td colspan="2">第四类</td></tr>
<tr><td>北京、上海</td><td>天津、江苏、浙江、福建、广东</td><td>河北、山西、吉林、黑龙江、江西、河南、广西、贵州、云南、西藏、陕西、甘肃、青海、宁夏、新疆</td><td colspan="2">内蒙古、辽宁 、安徽、山东、湖北、湖南、海南、重庆、四川</td></tr>
</table>

4.4 快速聚类法

4.4.1 快速聚类基本概念

系统聚类法需要计算出不同样品或变量的距离，还要在聚类的每一步都计算“类间距离”来保存距离矩阵，相应的计算量自然比较大，特别是当样本量很大时，需要占据非常多的计算机内存，这给应用带来一定的困难。而 KMeans 法是一种快速聚类法，采用该方法得到的结果比较简单易懂，对计算机的性能要求不高，因此应用也比较广泛。

KMeans 法（K 均值聚类法）是麦奎因（MacQueen）于1967年提出的，这种算法的基本思想是将每一个样品分配给最近中心（均值）的类中，具体的算法至少包括以下三个步骤：

（1）将所有的样品分成 k 个初始类。

（2）根据距离将某个样品划入离中心最近的类中，并对获得样品与失去样品的类，重新计算中心坐标。

（3）重复步骤（2），直到所有的样品都不能再分配时为止。

KMeans 法和系统聚类法一样，都是以距离的远近为标准进行聚类的，但是两者的不同之处也是明显的：系统聚类对不同的类数产生一系列的聚类结果，而 KMeans 法只能产生指定类数的聚类结果。KMeans 法具体类数的确定，离不开实践经验的积累；有时也可借助系统聚类法以一部分样品为对象进行聚类，其结果作为 KMeans 法确定类数的参考。

4.4.2 快速聚类计算原理

KMeans 算法以 k 为参数，把 n 个对象分为 k 个类，以使类内具有较高的相似度，而类间的相似度较低。相似度是根据类中对象的均值来进行计算的。KMeans 算法的处理流程如下：首先，随机地选择 k 个对象，每个对象初始地代表了一个簇的均值或中心。对剩余的每个对象，根据其与各个聚类中心的距离将它赋给最近的簇。然后重新计算每个簇的平均值作为聚类中心进行聚类。这个过程不断重复，直到准则函数收敛，如图 4-4 所示。

KMeans 算法的思想很简单，对于给定的样本集，按照样本之间距离的大小，将样本划分为 k 个簇。让簇内的点尽量紧密地连在一起，而让簇间的距离尽量地大。如果用数据表达式表示，假设簇划分为（$C_1,C_2,\cdots,C_k$），则我们的目标是最小化平方误差 E：

$$E = \sum_{i=1}^{k} \sum_{x \in C_i} \|x-u_i\|_2^2 \tag{4-6}$$

其中，u_i 是簇 C_i 的均值向量，有时也称为质心，表达式为 $u_i = \frac{1}{|C_i|}\sum_{x \in C_i} x$。该式所示聚类标准旨在使所有获得的聚类有以下特点：各类本身尽可能紧凑，而各类之间尽可能分开，有些类似系统聚类的 Ward 法。

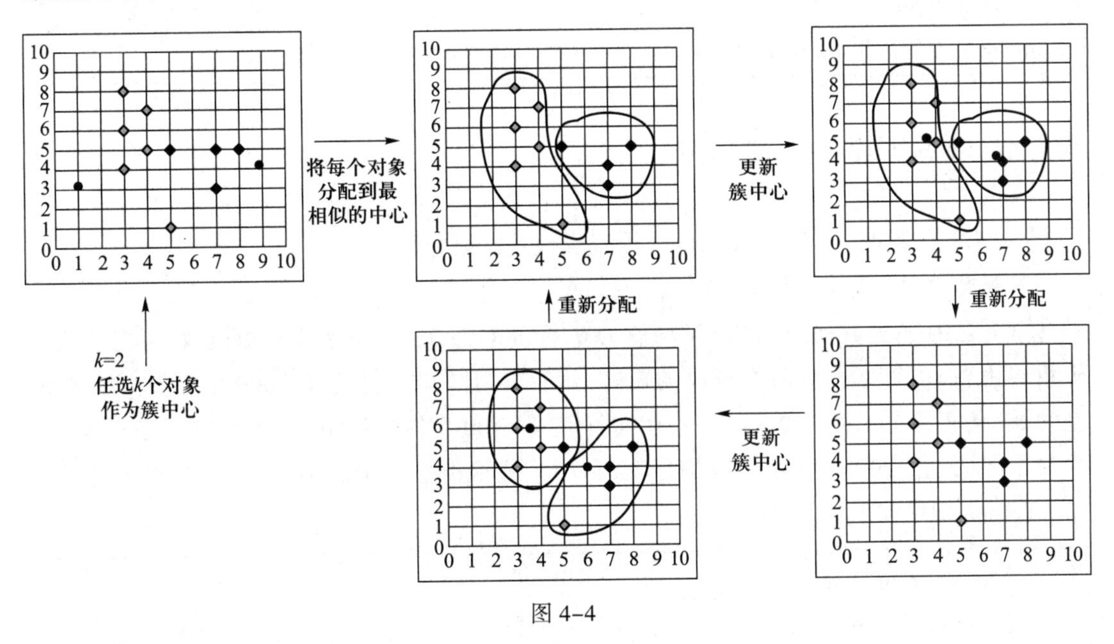

图 4-4

下面给出了 KMeans 过程的概述。

根据聚类中的均值进行聚类划分的 KMeans 算法。

输入：聚类个数 k，以及包含 n 个数据对象的数据。

输出：满足均方误差最小准则的 k 个聚类。

流程如下：

（1）从 n 个数据对象任选 k 个对象作为计算初始簇中心。

（2）根据每个簇中对象的均值（中心对象），计算每个对象与这些中心对象的距离，并根据最小距离重新对相应对象进行划分。

（3）重新计算每个（有变化）簇的均值。

（4）循环流程（2）到（3），直到每个聚类不再发生变化为止。

图4-5是KMeans迭代图例

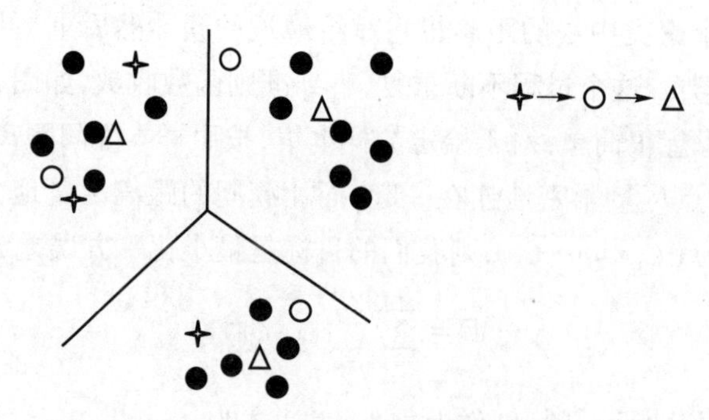

图4-5 KMeans聚类结果示意图

快速聚类函数KMeans的用法

```
KMeans(n_clusters=1,2,3…)
n_clusters 为设定的初始聚类数 k
```

4.4.3 快速聚类的模拟研究

【例4.3】 KMeans算法的Python语言实现及模拟分析

本例模拟正态随机变量 $x \sim N(\mu, \sigma^2)$。

（1）先用Python模拟1 000个均值为0、标准差为0.3的正态分布随机数，再把这些随机数转化为10个变量、100个样品的矩阵，然后再用同样方法模拟1 000个均值为1、标准差为0.3的正态分布随机数，再转化为10个变量、100个样品的矩阵，然后把这两个矩阵合并为10个变量、200个样品的数据矩阵，利用系统聚类方法聚成两类，观察其聚类效果如何。Python程序如下：

In

```
import numpy as np
np.random.seed(123)          # 设置种子数
x1=np.random.normal(0,0.3,1000).reshape((100,10))
x2=np.random.normal(1,0.3,1000).reshape((100,10))
X=np.append(x1,x2,axis=0); X
```

Out	array([[-0.3257, 0.2992, 0.0849, ... , -0.1287, 0.3798, -0.26], [-0.2037, -0.0284, 0.4474, ... , 0.656 , 0.3012, 0.1159], [0.2212, 0.4472, -0.2808, ... , -0.4286, -0.042 , -0.2585], ... [0.5354, 1.3103, 1.0488, ... , 1.2467, 0.7025, 1.093], [1.1027, 1.3726, 0.9505, ... , 1.0558, 0.8591, 1.0142], [0.6759, 1.0483, 0.8192, ... , 0.8922, 0.5171, 1.0041]])
In	D=sch.distance.pdist(X); H=sch.linkage(D); sch.dendrogram(H);
Out	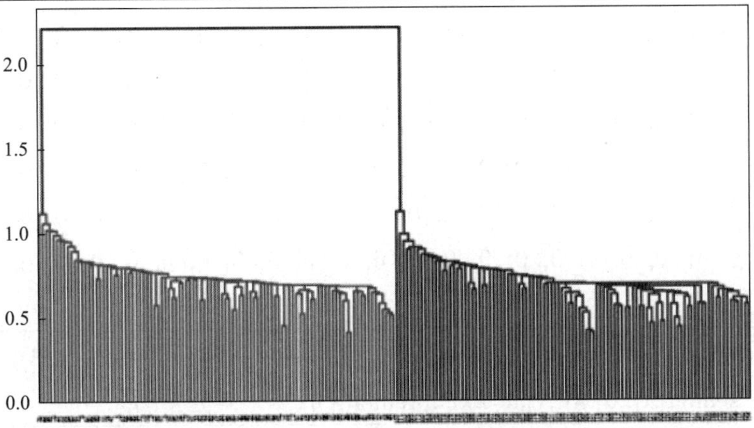

In	Clust=pd.DataFrame(sch.cut_tree(H))[198]+1 #分两类情形
	print(Clust)

Out	0 1 1 1 2 1 3 1 4 1 … … 195 2 196 2 197 2 198 2 199 2
In	Clust.value_counts( ) #聚类结果
Out	1 100 2 100

可以看出，用系统聚类法可以将两组数据聚成两类，但这时的系统聚类图已经很难分清楚样品了，当数据更多时，这种方法显然是不可行的。不只不能绘图，要计算很大的距离矩阵也是不现实的，会非常耗时。

下面我们用 KMeans 方法进行快速聚类。

In
```
from sklearn.cluster import KMeans
Xkm=KMeans(n_clusters=2).fit(X)
Xkm.predict(X)          # 分类结果
```

Out
```
array([1, 1, 1, 1, 1, 1, 1, 1, 1, 1, 1, 1, 1, 1, 1, 1, 1, 1, 1, 1, 1, 1,
       1, 1, 1, 1, 1, 1, 1, 1, 1, 1, 1, 1, 1, 1, 1, 1, 1, 1, 1, 1, 1, 1,
       1, 1, 1, 1, 1, 1, 1, 1, 1, 1, 1, 1, 1, 1, 1, 1, 1, 1, 1, 1, 1, 1,
       1, 1, 1, 1, 1, 1, 1, 1, 1, 1, 1, 1, 1, 1, 1, 1, 1, 1, 1, 1, 1, 1,
       1, 1, 1, 1, 1, 1, 1, 1, 1, 1, 1, 1, 0, 0, 0, 0, 0, 0, 0, 0, 0, 0,
       0, 0, 0, 0, 0, 0, 0, 0, 0, 0, 0, 0, 0, 0, 0, 0, 0, 0, 0, 0, 0, 0,
       0, 0, 0, 0, 0, 0, 0, 0, 0, 0, 0, 0, 0, 0, 0, 0, 0, 0, 0, 0, 0, 0,
       0, 0, 0, 0, 0, 0, 0, 0, 0, 0, 0, 0, 0, 0, 0, 0, 0, 0, 0, 0, 0, 0,
       0, 0, 0, 0, 0, 0, 0, 0, 0, 0, 0, 0, 0, 0, 0, 0, 0, 0, 0, 0, 0, 0,
       0, 0])
```

In
```
plt.rcParams['axes.unicode_minus']=False;        # 正常显示图中正负号
plt.scatter(X[:,0],X[:,1],c=Xkm.predict(X));      # 分类图
```

Out

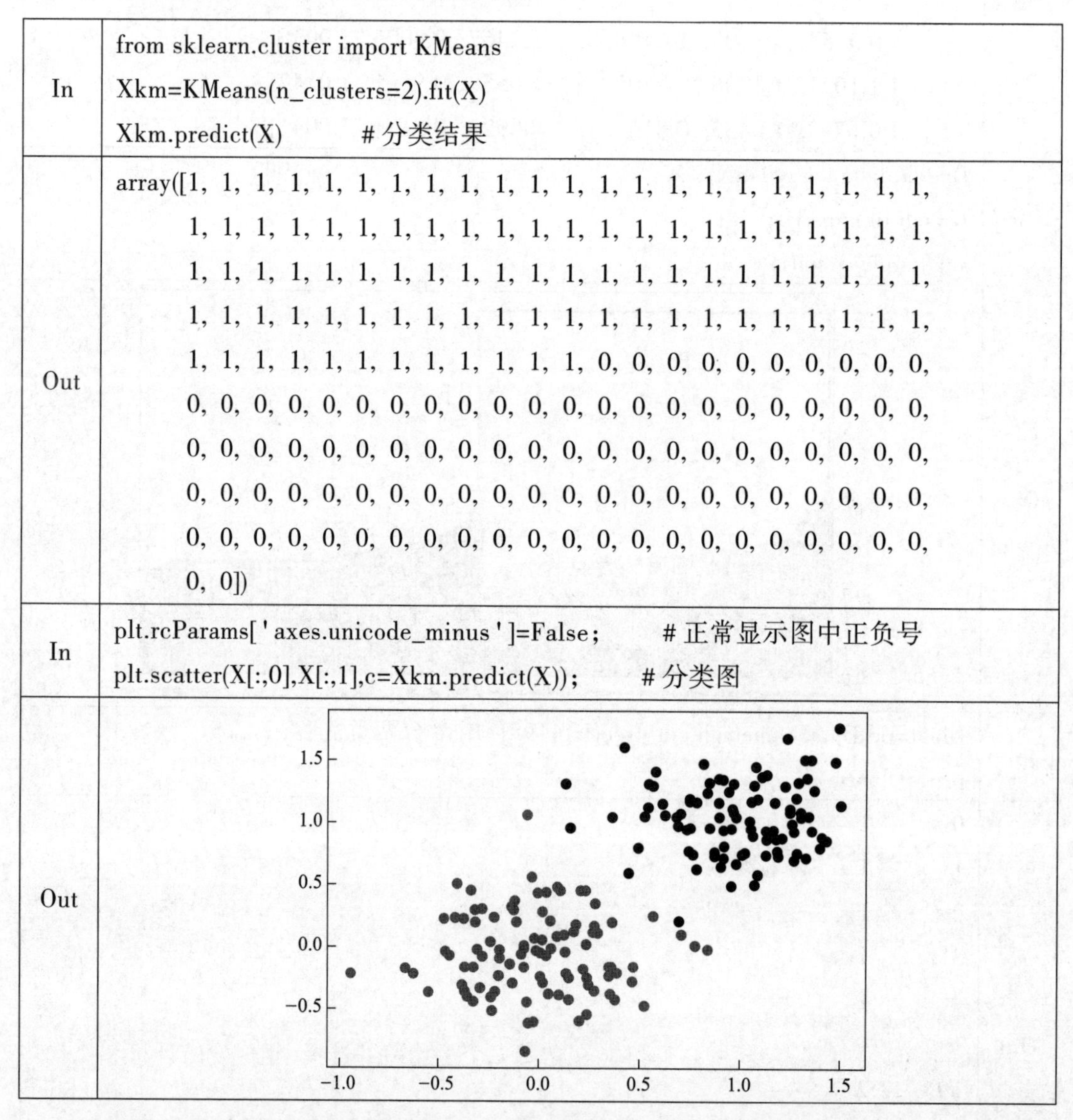

从聚类结果来看，KMeans 聚类方法可以准确地把均值为 0 和均值为 1 的两类数据分开。

（2）为了显示 KMeans 方法对大样本数据的优势，我们再模拟 10 000 个均值为 0、标准差为 0.2 的正态分布随机数，并把这些随机数转化为 10 个变量、1 000 个样品的矩阵；然后再用同样的方法模拟 10 000 个均值为 1、标准差为 0.2 的正态分布随机数，并转化为 10 个变量、1 000 个样品的矩阵，然后把这两个矩阵合并为 10 个变量、2 000 个样品的数据矩阵，利用 KMeans 聚类方法分成两类，观察其聚类效果如何。

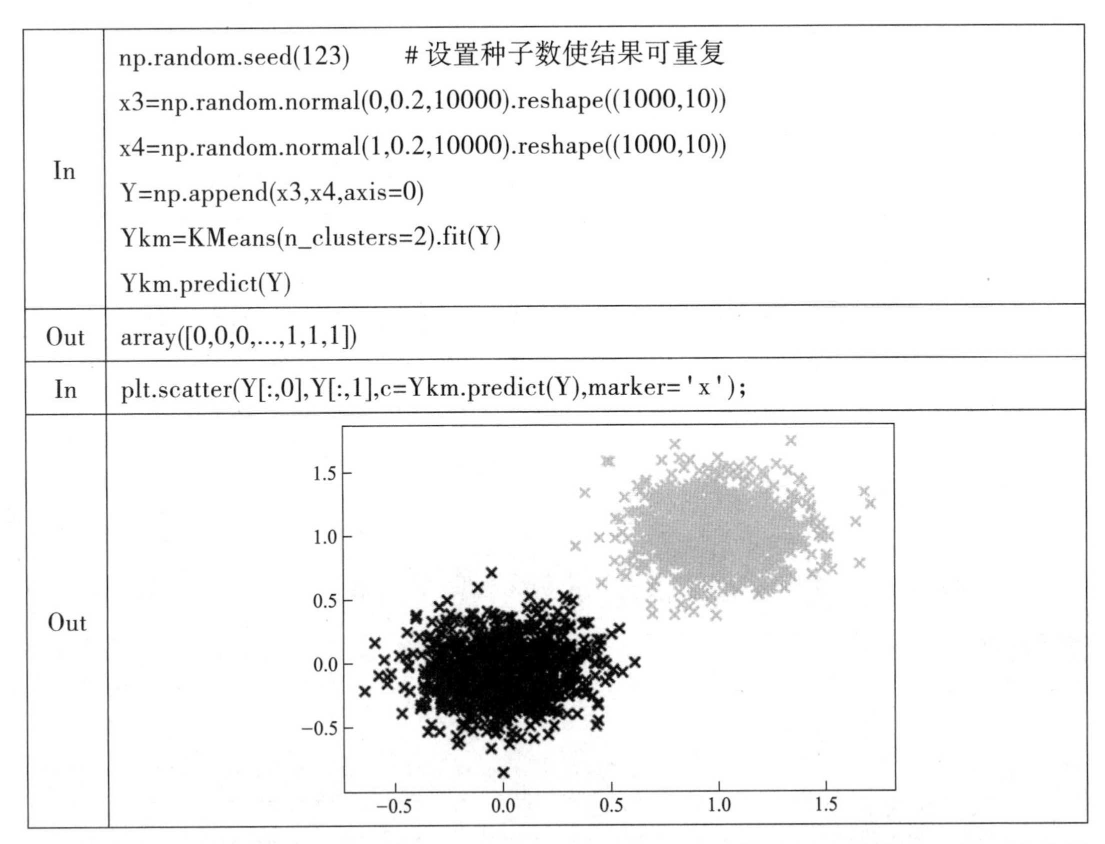

In	np.random.seed(123)　　# 设置种子数使结果可重复 x3=np.random.normal(0,0.2,10000).reshape((1000,10)) x4=np.random.normal(1,0.2,10000).reshape((1000,10)) Y=np.append(x3,x4,axis=0) Ykm=KMeans(n_clusters=2).fit(Y) Ykm.predict(Y)
Out	array([0,0,0,...,1,1,1])
In	plt.scatter(Y[:,0],Y[:,1],c=Ykm.predict(Y),marker='x');
Out	（散点图）

从聚类结果来看，KMeans 聚类方法可以完全准确地把均值为 0 和均值为 1 的两类数据分开。这里请不要使用系统聚类法，那样计算机可能停止工作。

4.4.4　关于 KMeans 算法应注意的问题

KMeans 算法只有在类的平均值被定义的情况下才能使用，这可能不适用于某些应用，如涉及分类属性的数据。要求用户必须事先给出 k（要生成的类的数目）可以算是该方法的一个缺点。此外，KMeans 算法对于有“噪声”和孤立点的数据是敏感的，“噪声”和孤立点可能会对均值产生极大的影响。

KMeans 算法有很多变种，它们可能在初始 k 个平均值的选择、相似度的计算和类平均值的计算策略上有所不同。

案例 4：全国区域经济发展的聚类分析

为了对全国区域经济进行分析评价，现收集某年 16 个反映国民经济发展的指标。

X_1：人均 GDP（元）

X_2：第三产业占 GDP 比重（%）

X_3：商品出口依存度（%）

X_4：研究与开发经费占 GDP 比重（%）

X_5：工业化进程

X_6：人均财政教育经费（元）

X_7：人口自然增长率（%）

X_8：城镇人口比重（%）

X_9：信息化综合指数（%）

X_{10}：城镇居民恩格尔系数（%）

X_{11}：城镇人均房屋使用面积（平方米）

X_{12}：平均每名医生服务人口（人）

X_{13}：“三废”处理治理达标率（%）

X_{14}：耕地垦殖指数（%）

X_{15}：城市人均公共绿地面积（平方米）

X_{16}：污染治理项目投资占 GDP 比重（%）

应用系统聚类法对区域经济进行综合分析。

一、数据管理

图 4-6 是 1998 年全国区域经济综合评价指标数据（不含港、澳、台数据）的截图。

首页 mvsCase.xlsx

三文件 开始 插入 页面布局 公式 数据 审阅 视图 开发工具 会员专享 查找命令... 未同步 协作 分享

A1 fx 地区

	A	B	C	D	E	F	G	H	I	J	K	L	M	N	O	P	Q	R
1	地区	X1	X2	X3	X4	X5	X6	X7	X8	X9	X10	X11	X12	X13	X14	X15	X16	
2	北京	18482	56.6	43.3	8.39	0.8918	335	0.7	58.9	68.3	0.41	14.83	240	89.2	23.8	8	0.1777	
3	天津	14808	45.1	34.1	1	0.9089	234	3.4	54.5	54.9	0.44	12.58	309	89.5	38.7	4.06	0.1896	
4	河北	6525	32.5	6.1	0.16	0.4786	83	6.83	18.6	32.9	0.4	12.86	632	79.4	34.7	5.61	0.1161	
5	山西	5040	33.6	4.6	0.39	0.5962	91	9.92	74.1	30.1	0.43	11.97	441	61.5	24.3	3.83	0.2129	
6	内蒙古	5068	31.1	3.7	0.25	0.41	104	8.23	33.8	29	0.41	12.07	451	76.2	4.6	5.9	0.1551	
7	辽宁	9333	38.5	17.2	0.59	0.6797	119	4.58	44.8	39.4	0.45	11.68	424	81.4	22.6	5.88	0.1446	
8	吉林	5916	34.1	4	0.64	0.3945	106	6.05	42.5	33.3	0.46	11.72	448	79.7	21.1	5.74	0.096	
9	黑龙江	7544	30.5	2.7	0.24	0.699	97	6.36	43.7	32.9	0.44	11.45	496	84.1	19.8	6.45	0.2116	
10	上海	28253	47.8	35.8	1.47	1.1922	487	-1.8	65.2	68.1	0.51	13.91	293	92.4	50	2.84	0.1703	
11	江苏	10021	35.3	18	0.42	0.6603	125	4.13	26.9	37	0.45	14.72	619	86.8	43.4	7.7	0.324	
12	浙江	11247	33	18	0.19	0.7365	121	4.82	20.4	43.4	0.43	19.86	637	81.9	16.2	6.93	0.1384	
13	安徽	4576	29	4.4	0.23	0.4109	64	9.2	18.9	25.4	0.5	11.44	909	85.1	30.7	6.68	0.1113	
14	福建	10369	38.3	24.8	0.11	0.6772	141	5.33	19.6	40.8	0.52	16.96	785	77.7	9.9	6.5	0.0861	
15	江西	4484	35.7	4.6	0.21	0.4045	67	9.8	21.2	25.8	0.49	13.31	791	78.2	13.8	5.65	0.0489	
16	山东	8120	34.8	12	0.21	0.5828	101	5.46	26	31.4	0.4	14.69	665	83.7	44.6	6.55	0.2412	
17	河南	4712	29.2	2.3	0.32	0.3873	62	7.8	17.6	27.8	0.43	12.13	871	85.4	42.5	5.41	0.1253	
18	湖北	6300	32.5	3.8	0.7	0.5716	73	5.88	27.5	28.8	0.44	14.29	585	79.1	18.1	7.86	0.0965	
19	湖南	4953	33.9	3.3	0.37	0.4095	61	5.21	19.2	26.1	0.44	13.73	699	69.2	15.5	4.78	0.0518	
20	广东	11143	36.9	79.1	0.31	0.7674	154	10.9	31.1	52.4	0.44	17.68	680	77.4	13	8.33	0.0598	
21	广西	4076	34.2	7.8	0.23	0.3789	74	9.01	17.2	25.8	0.46	14.24	779	72.3	11	7.08	0.0901	
22	海南	6022	42	14.4	0.29	0.3504	105	12.92	24.7	31	0.55	15.17	579	81.8	12.7	11.26	0.0327	
23	重庆	4684	38.1	3	0.37	0.4165	58	5.51	20.1	29.5	0.45	12.17	712	71.1	19.4	2.29	0.0692	
24	四川	4339	31.1	2.7	1.04	0.3957	58	7.48	17.2	26.7	0.45	13.61	669	66.6	9.3	4.16	0.071	
25	贵州	2342	29.8	3.8	0.29	0.3014	63	14.26	14.1	23.4	0.48	11.09	831	52.5	10.8	7.63	0.1551	
26	云南	4355	31.1	5.2	0.42	0.5916	121	12.1	14.6	28.6	0.44	13.36	702	60.3	7.6	7.54	0.1129	
27	陕西	3834	38.4	7.1	2.37	0.3745	73	7.13	21.8	30	0.41	10.63	571	78.6	16.5	3.74	0.1754	
28	甘肃	3456	32.8	3.3	0.97	0.3376	77	10.04	18.7	28.3	0.46	11.24	663	76.4	7.7	3.5	0.2453	
29	青海	4367	40.9	3.9	0.45	0.4552	119	14.48	26.4	26.8	0.45	8.72	503	79.5	0.8	3.02	0.0365	
30	宁夏	4270	37.3	7.6	0.47	0.3858	111	13.08	28.3	35.6	0.42	11.24	489	72.5	12.2	3.85	0.2607	
31	新疆	6229	35.4	5.5	0.24	0.5737	137	12.81	35.3	30.8	0.45	12.46	406	70.3	2	5.79	0.2305	
32																		
33																		

Case1 Case2 Case3 Case4 Case5 Case6 Case7 Case8 Case9 Case10 Case11 … +

说明：由于西藏数据不全，在此省略。

图 4-6

二、Jupyter 操作

1. 调入数据

In	Case4=pd.read_excel('mvsCase.xlsx','Case4', index_col=0); Case4

2. 系统聚类

在该系统聚类过程中，采用的是欧氏度量，选择 Ward 方法。

In:

```
import scipy. cluster .hierarchy as sch
Case4_D=sch.distance.pdist(Case4)
Case4_H=sch.linkage(Case4_D, method='ward');
plt.figure(figsize=(9,5))
sch. dendrogram(Case4_H, labels=Case4. index);
```

Out:

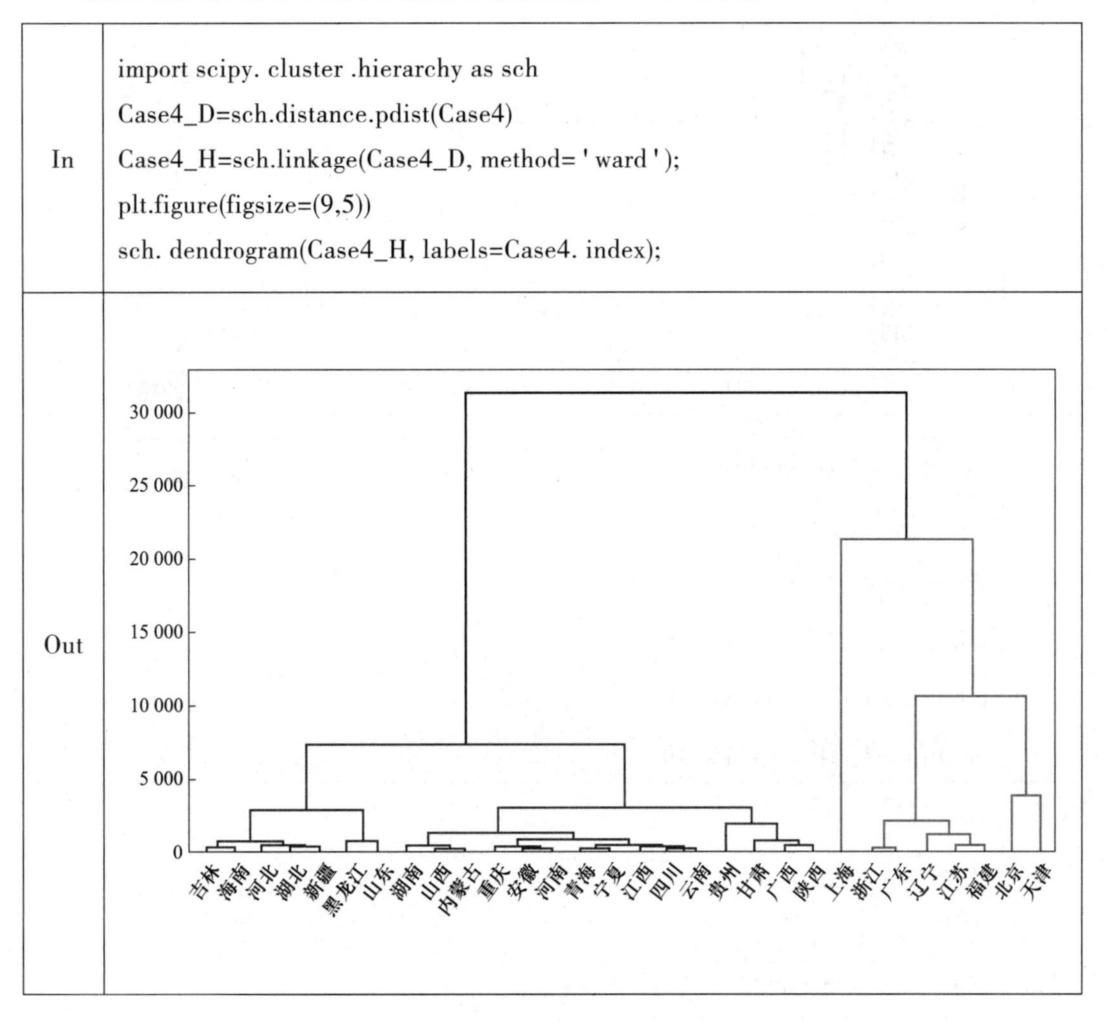

In:

```
plt.figure(figsize=(7,7))
sch.dendrogram(Case4_H, labels=Case4.index , orientation='right');
```

Out

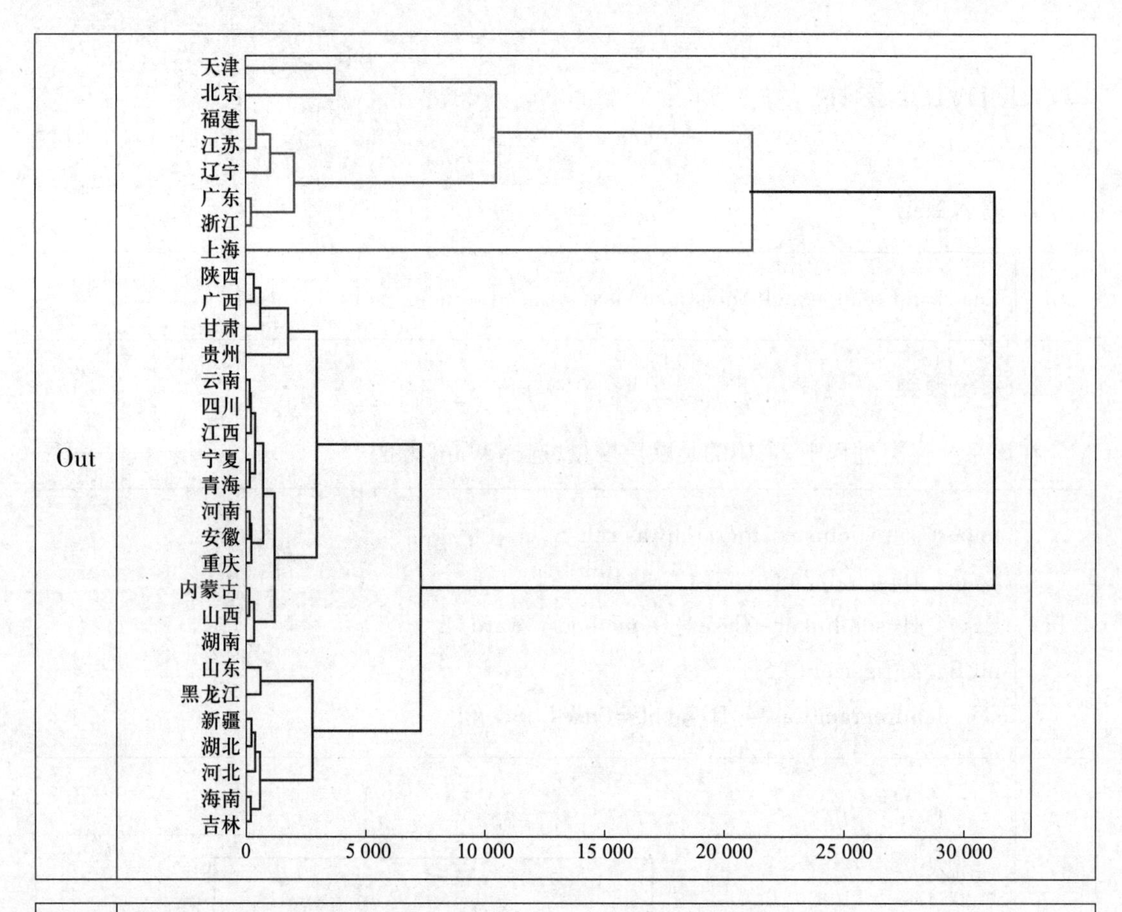

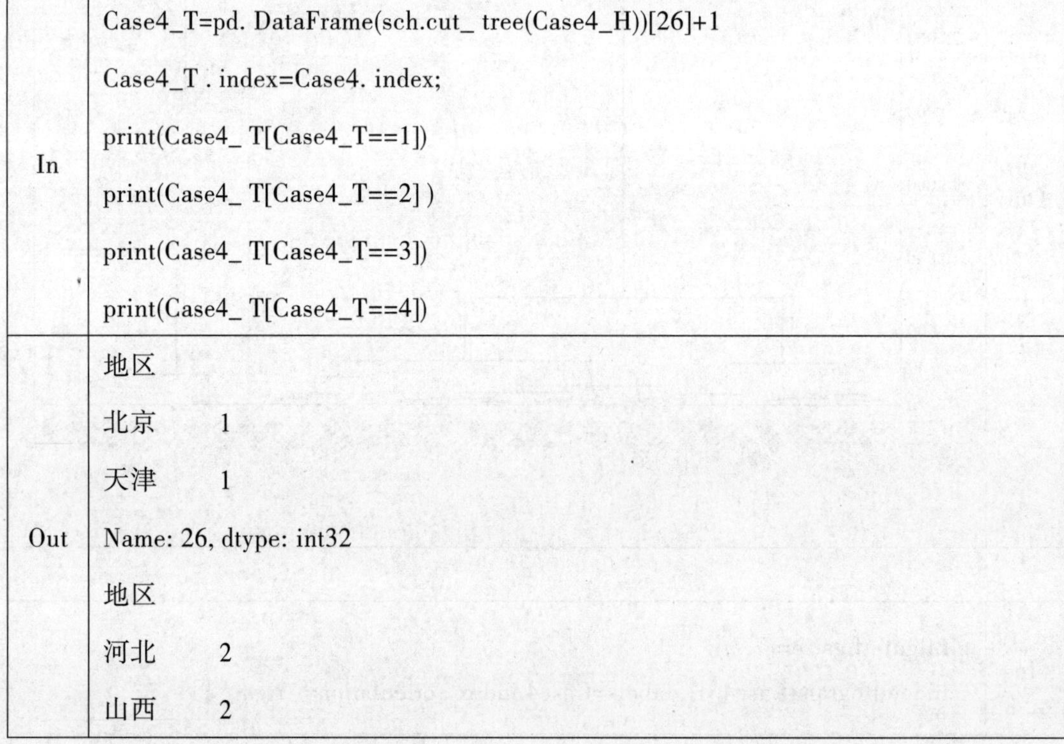

In

```
Case4_T=pd. DataFrame(sch.cut_ tree(Case4_H))[26]+1
Case4_T . index=Case4. index;
print(Case4_ T[Case4_T==1])
print(Case4_ T[Case4_T==2] )
print(Case4_ T[Case4_T==3])
print(Case4_ T[Case4_T==4])
```

Out

```
地区
北京	1
天津	1
Name: 26, dtype: int32
地区
河北	2
山西	2
```

<table>
<tr><td>Out</td><td>内蒙古　2
吉林　2
黑龙江　2
安徽　2
江西　2
山东　2
河南　2
湖北　2
湖南　2
广西　2
海南　2
重庆　2
四川　2
贵州　2
云南　2
陕西　2
甘肃　2
青海　2
宁夏　2
新疆　2
Name: 26, dtype: int32
地区
辽宁　3
江苏　3
浙江　3
福建　3
广东　3
Name: 26, dtype: int32
地区
上海　4
Name: 26, dtype: int32</td></tr>
</table>

从聚类图和聚类结果表（见表 4-4）可以看到，在 1998 年我国的经济发展是不平衡的，综合经济实力最强的地区是：北京、天津和上海；其次是沿海经济开放地区：辽宁、江苏、浙江、福建、广东。

表 4-4　整理聚类图结果

<table>
<tr><td>分类</td><td colspan="2">类 1</td><td colspan="2">类 2</td></tr>
<tr><td>分 2 类</td><td colspan="2">海南、安徽、河南、江西、广西、重庆、湖南、四川、贵州、云南、山东、青海、宁夏、新疆、陕西、甘肃、山西、黑龙江、河北、湖北、内蒙古、吉林</td><td colspan="2">辽宁、江苏、浙江、福建、广东、上海、北京、天津</td></tr>
<tr><td rowspan="2">分 3 类</td><td>类 1</td><td>类 2</td><td colspan="2">类 3</td></tr>
<tr><td>北京、天津、广东、浙江、福建、江苏、辽宁</td><td>安徽、河南、江西、广西、重庆、湖南、四川、贵州、云南、山东、青海、宁夏、新疆、陕西、甘肃、山西、黑龙江、河北、湖北、内蒙古、吉林、海南</td><td colspan="2">上海</td></tr>
<tr><td rowspan="2">分 4 类</td><td>类 1</td><td>类 2</td><td>类 3</td><td>类 4</td></tr>
<tr><td>北京、天津</td><td>山东、黑龙江、内蒙古、山西、宁夏、新疆、青海、陕西、甘肃、湖北、吉林、安徽、河北、河南、江西、广西、重庆、湖南、四川、贵州、云南、海南</td><td>辽宁、江苏、浙江、福建、广东</td><td>上海</td></tr>
</table>

下面是 KMeans 聚类的结果，请读者对照研究。

In

```
from sklearn.cluster import KMeans
Case4_KM=KMeans(n_clusters=4). fit(Case4).predict(Case4)
print(Case4_KM+1)
```

Out

```
[ 2 2 1 1 1 4 1 4 3 4 4 1 4 1 4 1 1 1 4 1 1 1 1 1 1 1 1 1 1]
```

In

```
Case4_ class=pd . DataFrame({ '类别' :Case4_ KM+1}, index=Case4. index)
print(Case4_class[Case4_class. 类别 ==1])
print(Case4_class[case4_class. 类别 ==2])
print(Case4_class[Case4_class. 类别 ==3])
print(Case4_class[Case4_class. 类别 ==4])
```

Out

```
          类别
地区
河北        1
山西        1
```

<table>
<tr><td rowspan="1">Out</td><td>内蒙古　1
吉林　1
安徽　1
江西　1
河南　1
湖北　1
湖南　1
广西　1
海南　1
重庆　1
四川　1
贵州　1
云南　1
陕西　1
甘肃　1
青海　1
宁夏　1
新疆　1
类别
地区
北京　2
天津　2
类别
地区
上海　3
类别
地区
辽宁　4
黑龙江　4
江苏　4
浙江　4
福建　4
山东　4
广东　4</td></tr>
</table>

结果跟系统聚类法有细微的差别。

思考与练习

一、思考题（手工解答，纸质作业）

1. 聚类分析的基本思想是什么？

2. 聚类分析有哪几种类型，哪几种方法？

3. 试述系统聚类的基本思想、系统聚类中常用的基本方法。

4. 下面给出5个元素两两之间的距离：

$$\begin{array}{c} \\ 1\\2\\3\\4\\5 \end{array}\begin{array}{c} \begin{array}{ccccc}1&2&3&4&5\end{array}\\ \begin{pmatrix} 0 & & & & \\ 10 & 0 & & & \\ 13 & 25 & 0 & & \\ 12 & 24 & 1 & 0 & \\ 11 & 23 & 3 & 2 & 0 \end{pmatrix}\end{array}$$

试用各种距离对其进行聚类分析，画出聚类图，并按2类、3类进行分类。

二、练习题（计算机分析，电子作业）

1. 下面给出5个元素两两之间的距离，利用最短距离法、最长距离法和类平均法做出5个元素的系统聚类，画系统聚类图并做出比较。

$$\begin{array}{c} \\ 1\\2\\3\\4\\5 \end{array}\begin{array}{c} \begin{array}{ccccc}1&2&3&4&5\end{array}\\ \begin{pmatrix} 0 & & & & \\ 4 & 0 & & & \\ 6 & 9 & 0 & & \\ 1 & 7 & 10 & 0 & \\ 6 & 3 & 5 & 8 & 0 \end{pmatrix}\end{array}$$

2. 为了比较全国31个省、自治区、直辖市2002年和2019年（数据见本书例3.1）城镇居民生活消费的分布规律，根据调查资料做区域消费类型划分。并将2019年和2002年数据进行对比分析。表4–5是2002年8个反映城镇居民生活消费结构的数据。各指标的含义如下：

X_1：人均食品支出（元/人）。

X_2：人均衣着商品支出（元/人）。

X_3：人均家庭设备用品及服务支出（元/人）。

X_4：人均医疗保健支出（元/人）。

X_5：人均交通和通信支出（元/人）。

X_6：人均娱乐、教育、文化服务支出（元/人）。

X_7：人均居住支出（元/人）。

X_8：人均杂项商品和服务支出（元/人）。

表 4-5　2002 年全国 31 个省、自治区、直辖市 8 个反映城镇居民生活消费结构的数据

	X_1	X_2	X_3	X_4	X_5	X_6	X_7	X_8
北京	8 170.22	2 794.87	1 974.25	1 717.58	4 106.04	3 984.86	2 125.99	1 401.08
天津	7 943.06	1 950.68	1 205.62	1 694.29	3 468.86	2 353.43	2 088.62	1 007.31
河北	4 404.93	1 488.11	977.46	1 117.30	2 149.57	1 550.63	1 526.28	426.29
山西	3 676.65	1 627.53	870.91	1 020.61	1 775.85	2 065.44	1 612.36	516.84
内蒙古	6 117.93	2 777.25	1 233.39	1 394.80	2 719.92	2 111.00	1 951.05	943.72
辽宁	5 803.90	2 100.71	1 145.57	1 343.05	2 589.18	2 258.46	1 936.10	852.69
吉林	4 658.13	1 961.20	908.43	1 692.11	2 217.87	1 935.04	1 932.24	627.30
黑龙江	5 069.89	1 803.45	796.38	1 334.80	1 661.35	1 396.38	1 543.29	556.16
上海	9 822.88	2 032.28	1 705.47	1 350.28	4 736.36	4 122.07	2 847.88	1 537.78
江苏	7 074.11	2 013.00	1 378.85	1 122.00	3 135.00	3 290.00	1 564.30	794.00
浙江	8 008.16	2 235.21	1 400.57	1 244.37	4 568.32	2 848.75	2 004.69	947.13
安徽	6 370.23	1 687.49	898.55	869.89	2 411.16	1 904.15	1 663.55	480.16
福建	7 424.67	1 685.07	1 416.94	935.50	3 219.46	2 448.36	2 013.53	949.19
江西	5 221.10	1 566.49	1 004.15	672.50	1 812.78	1 671.24	1 414.89	471.58
山东	5 625.94	2 277.03	1 269.65	1 109.37	2 474.83	1 909.84	1 780.07	665.52
河南	4 913.87	1 916.99	1 281.06	1 054.54	1 768.28	1 911.16	1 315.28	660.81
湖北	6 259.22	1 881.85	1 059.22	1 033.46	1 745.05	1 922.83	1 456.30	391.57
湖南	5 583.99	1 520.35	1 146.65	1 078.82	2 409.83	2 080.46	1 529.50	537.51
广东	8 856.91	1 614.87	1 539.09	1 122.71	4 544.21	3 222.40	2 339.12	893.95
广西	5 841.16	1 015.88	1 086.46	776.26	2 564.92	2 083.99	1 662.50	386.46
海南	6 979.22	932.63	1 030.79	734.28	2 005.73	1 923.48	1 578.65	408.26
重庆	7 245.12	2 333.81	1 325.91	1 245.33	1 976.19	1 722.66	1 376.15	588.70
四川	6 471.84	1 727.92	1 196.65	1 019.04	2 185.94	1 877.55	1 321.54	542.99
贵州	4 915.02	1 401.85	1 083.77	633.72	1 870.08	1 950.28	1 496.49	351.66
云南	5 741.01	1 356.91	987.24	1 085.46	2 197.73	2 045.29	1 384.91	357.61
西藏	5 889.48	1 528.14	541.46	617.97	500.60	1 551.34	963.99	638.89
陕西	6 075.58	1 915.33	1 060.49	1 310.19	2 019.08	2 208.06	1 465.81	626.16
甘肃	5 162.87	1 747.32	939.48	1 117.42	1 503.61	1 547.65	1 596.00	406.37
青海	4 777.10	1 675.06	890.08	813.13	1 742.96	1 471.98	1 684.78	484.41
宁夏	4 895.20	1 737.21	1 001.82	1 158.83	2 503.65	1 868.42	1 497.98	657.99
新疆	5 323.50	2 036.94	977.80	1 179.77	2 210.25	1 597.99	1 275.35	604.55

数据来源：《2004 年中国统计年鉴》。

试对该数据进行聚类分析。

3. 按例4.3模拟方法对 n=20, 50, 100, 1 000, 10 000 分别进行聚类分析。

三、案例选题(仿照本章案例完成)

从给定的题目出发,按内容提要、指标选取、数据收集、Python语言计算过程、结果分析与评价等方面进行案例分析。

1. 研究世界上部分发达国家经济和社会发展水平。

2. 对中国各保险公司分类进行探讨。

3. 对2022年中国房地产经济分区进行探讨。

4. 按照城乡居民消费水平,对2022年我国31个省、自治区、直辖市分类。

5. 横向比较我国31个省、自治区、直辖市2020年工业的经济效益和科技水平。

6. 对我国31个省、自治区、直辖市根据农、林、牧、副、渔各生产值的大小进行分类。

7. 从科技研究与发展状况角度对全国31个省、自治区、直辖市进行分类。

8. 试述聚类分析在研究各国国际竞争力中的应用。

第 5 章
综合评价及 Python 应用

本章思维导图

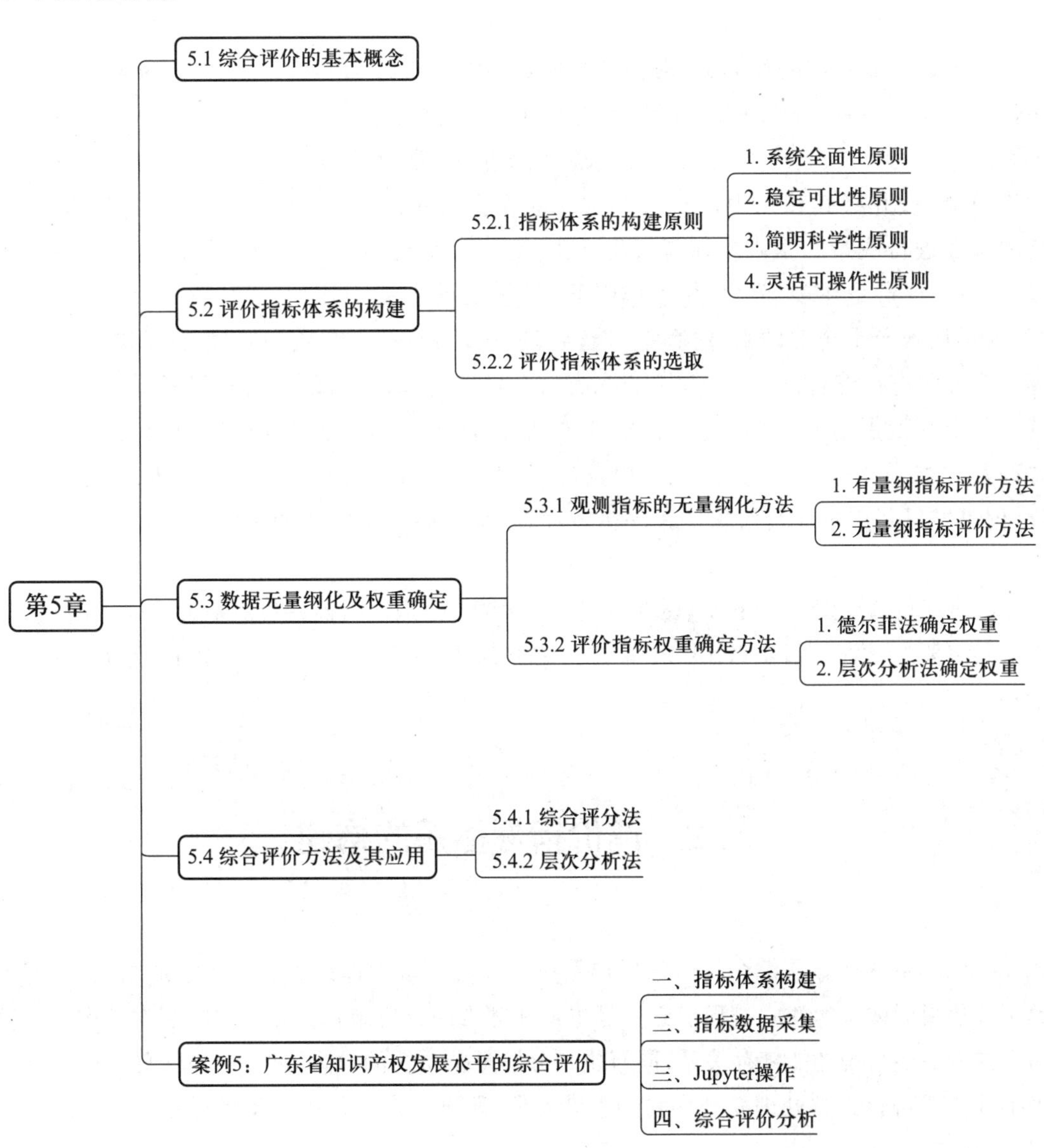

【学习目标】 了解综合评价方法的目的和基本思想，以及综合评价分析的实际意义。掌握综合评价中指标体系的构建方法和基本原则。

【教学内容】 综合评价的基本概念、常用方法。综合评价方法的综合应用及注意问题。Python中有关综合评价函数的编制。

5.1 综合评价的基本概念

评价是按照确定的目标，在对被评对象进行系统分析的基础上，测定被评对象的有关属性并将其转变为主观效用的过程，即明确价值的过程。评价工作包括两个基本点：① 对被评对象进行系统分析，确定评价指标体系及相应的权重体系；② 对被评对象的有关属性进行测定，并将其转化为评价者的主观效用。因此，评价是主观、客观相结合的过程，是决策者进行决策的基础。在现实生活中，对一个事物的评价常常要涉及多个因素或者多个指标，评价是在多个因素相互作用下的一种综合判断。比如，要判断哪个企业的绩效好，就得从若干个企业的财务管理、销售管理、生产管理、人力资源管理、研究与开发能力等多个方面进行综合比较；要判断广东省哪个城市的知识产权发展得好，就得从全省各个城市的专利发展情况、商标发展情况、版权发展情况、知识产权其他方面发展情况等多个方面进行综合比较；等等。因此可以这样说，几乎所有的综合性活动都可以进行综合评价，但不能只考虑被评价对象的某一个方面，必须全面地从整体的角度对被评价对象进行评价。

综合评价方法具有以下特点：包含若干个指标，分别说明被评价对象的不同方面；评价方法最终要对被评价对象做出一个整体性的评判，用一个总指标来说明被评价对象的一般水平。

5.2 评价指标体系的构建

指标体系的构建是综合评价法的出发点。综合评价工作是主客观因素的结合，这就导致了评价指标体系的建立过程也必然是主观和客观的有机结合。由于递阶层次结构可以较为方便地描述系统功能依存关系，同时也是分解复杂系统的较为方便的方式，更重要的是这种描述方式符合人类处理复杂事物的思维习惯，所以综合评价中的指标体系大都是用递阶层次结构来表示。

5.2.1 指标体系的构建原则

这是综合评价法的关键。选择指标构建评价指标体系,必须以综合评价目的为依据,对所要考察的事物进行认真分析,找出影响评价对象的因素,从中选出若干主要因素,构建综合评价指标体系。

在多指标综合评价中,评价指标体系的构建是首要的问题,是综合评价能否准确反映全面情况的前提。如果评价指标选择不当,再好的综合评价方法也会出现差错,甚至完全失败。选择并构建综合评价指标体系应遵循以下几项原则:

1. 系统全面性原则

例如,在经济社会发展水平的评价中,综合评价指标体系必须能够较全面地反映经济社会发展水平,指标体系应包括经济水平、科技进步、社会发展和生态环境的各个主要方面内容。除了设置上述指标外,还应考虑设置与之关系密切的经济结构、人口素质、居民物质生活水平和自然资源等指标。

2. 稳定可比性原则

综合评价指标体系中选用的指标既要有稳定的数据来源,又要适应当地实际。指标的口径,包括指标的时间长度、计量单位、内容含义必须一致可比,才能保证评估结果真实、客观和合理。

3. 简明科学性原则

在系统全面性的基础上,尽量选择具有代表性的综合指标,要避免选择含义相近的指标。指标的粗细也必须适宜,指标体系的设置应具有一定的科学性,做到简明科学。

4. 灵活可操作性原则

综合评价指标体系在实际应用中应具有一定的灵活性,能够根据项目自身的特点和实际情况灵活地应用。各个指标的数据来源渠道要畅通,具有较强的可操作性。

5.2.2 评价指标体系的选取

表 5-1 是综合评价指标体系构建示意表,图 5-1 是综合评价指标体系构建示意图。

【例 5.1】 续例 3.1 居民平均消费水平综合评价指标体系

居民经济活动主要包括日常的常规消费与附加消费,衣、食、住、行涵盖了居民的常规性消费,而教育、医疗、设备等反映了居民的附加性消费。在兼顾数据易收集性的基础上,对居民消费的 8 个评价指标(详见例 3.1)重新进行构建,形成居民消费水平的评价指标体系。

表 5-1　综合评价指标体系构建示意表

	一级指标	二级指标
指标体系	B_1	B_{11}
		B_{12}
		…
	B_2	B_{21}
		B_{22}
		…
	…	…
		…
		…
	B_m	B_{m1}
		B_{m2}
		…

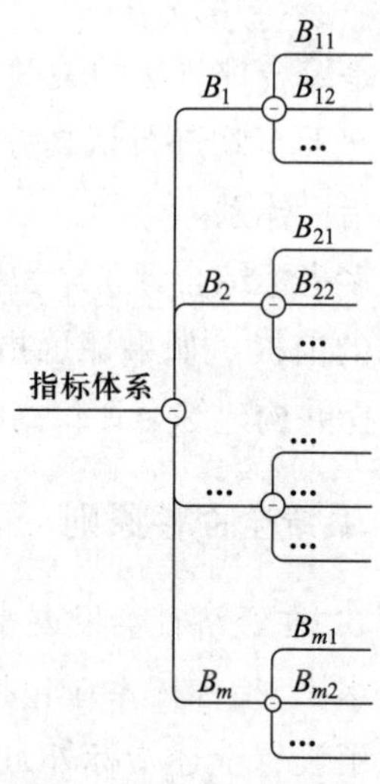

图 5-1　综合评价指标体系构建示意图

（1）常规消费支出：主要反映居民日常必需消费方面的支出情况。

（2）附加消费支出：主要反映居民在非日用品方面的消费支出情况。

表 5-2 是我们将例 3.1 的指标重新组合，形成的居民消费支出综合评价指标体系。

表 5-2　居民消费支出的综合评价指标体系

总指标	一级指标	二级指标
居民平均消费支出	B_1 常规消费支出	B_{11}［衣着］人均衣着商品支出（元 / 人）
		B_{12}［食品］人均食品支出（元 / 人）
		B_{13}［居住］人均居住支出（元 / 人）
		B_{14}［交通］人均交通和通信支出（元 / 人）
	B_2 附加消费支出	B_{21}［教育］人均娱乐、教育、文化服务支出（元 / 人）
		B_{22}［医疗］人均医疗保健支出（元 / 人）
		B_{23}［设备］人均家庭设备用品及服务支出（元 / 人）
		B_{24}［杂项］人均杂项商品和服务支出（元 / 人）

需要指出的是，这里为了说明层次分析方法的使用，我们人为构建了一级指标，而实际中一级指标及二级指标的构建要根据实际情况来确定。

下面通过变量名调整例 3.1 数据为例 5.1 数据。

In

```
import pandas as pd
pd.set_option('display.max_rows',31) # 显示数据框最大行数
d31=pd.read_excel('mvsData.xlsx','d31',index_col=0); # 居民消费支出数据
d51=d31[['衣着','食品','居住','交通','教育','医疗','设备','杂项']] # 更改变量名
d51
```

Out

地区	衣着	食品	居住	交通	教育	医疗	设备	杂项
北京	2229.5	8488.5	15751.4	4979.0	4310.9	3739.7	2387.3	1151.9
天津	1999.5	8983.7	6946.1	4236.4	3584.4	2991.9	1956.7	1154.9
河北	1304.8	4675.7	4301.6	2415.7	1984.1	1699.0	1170.4	435.8
山西	1289.9	3997.2	3331.6	1979.7	2136.2	1820.7	910.7	396.5
内蒙古	1765.4	5517.3	3943.7	3218.4	2407.7	2108.0	1185.8	597.1
辽宁	1586.1	5956.5	4417.0	2848.5	2929.3	2434.2	1275.3	756.0
吉林	1406.8	4675.4	3351.5	2518.1	2436.6	2174.0	948.3	564.7
黑龙江	1437.6	4781.1	3314.2	2317.4	2444.9	2457.1	884.8	514.4
上海	2071.8	10952.6	15046.4	5355.7	5495.1	3204.8	2122.8	1355.9
江苏	1573.4	6847.0	7247.3	3732.2	2946.4	2166.5	1496.4	688.1
浙江	1877.1	8928.9	8403.2	4552.8	3624.0	2122.6	1715.9	801.3
安徽	1300.6	6080.8	4281.3	2286.6	2132.8	1489.9	1154.3	411.2
福建	1319.6	8095.6	6974.9	3019.4	2509.0	1506.8	1269.7	619.3
江西	1077.6	5215.2	4398.8	2104.3	2094.2	1264.5	1128.6	367.3
山东	1443.1	5416.8	4370.1	2991.5	2409.7	1816.5	1538.9	440.8
河南	1226.5	4186.8	3723.1	1976.0	2016.8	1746.1	1101.5	354.9
湖北	1422.4	5946.8	4769.1	2822.2	2459.6	2230.9	1418.5	497.5
湖南	1262.2	5771.0	4306.1	2538.5	3017.4	1961.6	1226.2	395.8
广东	1192.2	9369.2	7329.1	3833.6	3244.4	1770.4	1560.2	695.5
广西	648.0	5031.2	3493.2	2384.7	2007.0	1616.0	944.1	294.2
海南	697.7	7122.3	4110.4	2578.2	2413.4	1294.0	932.7	406.2
重庆	1491.9	6666.7	3851.2	2632.8	2312.2	1925.4	1392.5	501.3
四川	1213.0	6466.8	3678.8	2576.4	1813.5	1934.9	1201.3	453.7
贵州	984.0	4110.2	2941.7	2405.6	1865.6	1274.8	873.8	324.3
云南	822.7	4558.4	3370.6	2439.0	1950.0	1401.4	926.6	311.2
西藏	1446.3	4792.5	2320.6	2015.2	690.3	519.2	847.7	397.4
陕西	1227.5	4671.9	3625.3	2154.8	2243.4	1977.4	1151.1	413.3

Out								
甘肃	1125.3	4574.0	3440.4	1972.7	1843.5	1619.3	945.3	358.6
青海	1359.8	5130.9	3304.0	2587.6	1731.8	1995.6	953.2	481.8
宁夏	1476.6	4605.2	3245.1	3018.1	2352.4	1929.3	1144.5	525.5
新疆	1472.1	5042.7	3270.9	2408.1	1876.1	1725.4	1159.5	441.7

5.3 数据无量纲化及权重确定

5.3.1 观测指标的无量纲化方法

因为各个指标的量纲和数量级通常是不同的,所以要对各个指标数据进行无量纲化。

根据综合评价指标计算过程的不同特点,综合评价法大致可分为两类:一类是有量纲指标评价方法,主要是总分评定法;另一类是无量纲指标评价方法。

1. 有量纲指标评价方法

主要采用总分评定法,或称综合计分法。总分评定法的步骤可以归纳如下:

(1) 根据评价的目的和评价对象的特点,选择若干个评价项目或评价指标,组成评价指标体系。

(2) 确定各项目或各指标的评价标准和计分方法。常用的计分方法有:等级量化处理。

(3) 综合评判结果,把各指标(或各项目)得分加总,即得该评价对象的总分。

2. 无量纲指标评价方法

观测指标的无量纲化是指通过某种变换方式消除各个观测指标的计量单位,使其转化为统一、可比的指标。常用的无量纲化处理方法主要有以下几种:

(1) 标准化变换方法。

$$z_{ij}=\frac{x_{ij}-\bar{x}_j}{s_j} \quad i=1,2,\cdots,n,\ j=1,2,\cdots,m$$

式中:x_{ij} 是观测值;$\bar{x}_j$ 是 $x_{1j}, x_{2j}, \cdots, x_{nj}$ 的均值;s_j 是其标准差。z_{ij} 为经过标准化变换后的指标,其变量的均值为 0,方差为 1。由于标准差的计量单位与观测变量本身的计量单位相同,所以变换后的指标不再具有计量单位。

(2) 规格化变换方法。

标准化变换方法通常要求变量来自正态分布,对非正态分布数据,我们通常不能计算其均值和标准差,这时一般用规格化或规范化(也称归一化)方法。

$$z_{ij}=\frac{x_{ij}-x_{j\min}}{x_{j\max}-x_{j\min}}\quad i=1,2,\cdots,n,\ j=1,2,\cdots,m$$

式中：x_{ij} 是观测值；$x_{j\min}$ 是第 j 个指标的最小观测值；$x_{j\max}$ 是第 j 个指标的最大观测值。经过规格化变换，消除了观测值的计量单位，变换后的指标 z_{ij} 的值都在 0 与 1 之间。

（3）功效系数变换方法。

$$z_{ij}=\frac{x_{ij}-x_{(s)}}{x_{(h)}-x_{(s)}}\quad i=1,2,\cdots,n,\ j=1,2,\cdots,m$$

式中：x_{ij} 是观测值；$x_{(s)}$是评价指标的不允许值；$x_{(h)}$是评价指标的满意值；变换后的指标 z_{ij} 称为功效系数。显然，若满意值取评价指标的最大观测值，不允许值取评价指标的最小值，则功效系数变换方法与规格化变换方法相同。

在实际变换中，人们习惯于按百分制对所评价总体中的各个观察单位进行变换，常将上述变换公式乘以 100。此外，有时为使综合评价指标不出现 0 值和负值，常在变换公式后加上一个常数项，改进的无量纲化方法如下：

（1）标准化变换：

$$z_{ij}=\frac{x_{ij}-\bar{x}_j}{s_j}\times b+a$$

（2）规格化变换：

$$z_{ij}=\frac{x_{ij}-x_{j\min}}{x_{j\max}-x_{j\min}}\times b+a$$

（3）功效系数变换：

$$z_{ij}=\frac{x_{ij}-x_{(s)}}{x_{(h)}-x_{(s)}}\times b+a$$

【例 5.2】 居民消费数据的无量纲化

这里采用规格化变换，计算各个指标的无量纲值。

$$z_{ij}=\frac{x_{ij}-x_{j\min}}{x_{j\max}-x_{j\min}}\times 60+40$$

式中：x_{ij} 为第 i 个地区第 j 项指标的实际数值；

$x_{j\max}$ 为第 j 项指标的最大值；

$x_{j\min}$ 为第 j 项指标的最小值；

z_{ij} 为第 i 个地区第 j 项指标的无量纲值。

这种无量纲化方法的好处是，它不仅纵向上消除了不同指标不同数量级的影响，横向上还能使得各地区的得分包含在 40～100 之间，易于比较。Python 要实现该函数较为简单与直观，操作代码与计算结果如下。

In
```
#def bz(x): return (x-x.min())/(x.max()-x.min())*60+40
def bz(x):   # 定义规格化函数，也可以写在一行
    z=(x-x.min())/(x.max()-x.min())*60+40
    return(z)
Z=d51.apply(bz,0);      # 数据无量纲化
```

In

```
pd.set_option('display.precision',2) # 设置数据框输出精度,保留 2 位小数
Z
```

Out

地区	衣着	食品	居住	交通	教育	医疗	设备	杂项
北京	100.00	78.74	100.00	93.32	85.21	100.00	100.00	88.47
天津	91.27	83.02	60.66	80.15	76.14	86.07	83.22	88.64
河北	64.92	45.85	48.85	47.86	56.16	61.98	52.58	48.00
山西	64.35	40.00	44.52	40.12	58.06	64.25	42.46	45.78
内蒙古	82.39	53.11	47.25	62.09	61.45	69.60	53.18	57.12
辽宁	75.59	56.90	49.37	55.53	67.96	75.68	56.66	66.10
吉林	68.79	45.85	44.61	49.67	61.81	70.83	43.92	55.29
黑龙江	69.96	46.76	44.44	46.11	61.91	76.10	41.45	52.44
上海	94.02	100.00	96.85	100.00	100.00	90.03	89.69	100.00
江苏	75.11	64.58	62.01	71.21	68.17	70.69	65.28	62.26
浙江	86.63	82.54	67.17	85.76	76.63	69.87	73.83	68.66
安徽	64.76	57.97	48.76	45.57	58.01	58.08	51.95	46.61
福建	65.48	75.35	60.79	58.56	62.71	58.40	56.45	58.37
江西	56.30	50.51	49.28	42.33	57.53	53.89	50.95	44.13
山东	70.17	52.25	49.16	58.07	61.47	64.17	66.94	48.28
河南	61.95	41.64	46.27	40.06	56.56	62.86	49.89	43.43
湖北	69.38	56.82	50.94	55.07	62.09	71.89	62.24	51.49
湖南	63.30	55.30	48.87	50.03	69.06	66.87	54.75	45.74
广东	60.65	86.34	62.37	73.00	71.89	63.31	67.77	62.68
广西	40.00	48.92	45.24	47.31	56.44	60.43	43.76	40.00
海南	41.89	66.96	48.00	50.74	61.52	54.44	43.31	46.33
重庆	72.02	63.03	46.84	51.71	60.25	66.20	61.23	51.70
四川	61.44	61.30	46.07	50.71	54.03	66.38	53.78	49.01
贵州	52.75	40.97	42.77	47.68	54.68	54.08	41.02	41.70
云南	46.63	44.84	44.69	48.27	55.73	56.44	43.07	40.96
西藏	70.29	46.86	40.00	40.75	40.00	40.00	40.00	45.83
陕西	61.99	45.82	45.83	43.23	59.39	67.17	51.82	46.73
甘肃	58.11	44.98	45.00	40.00	54.40	60.50	43.80	43.64
青海	67.00	49.78	44.39	50.91	53.01	67.51	44.11	50.60
宁夏	71.44	45.24	44.13	58.54	60.76	66.27	51.57	53.07
新疆	71.27	49.02	44.25	47.72	54.81	62.47	52.15	48.34

把数据无量纲化之后,纵向间数据对比清晰,便于理解分析。例如,对食品这一纵轴,最大值100出现在上海,说明在食品消费支出方面,上海比较突出;最小值40出现在山西,说明与其他地区相比,山西的食品消费支出比较低。从横向数据中可以分析具体样本的各指标情况。例如,从天津这一样本分析可知,其衣着消费支出较为突出。从总体考虑,数据无量纲化之后,数字对比清晰,易于寻找有显著特点的样本,也容易发现某些指标和样本的整体水平。

5.3.2 评价指标权重确定方法

为了进行综合评价,还需要进一步寻找指标间量的关系的纽带,即需确定指标的权重(权数)。评价指标的权重是指在评价指标体系中每个指标的重要程度。权重反映了某一指标在指标体系中所起作用的大小,是该指标对总目标的贡献程度,可以将其看作联结指标为一个整体的纽带。指标的权重应是指标评价过程中其相对重要程度的一种主、客观度量的反映。

最简单的一种赋权法是等权法(每个指标的权重一样)。然而在多指标综合评价中,因各指标在指标群中的重要性不同,不能等量齐观,必须客观地确定各指标的权数。权数值准确与否直接影响综合评价的结果,因而,科学地确定指标权数在多指标综合评价中具有举足轻重的地位。评价权数的确定方法有:德尔菲法(又称专家评定法)、层次分析法、主成分分析法、因子分析法和变异系数法等,其中比较简单的有德尔菲法和层次分析法。

1. 德尔菲法确定权重

20世纪40年代,美国兰德公司运用德尔菲集会形式,向一组专家征询意见,将专家们对过去历史资料的解释和对未来的分析判断汇总整理,经过多次反馈,尽可能取得统一意见。因此,德尔菲法也称为专家评定法。

在综合评价指标的权数确定中,为了提高权数的准确性,往往需要聘请评价对象所属领域的专家对各个评价指标的重要程度进行评定,给出权数。一般程序是先由各个专家单独对各个评价指标的重要程度进行评定,然后由综合评价人员对各个专家的评定结果进行综合,计算出平均数,然后反馈给各位专家,如此反复进行几次,使各位专家的意见趋于一致,从而确定各评价指标的权数。

2. 层次分析法确定权重

(1)层次分析法的原理。

层次分析法(analytic hierarchy process),简称AHP法,是一种主客观结合的多指标综合评价方法,即定性分析与定量分析有机结合,实现定量化决策。它是美国运筹学家、匹兹堡大学教授T.L.Saaty于20世纪70年代提出来的,是一种对较为模糊或较为复杂的决策问题使用定性与定量分析相结合的手段做出决策的简易方法。它将决策者的经验判断给予量化,将人们的思维过程层次化,逐层比较相关因素,逐层检验比较结果的合理性,由此提供较有说服力的依据。很多决策问题通常表现为一组方案的排序问题,这类问题就可以用 AHP 法解决。近几年来,此法在国内外各领域得到了广泛的应用,如经济计划和管理、能源政策和分配、行为科学、军事指挥、运输、农业、教育、人才、医疗和环境等领域。

层次分析法的优点在于既不单纯追求高深的数学推导,又不片面地注重行为、逻辑、推理,而是把定性方法与定量方法有机地结合起来,使复杂的系统分解,将人们的思维过程数字化、系统化,便于人们接受,且能把多目标、多准则又难以全部量化处理的决策问题化为多层次单目标问题,通过两两比较确定同一层次元素的相对数量关系后,进行简单的数学运算。层次分析法的缺点在于层次分析法是一种模拟人脑决策方式的方法,因此带有一定的主观色彩。

自 1982 年层次分析法引入我国以来,人们不仅将之应用于各种决策分析,也用于综合评价权数的构造。其思路为:建立评价对象的综合评价指标体系,通过指标之间的两两比较确定各自的相对重要程度,然后通过特征值法、最小二乘法和对数最小二乘法等客观运算来确定各评价指标的权数。其中特征值法是层次分析法中最早提出、使用最广泛的权数构造方法。

(2)层次分析法权重的计算。

层次分析法的应用首先需确定各层次的目标体系,就是根据研究目标之间的内在联系和因果关系,将目标层逐步分解为多层次的目标体系。层次的树状目标结构体系如图 5-2 所示。

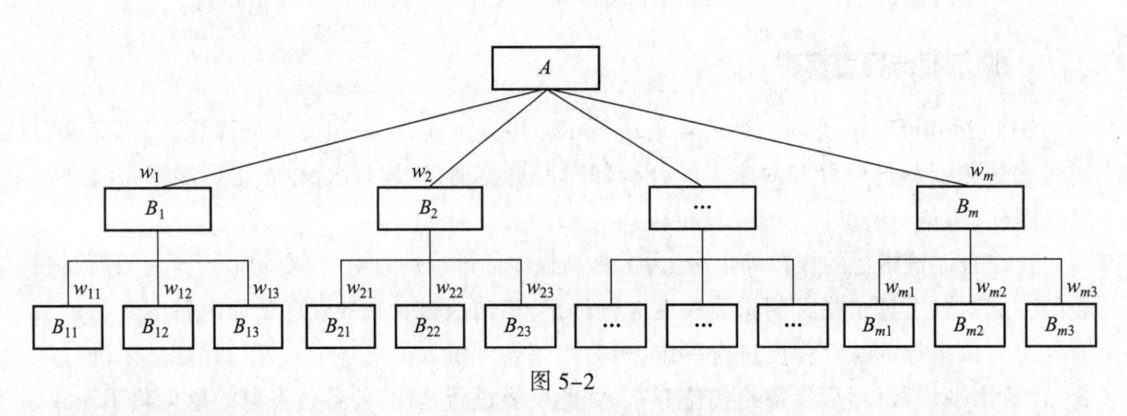

图 5-2

设 A 为目标层,B_i 为准则层,B_{ij} 为方案层,w_i、w_{ij} 分别为第二、三层的权数,并满足:

$$\sum_{i=1}^{m} w_i = 1, \sum_{j=1}^{m_i} w_{ij} = 1$$

① 构造判断矩阵。通过对指标之间两两重要程度进行比较和分析判断,构造判断矩阵。层次分析法在对指标的相对重要程度进行测量时,引入了九分位的相对重要的比例标度,令 A 为判断矩阵,是对同一层次各个指标相对重要性进行两两比较而形成的矩阵,它由若干位专家来判定。则有:$A=(a_{ij})_{m\times m}$。矩阵 A 中各元素 a_{ij} 表示横行指标 Z_i 对列指标 Z_j 的相对重要程度的比较值。考虑到专家直接评价权重的困难,根据心理学家提出的“人区分信息等级的极限能力为 7 ± 2”的研究结论,有如表 5-3 所示的评分规则。

表 5-3 权重的评分规则

甲指标与乙指标比较	极端重要	强烈重要	明显重要	比较重要	重要	较不重要	不重要	很不重要	极不重要
甲指标评价值	9	7	5	3	1	1/3	1/5	1/7	1/9

备注：取 8、6、4、2、1/2、1/4、1/6、1/8 为上述评价值的中间值。

② 判断标准。

根据判断矩阵 A 中指标两两比较的特点，把甲对乙的相对重要性记为 a_{ij}，明显的有 $a_{ij}>0$，$a_{ii}=1$，$a_{ij}=1/a_{ji}$，$i=1,2,\cdots,m$。因此，判断矩阵 A 是一个正交矩阵，每次判断时，只需要做 $m(m-1)/2$ 次比较即可。表 5-4 是判断矩阵的示例。

表 5-4 判 断 矩 阵

A	B_1	B_2	…	B_m
B_1	a_{11}	a_{12}	…	a_{1m}
B_2	a_{21}	a_{22}	…	a_{2m}
…	…	…	…	…
B_m	a_{m1}	a_{m2}	…	a_{mm}

③ 对各指标权数进行计算。层次分析法的信息基础是判断矩阵，利用排序原理，求得各行的几何平均数，然后计算各评价指标的重要性权数：

$$\bar{a}_i = \sqrt[m]{a_{i1} \cdot a_{i2} \cdot \cdots \cdot a_{im}} = \sqrt[m]{\prod_{j=1}^{m} a_{ij}}$$

$$w_i = \frac{\bar{a}_i}{\sum_{i=1}^{m} \bar{a}_i} \quad i = 1,2,\cdots,m$$

将各个评价指标的重要性权数用一个向量来表示，即为 $\boldsymbol{W}=(w_1, w_2, \cdots, w_m)$，该向量又称判断矩阵的特征向量。

（3）对判断矩阵进行一致性检验。

与其他确定指标权重的方法相比，层次分析法的最大优点在于可以通过一致性检验保持专家思想逻辑上的判断一致性。其计算步骤为：

① 计算判断矩阵的最大特征根：

$$\lambda_{\max} = \frac{1}{m}\sum_{i=1}^{m} \frac{(\boldsymbol{AW})_i}{\boldsymbol{W}_i}$$

式中：$\boldsymbol{AW}$ 为判断矩阵 $\boldsymbol{A}$ 与特征向量 $\boldsymbol{W}$ 的乘积，即为

$$
\boldsymbol{AW}=\begin{bmatrix} a_{11} & a_{12} & \cdots & a_{1m} \\ a_{21} & a_{22} & \cdots & a_{2m} \\ \vdots & \vdots & & \vdots \\ a_{m1} & a_{m2} & \cdots & a_{mm} \end{bmatrix}\begin{bmatrix} w_1 \\ w_2 \\ \vdots \\ w_m \end{bmatrix}
$$

② 计算判断矩阵的一致性指标：

$$
CI=\frac{\lambda_{\max}-m}{m-1}
$$

③ 计算判断矩阵的随机一致性比率。由一致性指标 CI，可以计算出检验用的随机一致性比率 CR，该检验指标的计算公式为：

$$
CR=\frac{CI}{RI}
$$

上式中 RI 称为判断矩阵的平均随机一致性指标，其值的大小取决于判断矩阵中评价指标个数的多少，表 5-5 列出了 m 在 3~10 的 RI 值。

表 5-5 平均随机一致性指标判断标准

m	3	4	5	6	7	8	9	10
RI	0.52	0.89	1.12	1.25	1.35	1.42	1.46	1.49

当随机一致性比率小于 0.10 时，可以认为上述判断矩阵满足一致性要求，所求出的综合评价指标权数是合适的。

当指标多于两个时，我们需要考虑判断矩阵的一致性，根据上述原理，可以编写计算判别矩阵的权重和进行一致性检验的函数 AHP。

下面自定义层次分析法权重确定函数 AHP。

```
AHP(A)
A 为判断矩阵
返回判断矩阵的权重
```

In

```
import numpy as np
np.set_printoptions(precision=4)   # 设置 numpy 输出精度
def AHP(A):   # 判断矩阵 A 的 AHP 权重计算
    print('判断矩阵 :\n ',A)
    m=np.shape(A)[0];
    D=np.linalg.eig(A);          # 特征值
    E=np.real(D[0][0]);          # 特征向量
    ai=np.real(D[1][:,0]); # 最大特征值
    W=ai/sum(ai)                 # 权重归一化
    if(m>2):
```

In	``` print('L_max=',E.round(4)) CI=(E-m)/(m-1) # 计算一致性比例 RI=[0,0,0.52,0.89,1.12,1.25,1.35,1.42,1.46,1.49,1.52,1.54,1.56,1.58,1.59] CR=CI/RI[m-1] print('一致性指标 CI:',CI) print('一致性比例 CR:',CR) if CR<0.1: print('CR<=0.1,一致性可以接受!') else: print('CR>0.1,一致性不可接受!') print('权重向量:') return(W)```

```
        print('L_max=',E.round(4))
        CI=(E-m)/(m-1)    # 计算一致性比例
        RI=[0,0,0.52,0.89,1.12,1.25,1.35,1.42,1.46,1.49,1.52,1.54,1.56,1.58,1.59]
        CR=CI/RI[m-1]
        print('一致性指标 CI:',CI)
        print('一致性比例 CR:',CR)
        if CR<0.1: print('CR<=0.1,一致性可以接受!')
        else: print('CR>0.1,一致性不可接受!')
    print('权重向量:')
    return(W)
```

【例 5.3】 居民消费指标体系权重确定

1. 一级指标权重

（1）构建判断矩阵。

居民消费一级指标的判断矩阵如表 5-6 所示。

表 5-6 居民消费一级指标评价判断矩阵 B

B	常规消费 B_1	附加消费 B_2
常规消费 B_1	1	2
附加消费 B_2	1/2	1

（2）调用 AHP 函数，计算判断矩阵 B 的权重。

In:

```
B=np.array([[1,2],[1/2,1]])
B_W=AHP(B); B_W
```

Out:

```
判断矩阵:
 [[1.  2. ]
 [0.5 1. ]]
权重向量:
array([0.6667, 0.3333])
```

如上所示，一级指标 B 的权重为：B_W=（0.6667，0.3333）

2. 二级指标权重

（1）常规消费 B_1 判断矩阵。

表 5-7 是常规消费的判断矩阵。

表 5-7 常规消费判断矩阵

B_1	衣着 B_{11}	食品 B_{12}	居住 B_{13}	交通 B_{14}
衣着 B_{11}	1	1/4	1/3	1/2
食品 B_{12}	4	1	2	3
居住 B_{13}	3	1/2	1	4
交通 B_{14}	2	1/3	1/4	1

In
```
B1=np.array([[1,1/4,1/3,1/2],[4,1,2,3],[3,1/2,1,4],[2,1/3,1/4,1]])
B1_W=AHP(B1); B1_W
```

Out
```
判断矩阵：
[[1.      0.25    0.3333 0.5    ]
 [4.      1.      2.     3.     ]
 [3.      0.5     1.     4.     ]
 [2.      0.3333 0.25    1.     ]]
L_max= 4.1432
一致性指标 CI: 0.0477
一致性比例 CR: 0.0536
CR<=0.1，一致性可以接受！
权重向量：
array([0.0914, 0.45, 0.3267, 0.1319])
```

各指标权重向量为：B1_W=（0.0914，0.4500，0.3267，0.1319）。

（2）附加消费 B_2 判断矩阵。

表 5-8 为附加消费判断矩阵。

表 5-8 附加消费判断矩阵

B_2	教育 B_{21}	医疗 B_{22}	设备 B_{23}	杂项 B_{24}
教育 B_{21}	1	2	3	3
医疗 B_{22}	1/2	1	2	4
设备 B_{23}	1/3	1/2	1	2
杂项 B_{24}	1/3	1/4	1/2	1

In
```
B2=np.array([[1,2,3,3],[1/2,1,2,4],[1/3,1/2,1,2],[1/3,1/4,1/2,1]])
B2_W=AHP(B2); B2_W
```

Out
```
判断矩阵：
[[1.      2.      3.      3.     ]
 [0.5     1.      2.      4.     ]
 [0.3333  0.5     1.      2.     ]
```

```
Out
 [0.3333  0.25      0.5       1.        ]]
L_max= 4.0968
一致性指标 CI: 0.0323
一致性比例 CR: 0.0363
CR<=0.1,一致性可以接受!
权重向量:
array([0.4428, 0.3004, 0.1592, 0.0976])
```

各指标权重向量为:B2_W=(0.4428,0.3004,0.1592,0.0976)。

注意,由于判断矩阵的打分方法存在主观因素,所以需仔细打分和反复试算以获得体系的合理权重。

有了各级指标的权重,我们就可以得到一个完整的指标体系(见表 5-9)。

表 5-9 全国居民平均消费水平综合评价指标体系

目标	一级指标及权重	变量	二级指标	权重
居民平均消费水平	B_1 常规消费水平 0.666 7	B_{11}	[衣着]人均衣着商品支出(元/人)	0.091 4
		B_{12}	[食品]人均食品支出(元/人)	0.450 0
		B_{13}	[居住]人均居住支出(元/人)	0.326 7
		B_{14}	[交通]人均交通和通信支出(元/人)	0.131 9
	B_2 附加消费水平 0.333 3	B_{21}	[教育]人均娱乐、教育、文化服务支出(元/人)	0.442 8
		B_{22}	[医疗]人均医疗保健支出(元/人)	0.300 4
		B_{23}	[设备]人均家庭设备用品及服务支出(元/人)	0.159 2
		B_{24}	[杂项]人均杂项商品和服务支出(元/人)	0.097 6

有了完整的指标体系,下面就可以对数据进行综合分析了。

5.4 综合评价方法及其应用

综合评价方法是指无量纲化变换后的各个指标按照某种方法进行综合,得出一个可用于评价比较的综合指标。综合评价方法较多,如综合评分法、综合指数法、秩和比法、层次分析法、TOPSIS 法、模糊综合评价法、数据包络分析法等。本章重点介绍两种常用的方法。

5.4.1　综合评分法

综合评分法的得分计算是把各个指标的无量纲化数据直接相加得到一个总分，最后根据这个最终得分的高低来判定评价对象的优劣。这种方法的好处是对各个指标赋予同样的权重来同等看待，省去了确定指标权重的复杂步骤，但这同时也是它的一个不足之处。它不能很好地区分各个指标的相对重要程度，因而常用的改进方法是根据这个指标相对重要程度的不同给予不同的权重，然后用各个指标的得分乘以权重求得各个指标对不同方案的加权评分，每个方案各指标加权得分之和除以权重之和所得到的商就是加权平均分，得分最多的方案就是最佳方案。最简单的综合评分法是简单算术平均法：

$$S_i = \sum_{j=1}^{m} w_j z_{ij} = \sum_{j=1}^{m} \frac{1}{m} z_{ij} = \frac{1}{m} \sum_{j=1}^{m} z_{ij} = z_i$$

这里实际上相当于对每一行数据求均值，且权重相同，全为 $w_j=1/m$，m 是指标个数。

In	S=Z.mean(axis=1);S　# 按列求均值
Out	地区 北京　93.22 天津　81.15 河北　53.27 山西　49.94 …　… 甘肃　48.80 青海　53.41 宁夏　56.38 新疆　53.75

In	Sr=S.rank(ascending=False).astype(int) # 综合排名
	print(Sr)

Out	地区 北京　2 天津　3 河北　21 山西　26 …　… 甘肃　27 青海　20 宁夏　14 新疆　19 Length: 31, dtype: int32

In	pd.DataFrame({ '综合评分' :S, '综合排名' :Sr})
Out	(output below)

```
       综合评分  综合排名
地区
北京    93.22     2
天津    81.15     3
河北    53.27    21
山西    49.94    26
内蒙古  60.77     9
辽宁    62.97     7
吉林    55.10    16
黑龙江  54.90    17
上海    96.32     1
江苏    67.41     6
浙江    76.39     4
安徽    53.96    18
福建    62.01     8
江西    50.61    24
山东    58.81    12
河南    50.33    25
湖北    59.99    10
湖南    56.74    13
广东    68.50     5
广西    47.76    28
海南    51.65    23
重庆    59.12    11
四川    55.34    15
贵州    46.96    30
云南    47.58    29
西藏    45.47    31
陕西    52.75    22
甘肃    48.80    27
青海    53.41    20
宁夏    56.38    14
新疆    53.75    19
```

位列前5位的地区分别为上海、北京、天津、浙江和广东，其中上海分值最高(96.32)，位列后3位的地区分别为云南、贵州和西藏，有22个地区在60分以下。

综合评分法将不同评价指标的重要性同等看待，但现实综合评价指标体系中各指标的重要性是不同的，故应赋予不同分量的权重，才能准确地反映综合指标的合成值。

5.4.2　层次分析法

设 z_{ij} 为第 i 个目标第 j 个方案的属性值向量的分量。利用公式

$$S_i = \sum_{j=1}^{m} w_j z_{ij} = \boldsymbol{Z}\boldsymbol{W}'$$

可求得每个层次的综合得分。

式中：w_j 是第 j 个指标的权重，$\boldsymbol{W}$ 是权重向量。对目标由低层到高层进行计算，由此判断各方案的优劣，S_i 值越大，该方案就越优。

下面就从层次分析的角度计算各层次指标的得分。

In

```
pd.set_option('display.max_rows',8)
S2=pd.DataFrame()
S2['B1得分']=Z[['衣着','食品','居住','交通']].dot(B1_W) # 常规消费 B1 得分
S2['B1排名']=S2['B1得分'].rank(ascending=False).astype(int) # 常规消费 B1 排序
S2
```

Out

```
      B1得分   B1排名
地区
北京   89.55     2
天津   76.09     4
河北   48.84    21
山西   43.72    30
 …      …       …
甘肃   45.53    27
青海   49.74    17
宁夏   49.03    20
新疆   49.32    19
```

In

```
S2['B2得分']=Z[['教育','医疗','设备','杂项']].dot(B2_W) # 附加消费 B2 得分
S2['B2排名']=S2['B2得分'].rank(ascending=False).astype(int) # 附加消费 B2 排序
S2
```

Out

```
        B1得分  B1排名  B2得分  B2排名
地区
北京     89.55     2     92.33     2
天津     76.09     4     81.47     3
```

Out

```
河北    48.84   21    56.54   19
山西    43.72   30    56.23   20
…       …       …     …       …
甘肃    45.53   27    53.49   28
青海    49.74   17    55.71   24
宁夏    49.03   20    60.20   15
新疆    49.32   19    56.06   22
```

In

```
S2['层次得分']=S2[['B1得分','B2得分']].dot(B_W)                    #层次综合得分
S2['层次排名']=S2['层次得分'].rank(ascending=False).astype(int)   #层次综合排序
pd.set_option('display.max_rows',31)
S2.round(2)
```

Out

	B1得分	B1排名	B2得分	B2排名	层次得分	层次排名
地区						
北京	89.55	2	92.33	2	90.48	2
天津	76.09	4	81.47	3	77.88	3
河北	48.84	21	56.54	19	51.41	22
山西	43.72	30	56.23	20	47.89	28
内蒙古	55.06	12	62.16	10	57.42	11
辽宁	55.97	10	68.30	5	60.08	8
吉林	48.04	22	61.03	14	52.37	19
黑龙江	48.04	23	61.99	11	52.69	18
上海	98.42	1	95.37	1	97.40	1
江苏	65.58	7	67.89	6	66.35	6
浙江	78.32	3	73.38	4	76.67	4
安徽	53.95	14	55.96	23	54.62	16
福建	67.48	6	59.99	16	64.99	7
江西	49.56	18	54.08	26	51.07	24
山东	53.64	15	61.86	12	56.38	13
河南	44.80	29	56.11	21	48.57	26
湖北	55.81	11	64.03	8	58.55	9
湖南	53.24	16	63.85	9	56.77	12
广东	74.40	5	67.76	7	72.19	5
广西	46.69	25	54.02	27	49.13	25
海南	56.33	9	55.01	25	55.89	14

Out	重庆	57.07	8	61.36	13	58.50	10
	四川	54.94	13	57.21	18	55.70	15
	贵州	43.52	31	51.06	30	46.03	30
	云南	45.41	28	52.49	29	47.77	29
	西藏	45.96	26	40.57	31	44.16	31
	陕西	46.96	24	59.29	17	51.07	23
	甘肃	45.53	27	53.49	28	48.18	27
	青海	49.74	17	55.71	24	51.73	20
	宁夏	49.03	20	60.20	15	52.75	17
	新疆	49.32	19	56.06	22	51.57	21

结果按照消费支出结构特征可划分为三种类型：当常规消费支出水平排名高于附加消费支出水平排名时，为常规消费拉动型；当附加消费支出水平得分排名高于常规消费支出水平排名时，为附加消费拉动型；当两种二级指标得分的排名相同时，为均衡型。从上面的结果可以看出广东、四川、重庆、福建、江西、广西等地区的消费水平为常规消费拉动型，居民在衣、食、住、行上的支出要高于教育、医疗与设备等上的支出水平；天津、内蒙古、辽宁、河北、山西等地区为附加消费拉动型；而上海、北京为均衡型。整体来看，上海、北京、天津、浙江和广东的常规消费支出与附加消费支出水平均处于较高水平。

In

```
pd.DataFrame({ '综合评分' :S1. 综合评分 ,'综合排名' :S1. 综合排名 ,
               '层次得分' :S2. 层次得分 ,'层次排名' :S2. 层次排名 })
```

Out

	综合评分	综合排名	层次得分	层次排名
地区				
北京	93.22	2	90.48	2
天津	81.15	3	77.88	3
河北	53.27	21	51.41	22
山西	49.94	26	47.89	28
内蒙古	60.77	9	57.42	11
辽宁	62.97	7	60.08	8
吉林	55.10	16	52.37	19
黑龙江	54.90	17	52.69	18
上海	96.32	1	97.40	1
江苏	67.41	6	66.35	6
浙江	76.39	4	76.67	4

Out	安徽	53.96	18	54.62	16
	福建	62.01	8	64.99	7
	江西	50.61	24	51.07	24
	山东	58.81	12	56.38	13
	河南	50.33	25	48.57	26
	湖北	59.99	10	58.55	9
	湖南	56.74	13	56.77	12
	广东	68.50	5	72.19	5
	广西	47.76	28	49.13	25
	海南	51.65	23	55.89	14
	重庆	59.12	11	58.50	10
	四川	55.34	15	55.70	15
	贵州	46.96	30	46.03	30
	云南	47.58	29	47.77	29
	西藏	45.47	31	44.16	31
	陕西	52.75	22	51.07	23
	甘肃	48.80	27	48.18	27
	青海	53.41	20	51.73	20
	宁夏	56.38	14	52.75	17
	新疆	53.75	19	51.57	21

从综合评分法和层次分析法的结果可以看出，两种计算结果还是有一些差别的，因为综合评分法用的是等权，而层次分析法给出了不同层次的权重，但总的趋势差不多。从以上所计算的各层次指标以及排名，我们可以更清楚地认识到层次分析法是把复杂问题中的各因素划分成相关联的有序层次，使之条理化的多目标、多准则的决策方法，是一种定量分析与定性分析相结合的有效方法。

案例 5：广东省知识产权发展水平的综合评价

一、指标体系构建

为了全面反映广东各地区的专利发展情况，进一步了解地区差异对专利发展情况的影响，有必要根据各地区专利发展情况的相似性进行分类研究。在兼顾数据易收集性的基础上，本文选取了 19 个评价指标（见表 5-10、图 5-3）。评价指标体系主要包括两方面的内容：

1. 专利发展情况指标

主要反映了广东各地区专利申请与授权各个方面的数量情况。

（1）专利申请量指标，反映了广东各市专利申请的数量与结构。包括发明专利申请量、实用新型专利申请量、外观设计专利申请量。

（2）专利授权情况指标，反映了广东各市专利申请的质量与专利授权的结构。包括：发明专利授权量、实用新型专利授权量、外观设计专利授权量。这些指标反映了广东各市专利申请的质量与专利授权的结构。

2. 专利执法情况指标

反映了广东各市专利执法的种类与专利执法的质量。包括专利纠纷案件受理、专利纠纷案件结案、查处假冒专利立案、查处假冒专利结案、查处冒充专利立案、查处冒充专利结案以及涉外案件受理。

表 5-10　广东省专利综合评价指标体系构建

<table>
<tr><th></th><th>一级指标</th><th>二级指标</th></tr>
<tr><td rowspan="19">专利综合评价指标体系</td><td rowspan="6">B_1
专利申请与授权量</td><td>B_{11} 发明专利授权量</td></tr>
<tr><td>B_{12} 实用新型专利授权量</td></tr>
<tr><td>B_{13} 外观设计专利授权量</td></tr>
<tr><td>B_{14} 发明专利申请量</td></tr>
<tr><td>B_{15} 实用新型专利申请量</td></tr>
<tr><td>B_{16} 外观设计专利申请量</td></tr>
<tr><td rowspan="6">B_2
专利申请与授权增速</td><td>B_{21} 发明专利申请量增速</td></tr>
<tr><td>B_{22} 实用新型专利申请量增速</td></tr>
<tr><td>B_{23} 外观设计专利申请量增速</td></tr>
<tr><td>B_{24} 发明专利授权量增速</td></tr>
<tr><td>B_{25} 实用新型专利授权量增速</td></tr>
<tr><td>B_{26} 外观设计专利授权量增速</td></tr>
<tr><td rowspan="7">B_3
专利执法情况</td><td>B_{31} 专利纠纷案件受理</td></tr>
<tr><td>B_{32} 专利纠纷案件结案</td></tr>
<tr><td>B_{33} 查处假冒专利立案</td></tr>
<tr><td>B_{34} 查处假冒专利结案</td></tr>
<tr><td>B_{35} 查处冒充专利立案</td></tr>
<tr><td>B_{36} 查处冒充专利结案</td></tr>
<tr><td>B_{37} 涉外案件受理</td></tr>
</table>

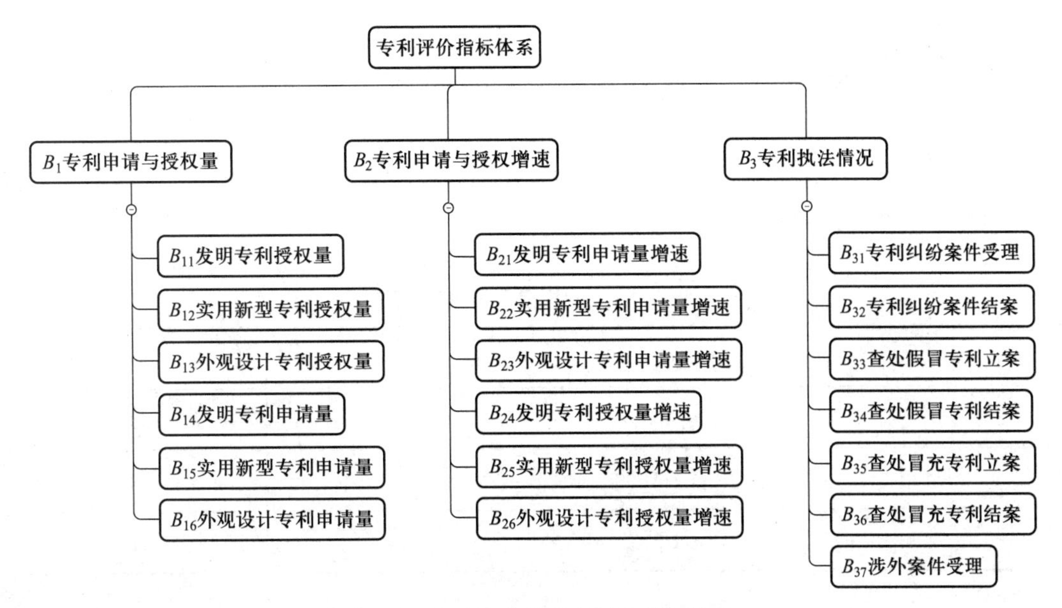

图 5-3　广东省专利综合评价指标体系

二、指标数据采集

图 5-4 是广东各地区专利综合评价相关数据的截图。

	B11	B12	B13	B14	B15	B16	B21	B22	B23	B24	B25	B26	B31	B32	B33	B34
广州	705	2539	3155	2706	3735	5855	0.1672	0.2843	0.0038	0.3334	0.2242	-0.013	36	18	8	8
深圳	1263	4952	5279	14583	6766	8390	0.3758	0.4312	0.1456	0.7511	0.1897	0.211	56	62	0	0
珠海	63	596	592	401	929	788	0.5	0.651	0.1212	0.5423	0.2537	-0.0495	0	0	1	0
汕头	52	403	1569	160	689	2803	0.3333	0.1514	-0.169	0.5534	0.4206	0.3178	16	12	0	0
韶关	14	170	41	85	272	104	1.3333	1.1795	0.3667	0.1806	0.4703	1.2609	0	0	0	0
河源	1	25	15	10	42	84	-0.5	-0.2424	-0.7115	-0.4118	0.4	1.3333	0	0	0	0
梅州	24	47	62	30	73	100	1.6667	0.2703	-0.1622	-0.0625	0.3273	-0.0291	2	3	0	0
惠州	21	301	319	75	377	425	0.2353	0.16667	-0.1516	-0.7	0.1121	-0.0597	4	3	0	0
汕尾	5	20	94	28	43	170	0	0.6667	0.1463	1.8	1.0476	0.3178	4	4	0	0
东莞	28	1729	3115	553	2603	6723	0.1667	0.5493	0.5756	1.2571	0.3206	0.5013	0	0	0	0
中山	17	850	1568	192	1263	2794	-0.4138	0.5206	0.0316	0.3813	0.2822	0.2281	0	0	0	0
江门	41	583	1390	200	802	2279	0.0789	0.3341	0.2894	0.8868	0.1864	0.1367	32	21	0	0
佛山	132	2712	6221	2016	5248	11790	0.5904	0.4893	-0.0853	0.9649	0.3829	-0.0513	12	34	0	0
阳江	1	101	397	24	156	625	-0.8	0.2949	-0.0341	0	0.2381	0.1384	12	6	0	0
湛江	22	118	194	112	153	318	0.2941	0.2967	0.0319	0.3827	0.0851	0.2569	3	5	0	0
茂名	14	90	84	22	118	174	1.8	1	0.5556	-0.2414	-0.2081	0.2794	0	0	0	0
肇庆	5	99	102	41	171	163	-0.1667	0.03125	0.2	0.3667	0.2574	0.1898	3	0	0	0
清远	1	54	41	20	64	86	-0.8333	0.6875	-0.1087	-0.1667	-0.2099	0.3871	1	1	2	0
潮州	8	118	787	28	187	1415	-0.1111	0.7879	0.1817	0.037	0.2897	0.4395	9	5	0	0
揭阳	15	93	348	32	145	470	1.5	0.0568	0.1447	-0.0588	0.5104	0.1959	1	0	0	0
云浮	8	38	54	29	47	91	0.6	0.7273	-0.2603	0.6111	-0.06	0.1375	3	3	1	1

图 5-4

三、Jupyter 操作

1. 层次分析法确定权重

一级指标判断矩阵如表 5-11 所示。

表 5-11 一级指标 B 判断矩阵

B	B_1	B_2	B_3
B_1	1	3	5
B_2	1/3	1	3
B_3	1/5	1/3	1

In

```
B=np.array([[1,3,5],[1/3,1,3],[1/5,1/3,1]])
B_W=AHP(B);B_W   # 计算 B 的权重
```

Out

```
判断矩阵:
 [[1.      3.      5.     ]
 [0.3333 1.      3.     ]
 [0.2    0.3333 1.     ]]
L_max= 3.0385
一致性指标 CI: 0.0193
一致性比例 CR: 0.037
CR<=0.1,一致性可以接受!
权重向量:
array([0.637 , 0.2583, 0.1047])
```

判断矩阵 B_1:

表 5-12 是专利申请与授权量判断矩阵。

表 5-12 专利申请与授权量判断矩阵 B_1

B_1	B_{11}	B_{12}	B_{13}	B_{14}	B_{15}	B_{16}
B_{11}	1	4	5	3	6	7
B_{12}	1/4	1	2	1/2	3	4
B_{13}	1/5	1/2	1	1/3	2	3

续表

B_{14}	1/3	2	3	1	4	5
B_{15}	1/6	1/3	1/2	1/4	1	2
B_{16}	1/7	1/4	1/3	1/5	1/2	1

In

```
B1=np.array([[1,4,5,3,6,7],[1/4,1,2,1/2,3,4],[1/5,1/2,1,1/3,2,3],[1/3,2,3,1,4,5],
             [1/6,1/3,1/2,1/4,1,2],[1/7,1/4,1/3,1/5,1/2,1]] )
B1_W=AHP(B1);B1_W    #B1 的权重
```

Out

```
判断矩阵：
 [[1.     4.     5.     3.     6.     7.    ]
 [0.25   1.     2.     0.5    3.     4.    ]
 [0.2    0.5    1.     0.3333 2.     3.    ]
 [0.3333 2.     3.     1.     4.     5.    ]
 [0.1667 0.3333 0.5    0.25   1.     2.    ]
 [0.1429 0.25   0.3333 0.2    0.5    1.    ]]
L_max= 6.1626
一致性指标 CI: 0.0325
一致性比例 CR: 0.026
CR<=0.1，一致性可以接受！
权重向量：
array([0.4481, 0.1427, 0.0909, 0.2205, 0.0584, 0.0394])
```

判断矩阵 B_2：

表 5-13 是申请专利与授权量增速判断矩阵。

表 5-13　申请专利与授权量增速判断矩阵 B_2

B_2	B_{21}	B_{22}	B_{23}	B_{24}	B_{25}	B_{26}
B_{21}	1	4	5	7	8	9
B_{22}	1/4	1	2	4	5	6
B_{23}	1/5	1/2	1	3	4	5
B_{24}	1/7	1/4	1/3	1	2	3
B_{25}	1/8	1/5	1/4	1/2	1	2
B_{26}	1/9	1/6	1/5	1/3	1/2	1

In	B2=np.array([[1,4,5,7,8,9],[1/4,1,2,4,5,6],[1/5,1/2,1,3,4,5],[1/7,1/4,1/3,1,2,3], [1/8,1/5,1/4,1/2,1,2],[1/9,1/6,1/5,1/3,1/2,1]]) B2_W=AHP(B2);B2_W　#B2 的权重
Out	判断矩阵： [[1.　4.　5.　7.　8.　9.　] [0.25　1.　2.　4.　5.　6.　] [0.2　0.5　1.　3.　4.　5.　] [0.1429　0.25　0.3333　1.　2.　3.　] [0.125　0.2　0.25　0.5　1.　2.　] [0.1111　0.1667　0.2　0.3333　0.5　1.　]] L_max= 6.2536 一致性指标 CI: 0.0507 一致性比例 CR: 0.0406 CR<=0.1，一致性可以接受！ 权重向量： array([0.5059, 0.2082, 0.1418, 0.0677, 0.0451, 0.0313])

判断矩阵 B_3:

表 5-14 是专利执法情况判断矩阵。

表 5-14　专利执法情况判断矩阵 B_3

B_3	B_{31}	B_{32}	B_{33}	B_{34}	B_{35}	B_{36}	B_{37}
B_{31}	1	5	2	6	2	6	1
B_{32}	1/5	1	1/4	2	1/4	2	1/5
B_{33}	1/2	5	1	5	1	5	1/2
B_{34}	1/6	1/2	1/5	1	1/5	1	1/6
B_{35}	1/2	4	1	5	1	5	1/2
B_{36}	1/6	1/2	1/5	1	1/5	1	1/6
B_{37}	1	5	2	6	2	6	1

In	B3=np.array([[1,5,2,6,2,6,1],[1/5,1,1/4,2,1/4,2,1/5],[1/2,5,1,5,1,5,1/2],[1/6,1/2,1/5, 1, 1/5,1,1/6],[1/2,4,1,5,1,5,1/2],[1/6,1/2,1/5,1,1/5,1,1/6],[1,5,2,6,2,6,1]]) B3_W=AHP(B3);B3_W　#B3 的权重

Out

```
判断矩阵：
 [[1.        5.       2.       6.       2.       6.       1.      ]
 [0.2      1.       0.25     2.       0.25     2.       0.2     ]
 [0.5      5.       1.       5.       1.       5.       0.5     ]
 [0.1667 0.5      0.2      1.       0.2      1.       0.1667]
 [0.5      4.       1.       5.       1.       5.       0.5     ]
 [0.1667 0.5      0.2      1.       0.2      1.       0.1667]
 [1.       5.       2.       6.       2.       6.       1.      ]]
L_max= 7.1471
一致性指标 CI: 0.0245
一致性比例 CR: 0.0182
CR<=0.1,一致性可以接受！
权重向量：
[12]:
array([0.2678, 0.0545, 0.173 , 0.0358, 0.1654, 0.0358, 0.2678])
```

2. 综合评价指标体系

运用 AHP 函数，得出一级指标与二级指标的权重值，具体见表 5-15。

表 5-15　广东各地区专利发展指标体系及权重

	一级指标	二级指标
广东地区专利发展指标体系及权重	专利申请与授权量 B_1（0.637）	B_{11} 发明专利授权量（0.448 1）
		B_{12} 实用新型专利授权量（0.142 7）
		B_{13} 外观设计专利授权量（0.090 9）
		B_{14} 发明专利申请量（0.220 5）
		B_{15} 实用新型专利申请量（0.058 4）
		B_{16} 外观设计专利申请量（0.039 4）
	专利申请与授权增速 B_2（0.258 3）	B_{21} 发明专利授权量增速（0.505 9）
		B_{22} 实用新型专利授权量增速（0.208 2）
		B_{23} 外观设计专利授权量增速（0.141 8）
		B_{24} 发明专利申请量增速（0.067 7）
		B_{25} 实用新型专利申请量增速（0.045 1）
		B_{26} 外观设计专利申请量增速（0.031 3）

续表

	一级指标	二级指标
广东地区专利发展指标体系及权重	专利执法情况 B_3 (0.104 7)	B_{31} 专利纠纷案件受理(0.267 8)
		B_{32} 专利纠纷案件结案(0.054 5)
		B_{33} 查处假冒专利立案(0.173 0)
		B_{34} 查处假冒专利结案(0.035 8)
		B_{35} 查处冒充专利立案(0.165 4)
		B_{36} 查处冒充专利结案(0.035 8)
		B_{37} 涉外案件受理(0.267 8)

有了完整的指标体系,并给各级指标赋予了一定的权重,下面就可以对广东省各地区专利发展情况进行综合评价分析。

四、综合评价分析

In

```
Case5=pd.read_excel('mvsCase.xlsx','Case5',index_col=0);
print(Case5)
```

Out

```
      B11   B12   B13    B14   B15   B16     B21     B22     B23     B24
广州   705  2539  3155   2706  3735  5855  0.1672  0.2843  0.0038  0.3334
深圳  1263  4952  5279  14583  6766  8390  0.3758  0.4312  0.1456  0.7511
珠海    63   596   592    401   929   788  0.5000  0.6510  0.1212  0.5423
汕头    52   403  1569    160   689  2803  0.3333  0.1514 -0.1690  0.5534
韶关    14   170    41     85   272   104  1.3333  1.1795  0.3667  0.1806
 ⋮     ⋮     ⋮     ⋮      ⋮     ⋮     ⋮       ⋮       ⋮       ⋮       ⋮
肇庆     5    99   102     41   171   163 -0.1667  0.0312  0.2000  0.3667
清远     1    54    41     20    64    86 -0.8333  0.6875 -0.1087 -0.1667
潮州     8   118   787     28   187  1415 -0.1111  0.7879  0.1817  0.0370
揭阳    15    93   348     32   145   470  1.5000  0.0568  0.1447 -0.0588
云浮     8    38    54     29    47    91  0.6000  0.7273 -0.2603  0.6111

        B25     B26  B31  B32  B33  B34  B35  B36  B37
广州  0.2242 -0.0130   36   18    8    8   28   30   19
深圳  0.1897  0.2110   56   62    0    0    4    2   29
珠海  0.2537 -0.0495    0    0    1    0    0    0    0
```

Out

```
汕头     0.4206   0.3178  16   12   0   0   4   4   7
韶关     0.4703   1.2609   0    0   0   0   9   0   0
 ⋮        ⋮        ⋮       ⋮    ⋮   ⋮   ⋮   ⋮   ⋮   ⋮
肇庆     0.2574   0.1898   3    0   0   0   0   0   0
清远    -0.2099   0.3871   1    1   2   0   0   0   0
潮州     0.2897   0.4395   9    5   0   0   1   0   0
揭阳     0.5104   0.1959   1    0   0   0   0   0   0
云浮    -0.0600   0.1375   3    3   1   1   4   1   0
```

In

```
def bz(x):return (x-x.min())/(x.max()-x.min())*60+40
Z=Case5.apply(bz,0)
S=pd.DataFrame()
S['B1得分']=Z.iloc[:,0:6].dot(B1_W)
S['B1排名']=S.B1得分.rank(ascending=False).astype(int)
S['B2得分']=Z.iloc[:,6:12].dot(B2_W)
S['B2排名']=S.B2得分.rank(ascending=False).astype(int)
S['B3得分']=Z.iloc[:,12:19].dot(B3_W)
S['B3排名']=S.B3得分.rank(ascending=False).astype(int)
S['综合得分']=S[['B1得分','B2得分','B3得分']].dot(B_W)
S['综合排名']=S.综合得分.rank(ascending=False).astype(int)
print(S)
```

Out

	B1得分	B1排名	B2得分	B2排名	B3得分	B3排名	综合得分	综合排名
广州	67.67	2	63.56	15	86.40	1	68.57	2
深圳	98.49	1	69.10	10	76.97	2	88.64	1
珠海	43.79	8	71.75	6	41.30	13	50.75	7
汕头	44.14	6	64.40	14	50.81	4	50.07	11
韶关	40.75	13	89.27	2	43.19	9	53.54	5
河源	40.01	21	47.50	21	40.00	19	41.94	21
梅州	40.62	15	79.19	3	41.16	14	50.63	9
惠州	41.48	9	60.31	16	41.31	12	46.33	17
汕尾	40.19	19	70.54	9	43.02	10	48.32	13
东莞	49.44	4	72.07	5	40.00	19	54.29	4
中山	44.50	5	59.65	17	40.00	19	47.94	15
江门	44.05	7	65.89	12	53.06	3	50.64	8
佛山	59.82	3	70.97	7	49.11	5	61.58	3
阳江	40.66	14	51.95	20	43.76	7	43.90	19

Out	湛江	40.97	11	65.47	13	41.12	15	47.32	16
	茂名	40.53	16	90.85	1	40.00	19	53.47	6
	肇庆	40.41	17	59.19	18	40.86	16	45.31	18
	清远	40.10	20	53.62	19	42.93	11	43.89	20
	潮州	41.36	10	66.23	11	43.20	8	47.97	14
	揭阳	40.87	12	78.12	4	40.29	17	50.43	10
	云浮	40.24	18	70.74	8	44.07	6	48.52	12

根据综合评价的结果,可以知道广东省各市的知识产权发展状况,深圳以其绝对的优势高居广东省各市的榜首。处在第二、第三位的分别是广州和佛山。从上面的综合排名可以看出,广东省各地区知识产权运行情况差异较大。同时根据各分量指标,可以从专利申请与授权量、专利申请与授权增速以及执法情况上了解各市的排名及实力。通过与以往年份的比较,可以很清楚地知道各市发展变化情况,同时知道影响各市知识产权情况变化的因素及其影响程度。

思考与练习

一、思考题(手工解答,纸质作业)

1. 试述综合评价的基本思想。

2. 指出综合评价的常用方法,总结综合评价的计算步骤。

3. 说明综合评价中指标体系的权重计算方法,简要分析多指标综合评价中的权重问题。

4. 说明指标体系建立中的注意事项。

5. 指出综合评价中指标的标准化方法及各种方法的优缺点。

二、练习题(计算机分析,电子作业)

1. 试自行编制计算指标权重的 Python 函数。

2. 试自行编制计算一致系数的 Python 函数。

3. 试自行编制进行数据标准化的 Python 函数。

4. 试自行编制计算综合得分的 Python 函数。

5. 互联网区域发展状况的综合评价:在对各地区互联网发展的优势和劣势研究后,发现中国的互联网发展存在地区的不均衡性,但究竟哪个地区发展得好,哪个地区发展得差,目前还没有一个综合的定论。下面应用本章介绍的综合评价方法对我国互联网区域发展情况进行综合评价,通过综合排名了解不同地区在我国互联网发展过程中处于什么水平。

根据建立中国互联网区域发展状况指标体系的意义和构建指标体系所遵循的原则,这里把互联网区域发展状况各项评价指标划分为两部分：互联网发展规模指标、互联网信息量指标。具体指标体系结构如图 5–5 所示。

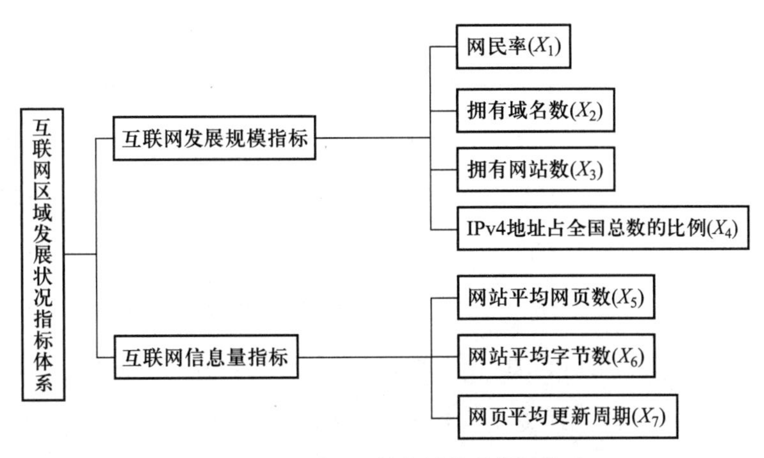

图 5–5　互联网区域发展状况指标体系

从 2007 年 1 月中国互联网络发展状况统计报告中得到截至 2006 年年底全国 31 个省、自治区、直辖市的网民率 /%（X_1）、拥有的域名数（X_2）、拥有网站数（X_3）、IPv4 地址占全国总数的比例 /%（X_4）、网站平均网页数（X_5）、网站平均字节数（X_6）、网页平均更新周期（X_7）数据，如表 5–16 所示。

表 5–16　各省、自治区、直辖市互联网发展指标数据表

省份	X_1	X_2	X_3	X_4	X_5	X_6	X_7
安徽	0.06	56 267	11 294	0.02	6 398.9	156.85	107.74
北京	0.30	786 256	149 566	0.13	7 469.5	219.15	131.76
福建	0.15	326 715	43 518	0.03	3 641.8	94.57	121.83
甘肃	0.06	13 912	3 684	0.01	8 366.5	244.92	128.72
广东	0.20	641 028	154 130	0.10	2 830.9	75.46	133.64
广西	0.08	37 721	9 370	0.01	3 980.4	117.95	139.86
贵州	0.04	14 233	4 122	0.01	1 275.3	25.23	136.34
海南	0.14	12 505	2 238	0.01	1 829.7	34.00	144.00
河北	0.09	80 758	23 765	0.04	3 867.6	110.14	133.99
河南	0.06	79 899	15 327	0.05	8 217.2	193.67	133.54
黑龙江	0.10	42 534	8 353	0.02	4 604.1	129.78	136.12

续表

省份	X_1	X_2	X_3	X_4	X_5	X_6	X_7
湖北	0.09	77 361	18 554	0.03	5 881.3	155.58	121.47
湖南	0.06	67 009	12 447	0.02	5 539.4	141.80	143.85
吉林	0.10	32 851	7 834	0.02	3 291.6	91.88	121.43
江苏	0.14	275 420	64 259	0.09	3 273.2	74.27	122.23
江西	0.07	35 878	9 751	0.02	5 255.0	134.09	125.04
辽宁	0.11	106 182	25 787	0.04	2 603.0	70.40	130.82
内蒙古	0.07	17 312	4 590	0.01	1 832.5	39.73	234.03
宁夏	0.07	28 241	3 409	0.00	827.8	25.48	147.58
青海	0.07	2 410	835	0.00	795.2	12.31	165.26
山东	0.12	189 420	37 718	0.05	4 464.4	115.70	119.15
山西	0.11	26 598	6 766	0.02	2 633.5	64.47	150.73
陕西	0.11	55 220	10 867	0.02	3 050.2	71.61	119.71
上海	0.29	377 898	78 982	0.06	8 235.7	229.64	122.32
四川	0.08	142 390	16 766	0.03	6 148.8	141.13	136.80
天津	0.25	54 075	10 800	0.02	10 508.7	333.08	133.78
西藏	0.06	2 240	756	0.00	219.6	4.25	218.25
新疆	0.08	15 217	2 696	0.01	5 767.6	113.03	172.05
云南	0.06	30 757	6 182	0.01	3 115.0	73.50	146.63
浙江	0.20	330 777	63 749	0.08	5 712.5	151.78	123.36
重庆	0.08	41 235	8 857	0.02	13 001.5	330.42	123.14

（1）应用综合评分法进行综合评价。

（2）应用层次分析法确定各指标的权重。

（3）应用层次分析法进行综合评价。

（4）比较综合评分法和层次分析法的优劣。

三、案例选题（仿照本章案例完成）

从给定的题目出发，按内容提要、指标选取、数据收集、Python语言计算过程、结果分析与评价等方面进行案例分析。

1. 我国各地区经济效益状况的层次分析研究。

2. 对我国 31 个省、自治区、直辖市农业发展状况进行综合分析。

3. 应用层次分析评价 2022 年全国 31 个省、自治区、直辖市经济效益。

4. 对 2022 年度全国各地区电信业发展情况做比较分析。

5. 对全国 31 个省、自治区、直辖市的宏观经济发展情况作评价。

6. 考察我国各省、自治区、直辖市社会发展综合状况(以 2020 年以后的数据为据)。

7. 世界主要国家综合竞争力分析与评价。

第 6 章
主成分分析及 Python 计算

本章思维导图

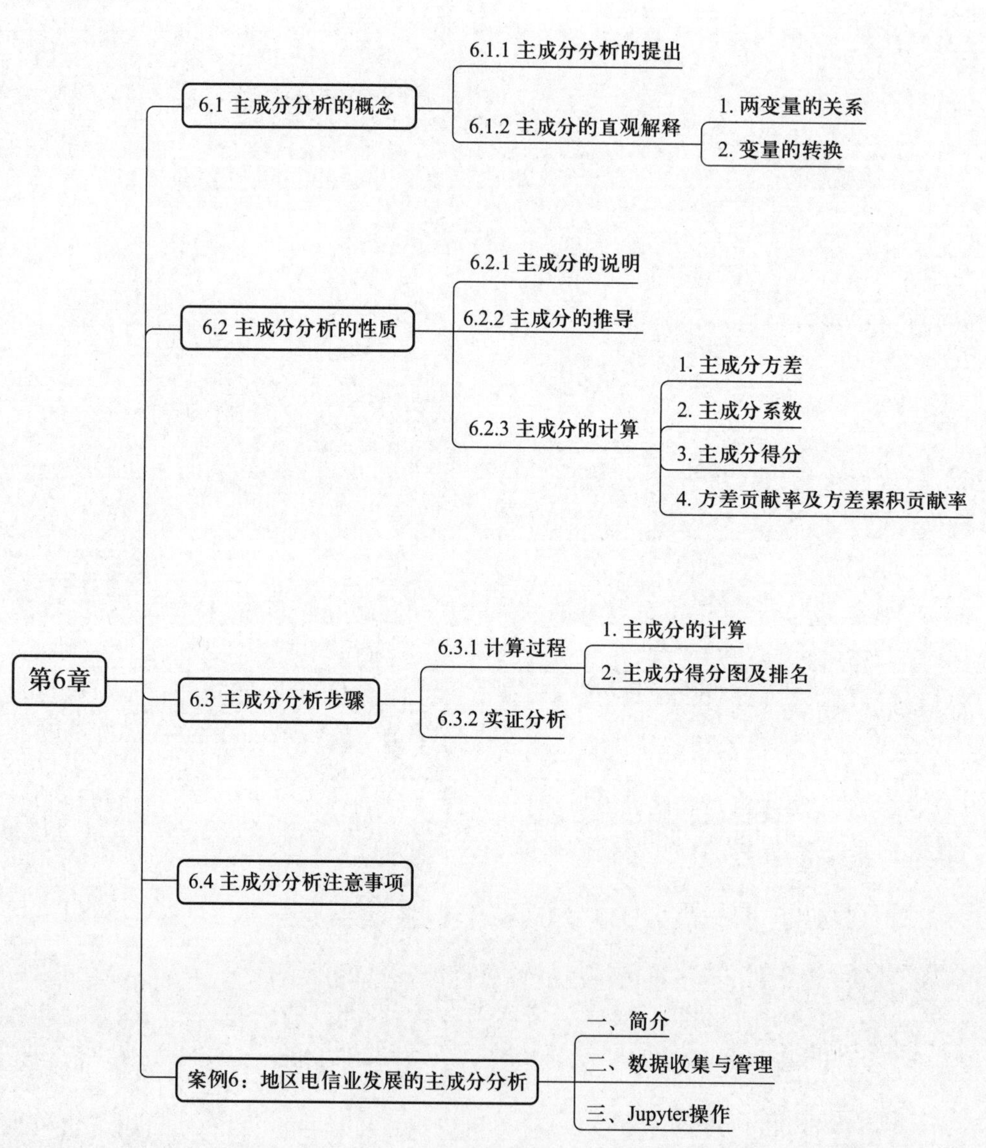

【学习目标】 了解主成分分析的统计思想和实际意义，以及它的数学模型和二维平面上的几何解释。掌握主成分的推导步骤及其重要性质。能够利用Python编程解决实际问题并给出分析报告。

【教学内容】 主成分分析的目的和意义。主成分分析的数学模型及几何解释，主成分的推导及基本性质。Python中有关主成分分析的算法基础。主成分分析的基本步骤以及实证分析。

6.1 主成分分析的概念

6.1.1 主成分分析的提出

主成分分析（Principal Component Analysis，PCA）是将多个指标化为少数几个综合指标的一种统计分析方法，是由Pearson于1901年提出，后来被Hotelling于1933年发展的。主成分分析是通过降维技术把多个变量化为少数几个主成分的多元统计分析方法，这些主成分通常表示为原始变量的线性组合，保留了原始变量的绝大部分信息。通过主成分分析，可以从事物之间错综复杂的关系中找出一些主要成分，揭示变量之间的内在关系，得到对事物特征及其发展规律的一些深层次的认识，从而进行更深入的研究工作。

每当学年要结束时，老师总是要将学生的成绩做一番评估。如何评估呢？以小学为例，一般学校的科目有语文、算术、自然、外语等。每个学生的成绩是按各科成绩分别相加。如将语文分数、算术分数、自然分数和外语分数都加起来作为总和的成绩。但由于各门课程在总分中占的比重不全相同，单纯地把它们相加一般不行。依照各科考试的内容，各科目应当以加权比例来计算分数。怎么做呢？可以用a_1、a_2、a_3、a_4等系数（权数）大小作为加权的依据。例如：$a_1\times$语文$+a_2\times$算术$+a_3\times$自然$+a_4\times$外语，这就是加权后的总和成绩。我们前面介绍的综合评价，实际也是主成分分析的一种。

假定你是一个公司的财务经理，掌握了公司的许多数据，比如固定资产、流动资金、每一笔借贷的数额和期限、各种税费、工资支出、原料消耗、产值、利润、折旧、职工人数、职工的分工和受教育程度等。如果让你向上级介绍公司状况，你能够把这些指标和数字都原封不动地展现出来吗？当然不能。你必须把各个方面进行高度概括，用一两个指标简单明了地把情况说清楚。其实，每个人都会遇到有很多变量的数据。比如，全国或各个地区的经济和管理数据；学校的研究、教学数据等。这些数据的共同特点是变量很多，在如此多的变量之中，有很多是相关的。人们希望能够找出它们的少数“代表”来对它们进行描述。本章就是介绍把变量维数降低以便于描述、理解和分析的方法——主成分分析方法。

6.1.2 主成分的直观解释

1. 两变量的关系

主成分分析就是一种通过降维技术把多个指标约化为少数几个综合指标的统计分析方法。其基本思想是:设法将原来众多具有一定相关性的指标,重新组合成一组新的相互无关的综合指标来代替原来的指标。数学上的处理就是将原来 p 个指标作线性组合,作为新的指标。第一个线性组合,即第一个综合指标记为 y_1,为了使该线性组合具有唯一性,要求在所有的线性组合中 y_1 的方差最大,即 $Var(y_1)$ 最大,它所包含的信息最多。如果第一个主成分不足以代表原来 p 个指标的所有信息,再考虑选取第二个主成分 y_2,并要求 y_1 已有的信息不出现在 y_2 中,即 $Cov(y_1, y_2)=0$。

上面所述的成绩数据是 4 维的,也就是说,每个观测值是 4 维空间中的一个点。每一维代表了一个变量。用少数综合变量表示原先的变量,就是一个降维过程。为了直观地描述这个降维过程,先假定数据是有两个变量的观测值,即 2 维数据。

主成分分析在变量降维方面扮演着很重要的角色,是进行多变量综合评价的有力工具。从图 6-1 可见,图中变量 x_1 和 x_2 是沿着一定轨迹分布的数据,单独选择 x_1 或者 x_2 都会丧失较多的原始信息。作正交(垂直)旋转,得到新的坐标轴 y_1 和 y_2。旋转后数据主要是沿 y_1 方向散布,在 y_2 方向的离散程度很低,另外 y_1 和 y_2 是互相垂直的,表明它们互不相关。即使只是单独提取变量 y_1 而放弃变量 y_2,丧失的信息也是很微小的。通常把 y_1 称为第一主成分,y_2 称为第二主成分。主成分分析的关键是要寻找一组相互正交的向量,原变量组乘上该组正交向量后能得到新变量组。

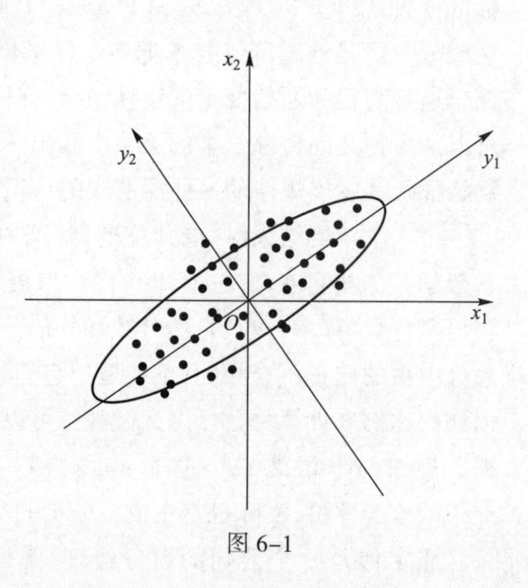

图 6-1

2. 变量的转换

如果这两个变量分别由横轴和纵轴所代表,每个观测值都有相应于这两个坐标轴的两个坐标值,也就是这个二维坐标系中的一个点。如果这些数据点形成一个有椭圆形轮廓的点阵,那么这个椭圆有一个长轴和一个短轴。在短轴方向上,数据变化较小。如果两个坐标轴和椭圆的长短轴平行,那么代表长轴的变量就描述了数据的主要变化,而代表短轴的变量就描述了数据的次要变化。

但是,坐标轴通常并不和椭圆的长短轴平行。因此,需要寻找椭圆的长短轴,并进行变换,使得新变量的坐标轴和椭圆的长短轴平行。如果长轴变量代表了数据包含的大部分信息，就用该变量代替原先的两个变量（舍去次要的短轴变量），降维就完成了。在极端的情况下，短轴如果退化成一点，那只有长轴变量才能够解释这些点的变化；这样，由二维到一维的降维就自然完成了。图 6-1 是一个这样的椭圆的示意图。椭圆的长短轴相差得越大，降维也越明显。

以 x_1 和 x_2 表示图中的横轴和纵轴，将 x_1 轴和 x_2 轴同时按逆时针方向旋转 θ 角度，得到新的坐标轴 y_1 和 y_2，y_1 和 y_2 是两个新变量，其旋转公式为

$$\begin{cases} y_1 = \cos\theta x_1 + \sin\theta x_2 \\ y_2 = -\sin\theta x_1 + \cos\theta x_2 \end{cases} \tag{6-1}$$

新变量 y_1 和 y_2 是旧变量 x_1 和 x_2 的线性组合，其矩阵形式为

$$\begin{bmatrix} y_1 \\ y_2 \end{bmatrix} = \begin{bmatrix} \cos\theta & \sin\theta \\ -\sin\theta & \cos\theta \end{bmatrix} \begin{bmatrix} x_1 \\ x_2 \end{bmatrix} = \boldsymbol{Ux} \tag{6-2}$$

式中：$\boldsymbol{U}$ 为旋转变换矩阵，它是正交矩阵，即 $\boldsymbol{UU'} = \boldsymbol{I}$。

多维变量的情况和二维类似，也有高维的椭球，只不过无法直观地显示。首先把高维椭球的各个主轴找出来，再用代表大多数数据信息的最长的几个轴作为新变量。这样，主成分分析就基本完成了。注意，和二维情况类似，高维椭球的主轴也是互相垂直的。这些互相正交的新变量是原先变量的线性组合，叫作主成分。

【例 6.1】 今有 14 名学生的身高与体重数据，作相关图以显示变量间的关系。

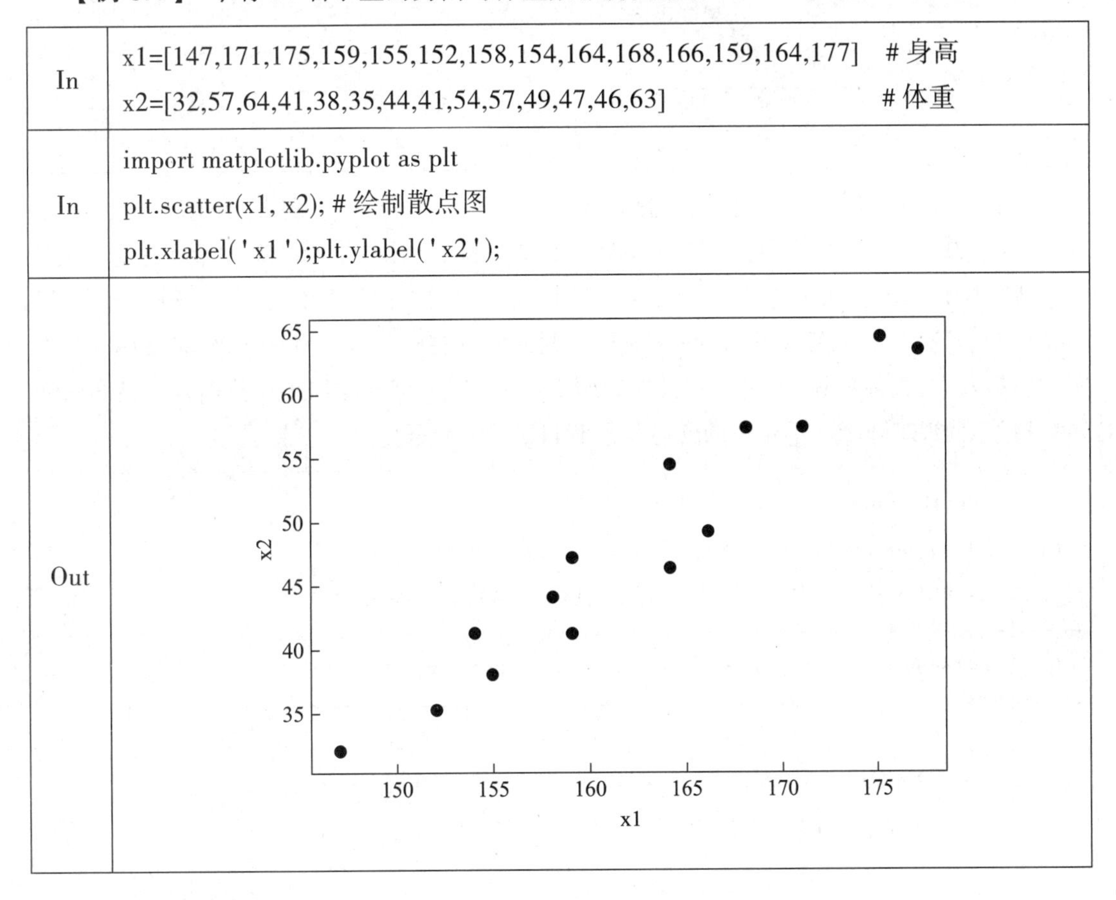

In

```
x1=[147,171,175,159,155,152,158,154,164,168,166,159,164,177]  # 身高
x2=[32,57,64,41,38,35,44,41,54,57,49,47,46,63]                 # 体重
```

In

```
import matplotlib.pyplot as plt
plt.scatter(x1, x2); # 绘制散点图
plt.xlabel('x1');plt.ylabel('x2');
```

Out

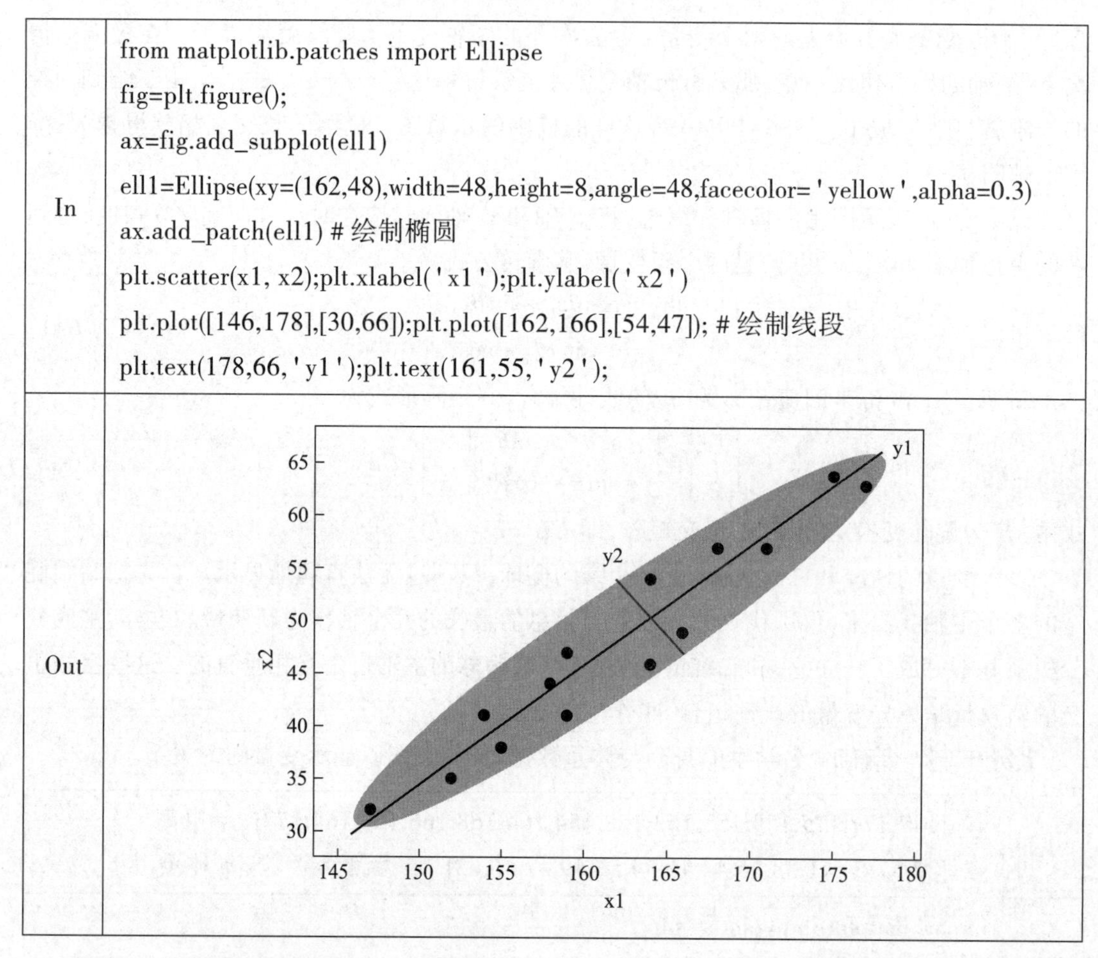

In

```
from matplotlib.patches import Ellipse
fig=plt.figure();
ax=fig.add_subplot(ell1)
ell1=Ellipse(xy=(162,48),width=48,height=8,angle=48,facecolor='yellow',alpha=0.3)
ax.add_patch(ell1) # 绘制椭圆
plt.scatter(x1, x2);plt.xlabel('x1');plt.ylabel('x2')
plt.plot([146,178],[30,66]);plt.plot([162,166],[54,47]); # 绘制线段
plt.text(178,66,'y1');plt.text(161,55,'y2');
```

Out

正如二维椭圆有两个主轴，三维椭球有三个主轴一样，有几个变量，就有几个主成分。当然，希望选择较少的主成分达到较好的降维效果。那么，什么是标准呢？那就是这些被选的主成分所代表的主轴的长度之和占了主轴长度总和的大部分（在统计上，长度是用方差来度量的）。有些文献建议，所选的主轴总长度占所有主轴长度之和的大约 80% 即可。其实，这只是一个大体的说法，具体选几个，要依实际情况而定。但如果所有涉及的变量都不那么相关，就很难降维。不相关的变量就只有自己代表自己了。

In

```
import pandas as pd
pd.set_option('display.precision',4)     # 数据框输出精度
X=pd.DataFrame({'x1':x1,'x2':x2});#X  # 构建数据框 X
```

In	S=X.cov();S # 协方差阵	R=X.corr();R # 相关系数阵
Out	 x1 x2 x1 77.4560 85.8681 x2 85.8681 101.7582	 x1 x2 x1 1.0000 0.9672 x2 0.9672 1.0000

协方差阵 S：

	x1	x2
x1	77.4560	85.8681
x2	85.8681	101.7582

相关系数阵 R：

	x1	x2
x1	1.0000	0.9672
x2	0.9672	1.0000

6.2 主成分分析的性质

6.2.1 主成分的说明

简言之,对于某一问题可以同时考虑几个变量时,我们并不对这些变量个别处理,而是将它们综合起来处理,这就是主成分分析。

实际上主成分分析的主要目的是希望用较少的变量解释原来资料中的大部分变异,即期望能将手中许多相关性很高的变量转化成彼此互相独立的变量,能由其中选取较原始变量个数少,能解释大部分资料之变异的几个新变量,也就是所谓的主成分,而这几个主成分也就成为我们用来解释资料的综合性指标。

为什么要用解释变异的能力来寻找主成分呢?例如,考试的目的是希望能评估出学生的学习能力如何,可借由一份良好的试卷来测验。可是怎样才是一份良好的试卷呢?当然是能力强的学生所考的成绩较高,而能力差的学生所考的成绩较低,即能真正反映出学生学习能力的真实分布状况。就统计上而言,此份考卷的分数能产生越大的变异数(方差),越能够反映学生的学习能力差异,在例 6–1 中,我们不想个别处理 4 科成绩所反映的各科学习能力状况,而是想做一个总体性学习能力比较时,便要用主成分分析来找出主成分,主成分即由原来 4 科成绩的线性组合而成的新变量,亦即一个可以帮助我们看出学生们对此 4 科学习能力的综合性指标。在此情况下,当然希望此指标能真正显示出学生的能力差异,所以此指标能产生越大的变异数,代表对学生的能力差异拥有越大的反映及解释能力。实际上,将 4 科成绩相加再除以 4 得到一平均成绩也是一种主成分,此乃主成分分析法中的特例(即每个变量的权重都相同)。

主成分分析的成分 y_i 和原来变量 x_i 之间的关系:

$$\begin{cases} y_1 = u_{11}x_1 + u_{12}x_2 + \cdots + u_{1p}x_p = \boldsymbol{u}_1'\boldsymbol{x} \\ y_2 = u_{21}x_1 + u_{22}x_2 + \cdots + u_{2p}x_p = \boldsymbol{u}_2'\boldsymbol{x} \\ \cdots\cdots\cdots\cdots \\ y_p = u_{p1}x_1 + u_{p2}x_2 + \cdots + u_{pp}x_p = \boldsymbol{u}_p'\boldsymbol{x} \end{cases} \tag{6-3}$$

式中:u_{ij} 为第 i 个成分 y_i 和第 j 个变量 x_j 之间的系数。

$y_1, y_2, \cdots, y_p$ 分别叫作第 1 主成分,第 2 主成分,……,第 p 主成分,而总和的特性也就是用这些线性关系式的系数 $u_{i1}, u_{i2}, \cdots, u_{ip}$ 来表示。选择的权数 $u_{11}, u_{12}, \cdots, u_{1p}$ 要能使 y_1 得到最大解释变异能力,即使 y_1 能得到最大的变异数,而 y_2 则是能对原始资料中尚未被 y_1 解释的变异部分拥有最大解释能力。以此类推,可以找出 m 个主成分出来($m \leqslant p$)。如果原始数据有 p 个变量,经过转换后,仍可找出 p 个主成分出来,然而我们最多只选择 m 个主成分,当然希望 m 越小越好,而解释能力却能达到 80% 以上。除此之外,m 个主成分与原来

的 p 个变量最大的差别是：原始变量中，多为彼此相关的变量，而经过线性转换后所产生的 m 个主成分则为彼此不相关的新变量。

6.2.2 主成分的推导

设 $\boldsymbol{y}=a_1x_1+a_2x_2+\cdots+a_px_p\equiv\boldsymbol{a}'\boldsymbol{x}$

其中 $\boldsymbol{a}=(a_1,a_2,\cdots,a_p)'$，$\boldsymbol{x}=(x_1,x_2,\cdots,x_p)'$，求主成分就是寻找 $\boldsymbol{x}$ 的线性函数 $\boldsymbol{a}'\boldsymbol{x}$，使相应的方差达到最大，即使 $Var(\boldsymbol{a}'\boldsymbol{x})=\boldsymbol{a}'\boldsymbol{\Sigma}\boldsymbol{a}$ 达到最大，且 $\boldsymbol{a}'\boldsymbol{a}=1$（目的是使 $\boldsymbol{a}$ 唯一）。

此处 $\boldsymbol{\Sigma}$ 为 $\boldsymbol{x}$ 的协方差阵。

定理（谱分解定量）：

设 $\boldsymbol{A}\geqslant\boldsymbol{0}$ 为对称阵，λ_i、λ_j 是它的两个不相同的特征根，则相应的特征向量

$\boldsymbol{l}_i$ 和 $\boldsymbol{l}_j$ 互相正交，则 $\boldsymbol{A}$ 可表示为 $\boldsymbol{A}=\boldsymbol{T}\boldsymbol{\Lambda}\boldsymbol{T}'=\sum_{i=1}^{p}\lambda_i\boldsymbol{l}_i\boldsymbol{l}_i'$，称为 $\boldsymbol{A}$ 的谱分解。

即存在一个正交阵 $\boldsymbol{T}$，使 $\boldsymbol{T}'\boldsymbol{A}\boldsymbol{T}=\mathrm{diag}(\lambda_1,\lambda_2,\cdots,\lambda_p)=\boldsymbol{\Lambda}$，$\boldsymbol{T}$ 的列向量为相应的特征向量。

设 $\boldsymbol{\Sigma}$ 的特征根 $\lambda_1\geqslant\lambda_2\geqslant\cdots\geqslant\lambda_p>0$，特征向量 $\boldsymbol{U}=(u_1,u_2,\cdots,u_p)$，则 $\boldsymbol{U}'\boldsymbol{U}=\boldsymbol{U}\boldsymbol{U}'=\boldsymbol{I}$，即 $\boldsymbol{U}$ 为一正交阵，且

$$\boldsymbol{U}\boldsymbol{\Lambda}\boldsymbol{U}=\boldsymbol{U}\mathrm{diag}(\lambda_1,\lambda_2,\cdots,\lambda_p)\boldsymbol{U}=\sum_{i=1}^{p}\lambda_i\boldsymbol{u}_i\boldsymbol{u}_i'$$

因此

$$\boldsymbol{a}'\boldsymbol{\Sigma}\boldsymbol{a}=\sum_{i=1}^{p}\lambda_i\boldsymbol{a}'\boldsymbol{u}_i\boldsymbol{u}_i'\boldsymbol{a}=\sum_{i=1}^{p}\lambda_i(\boldsymbol{a}'\boldsymbol{u}_i)(\boldsymbol{a}'\boldsymbol{u}_i)'=\sum_{i=1}^{p}\lambda_i(\boldsymbol{a}'\boldsymbol{u}_i)^2$$

于是 $\boldsymbol{a}'\boldsymbol{\Sigma}\boldsymbol{a}\leqslant\lambda_1\sum_{i=1}^{p}(\boldsymbol{a}'\boldsymbol{u}_i)^2=\lambda_1(\boldsymbol{a}'\boldsymbol{U})(\boldsymbol{a}'\boldsymbol{U})'=\lambda_1\boldsymbol{a}'\boldsymbol{U}\boldsymbol{U}'\boldsymbol{a}=\lambda_1\boldsymbol{a}'\boldsymbol{a}=\lambda_1$

当取 $\boldsymbol{a}=\boldsymbol{u}_1$ 时，$\boldsymbol{u}_1'\boldsymbol{\Sigma}\boldsymbol{u}_1=\boldsymbol{u}_1'\lambda_1\boldsymbol{u}_1=\lambda_1$。于是 $y_1=\boldsymbol{u}_1'\boldsymbol{x}$ 就是第一主成分，它的方差最大：

$$Var(y_1)=Var(\boldsymbol{u}_1'\boldsymbol{x})=\lambda_1$$

同理：

$$Var(y_i)=Var(\boldsymbol{u}_i'\boldsymbol{x})=\lambda_i$$

另外：

$$Cov(y_i,y_j)=Cov(\boldsymbol{u}_i'\boldsymbol{x},\boldsymbol{u}_j'\boldsymbol{x})=\boldsymbol{u}_i'\boldsymbol{\Sigma}\boldsymbol{u}_j=\boldsymbol{u}_i'\lambda_j\boldsymbol{u}_j=\lambda_j\boldsymbol{u}_i'\boldsymbol{u}_j=0,\quad i\neq j$$

上述推导表明：变量 $\boldsymbol{x}$ 的主成分 $\boldsymbol{y}$ 是以 $\boldsymbol{\Sigma}$ 的特征向量为系数的线性组合，它们互不相关，方差为 $\boldsymbol{\Sigma}$ 的相应特征根，且 $Var(y_1)\geqslant Var(y_2)\geqslant\cdots\geqslant Var(y_p)>0$。

当 $\boldsymbol{\Sigma}$ 没有事先给定时，需要对它进行估计。一般用样本协差阵 $\boldsymbol{S}$ 估计；对标准化数据则用样本相关系数矩阵 $\boldsymbol{R}$ 估计。

6.2.3 主成分的计算

1. 主成分方差

可从机器学习库 sklearn 中加载主成分分析函数 PCA 来进行主成分分析。

主成分分析函数 PCA 的用法如下。

```
decomposition.PCA(n_components, …)

参数：n_components 为保留主成分的个数
属性：explained_variance_ 为主成分方差
      explained_variance_ratio_ 为主成分方差贡献率
      components_ 为主成分载荷
方法：fit(X) 为用数据 X 拟合模型
      transform(X) 为计算 X 的主成分得分
      fit_ transform (X) 为用数据 X 拟合模型，并计算 X 的主成分得分
```

In	from sklearn.decomposition import PCA
	pca = PCA(n_components=2).fit(X) # 拟合主成分
	Vi=pca.explained_variance_;Vi # 主成分方差

Out	array([176.3308, 2.8835])

2. 主成分系数

$$a_{ij}=\sqrt{\lambda_i}u_{ij}/\sqrt{\sigma_{jj}} \quad i,j=1,2,\cdots,p$$

式中：a_{ij} 为主成分 y_i 与变量 x_j 的相关系数；u_{ij} 为主成分负荷或载荷（loadings）；矩阵 $\boldsymbol{A}=(a_{ij})$ 称为主成分系数矩阵。在实际中用 a_{ij} 代替 u_{ij} 作为主成分负荷，因为它是标准化系数，根据标准化系数的定义，可得

$$a_{ij}=\rho(y_i,x_j)=\frac{Cov(y_i,x_j)}{\sqrt{Var(y_i)Var(x_j)}}=\frac{Cov(\boldsymbol{u}_i'\boldsymbol{x},\boldsymbol{e}_j\boldsymbol{x},)}{\sqrt{\lambda_i\sigma_{jj}}}$$

式中：$e_j=(0,\cdots,0,1,0,\cdots,0)$，它是除第 i 个元素为 1 外其他元素均为 0 的单位向量；

$$Cov(\boldsymbol{u}_i'\boldsymbol{x},\boldsymbol{e}_j\boldsymbol{x})=\boldsymbol{u}_i'\boldsymbol{\Sigma}\boldsymbol{e}_j=\boldsymbol{e}_j'(\boldsymbol{\Sigma}\boldsymbol{u}_i)=\boldsymbol{e}_j'(\lambda_i\boldsymbol{u}_i)=\lambda_i\boldsymbol{e}_j'\boldsymbol{u}_i=\lambda_i u_{ij}。$$

所以

$$a_{ij}=\sqrt{\lambda_i}u_{ij}/\sqrt{\sigma_{jj}} \quad i,j=1,2,\cdots,p$$

In	pca.components_ # 主成分负荷
Out	array([[-0.6557, -0.755], [-0.755 , 0.6557]])

3. 主成分得分

将主成分系数代入 $\boldsymbol{y}=\boldsymbol{a}'\boldsymbol{x}$ 中即可算得主成分得分（scores）。

In

```
scores=pd.DataFrame(pca.fit_transform(X),columns=['PC1','PC2']);
scores   #主成分得分
```

Out

	PC1	PC2
0	21.7470	1.0754
1	−12.8654	−0.6526
2	−20.7733	0.9172
3	7.0834	−2.0836
4	11.9712	−1.0306
…	…	…
9	−10.8983	1.6125
10	−3.5467	−2.1231
11	2.5532	1.8506
12	0.0298	−2.5802
13	−21.3297	−1.2485

In

```
scores.plot('PC1','PC2',kind='scatter')              #绘制主成分得分散点图
plt.axhline(y=0,ls=":");plt.axvline(x=0,ls=":");   #添加水平和垂直直线
```

Out

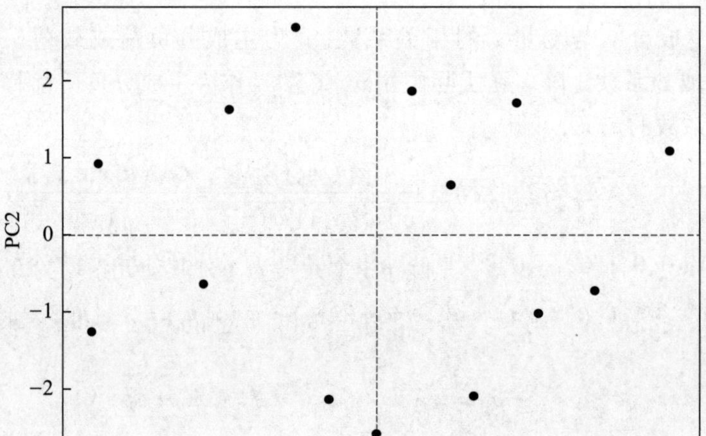

主成分的各分量之间是互不相关的,主成分的协方差阵为对角阵。

In	scores.corr().round(4) # 主成分得分相关阵	scores.cov().round(4) # 主成分得分协方差阵
Out	PC1 PC2 PC1 1.0 0.0 PC2 0.0 1.0	PC1 PC2 PC1 176.3308 0.0000 PC2 0.0000 2.8835

4. 方差贡献率及方差累积贡献率

(1)方差贡献。

设$\boldsymbol{\Sigma}=(\sigma_{ij})_{p\times p}$,于是有:$\sum_{i=1}^{p}\sigma_{ii} = \sum_{i=1}^{p}\lambda_i$

即

$$\sum_{i=1}^{p} Var(y_i) = \sum_{i=1}^{p} Var(x_i)$$

也就是说,主成分把 p 个原始变量的总方差分解成 p 个不相关的新主成分的方差之和。主成分分析的目的就是减少变量的个数,忽略一些较小方差的主成分将不会给总方差带来大的影响。

(2)方差贡献率。

定义$\lambda_k/\sum_{i=1}^{p}\lambda_i$为第 k 个主成分 y_k 的方差贡献率(ratio of variance),第一个主成分的贡献率最大,表明 y_1 综合原始变量 $x_1,x_2,\cdots,x_p$ 的能力最强,而 $y_2,y_3,\cdots,y_p$ 的综合能力依次递减。

In	Wi=pca.explained_variance_ratio_;Wi # 方差贡献率
Out	array([0.9839, 0.0161])

(3)方差累积贡献率。

若取前 $m(<p)$ 个主成分,则称 $\sum_{i=1}^{m}\lambda_i/\sum_{i=1}^{p}\lambda_i$ 为主成分 $\boldsymbol{y}_1,\boldsymbol{y}_2,\cdots,\boldsymbol{y}_m$ 的累积方差贡献率(Cumulative Proportion),它表明 $y_1,y_2,\cdots,y_m$ 综合 $x_1,x_2,\cdots,x_p$ 的能力,通常取 m 使得累积贡献率不低于 80%。

In	Wi.sum() # 方差累积贡献率
Out	1.0

6.3 主成分分析步骤

6.3.1 计算过程

1. 主成分的计算

（1）数据标准化：通常用“（数据 - 均值）/ 标准差”对数据进行标准化。

（2）主成分对象：根据机器学习库 sklearn 中的 PCA 函数计算主成分对象。

（3）方差贡献率：计算方差贡献率与累积方差贡献率。

（4）主成分个数：根据累积方差贡献率（>80%）确定主成分个数。

注意，根据标准化数据计算的主成分与根据协方差阵或相关系数矩阵计算的主成分相差一个常数。

2. 主成分得分图及排名

（1）主成分得分：

$$PC_j = \boldsymbol{a}_j'\boldsymbol{x}。$$

（2）主成分得分图：若取 $m = 2$，则将每个样品的 p 个变量代入上式即可算出每个样品的主成分得分 PC_1 和 PC_2，并将其在平面上作主成分得分的散点图，进而对样品进行分类或对原始数据进行更深入的研究。

（3）综合得分：以各主成分方差贡献率为权重，求加权和 $PC=\sum W_j PC_j$

（4）得分排序：利用总得分进行综合排名。

根据上述计算过程和步骤，我们编写了相应的分析函数 PCscores（X，m=2），可直接进行主成分分析，包括计算综合得分和排名。其中 X 为分析用数据框，m 为主成分个数，默认取 2。

In

```
def PCscores(X,m=2): # 主成分评价函数
    from sklearn.decomposition import PCA
    Z=(X-X.mean())/X.std()  # 数据标准化
    p=Z.shape[1]
    pca = PCA(n_components=p).fit(Z)
    Vi=pca.explained_variance_;Vi
    Wi=pca.explained_variance_ratio_;Wi
    Vars=pd.DataFrame({'Variances':Vi});Vars
    Vars.index=['Comp%d'%(i+1) for i in range(p)]
    Vars['Explained']=Wi*100;Vars
```

In	```Vars[' Cumulative ']=np.cumsum(Wi)*100;
	print(" \n 方差贡献 :\n " ,round(Vars,4))
	Compi=[' Comp%d ' %(i+1) for i in range(m)]
	loadings=pd.DataFrame(pca.components_[:m].T,columns=Compi,index=X.columns);
	print(" \n 主成分负荷 :\n " ,round(loadings,4))
	scores=pd.DataFrame(pca.fit_transform(Z)).iloc[:,:m];
	scores.index=X.index; scores.columns=Compi;scores
	scores[' Comp ']=scores.dot(Wi[:m]);scores
	scores[' Rank ']=scores.Comp.rank(ascending=False).astype(int);
	return scores #print(' \n 综合得分与排名 :\n ' ,round(scores,4))```

6.3.2 实证分析

【例 6.2】（续例 3.1）对例 3.1 数据应用主成分分析方法进行综合评价。

以例 3.1 的 8 个居民消费指标作为原始变量，使用 Python 编写函数 PCscores 对这 31 个省、自治区、直辖市的人均消费水平做分析评价，并根据主成分得分和综合得分对各省、自治区、直辖市的人均消费水平进行综合分析。

In	d31=pd.read_excel(' mvsData.xlsx ' , ' d31 ' ,index_col=0); d31
In	d31_pcs=PCscores(d31);d31_pcs

Out	方差贡献：
	           Variances Explained Cumulative
	Comp1 6.6244 82.8049 82.8049
	Comp2 0.6173 7.7160 90.5209
	Comp3 0.3186 3.9827 94.5036
	Comp4 0.1620 2.0253 96.5289
	Comp5 0.1078 1.3476 97.8765
	Comp6 0.0748 0.9350 98.8115
	Comp7 0.0621 0.7760 99.5876
	Comp8 0.0330 0.4124 100.0000
	
	主成分负荷：
	        Comp1 Comp2
	食品 0.3340 0.5611
	衣着 0.3172 -0.5792

```
Out
设备  0.3690   0.0247
医疗  0.3279  -0.5086
交通  0.3730   0.1677
教育  0.3644   0.1277
居住  0.3621   0.2011
杂项  0.3756  -0.0745
          Comp1    Comp2     Comp  Rank
地区
北京     7.0445  -0.8509   5.7675   2
天津     4.4816  -0.5417   3.6692   3
河北    -1.1845  -0.2885  -1.0031  20
山西    -1.8026  -0.7076  -1.5472  26
内蒙古   0.3210  -0.9626   0.1915   9
辽宁     0.8554  -0.8115   0.6457   7
吉林    -0.7476  -0.8770  -0.6867  16
黑龙江  -0.7687  -1.1585  -0.7259  17
上海     7.6854   0.7464   6.4215   1
江苏     1.6902   0.0979   1.4071   6
浙江     3.4636   0.6095   2.9150   4
安徽    -1.0842   0.3365  -0.8718  18
福建     0.5104   1.2392   0.5182   8
江西    -1.7323   0.5903  -1.3889  24
山东    -0.0664  -0.1786  -0.0687  12
河南    -1.7430  -0.4521  -1.4782  25
湖北     0.1982  -0.3479   0.1373  10
湖南    -0.3981   0.0944  -0.3224  13
广东     1.8617   1.9054   1.6886   5
广西    -2.2666   0.9222  -1.8057  28
海南    -1.5314   1.8707  -1.1237  23
重庆    -0.0372  -0.0975  -0.0383  11
四川    -0.8226   0.1879  -0.6667  15
贵州    -2.4650   0.3108  -2.0171  30
云南    -2.3239   0.6593  -1.8734  29
西藏    -2.9794   0.1037  -2.4591  31
陕西    -1.2354  -0.4474  -1.0575  22
```

Out	甘肃 -2.0815 -0.1167 -1.7326 27 青海 -1.1848 -0.5775 -1.0256 21 宁夏 -0.5333 -0.7078 -0.4962 14 新疆 -1.1235 -0.5505 -0.9728 19

结果分析：由主成分载荷矩阵可以看出，第一主成分在人均家庭设备用品及服务、人均交通和通信支出、人均娱乐教育文化服务支出、人均居住支出、人均杂项商品和服务支出上的载荷值都很大，说明每个指标在第一主成分上的作用差不多（这也是我们后面进行因子分析的出发点）；第二主成分在人均食品支出、人均衣着商品支出、人均医疗保健支出上有较大的载荷，可视为反映日常必需消费的主成分。有了各个主成分的解释，结合各个省、自治区、直辖市在两个主成分上的得分和综合得分，就可以对各省、自治区、直辖市的综合人均消费水平进行评价了。

最后，由加权法估计出综合得分，以各主成分的方差贡献率占两个主成分总方差贡献率的比重作为权重进行加权汇总，得出各省、自治区、直辖市的综合得分及排名。

为了更进一步查看结果，分别对两个主成分得分和综合得分数据框进行排序，结果如下：

In	d31_pcs.sort_values('Rank')
Out	Comp1 Comp2 Comp Rank 地区 上海 7.6854 0.7464 6.4215 1 北京 7.0445 -0.8509 5.7675 2 天津 4.4816 -0.5417 3.6692 3 浙江 3.4636 0.6095 2.9150 4 广东 1.8617 1.9054 1.6886 5 江苏 1.6902 0.0979 1.4071 6 辽宁 0.8554 -0.8115 0.6457 7 福建 0.5104 1.2392 0.5182 8 内蒙古 0.3210 -0.9626 0.1915 9 湖北 0.1982 -0.3479 0.1373 10 重庆 -0.0372 -0.0975 -0.0383 11 山东 -0.0664 -0.1786 -0.0687 12 湖南 -0.3981 0.0944 -0.3224 13 宁夏 -0.5333 -0.7078 -0.4962 14 四川 -0.8226 0.1879 -0.6667 15 吉林 -0.7476 -0.8770 -0.6867 16

Out

```
黑龙江  -0.7687  -1.1585  -0.7259  17
安徽    -1.0842   0.3365  -0.8718  18
新疆    -1.1235  -0.5505  -0.9728  19
河北    -1.1845  -0.2885  -1.0031  20
青海    -1.1848  -0.5775  -1.0256  21
陕西    -1.2354  -0.4474  -1.0575  22
海南    -1.5314   1.8707  -1.1237  23
江西    -1.7323   0.5903  -1.3889  24
河南    -1.7430  -0.4521  -1.4782  25
山西    -1.8026  -0.7076  -1.5472  26
甘肃    -2.0815  -0.1167  -1.7326  27
广西    -2.2666   0.9222  -1.8057  28
云南    -2.3239   0.6593  -1.8734  29
贵州    -2.4650   0.3108  -2.0171  30
西藏    -2.9794   0.1037  -2.4591  31
```

可以看到，在主成分 PC_1 上得分最高的前六个地区依次是上海、北京、天津、浙江、广东和江苏，且上海、北京绝对值明显地高于其他地区，说明上海、北京的消费水平远远高于其他地区；而云南、贵州和西藏在这方面的消费相对较小些。就综合得分来看，上海、北京、天津、浙江、广东这5个省、市的得分最高，贵州、西藏得分位于全国之末，故可知北京、上海、广东、天津、浙江这5个省、市的综合人均消费水平居于全国水平前列，贵州、西藏的综合人均消费水平居于全国水平之末。由于北京、上海、广东、天津、浙江和江苏这6个省、市是我国经济发展水平较高的地区，而云南、贵州和西藏是我国较为贫困的地区，可见我国各地区城镇的人均消费水平主要是由经济发展水平决定的，经济发展水平较高的省、自治区、直辖市，其城镇人均消费水平也相对较高，经济较落后的地区，其城镇人均消费水平也相对较低。

In

```
import matplotlib.pyplot as plt
plt.rcParams['font.sans-serif']=['SimHei'];   # 中文黑体 SimHei
plt.rcParams['axes.unicode_minus']=False; # 正常显示图中正负号
def Scoreplot(Scores):    # 自定义得分图绘制函数
    plt.plot(Scores.iloc[:,0],Scores.iloc[:,1],'*');
    plt.xlabel(Scores.columns[0]);plt.ylabel(Scores.columns[1])
    plt.axhline(y=0,ls=':');plt.axvline(x=0,ls=':')
    for i in range(len(Scores)):
        plt.text(Scores.iloc[i,0],Scores.iloc[i,1],Scores.index[i])
Scoreplot(d31_pcs)
```

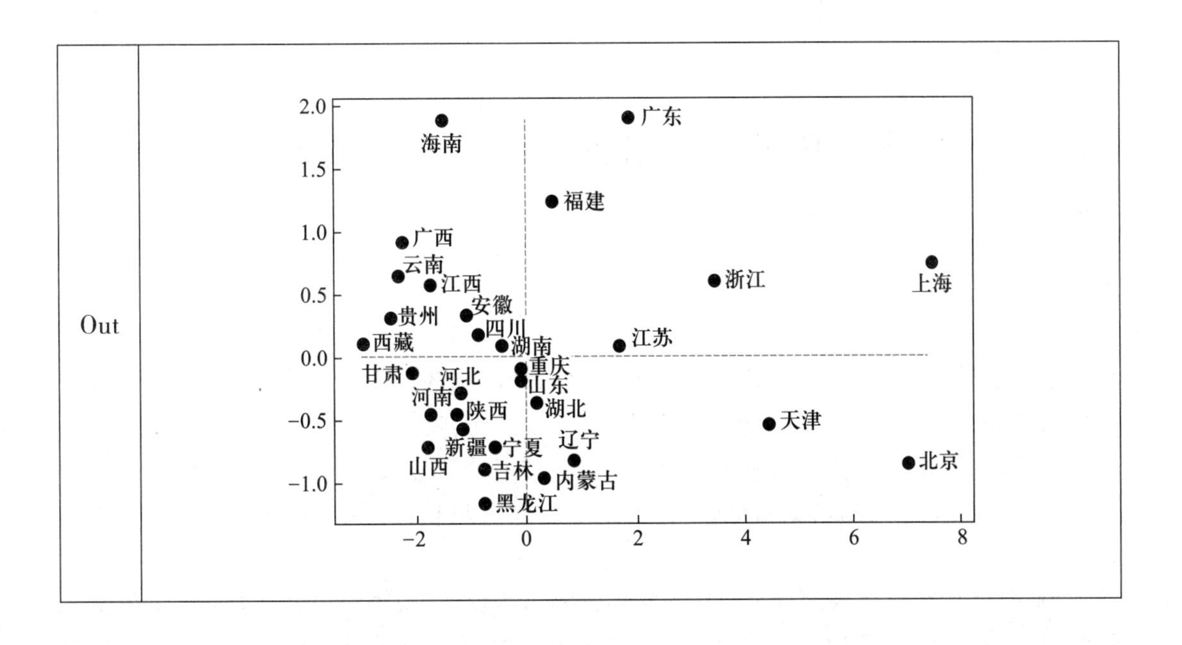

6.4 主成分分析注意事项

主成分分析,除了用来概述变量间的关系外,亦可用来削减变量的数目。此外,为了达到最大变异的目的,我们可用主成分分析将原来的变量转变为成分,在抽出主成分之后,可将各变量的原始分数转换为主成分得分,以供进一步深入的统计分析。通常,在进行主成分分析时,应注意下列几点:

(1)主成分分析,可使用标准化数据或基于样本协方差阵或相关系数矩阵来进行分析。但大都以相关系数矩阵为基准。

(2)为使方差达到最大,通常是不对主成分分析加以转轴的。

(3)成分的保留。Kaiser(1960)主张将特征值小于1的成分予以放弃,而只保留特征值大于1的成分。(成分保留的其他标准,可参考书中的内容)

(4)在实际研究中,研究者如果用不超过3个或5个成分,就能解释变异之80%,亦算令人满意。

(5)使用成分得分后,会使第一主成分的方差为最大,而且各主成分之间会彼此独立。

案例 6：地区电信业发展的主成分分析

一、简介

党的十三届四中全会以来，我国的电信业始终保持高速发展的态势。2003 年，电信业务已经完成了从人工向自动化、由模拟技术向数字技术、由小容量到大容量、由单一业务向多种业务的转变，已经成为我国国民经济的增长点和重要支柱产业。2003 年我国的电信业仍然保持很高的增长速度，广东电信业务发展也较快，主要电信业务量稳居全国首位。

2003 年，广东电信各运营公司在不断加剧的市场竞争中，纷纷采取有力措施拼抢市场份额，电信业务保持高速增长，综合实力上新台阶。然而，广东省各市之间发展却进一步分化，表现出不平衡性。本例是为探索广东 2003 年各地区电信业发展的差异性，探求引起差异的主要原因，找出解决问题的方法，实现各地区的共同发展，避免因个别落后地区导致整体水平下降。本例通过主成分分析和聚类分析的综合应用来研究广东省各城市 2003 年在电信业进展方面的相似性和差异性。

本例选取了广东省 21 个地级市 2003 年度电信业发展数据。这些城市分别是：广州市、深圳市、珠海市、汕头市、佛山市、韶关市、河源市、梅州市、惠州市、汕尾市、东莞市、中山市、江门市、阳江市、湛江市、茂名市、肇庆市、清远市、潮州市、揭阳市、云浮市。共选取了电信业的 7 个主要指标：

X_1：电信业务总量 / 万元；

X_2：每百人拥有固定电话数 / 个；

X_3：每百人拥有移动电话数 / 个；

X_4：国际互联网络用户 / 万户；

X_5：互联网用户使用时长 / 万分钟；

X_6：长途电话通话量 / 万次；

X_7：长途电话通话时长 / 万分钟。

二、数据收集与管理

图 6-2 是广东省 21 个地级市 2003 年电信业发展数据的截图。

文件　开始　插入　页面布局　公式　数据　审阅　视图　帮助　百度网盘　操作说明搜索　共享

B14　391794.7

	A	B	C	D	E	F	G	H
1	地区	X1	X2	X3	X4	X5	X6	X7
2	广州	2504685	0.76	1.38	315.95	360697.5	224645.3	850957
3	珠海	336312.9	0.77	1.56	24.57	51261.21	28622.46	118923.3
4	汕头	459623.2	1.03	1.39	67.76	90426.76	39189.25	140527.6
5	深圳	2407800	2.54	5.38	255.09	260939.5	244179.3	1003601
6	佛山	872521	0.62	1.15	95.03	99551.34	95465.15	349089.6
7	韶关	146567.8	1.28	1.23	13.97	19184.27	9921.97	39182.47
8	河源	105169.6	1.46	1.51	6.33	11927.68	7523.68	28804.3
9	梅州	163800.8	2.74	2.45	10.84	28824.38	10664.08	40965
10	惠州	407695.3	2.64	3.91	47.32	39881.16	40954.59	160412.8
11	汕尾	124567.6	1.11	1.02	6.14	12402.01	9817.33	36103.81
12	东莞	1521224	1.29	3.05	57.28	132547.8	179611.4	710268.9
13	中山	463105.7	0.64	1.17	71.38	49292.22	46733.02	178235.4
14	江门	391794.7	0.94	1.31	19.74	31922.63	31839.73	120902.5
15	阳江	129929.7	0.87	0.82	24.88	12496.82	8751.72	33261.07
16	湛江	268156.9	0.67	0.7	13.49	32280.37	16984.95	66716.39
17	茂名	194854.9	0.78	0.64	8.99	41158.33	13163.95	50628.09
18	肇庆	190803.3	1.63	1.82	19.26	26969.57	14207.31	53703.97
19	清远	151625.2	0.92	1.24	19.43	20661.24	11381.77	43122.04
20	潮州	168024.5	1.73	2.11	9.72	35179.34	13768.05	49586.07
21	揭阳	249834.6	1.29	1.32	10.4	28149.39	20449.77	73266.4
22	云浮	89079.83	1.52	1.36	8.81	12218.77	6563.5	24170.14

Case1　Case2　Case3　case4　Case5　Case6　Case7　Case8　Case9　Case10　Case1 …

就绪　100%

图 6-2

三、Jupyter 操作

1. 调入数据

In

```
Case6=pd.read_excel('mvsCase.xlsx','Case6',index_col=0);
```

2. 聚类分析（宏观分析，区域划分）

In

```
plt.figure(figsize=(9,5))
import scipy.cluster.hierarchy as sch
Z=(Case6-Case6.mean())/Case6.std()  # 数据标准化
```

In

```
D=sch.distance.pdist(Z)
H=sch.linkage(D,method= 'complete');
sch.dendrogram(H, labels=Case6.index); #绘制系统聚类图
```

Out

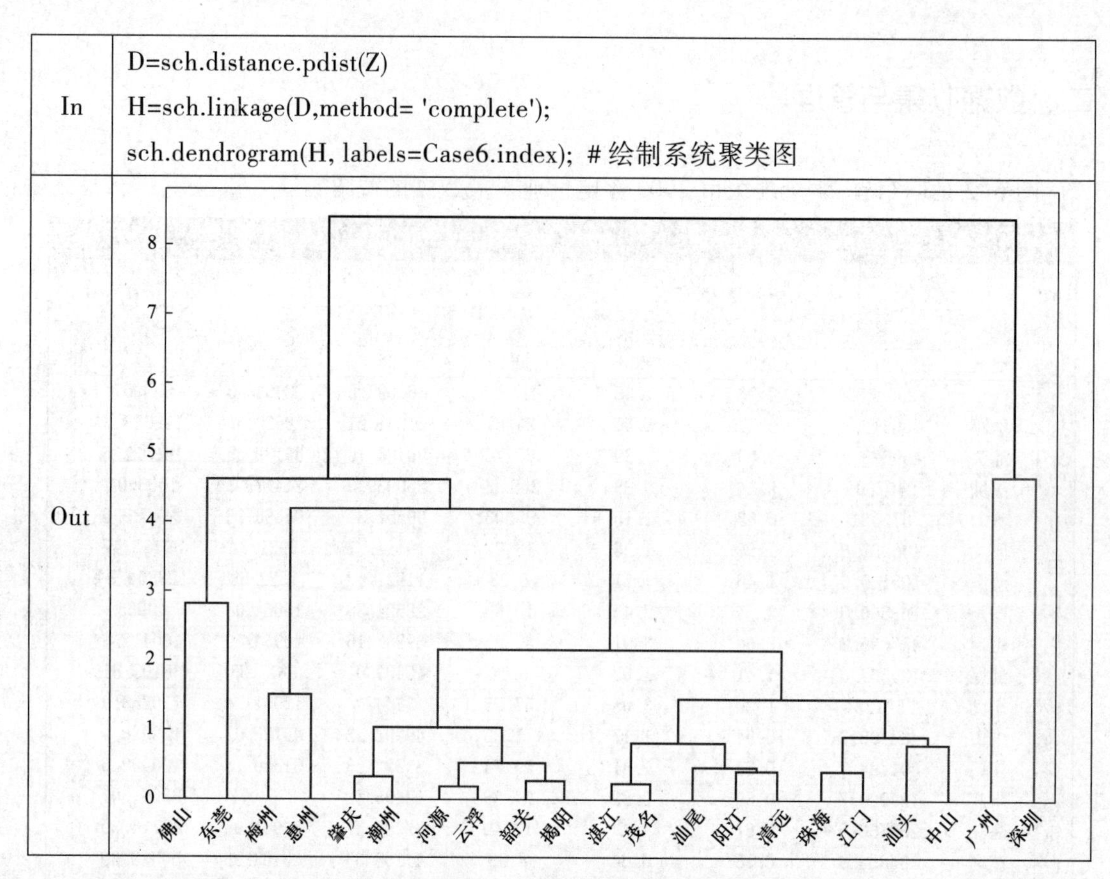

2003 年，广东各地区电信业发展除了差异性外，还有集中发展的趋势。从表 6-1 可以看到将广东省各市分成 4 类比较合适，各类代表了不同的发展水平，同时每类所包含的城市具有类似的发展水平。

表 6-1　广东省各市按电信业发展水平分类

分类				
分类	第一类	第二类		
分二类	广州、深圳	佛山、东莞、珠海、中山、汕头、江门、惠州、阳江、茂名、潮州、梅州、肇庆、湛江、韶关、揭阳、清远、云浮、河源、汕尾		
分三类	第一类	第二类	第三类	
	广州、深圳	佛山、东莞	梅州、惠州、珠海、中山、江门、汕头、阳江、茂名、潮州、肇庆、湛江、韶关、揭阳、清远、云浮、河源、汕尾	
分四类	第一类	第二类	第三类	第四类
	广州、深圳	佛山、东莞	梅州、惠州	珠海、汕头、中山、江门、汕尾、阳江、清远、茂名、湛江、潮州、肇庆、韶关、揭阳、云浮、河源

3. 主成分分析（微观分析，综合排名）

由于指标多，不便于综合分析，先采用主成分分析法提取主要成分，然后进行相应的分

析。用Python运行后我们发现可以提取两个主成分，这两个成分占全部的96.14%，可以说是基本代表了全部指标的信息量。

第一个主成分PC_1主要由X_1（电信业务总量）、X_4（国际互联网络用户）、X_5（互联网用户使用时长）、X_6（长途电话通话量）、X_7（长途电话通话时长）决定。这5个指标是总量因素，说明一个城市的电信业规模和电信通信业务发展水平。

第二个主成分PC_2主要由X_2（每百人拥有固定电话数）、X_3（每百人拥有移动电话数）决定。这两个指标是平均量成分，反映了电信业中的电话人均普及情况。

由于我们在主成分分析后仅选取了两个主成分PC_1、PC_2就代表了96.14%的信息，可以说基本表征了我们全部的指标。所以我们用提取的主成分进行各城市的综合分析。

我们发现7个经济指标可以用两个综合指标代替，而综合指标的信息没有损失多少。在此基础上，不仅可以算出各城市的成分得分，而且可以利用线性加权方法，以各主成分的贡献率为权数，即按公式（$0.737\,9PC_1+0.223\,4PC_2$）/（$0.737\,9+0.223\,4$）计算各城市电信业发展水平的综合得分并据此排名。下面是主成分分析过程。

In	`Case6_ pcs=PCscores(Case6);Case6_ pcs        # 主成分分析`
Out	见下

```
方差贡献：
        Variances  Explained  Cumulative
Comp1     5.1658    73.7968     73.7968
Comp2     1.5638    22.3400     96.1368
Comp3     0.2022     2.8891     99.0259
Comp4     0.0520     0.7424     99.7684
Comp5     0.0145     0.2074     99.9758
Comp6     0.0013     0.0180     99.9938
Comp7     0.0004     0.0062    100.0000
主成分负荷：
     Comp1    Comp2
X1  0.4353  -0.1053
X2  0.0974   0.7595
X3  0.2819   0.5883
X4  0.4128  -0.1603
X5  0.4200  -0.1813
X6  0.4328  -0.0714
X7  0.4329  -0.0480
          Comp1     Comp2     Comp  Rank
地区
广州     5.7644   -2.4980    3.6959     2
```

Out	珠海	−0.7157	−0.5548	−0.6521	11
	汕头	−0.1446	−0.5362	−0.2265	7
	深圳	6.5253	1.9353	5.2478	1
	佛山	0.8153	−1.3611	0.2976	5
	韶关	−1.2736	0.0159	−0.9363	16
	河源	−1.3055	0.4104	−0.8718	14
	梅州	−0.7060	2.3310	−0.0003	6
	惠州	0.3847	2.7881	0.9067	4
	汕尾	−1.4413	−0.2576	−1.1212	18
	东莞	2.7903	0.1685	2.0968	3
	中山	−0.3309	−1.0415	−0.4769	9
	江门	−0.8125	−0.4480	−0.6997	12
	阳江	−1.4390	−0.6768	−1.2132	21
	湛江	−1.2786	−1.0243	−1.1724	19
	茂名	−1.3490	−0.9192	−1.2008	20
	肇庆	−0.9375	0.6891	−0.5379	10
	清远	−1.2727	−0.4153	−1.0320	17
	潮州	−0.8825	0.9617	−0.4364	8
	揭阳	−1.0485	0.0314	−0.7667	13
	云浮	−1.3422	0.4016	−0.9008	15

通过对各城市进行排名，我们发现，排名比较靠前的有深圳、广州、东莞、惠州和佛山，比较落后的地区有汕尾、湛江、茂名和阳江。

In	Scoreplot(Case6_ pcs)
Out	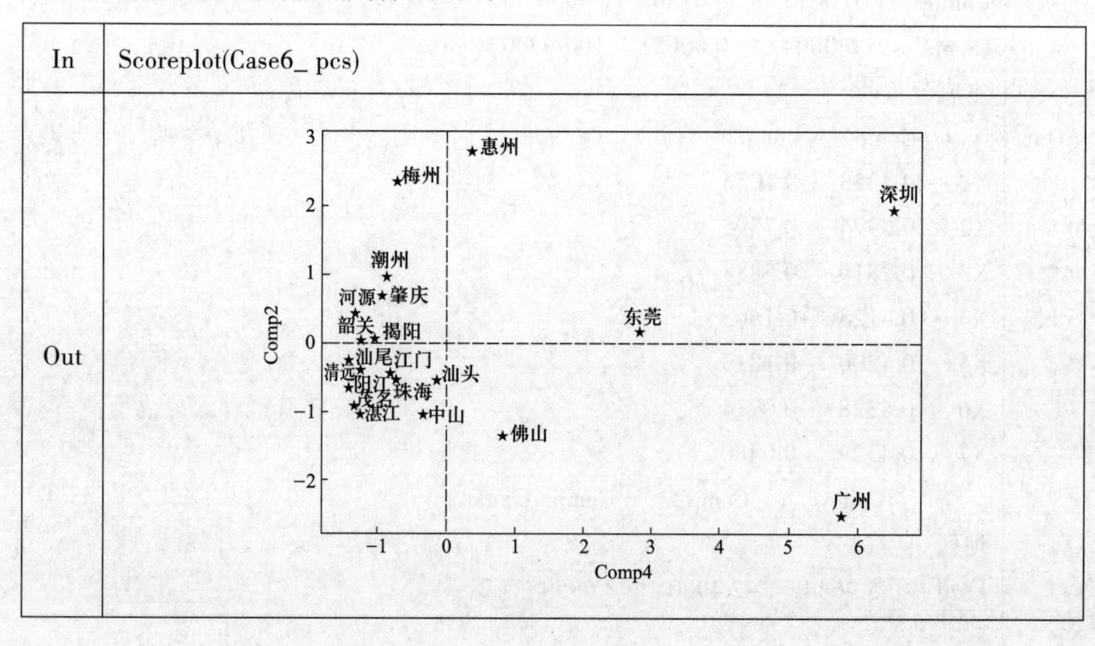

我们从主成分得分图看到：

（1）深圳的位置在图中离原点比较远，同时它到 PC_1 轴和到 PC_2 轴的距离都比较远。这说明深圳 PC_1 和 PC_2 的得分都比较高。深圳作为一个经济特区，自从改革开放以来，各方面发展速度很快，是个发达城市，其移动电话用户比较多。与广州不同的是，深圳的人口总数不算太多，从而其电话普及率可以达到很高。正因为如此，它的 PC_2 得分较高。同时由于其经济发达，电信业发展总量也不错，从而有着很高的 PC_1 得分，在广东所有城市中排名第一。很高的 PC_1 得分和比较高的 PC_2 得分就决定了深圳在排名时可以领先于广州而居于第一位。

（2）广州在第四象限，远离 PC_1 和 PC_2 轴。这说明广州的第一主成分 PC_1 得分比较高，但是第二主成分 PC_2 得分较低。我们知道 PC_1 代表了电信业规模和电信通信业务发展水平，而 PC_2 代表了电信业中的电话人均普及水平。结合 PC_1、PC_2 的意义来分析，广州是广东的省会城市，经济、文化等各项总量发展水平都不错，电信业发展总量也不错，故而 PC_1 得分比较高，仅次于深圳，但是由于广州也是一个大型开放性城市，人口也很多，人口增长速度快于电信业发展速度，这样计算下来的人均量就不如深圳高了。

（3）梅州和惠州的情况和广州有点相反，虽然他们的电信总量方面不如广州，但由于其人口比较少，人均量高，从而尽管 PC_1 得分比较低，但有着很高的 PC_2 得分。这表现在主成分图上是距离 PC_2 轴很近，而远离 PC_1 轴。

（4）佛山从主成分图上看来比较接近 PC_2 轴，离 PC_1 轴稍远点。这表明佛山电信业在总量方面取得的成绩还是很显著的，但是人均普及量不够高，从而主成分 PC_2 得分为负。但总分还是排在第 5 名。

（5）汕尾、湛江、茂名、阳江等 6 个城市集中在 PC_2 轴附近，且得分比较低，从而导致它们的排名相对比较落后。

思考与练习

一、思考题（手工解答，纸质作业）

1. 试述主成分分析的基本思想。
2. 总结主成分分析的计算步骤。
3. 主成分分析在多指标统计分析应用中有哪些注意事项？
4. 简要分析主成分分析解决多指标综合评价中的权重问题。
5. 设协方差阵为

$$\boldsymbol{\Sigma}=\begin{bmatrix}\sigma^2 & \sigma^2\rho & 0\\ \sigma^2\rho & \sigma^2 & \sigma^2\rho\\ 0 & \sigma^2\rho & \sigma^2\end{bmatrix},\quad -\frac{1}{\sqrt{2}}<\rho<\frac{1}{\sqrt{2}}$$

试求主成分及每个主成分所能解释的总体方差的比例。

6. 设 $\boldsymbol{x}=(x_1,x_2,\cdots,x_p)'$ 的协方差阵为

$$\boldsymbol{\Sigma} = \begin{pmatrix} 1 & \rho & \cdots & \rho \\ \rho & 1 & \cdots & \rho \\ \vdots & \vdots & & \vdots \\ \rho & \rho & \cdots & 1 \end{pmatrix}, \ (0 < \rho \leqslant 1)$$

证明$\boldsymbol{\Sigma}$的最大特征根为$\lambda_1 = \sigma^2[1+\rho(1-\rho)]$，$\boldsymbol{x}$的第一主成分是$y_1 = \frac{1}{\sqrt{p}}\sum_{i=1}^{p} x_i$。

二、练习题(计算机分析,电子作业)

1. 编写思考题5的Python计算程序。

2. 基于主成分分析原理,编写求解主成分的Python程序。

3. 假定某年我国35个核心城市综合竞争力评价指标和数据(表6–2)为:

X_1:国内生产总值/亿元;

X_2:一般预算收入/亿元;

X_3:固定资产投资/亿元;

X_4:外贸进出口额/亿美元;

X_5:城市居民人均可支配收入/元;

X_6:人均国内生产总值/元;

X_7:人均贷款余额/元。

表6–2 35个核心城市综合竞争力评价数据

城市	X_1	X_2	X_3	X_4	X_5	X_6	X_7
上海	5 408.8	717.8	2 158.4	726.6	13 250	36 206	52 645
北京	3 130	534	1 814.3	872.3	12 464	24 077	61 369
广州	3 001.7	245.9	1 001.5	525.1	13 381	38 568	67 116
深圳	2 239.4	303.3	478.3	279.3	24 940	136 071	187 300
天津	2 022.6	171.8	811.6	228.3	9 338	20 443	25 784
重庆	1 971.1	157.9	995.7	17.9	7 238	9 038	10 113
杭州	1 780	118.3	769.4	131.1	11 778	38 247	73 948
成都	1 663.2	78.3	702.1	20.8	8 972	20 111	35 764
青岛	1 518.2	100.7	367.8	169.3	8 721	26 961	32 722
宁波	1 500.3	111.8	747.2	122.7	12 970	35 446	42 341
武汉	1 493.1	85.8	570.4	22	7 820	16 206	18 033

续表

城市	X_1	X_2	X_3	X_4	X_5	X_6	X_7
大连	1 406	98.7	601.3	146	8 200	29 706	38 514
沈阳	1 400	92.5	402	28.6	7 050	19 407	26 598
南京	1 295	144.1	602.9	10.1	9 157	27 128	55 325
哈尔滨	1 232.1	67.7	361.1	17.1	7 004	18 244	25 825
济南	1 200	66.3	404.7	14.9	8 982	25 192	36 975
石家庄	1 184	44.5	412.3	11.4	7 230	25 476	42 322
福州	1 160.2	60.2	284	61	9 191	31 582	49 941
长春	1 150	37.8	320.5	28.9	6 900	21 336	35 233
郑州	926.8	54.2	340	10.4	7 772	16 028	32 598
西安	823.5	60.1	338.2	18.7	7 184	15 493	23 596
长沙	810.9	46.1	362.6	16.6	9 021	23 942	29 313
昆明	730	54.7	290	13.4	7 381	24 109	33 445
厦门	648.3	64.3	211.7	151.9	11 768	38 567	34 799
南昌	552	25.7	137	9.1	7 021	18 388	22 288
太原	432.2	26.8	147.6	15.1	7 376	12 821	26 118
合肥	412.4	29.1	168.6	23	7 144	17 770	40 956
兰州	386.8	21.1	194.5	5.1	6 555	15 051	31 075
南宁	356	26.2	122.9	5.5	8 796	16 121	31 689
乌鲁木齐	354	37.3	147.9	6.4	8 653	17 655	3 772
贵阳	336.4	33	187.4	5.7	7 306	11 728	20 768
呼和浩特	300	16.6	131.3	3.4	6 996	11 789	23 439
海口	157.9	8.5	82.6	11.3	8 004	23 920	69 733
银川	133	11.1	73	2.3	6 848	11 975	28 367
西宁	121.3	7.2	77.4	1	6 444	6 676	17 114

（1）求样本相关阵及特征根和特征向量；

（2）确定前两个主成分所解释的总样本方差的比例，并解释这些主成分。

（3）对这 35 个核心城市综合竞争力进行综合排名。

三、案例选题(仿照本章案例完成)

从给定的题目出发,按内容提要、指标选取、数据收集、Python语言计算过程、结果分析与评价等方面进行案例分析。

1. 世界主要国家综合竞争力分析与评价。
2. 主成分分析法在股票投资价值评价中的应用。
3. 房地产指标的主成分分析。
4. 评价2022年我国31个省、自治区、直辖市的经济效益。
5. 对我国2022年城市居民生活费支出的主成分分析。
6. 对2022年31个省、自治区、直辖市工业企业经济效益做综合评价。
7. 对2022年31个省、自治区、直辖市农业发展状况做综合评价。
8. 考察我国2022年各省市社会发展综合状况。
9. 对2022年度中国各地区电信业发展情况进行比较分析。

第7章

因子分析及Python应用

本章思维导图

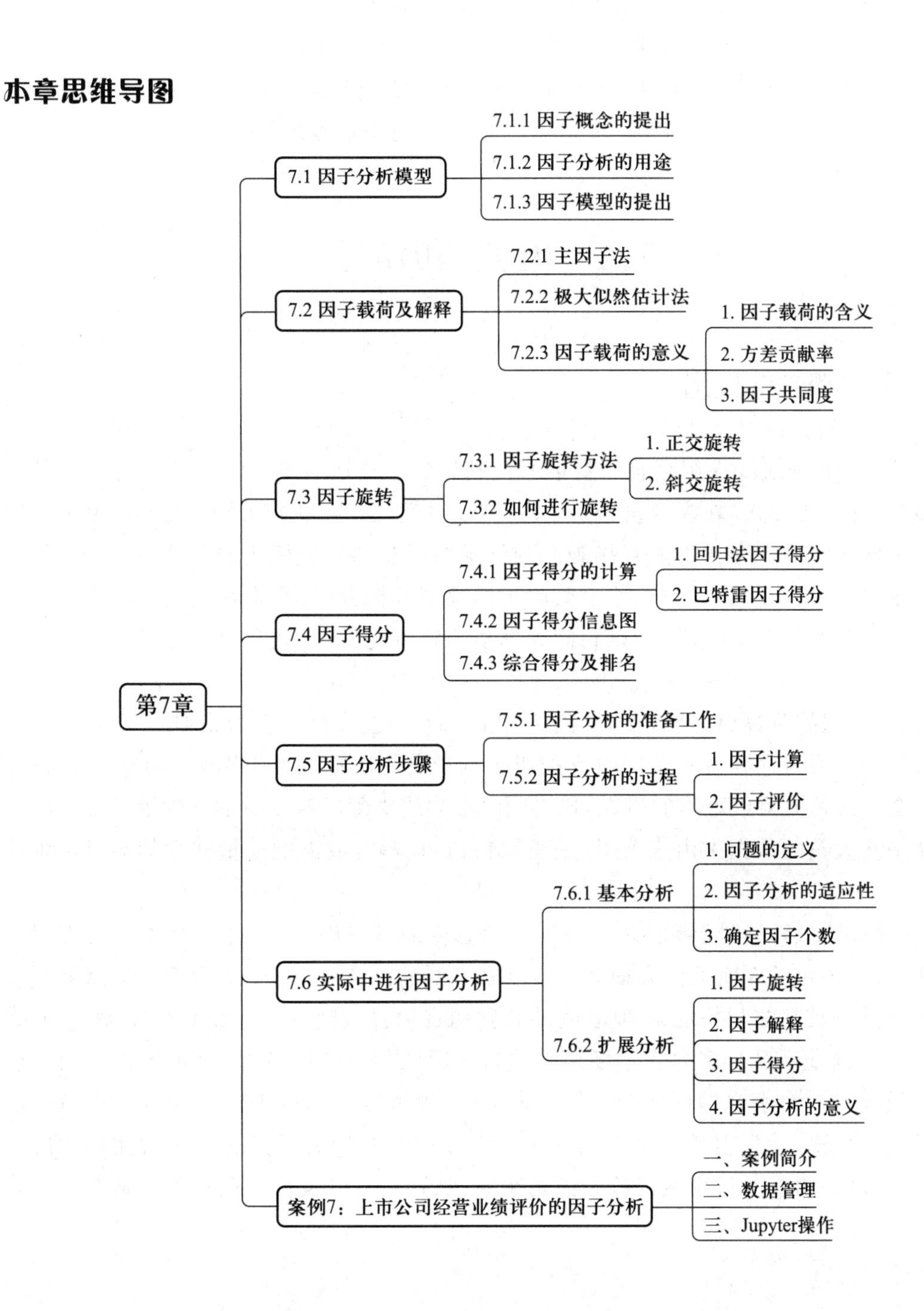

【学习目标】　要求学生了解因子分析的目的和实际意义,特别是因子分析模型的统计思想。要熟悉因子分析数学模型建模的假设条件和各个分量的实际统计意义。掌握由主成分方法估计因子载荷阵的步骤以及基本性质。能够利用Python编程解决实际中的因子分析问题,同时能给出初步的统计分析报告。

【教学内容】　因子分析模型的基本思想,与主成分分析模型在本质上的区别。因子分析的数学模型、基本假定,因子载荷的估计方法,因子旋转,因子得分。因子旋转(主要是方差最大正交旋转方法)和因子得分的实际统计意义,Python计算程序中有关因子分析的算法基础。

7.1　因子分析模型

7.1.1　因子概念的提出

主成分分析通过线性组合将原变量综合成几个主成分,用较少的综合指标来代替原来较多的指标(变量)。在多变量分析中,某些变量间往往存在相关性。是什么原因使变量间有关联呢?是否存在不能直接观测到但影响可观测变量变化的公共因子?因子分析(Factor Analysis)就是寻找这些公共因子的模型分析方法,它是在主成分的基础上构筑若干意义较为明确的公因子,以它们为框架分解原变量,以此考察原变量间的联系与区别。

例如,儿童的身高、体重会随着年龄的增长而变化。那么,身高和体重之间为何会有相关性呢?因为存在着一个同时支配或影响身高与体重的生长因子。我们能否通过对多个变量的相关系数矩阵的研究,找出同时影响或支配所有变量的共性因子呢?因子分析就是从大量的数据中由表及里、去粗取精,寻找影响或支配变量共性的多变量统计方法。

又如假设我们要研究影响人们对生活满意度的潜在因子,为此对有关项目进行了问卷调查,其中包括3项工作方面和3项家庭方面的满意度调查。3项工作满意度调查项目之间具有较高的相关性,3项家庭满意度调查项目之间也具有较高的相关性,但是工作满意度调查项目与家庭满意度调查项目之间的相关性则较低。3项工作方面满意度的变量存在一个潜在的因子“工作满意度”,3项家庭方面的满意度变量对应另一潜在因子“家庭满意度”,且两因子相互独立。对于问卷的回答显然有赖于所找到的两个潜在因子,每一调查项目线性依赖于这两个潜在的因子,以及每一调查项目独有的特殊因子。

7.1.2 因子分析的用途

可以说,因子分析是主成分分析的推广,也是一种把多个变量化为少数几个综合变量的多变量分析方法,其目的是用有限个不可观测的隐变量来解释原始变量之间的相关关系。

因子分析主要用途在于:① 减少分析变量个数;② 通过对变量间相关关系探测,对原始变量进行分类。即将相关性高的变量分为一组,用共性因子代替该组变量。

就统计上而言,主成分分析侧重如何转换原始变量使之成为一些综合性的新指标,而其关键在“变异数”问题。与主成分分析不同的是,因子分析重视的是如何解构变量之间的“共变异数”问题。因每一变量均为一些共同因子变量和特殊变量的线性函数,其中共同因子变量可产生变量之间的共变量,而特殊变量只对其所属的变量之变异数有所贡献,所以主成分分析是“变异数”导向的方法,因子分析则是“共变异数”导向的方法。

因子分析也是一种数据压缩的多变量分析方法,是基于信息损失最小化而提出的一种非常有效的方法。它把众多的指标综合成几个为数较少的公共指标,这些指标即因子。因子的特点是:第一,因子变量的数量远远少于原始变量的个数;第二,因子变量并非原始变量的简单取舍,而是一种新的综合;第三,因子变量之间不存在相关性;第四,因子变量具有明确的解释性,可以最大限度地发挥专业分析的作用。因子分析就是以最少的信息损失,将众多的原始变量浓缩成为少数几个因子变量,使得变量具有更高的可解释性的一种数据压缩方法,是多变量分析的主干技术之一。

7.1.3 因子模型的提出

因子分析法是从研究变量内部相关关系出发,把一些具有错综复杂关系的变量归结为少数几个综合因子的一种多变量统计分析方法。它的基本思想是将观测变量进行分类,将相关性较高,即联系比较紧密的分在同一类中,而不同类变量之间的相关性则较低,那么每一类变量实际上就代表了一个基本结构,即公共因子。对于所研究的问题就是试图用最少个数的不可测的所谓公共因子的线性函数与特殊因子之和来描述原来观测的每一分量。

因子分析还可以对变量或样品分类处理。研究样品间的相互关系的因子分析称为Q型因子分析,而研究变量间相互关系的因子分析称为R型因子分析。下面主要讨论并运用的是R型因子分析。

(1) $\boldsymbol{X}=(x_1,x_2,\cdots,x_p)'$是可观测随机向量,均值向量$E(\boldsymbol{X})=0$,协方差阵$Cov(\boldsymbol{X})=\boldsymbol{\Sigma}$,且协方差阵与相关矩阵等价(只要将变量标准化即可实现)。

(2) $\boldsymbol{F}=(\boldsymbol{F}_1,\boldsymbol{F}_2,\cdots,\boldsymbol{F}_m)'$ $(m<p)$是不可测的向量,其均值向量$E(\boldsymbol{F})=0$,协方差阵$Cov(\boldsymbol{F})=\boldsymbol{I}$,即向量的各分量是相互独立的。

(3) $\boldsymbol{\varepsilon}=(\varepsilon_1,\varepsilon_2,\cdots,\varepsilon_p)'$与$\boldsymbol{F}$相互独立,且$E(\boldsymbol{\varepsilon})=0$,$\boldsymbol{\varepsilon}$的协方差阵$\boldsymbol{D}$是对角阵,即各分量$\boldsymbol{\varepsilon}_i$之间是相互独立的,则模型:

$$\begin{cases} x_1 = a_{11}F_1 + a_{12}F_2 + \cdots + a_{1m}F_m + \varepsilon_1 \\ x_2 = a_{21}F_1 + a_{22}F_2 + \cdots + a_{2m}F_m + \varepsilon_2 \\ \cdots\cdots\cdots\cdots \\ x_p = a_{p1}F_1 + a_{p2}F_2 + \cdots + a_{pm}F_m + \varepsilon_p \end{cases} \tag{7-1}$$

称为因子分析模型，由于该模型是针对变量进行的，各因子又是正交的，所以也称为 R 型正交因子模型。

其矩阵形式为

$$\boldsymbol{X} = \boldsymbol{AF} + \boldsymbol{\varepsilon}$$

其中：

$$\boldsymbol{X} = \begin{pmatrix} x_1 \\ x_2 \\ \vdots \\ x_p \end{pmatrix}, \boldsymbol{A} = \begin{pmatrix} a_{11} & a_{12} & \cdots & a_{1m} \\ a_{21} & a_{22} & \cdots & a_{2m} \\ \vdots & \vdots & & \vdots \\ a_{p1} & a_{p2} & \cdots & a_{pm} \end{pmatrix}, \boldsymbol{F} = \begin{pmatrix} F_1 \\ F_2 \\ \vdots \\ F_m \end{pmatrix}, \boldsymbol{\varepsilon} = \begin{pmatrix} \varepsilon_1 \\ \varepsilon_2 \\ \vdots \\ \varepsilon_p \end{pmatrix} \tag{7-2}$$

这里：

（1）$m \leqslant p$；

（2）$Cov(\boldsymbol{F}, \boldsymbol{\varepsilon})=0$　即 F 和 ε 是不相关的；

（3）$Var(\boldsymbol{F}) = \boldsymbol{I}_m$，即 $F_1, F_2, \cdots, F_m$ 不相关且方差均为 1；

$$Var(\boldsymbol{\varepsilon}) = \begin{bmatrix} \sigma_1^2 & & & \\ & \sigma_2^2 & & 0 \\ 0 & & \ddots & \\ & & & \sigma_p^2 \end{bmatrix}$$，即 $\varepsilon_1, \varepsilon_2, \cdots, \varepsilon_p$ 不相关，但方差不同。

我们把 $\boldsymbol{F}$ 称为 $\boldsymbol{X}$ 的公共因子或潜在因子，矩阵 $\boldsymbol{A}$ 称为因子载荷矩阵，ε 称为 $\boldsymbol{X}$ 的特殊因子。$\boldsymbol{A}=(a_{ij})$，a_{ij} 为因子载荷。数学上可以证明，因子载荷 a_{ij} 就是第 i 个变量与第 j 个因子的相关系数，反映了第 i 变量在第 j 因子上的重要性。

【例 7.1】 水泥行业上市公司经营业绩因子模型实证分析。

如何客观、准确地评价企业经营业绩是多年来一直未能很好解决的问题。由于企业的经营业绩是多因素共同作用的结果，其众多的财务指标为分析上市公司经营业绩提供了丰富的信息，但同时也增加了问题分析的复杂性。由于各指标之间存在着一定的相关关系，因此可以用因子分析方法。本例以上市公司中的水泥行业为例，研究因子分析方法在公司经营业绩评价分析中的应用。

（1）指标的选择。现代企业经营业绩综合评价的内容主要有盈利能力、偿债能力、发展能力。常用的盈利能力指标主要有主营业务利润率、净资产收益率、销售毛利率和净值报酬率；偿债能力指标有流动比率、速动比率、现金比率、资产负债率等；发展能力指标主要有主营业务收入增长率、营业利润增长率等。

限于篇幅，本例选取其中的 6 个指标进行分析：主营业务利润率（x_1）、销售毛利率（x_2），速动比率（x_3）、资产负债率（x_4），主营业务收入增长率（x_5）、营业利润增长率（x_6）。

（2）数据的整理。根据中国上市公司的资料，某年底水泥行业上市公司有 14 家，依据上市公司披露的财务信息，按照前述指标要求，收集该年中期的各项经营指标数据如表 7-1 所示。

表 7-1 原始经营指标数据表 单位：%

证券简称	x_1	x_2	x_3	x_4	x_5	x_6
冀东水泥	33.80	34.75	0.67	59.77	15.49	16.35
大同水泥	27.54	28.04	2.36	35.29	−20.96	−46.45
四川双马	22.86	23.47	0.61	42.83	5.48	−49.22
牡 丹 江	19.05	19.95	1.00	48.51	−12.32	−65.99
西水股份	20.84	21.17	1.08	48.45	65.09	54.81
狮头股份	28.14	28.84	2.51	24.52	−6.43	−15.94
太行股份	30.45	31.13	1.02	46.14	6.57	−16.59
海螺水泥	36.29	36.96	0.27	58.31	70.85	117.59
尖峰集团	16.94	17.26	0.61	52.04	9.03	−94.05
四川金顶	28.74	29.4	0.6	65.46	−33.97	−55.02
祁 连 山	33.31	34.3	1.17	45.8	12.18	39.46
华新水泥	25.08	26.12	0.64	69.35	22.38	−10.2
福建水泥	34.51	35.44	0.38	61.61	23.91	−163.99
天鹅股份	25.52	26.73	1.1	47.02	−4.51	−68.79

数据来源：中国上市公司资讯网。

（3）相关分析。在评价指标体系中，观测数据很多，因此指标之间不可避免地存在多重共线性问题。因此有必要先计算观测数据的相关矩阵（以下计算均采用 Python），各财务指标的相关矩阵如下：

In
```
#输出初始化设置
import pandas as pd                          #加载数据分析包
pd.set_option('display.precision',4)         #设置数据框输出精度
pd.set_option('display.max_rows',14)         #显示数据框最大行数
from pandas import DataFrame as DF           #为方便显示，这里设置数据框别名为 DF
```

In
```
d71=pd.read_excel('mvsData.xlsx','d71',index_col=0)
d71
```

Out	<table><tr><td></td><td>x1</td><td>x2</td><td>x3</td><td>x4</td><td>x5</td><td>x6</td></tr><tr><td>上市公司</td><td></td><td></td><td></td><td></td><td></td><td></td></tr><tr><td>冀东水泥</td><td>33.80</td><td>34.75</td><td>0.67</td><td>59.77</td><td>15.49</td><td>16.35</td></tr><tr><td>大同水泥</td><td>27.54</td><td>28.04</td><td>2.36</td><td>35.29</td><td>−20.96</td><td>−46.45</td></tr><tr><td>四川双马</td><td>22.86</td><td>23.47</td><td>0.61</td><td>42.83</td><td>5.48</td><td>−49.22</td></tr><tr><td>牡丹江</td><td>19.05</td><td>19.95</td><td>1.00</td><td>48.51</td><td>−12.32</td><td>−65.99</td></tr><tr><td>西水股份</td><td>20.84</td><td>21.17</td><td>1.08</td><td>48.45</td><td>65.09</td><td>54.81</td></tr><tr><td>狮头股份</td><td>28.14</td><td>28.84</td><td>2.51</td><td>24.52</td><td>−6.43</td><td>−15.94</td></tr><tr><td>太行股份</td><td>30.45</td><td>31.13</td><td>1.02</td><td>46.14</td><td>6.57</td><td>−16.59</td></tr><tr><td>海螺水泥</td><td>36.29</td><td>36.96</td><td>0.27</td><td>58.31</td><td>70.85</td><td>117.59</td></tr><tr><td>尖峰集团</td><td>16.94</td><td>17.26</td><td>0.61</td><td>52.04</td><td>9.03</td><td>−94.05</td></tr><tr><td>四川金顶</td><td>28.74</td><td>29.40</td><td>0.60</td><td>65.46</td><td>−33.97</td><td>−55.02</td></tr><tr><td>祁连山</td><td>33.31</td><td>34.30</td><td>1.17</td><td>45.80</td><td>12.18</td><td>39.46</td></tr><tr><td>华新水泥</td><td>25.08</td><td>26.12</td><td>0.64</td><td>69.35</td><td>22.38</td><td>−10.20</td></tr><tr><td>福建水泥</td><td>34.51</td><td>35.44</td><td>0.38</td><td>61.61</td><td>23.91</td><td>−163.99</td></tr><tr><td>天鹅股份</td><td>25.52</td><td>26.73</td><td>1.10</td><td>47.02</td><td>−4.51</td><td>−68.79</td></tr></table>
In	d71.corr() # 计算相关矩阵
Out	<table><tr><td></td><td>x1</td><td>x2</td><td>x3</td><td>x4</td><td>x5</td><td>x6</td></tr><tr><td>x1</td><td>1.0000</td><td>0.9992</td><td>−0.0997</td><td>0.1885</td><td>0.2010</td><td>0.2978</td></tr><tr><td>x2</td><td>0.9992</td><td>1.0000</td><td>−0.1042</td><td>0.1967</td><td>0.1904</td><td>0.2875</td></tr><tr><td>x3</td><td>−0.0997</td><td>−0.1042</td><td>1.0000</td><td>−0.8372</td><td>−0.4088</td><td>0.0152</td></tr><tr><td>x4</td><td>0.1885</td><td>0.1967</td><td>−0.8372</td><td>1.0000</td><td>0.2585</td><td>−0.0293</td></tr><tr><td>x5</td><td>0.2010</td><td>0.1904</td><td>−0.4088</td><td>0.2585</td><td>1.0000</td><td>0.5803</td></tr><tr><td>x6</td><td>0.2978</td><td>0.2875</td><td>0.0152</td><td>−0.0293</td><td>0.5803</td><td>1.0000</td></tr></table>

从上面的相关矩阵可以看出，主营业务利润率 x_1 与销售毛利率 x_2 呈高度正相关，速动比率 x_3 与资产负债率 x_4 呈较强的负相关。主营业务收入增长率 x_5 和营业利润增长率 x_6 呈中度相关关系。为了消除各财务指标之间的相关性，采用因子分析方法并提取因子。

7.2 因子载荷及解释

7.2.1 主因子法

要建立实际问题的因子模型，关键是要根据样本数据估计因子的载荷矩阵，其中使用最为普遍的方法是主因子法（也称主成分法）。

设随机向量 $\boldsymbol{X}$ 的协方差阵为 $\boldsymbol{\Sigma}$，$\lambda_1 \geqslant \lambda_2 \geqslant \cdots \geqslant \lambda_p > 0$ 为 $\boldsymbol{\Sigma}$ 的特征根，$\boldsymbol{u}_1, \boldsymbol{u}_2, \cdots, \boldsymbol{u}_p$ 为对应的标准正交化特征向量，$\boldsymbol{\Sigma}$ 的谱分解为

$$\boldsymbol{\Sigma} = \sum_{i=1}^{p} \lambda_i \boldsymbol{u}_i \boldsymbol{u}_i' = (\sqrt{\lambda_1}\boldsymbol{u}_1, \sqrt{\lambda_2}\boldsymbol{u}_2, \cdots, \sqrt{\lambda_p}\boldsymbol{u}_p)\begin{bmatrix} \sqrt{\lambda_1}\boldsymbol{u}_1' \\ \sqrt{\lambda_2}\boldsymbol{u}_2' \\ \vdots \\ \sqrt{\lambda_p}\boldsymbol{u}_p' \end{bmatrix} \tag{7-3}$$

上面的分解式是当因子个数与变量个数一样多，特殊因子方差为 0 时，因子模型中协方差阵的结构。

此时因子模型为：$\boldsymbol{X}=\boldsymbol{AF}$，其中 $\boldsymbol{F}$ 的方差 $Var(\boldsymbol{F})=\boldsymbol{I}_p$，于是 $Var(\boldsymbol{X})=Var(\boldsymbol{AF})=\boldsymbol{A}Var(\boldsymbol{F})\boldsymbol{A}'=\boldsymbol{AA}'$，即 $\boldsymbol{\Sigma}=\boldsymbol{AA}'$，对照 $\boldsymbol{\Sigma}$ 的分解式，则因子载荷阵 $\boldsymbol{A}$ 的第 j 列应该是 $\sqrt{\lambda_j}\boldsymbol{u}_j$，也就是说除常数 $\sqrt{\lambda_j}$ 外，第 j 列因子载荷恰好是第 j 个主成分的系数，故称该估计方法为主成分法。

上边给出的是 $\boldsymbol{\Sigma}$ 的精确表达式，但实际中总是希望公共因子数 m 小于变量个数 p，当最后 $p-m$ 个特征根较小时，可省略，即：

$$\boldsymbol{\Sigma} \approx (\sqrt{\lambda_1}\boldsymbol{u}_1, \sqrt{\lambda_2}\boldsymbol{u}_2, \cdots, \sqrt{\lambda_m}\boldsymbol{u}_m)\begin{bmatrix} \sqrt{\lambda_1}\boldsymbol{u}_1' \\ \sqrt{\lambda_2}\boldsymbol{u}_2' \\ \vdots \\ \sqrt{\lambda_m}\boldsymbol{u}_m' \end{bmatrix} = \boldsymbol{AA}' \tag{7-4}$$

如果需要考虑特殊因子的作用，此时协方差阵可分解为：

$$\boldsymbol{\Sigma} = \boldsymbol{AA}' + \boldsymbol{D} = (\sqrt{\lambda_1}\boldsymbol{u}_1, \sqrt{\lambda_2}\boldsymbol{u}_2, \cdots, \sqrt{\lambda_p}\boldsymbol{u}_p)\begin{bmatrix} \sqrt{\lambda_1}\boldsymbol{u}_1' \\ \sqrt{\lambda_2}\boldsymbol{u}_2' \\ \vdots \\ \sqrt{\lambda_p}\boldsymbol{u}_p' \end{bmatrix} + \begin{bmatrix} \sigma_1^2 & & 0 \\ & \sigma_2^2 & \\ & & \ddots & \\ 0 & & & \sigma_p^2 \end{bmatrix} \tag{7-5}$$

通常 $\boldsymbol{D}$ 是未知的，需事先估计。

当 $\boldsymbol{\Sigma}$ 未知时，可用样本协方差阵去代替，如果数据已经标准化，则此时协方差阵相当于相关阵（相差一个常数），仍可作上面类似的表示，所以因子分析通常用标准化数据。

于是可得前 m 个因子载荷阵的估计 $\boldsymbol{A}=(a_{ij})$，即：

$$\boldsymbol{A}=(\boldsymbol{a}_1, \boldsymbol{a}_2, \cdots, \boldsymbol{a}_m)=(\sqrt{\lambda_1}\boldsymbol{u}_1, \sqrt{\lambda_2}\boldsymbol{u}_2, \cdots, \sqrt{\lambda_m}\boldsymbol{u}_m) \tag{7-6}$$

实际上，在主成分分析中，我们知道主成分负荷 $a_{ij}=\sqrt{\lambda_j}u_{ij}/\sqrt{\sigma_{ii}}$，当 $\boldsymbol{X}$ 是标准化的数据时，就有 $\sigma_{ii}=1$，于是 $a_{ij}=\sqrt{\lambda_j}u_{ij}$，跟因子载荷完全一样。

从上面的分析可知：① 主成分分析的数学模型实质上是一种变换，而因子分析模型是描述原变量 $\boldsymbol{X}$ 协方差阵 $\boldsymbol{\Sigma}$ 结构的一种模型。② 主成分分析中每个主成分相应的系数 a_{ij} 是唯一确定的，而在因子分析中每个因子的相应系数不是唯一的，与因子个数的选取及特殊因子的取值有关。

下面是 factor_analyzer 包中的 FactorAnalyzer 函数用法。

```
FactorAnalyzer(n_factors=3, rotation='varimax', method='minres', ...)

输入：n_factors 为因子个数，默认为 3。
    method 为计算方法，包括极大似然法 ml，主因子法 principal，默认为 minres。
    rotation 为因子旋转方法，默认为最大方差法 varimax。
输出：loadings_ 为因子载荷矩阵。
    get_factor_variance 为因子方差。
    get_uniquenesses 为共同度。
    fit(X) 为拟合因子分析模型。
    transform(X) 为因子得分。
```

要使用该函数，需事先在本地安装 factor_analyzer 包。

In
```
#!pip install factor_analyzer
```

下面用主因子法对例 7.1 数据进行因子分析。在因子分析函数 FactorAnalyzer 中，将 method 参数设置为 principal 即可。

In
```
def Factors(fa):  #定义因子名称
    return ['F'+str(i) for i in range(1,fa.n_factors+1)]
```

In
```
from factor_analyzer import FactorAnalyzer as FA
Fp=FA(n_factors=6,method='principal',rotation=None).fit(d71.values)
#拟合 6 个主因子，因子不旋转，即 votation=None
DF(Fp.loadings_,d71.columns,Factors(Fp)) #显示因子载荷
```

Out

	F1	F2	F3	F4	F5	F6
x1	0.7829	0.5029	-0.3624	-0.0492	-0.0114	-1.8401e-02
x2	0.7811	0.4964	-0.3756	-0.0439	-0.0097	1.8379e-02
x3	-0.5786	0.7685	0.0802	0.0240	0.2601	-7.0765e-06
x4	0.5951	-0.6990	-0.2415	0.2202	0.2246	-2.0567e-04
x5	0.6317	-0.1457	0.6557	-0.3748	0.0965	2.1143e-04
x6	0.5084	0.3367	0.6943	0.3784	-0.0542	6.7449e-05

In
```
Fp1=FA(n_factors=3,method='principal',rotation=None).fit(d71.values) #取前 3 个主因子
Fp1_load=DF(Fp1.loadings_,d71.columns,Factors(Fp1))  #定义因子载荷阵
Fp1_load
```

Out

	F1	F2	F3
x1	0.7829	0.5029	-0.3624

Out	x2	0.7811	0.4964	−0.3756
	x3	−0.5786	0.7685	0.0802
	x4	0.5951	−0.6990	−0.2415
	x5	0.6317	−0.1457	0.6557
	x6	0.5084	0.3367	0.6943

7.2.2 极大似然估计法

如果假定公共因子 $\boldsymbol{F}$ 和特殊因子 $\boldsymbol{\varepsilon}$ 服从正态分布,则可以得到因子载荷的极大似然估计。设 $x_1, x_2, \cdots, x_n$ 为来自正态总体 $N_p(\boldsymbol{\mu}, \boldsymbol{\Sigma})$ 的随机样本,其中 $\boldsymbol{\Sigma}=\boldsymbol{AA}'+\boldsymbol{D}$。

则 $x_1, x_2, \cdots, x_n$ 的似然函数为

$$l(\boldsymbol{\mu}, \boldsymbol{\Sigma}) = (2\pi)^{-np/2} |\boldsymbol{\Sigma}|^{-n/2} e^{-1/2 \operatorname{tr} \left[\sum_{j=1}^{n} (x_j-\bar{x})(x_j-\bar{x})' + n(\bar{x}-\mu)(\bar{x}-\mu)' \right]} \tag{7-7}$$

它通过 $\boldsymbol{\Sigma}$ 依赖于 $\boldsymbol{A}$ 和 $\boldsymbol{D}$,但上面的似然函数并不能唯一确定 $\boldsymbol{A}$,为此,需添加如下条件:$\boldsymbol{A}'\boldsymbol{D}^{-1}\boldsymbol{A}=\boldsymbol{\Lambda}$,其中 $\boldsymbol{\Lambda}$ 是一个对角阵。

通过用数值极大化的方法可以得到 $\boldsymbol{A}$ 和 $\boldsymbol{D}$ 的极大似然估计 $\hat{\boldsymbol{A}}$、$\hat{\boldsymbol{D}}$,现在已有许多现成的计算机程序得到这些估计。

下面使用 FactorAnalyzer 函数对例 7.1 数据进行基于极大似然估计法的因子分析,可将 method 参数设置为 ml。

In:

```
Fm=FA(n_factors=6,method='ml',rotation=None).fit(d71.values) # 取前 6 个主因子
DF(Fm.loadings_,d71.columns,Factors(Fm))
```

Out:

	F1	F2	F3	F4	F5	F6
x1	0.9985	−0.0053	0.0048	0.0	0.0	0.0
x2	0.9985	−0.0007	−0.0074	0.0	0.0	0.0
x3	−0.1048	−0.8964	0.0274	0.0	0.0	0.0
x4	0.1952	0.8506	−0.1526	0.0	0.0	0.0
x5	0.1981	0.4065	0.6516	0.0	0.0	0.0
x6	0.2939	0.0032	0.6771	0.0	0.0	0.0

In:

```
Fm1=factanal(method='ml',n_factors=3,rotation=None).fit(d71.values)
Fm1_load=DF(Fm1.loadings_,d71.columns,Factors(Fm1))
Fm1_load
```

Out:

	F1	F2	F3
x1	0.9498	−0.3067	−0.0324
x2	0.9482	−0.3096	−0.0465

Out				
	x3	−0.3400	−0.7822	0.5172
	x4	0.3632	0.5612	−0.5310
	x5	0.4542	0.6927	0.5558
	x6	0.3833	0.1632	0.5274

注意，上例基于极大似然方法来求解，理论上，对数据的分布要求较高，通常要假定数据来自多元正态分布。实际中大多数据都很难满足多元正态要求，所以在经济管理分析中通常采用主因子估计法求解。

7.2.3 因子载荷的意义

因子分析模型中$\boldsymbol{F}_1, \boldsymbol{F}_2, \cdots, \boldsymbol{F}_m$叫作主因子或公共因子，它们是在各个原观测变量的表达式中都共同出现的因子，是相互独立的不可观测的理论变量。公共因子的含义，必须结合具体问题的实际意义而定。$\varepsilon_1, \varepsilon_2, \cdots, \varepsilon_p$叫作特殊因子，是向量$\boldsymbol{x}$的分量$x_i$($i$=1，2，…，$p$)所特有的因子，各特殊因子之间以及特殊因子与所有公共因子之间都是相互独立的。

1. 因子载荷的含义

模型中载荷矩阵$\boldsymbol{A}$中的元素(a_{ij})为因子载荷。因子载荷a_{ij}是$\boldsymbol{x}_i$与$\boldsymbol{F}_j$的协方差，也是$\boldsymbol{x}_i$与$\boldsymbol{F}_j$的相关系数，它表示$\boldsymbol{x}_i$依赖$\boldsymbol{F}_j$的程度。可将a_{ij}看作第i个变量在第j个公共因子上的权数，a_{ij}的绝对值越大($|a_{ij}| \leqslant 1$)，表明$\boldsymbol{x}_i$与$\boldsymbol{F}_j$的相依程度越大，或称公共因子$\boldsymbol{F}_j$对于$\boldsymbol{x}_i$的载荷量越大。其关系证明如下：

$$
\begin{aligned}
Cov(\boldsymbol{x}_i, \boldsymbol{F}_j) &= Cov\left[\sum_{k=1}^{m} a_{ik}\boldsymbol{F}_k + \varepsilon_i, \boldsymbol{F}_j\right] \\
&= Cov\left[\sum_{k=1}^{m} a_{ik}\boldsymbol{F}_k, \boldsymbol{F}_j\right] + Cov(\varepsilon_i, \boldsymbol{F}_j) \\
&= a_{ij}
\end{aligned}
$$

如果对x_i作了标准化处理，x_i的标准差为1，且F_j的标准差为1，于是

$$
Corr(\boldsymbol{x}_i, \boldsymbol{F}_j) = \frac{Cov(\boldsymbol{x}_i, \boldsymbol{F}_j)}{\sqrt{Var(\boldsymbol{x}_i)Var(\boldsymbol{F}_j)}} = Cov(\boldsymbol{x}_i, \boldsymbol{F}_j) = a_{ij}
$$

为了得到因子分析结果的经济解释，因子载荷矩阵$\boldsymbol{A}$中有两个统计量十分重要，即公共因子的方差贡献和变量的共同度。

2. 方差贡献率

记因子载荷矩阵$\boldsymbol{A}$的第j列的各元素平方和为g_j^2，称为公因子$\boldsymbol{F}_j$对$\boldsymbol{x}$的方差贡献。

$$\begin{cases} g_1^2 = a_{11}^2 + a_{21}^2 + \cdots + a_{p1}^2 \\ g_2^2 = a_{12}^2 + a_{22}^2 + \cdots + a_{p2}^2 \\ \cdots\cdots\cdots\cdots \\ g_m^2 = a_{1m}^2 + a_{2m}^2 + \cdots + a_{pm}^2 \end{cases} \tag{7-8}$$

g_j^2 就表示第 j 个公共因子 $\boldsymbol{F}_j$ 对于 $\boldsymbol{x}$ 的每一分量 $x_i(i=1,2,\cdots,p)$ 所提供方差的总和，它是衡量公共因子相对重要性的指标。g_j^2 越大，表明公共因子 $\boldsymbol{F}_j$ 对 $\boldsymbol{x}$ 的贡献越大，或者说对 $\boldsymbol{x}$ 的影响和作用就越大。如果将因子载荷矩阵 $\boldsymbol{A}$ 的所有 $g_j^2(j=1,2,\cdots,m)$ 都计算出来，使其按照大小排序，就可以依此提炼出最有影响力的公共因子。

下面分别用主因子法和极大似然法对例 7.1 数据分析因子的方差贡献。

In
```
Vars=['方差','贡献率','累积贡献率']
Fp1_Vars=DF(Fp1.get_factor_variance(),Vars,Factors(Fp1))
Fp1_Vars    # 主因子法方差贡献
```

Out

	F1	F2	F3
方差	2.5696	1.7130	1.2491
贡献率	0.4283	0.2855	0.2082
累积贡献率	0.4283	0.7138	0.9219

In
```
Fm1_Vars=DF(Fm1.get_factor_variance(),Vars,Factors(Fm1))
Fm1_Vars # 极大似然法方差贡献
```

Out

	F1	F2	F3
方差	2.4019	1.6232	1.1397
贡献率	0.4003	0.2705	0.1900
累积贡献率	0.4003	0.6708	0.8608

由主因子法结果可以看出，主因子法计算的前三个因子的方差贡献分别为 2.569 6、1.713 0、1.249 1，前三个因子所解释的方差占整个方差的 92.19% 以上，基本上能全面地反映 6 项财务指标的信息。所以我们提取前三个因子作为公因子。

从计算结果可以看出，主因子法要比极大似然法提取效果好些。这是因为极大似然法要求数据来自多元正态分布，这一点一般是很难满足的。

3. 因子共同度

由因子分析模型，当仅有一个公因子 $\boldsymbol{F}$ 时，$\boldsymbol{x}_i$ 的方差也可分解为两部分：

$$Var(\boldsymbol{x}_i) = Var(a_i\boldsymbol{F}) + Var(\varepsilon_i)$$

由于数据已标准化，所以上式左端等于 1；右端两项分别记为共性方差和个性方差

$$h_i^2 = Var(a_i\boldsymbol{F}) = a_i^2\ Var(\boldsymbol{F}) = a_i^2$$

$$\sigma_i^2 = Var(\varepsilon_i)$$

从而有$h_i^2+\sigma_i^2=1$。共性方差越大,说明共性因子的作用越大。选择模型后,接下去关心的是共性因子 $\boldsymbol{F}$ 的实际含义,这可以通过各变量在共性因子上载荷的符号与绝对值的大小来描述。

载荷矩阵 $\boldsymbol{A}$ 中第 i 行元素的平方和记为 h_i^2,称为变量 x_i 的共同度。

$$\begin{cases} h_1^2=a_{11}^2+a_{12}^2+\cdots+a_{1m}^2 \\ h_2^2=a_{21}^2+a_{22}^2+\cdots+a_{2m}^2 \\ \cdots\cdots\cdots\cdots \\ h_p^2=a_{p1}^2+a_{p2}^2+\cdots+a_{pm}^2 \end{cases} \tag{7-9}$$

它是全部公共因子对 x_i 的方差所做出的贡献,反映了全部公共因子对变量 x_i 的影响。h_i^2 越大,表明 $\boldsymbol{x}$ 的第 i 个分量 x_i 对于 $\boldsymbol{F}$ 的每一分量 $\boldsymbol{F}_1,\boldsymbol{F}_2,\cdots,\boldsymbol{F}_m$ 的共同依赖程度越大。

下面分别用主因子法和极大似然法对例 7.1 数据分析因子的共同度。

In
```
# 主因子法共同度,uniquenesses(不一致性)
Fp1_load['共同度']=1-Fp1.get_uniquenesses()
print(Fp1_load)
```

Out

	F1	F2	F3	共同度
x1	0.7829	0.5029	-0.3624	0.9971
x2	0.7811	0.4964	-0.3756	0.9976
x3	-0.5786	0.7685	0.0802	0.9318
x4	0.5951	-0.6990	-0.2415	0.9011
x5	0.6317	-0.1457	0.6557	0.8502
x6	0.5084	0.3367	0.6943	0.8539

In
```
# 极大似然法共同度,uniquenesses(不一致性)
Fm1_load['共同度']=1-Fm1.get_uniquenesses()
print(Fm1_load)
```

Out

	F1	F2	F3	共同度
x1	0.9498	-0.3067	-0.0324	0.9972
x2	0.9482	-0.3096	-0.0465	0.9971
x3	-0.3400	-0.7822	0.5172	0.9950
x4	0.3632	0.5612	-0.5310	0.7288
x5	0.4542	0.6927	0.5558	0.9950
x6	0.3833	0.1632	0.5274	0.4517

从上面的结果可以看出,主因子法计算共同度要比极大似然法好些。

7.3 因子旋转

建立因子分析模型的目的不仅是找出主因子,更重要的是知道每个主因子的意义,以便对实际问题进行分析。如果求出主因子后,各个主因子的典型代表变量不很突出,还需要进行因子旋转,通过适当的旋转得到比较满意的主因子。

7.3.1 因子旋转方法

因子旋转的方法有很多,正交旋转(orthogonal rotation)和斜交旋转(oblique rotation)是因子旋转的两类方法。

1. 正交旋转

最常用的方法是最大方差正交旋转法(varimax)。进行因子旋转,就是要使因子载荷矩阵中因子载荷的绝对值向 0 和 1 两个方向分化,使大的载荷更大,小的载荷更小。因子旋转过程中,如果因子对应轴相互正交,则称为正交旋转。

若因子分析模型为 $\boldsymbol{X}=\boldsymbol{AF}+\boldsymbol{\varepsilon}$,设 $\boldsymbol{\Gamma}=(\gamma_{ij})$ 为一正交矩阵,作正交变换 $\boldsymbol{B}=\boldsymbol{A\Gamma}$,可以证明,$h_i^2(\boldsymbol{B})=h_i^2(\boldsymbol{A})$,$g_j^2(\boldsymbol{B})=\sum_{k=1}^{m}\gamma_{kj}g_k^2(\boldsymbol{A})$,其中 $\boldsymbol{B}=(b_{ij})$。

这表明经过正交旋转后,共同度 h_i^2 并不改变,但公共因子的方差贡献 g_j^2 不再与原来相同。这样我们就可以对因子进行合理的解释了。

对已知的因子载荷矩阵进行正交变换的目的,是使各因子上的载荷都两极分化,也就是要使各个因子上的载荷之间方差极大化。由于各个变量 x_i 在某一因子上的载荷 b_{ij} 的平方是该因子对该变量的共性方差 h_i^2 的贡献,而各变量的共性方差 h_i^2 一般又互不相同,若某个变量 x_i 的共性方差 h_i^2 较大,则分配在各个因子上的载荷就大些;反之,则小些。因此,为了消除各个变量的共性方差大小的影响,计算某一因子上的载荷的方差时,可先将各个载荷的平方除以共性方差,即类似于将其标准化,然后再计算标准化后的载荷的方差,记为 $c_{ij}=b_{ij}^2/h_i^2$。选择除以 h_i^2 是为了消除各个原始变量 $\boldsymbol{x}_i$ 对公共因子依赖程度不同的影响,而且这样的选择还不影响因子的共同度。取平方目的是消除 b_{ij} 符号不同的影响。

对于某一因子 j,可定义其上的载荷之间的方差为

$$V_j=\frac{1}{p}\sum_{i=1}^{p}(c_{ij}-\bar{c}_j)^2=\frac{1}{p}\sum_{i=1}^{p}\left(\frac{b_{ij}^2}{h_i^2}-\frac{1}{p}\sum_{i=1}^{p}\frac{b_{ij}^2}{h_i^2}\right)^2$$

全部公共因子各自载荷之间的总方差为

$$V=\sum_{j=1}^{m}V_j$$

现在就是要寻找一个正交矩阵$\boldsymbol{\Gamma}$,经过对已知的载荷矩阵 $\boldsymbol{A}$ 的正交变换后,新的因子载荷矩阵$\boldsymbol{B}=\boldsymbol{A\Gamma}$中的元素能使 V 取极大值。

2. 斜交旋转

如果因子对应轴相互间不是正交的,则称为斜交旋转。常用的斜交旋转方法有 Promax 法等。

7.3.2 如何进行旋转

下面以方差最大正交旋转为例进行介绍。

先考虑两个因子的平面正交旋转,设因子载荷矩阵为:

$$\boldsymbol{A}=\begin{bmatrix} a_{11} & a_{12} \\ \vdots & \vdots \\ a_{p1} & a_{p2} \end{bmatrix},\ \boldsymbol{\Gamma}=\begin{bmatrix} \cos\theta & -\sin\theta \\ \sin\theta & \cos\theta \end{bmatrix}$$

$\boldsymbol{\Gamma}$ 是一个正交阵。

$$\boldsymbol{B}=\boldsymbol{A\Gamma}=\begin{bmatrix} a_{11}\cos\theta+a_{12}\sin\theta & -a_{11}\sin\theta+a_{12}\cos\theta \\ \vdots & \vdots \\ a_{p1}\cos\theta+a_{p2}\sin\theta & -a_{p1}\sin\theta+a_{p2}\cos\theta \end{bmatrix}=\begin{bmatrix} b_{11} & b_{12} \\ \vdots & \vdots \\ b_{p1} & b_{p2} \end{bmatrix}$$

先要求总方差 V 达到最大,根据求极值的原理,令 $\dfrac{\mathrm{d}V}{\mathrm{d}\theta}=0$,经计算,其旋转角度 θ 可按下面公式求得:

$$\mathrm{tg}\,4\theta=\frac{D-2AB/p}{C-(A^2-B^2)/p} \tag{7-10}$$

式中:$A=\sum_{i=1}^{p}u_i$, $B=\sum_{i=1}^{p}v_i$, $C=\sum_{i=1}^{p}(u_i^2-v_i^2)$, $D=2\sum_{i=1}^{p}u_iv_i$。

$$u_i=\left(\frac{a_{i1}}{h_i}\right)^2-\left(\frac{a_{i2}}{h_i}\right)^2,v_i=2\frac{a_{i1}a_{i2}}{h_i^2}$$

关于 θ 的取值范围和公式的详细证明可参见相关文献。当 $m>2$ 时,可逐次对每两个因子进行上述旋转。

【例 7.2】(续例 7.1)对例 7.1 的数据进行因子旋转,以比较旋转前后两方法的差别。

从例 7.1 中的因子载荷矩阵可知,各因子的实际意义并不明显,所以有必要对因子进行旋转,以获得更为有意义的解释。下面是采用主因子法的方差最大正交旋转(varimax)法所得的因子贡献。

In

```
Fp2=FA(3,method='principal',rotation='varimax').fit(d71.values) #varimax 旋转
Fp2_Vars=DF(Fp2.get_factor_variance(),Vars,Factors(Fp2))
Fp2_Vars
```

Out	<pre> F1 F2 F3
	    方差 2.0138 1.9382 1.5796
	  贡献率 0.3356 0.3230 0.2633
	累积贡献率 0.3356 0.6587 0.9219</pre>

In	Fp2_load=DF(Fp2.loadings_,d71.columns,Factors(Fp2)) Fp2_load['共同度']=1-Fp2.get_uniquenesses() print(Fp2_load) # 旋转后因子载荷及共同度
Out	<pre> F1 F2 F3 共同度 x1 0.9867 0.0722 0.1353 0.9971 x2 0.9881 0.0791 0.1223 0.9976 x3 -0.0095 -0.9568 -0.1270 0.9318 x4 0.1353 0.9395 0.0045 0.9011 x5 0.0441 0.3294 0.8601 0.8502 x6 0.2085 -0.1412 0.8891 0.8539</pre>

由 Fp1_load 和 Fp2_load 的因子载荷对比表可以看出,旋转前各综合因子代表的具体经济意义不很明显,而旋转后各因子代表的经济意义则十分明显。因子 F_1 在主营业务利润率 x_1 上的载荷值达到 0.986 7,在销售毛利率 x_2 上的载荷达到 0.988 1。因此,因子 F_1 代表企业的盈利能力,反映企业投资收益的情况,是资金周转营运能力的结果,也是资金流动偿债能力的基础。因子 F_2 在速动比率 x_3 和资产负债率 x_4 上的载荷值分别是 -0.956 8 和 0.939 5,即因子 F_2 代表了企业的偿债能力。类似地,因子 F_3 在主营业务收入增长率 x_5 和营业利润增长率 x_6 的载荷值分别是 0.860 1 和 0.889 1,所以因子 F_3 代表了企业的发展能力,是反映企业持续经营发展能力的指标。

7.4 因子得分

7.4.1 因子得分的计算

因子分析模型建立后,还有一个重要的作用是应用因子分析模型去评价每个样品在整个模型中的地位,即进行综合评价。例如,地区经济发展的因子分析模型建立后,我们希望知道每个地区经济发展的情况,把区域经济划分归类,了解哪些地区发展较快、哪些中等、哪些较慢等。这时需要将公共因子用变量的线性组合来表示,即由地区经济的各项指标值来估计它的因子得分。

设公共因子 $\boldsymbol{F}$ 由变量 $\boldsymbol{x}$ 表示的线性组合为：

$$\boldsymbol{F}_j = b_{j1}\boldsymbol{x}_1+b_{j2}\boldsymbol{x}_2+\cdots+b_{jp}\boldsymbol{x}_p \quad j=1,2,\cdots,m$$

该式称为因子得分函数，由它来计算每个样品的公共因子得分。若取 $m=2$，则将每个样品的 p 个变量代入上式即可算出每个样品的因子得分 $\boldsymbol{F}_1$ 和 $\boldsymbol{F}_2$，并将其在平面上作因子得分散点图，进而对样品进行分类或对原始数据进行更深入的研究。

由于因子得分函数中方程的个数 m 小于变量的个数 p，所以并不能精确计算出因子得分，只能对因子得分进行估计。估计因子得分的方法较多，常用的有回归估计法和巴特雷（Bartlett）估计法。

1. 回归因子得分

假定因子分析模型 $\boldsymbol{X}=\boldsymbol{AF}+\boldsymbol{\varepsilon}$ 是一个回归模型，于是利用最小二乘法，我们可以估计出因子得分值：

$$\boldsymbol{F}=(\boldsymbol{A}'\boldsymbol{A})^{-1}\boldsymbol{A}'\boldsymbol{X} \tag{7-11}$$

2. 巴特雷因子得分

巴特雷因子得分可由最小二乘法或极大似然法导出，下面给出最小二乘法求解巴特雷因子得分。

在上面的回归估计中，假定因子分析模型 $\boldsymbol{X}=\boldsymbol{AF}+\boldsymbol{\varepsilon}$ 是一个回归模型，而经典回归分析模型要求 $\boldsymbol{\varepsilon}$ 的方差相同，当 $\boldsymbol{\varepsilon}$ 的方差不相同时，需将异方差的 $\boldsymbol{\varepsilon}$ 化为同方差。将上述模型进行变换：

$$\boldsymbol{\Omega}^{-1/2}\boldsymbol{X}=\boldsymbol{\Omega}^{-1/2}\boldsymbol{AF}+\boldsymbol{\Omega}^{-1/2}\boldsymbol{\varepsilon}$$

变成同方差回归模型，这里 $\boldsymbol{\Omega}=\mathrm{diag}(\sigma_1^2,\sigma_2^2,\cdots,\sigma_p^2)$，利用最小二乘法，可求得因子得分的估计值：

$$\begin{aligned}\boldsymbol{F}&=[(\boldsymbol{\Omega}^{-1/2}\boldsymbol{A})'\boldsymbol{\Omega}^{-1/2}\boldsymbol{A}]^{-1}(\boldsymbol{\Omega}^{-1/2}\boldsymbol{A})'\boldsymbol{\Omega}^{-1/2}\boldsymbol{X}\\ \boldsymbol{F}&=(\boldsymbol{A}'\boldsymbol{\Omega}^{-1}\boldsymbol{A})^{-1}\boldsymbol{A}'\boldsymbol{\Omega}^{-1}\boldsymbol{X}\end{aligned} \tag{7-12}$$

显然，该方法在实际中的用处不大，因为通常 $\boldsymbol{\Omega}$ 是不知道的，但当 $\boldsymbol{\Omega}=\boldsymbol{I}$ 时，等同于式（7-11）。

【例 7.3】（续例 7.1）对例 7.1 的数据应用回归法计算因子得分。

在了解了各个综合因子的具体含义后，下面采用主因子法并使用回归估计法计算因子得分。

In	Fp1_scores=DF(Fp1.transform(d71.values),d71.index,Factors(Fp1)) Fp1_scores #旋转前因子得分
Out	F1 F2 F3 上市公司 冀东水泥 1.1499 0.2001 -0.4175 大同水泥 -1.1124 1.5191 -0.3882

Out	四川双马 -0.6079 -0.5173 0.2511 牡丹江 -1.2188 -0.8073 0.0932 西水股份 -0.0546 -0.4781 2.4036 狮头股份 -1.0897 2.1186 0.2612 太行股份 0.2159 0.5065 -0.2431 海螺水泥 2.2908 0.3375 1.2073 尖峰集团 -1.1575 -1.5902 0.4049 四川金顶 0.1008 -0.6289 -1.5119 祁连山 0.6859 1.0719 0.0433 华新水泥 0.4292 -1.1242 0.2055 福建水泥 0.9012 -0.5526 -1.8898 天鹅股份 -0.5328 -0.0552 -0.4195
In	Fp2_scores=DF(Fp2.transform(d71.values),d71.index,Factors(Fp2)) Fp2_scores # 旋转后因子得分
Out	F1 F2 F3 上市公司 冀东水泥 1.0970 0.5277 0.2340 大同水泥 0.2604 -1.7691 -0.7061 四川双马 -0.8221 0.0544 -0.1461 牡丹江 -1.3277 -0.0012 -0.6188 西水股份 -1.4347 -0.0997 1.9851 狮头股份 0.3019 -2.3767 -0.0652 太行股份 0.5433 -0.2556 -0.0425 海螺水泥 1.1909 0.7074 2.2137 尖峰集团 -1.8661 0.6165 -0.4126 四川金顶 0.4332 0.8644 -1.3254 祁连山 1.0441 -0.5269 0.5035 华新水泥 -0.4247 1.1153 0.2569 福建水泥 1.2030 1.3005 -1.2451 天鹅股份 -0.1987 -0.1569 -0.6315

从旋转后的因子得分看，在盈利能力因子 F_1 上得分最高的四个公司依次是福建水泥、海螺水泥、冀东水泥和祁连山，这四家公司的得分远高于其他公司，这说明就盈利能力而言，这四家公司的盈利水平远好于其他公司，而盈利能力相对较弱的公司是尖峰集团、西水股份、牡丹江。福建水泥、华新水泥、四川金顶三家公司在因子 F_2 上的得分较高，说明在水泥行业中，这三家的偿债能力是较好的，而狮头股份和大同水泥这两家公司在因子 F_2

上的得分较低，则表明这两家的偿债能力相对较差，应着力提高。在发展能力因子 F_3 上，海螺水泥、西水股份的得分远远高于其他公司，反映在现实情况中，这两只股票是稳中有升的，这要得益于它们良好的发展能力。同时也说明在水泥行业上市公司中，就发展能力而言，好的公司还是少数，很多公司不注重公司长远稳健的发展，而只注重短期利润。这一点需要引起有关企业家的注意。四川金顶在因子 F_3 上的得分最低，说明它的发展能力欠佳，并且它的前两个因子得分也不高，在综合排名上也是靠后的，因此这家公司应从企业内部着手，进行改进，要从整体上提高公司的各项经营能力，达到提升公司经营业绩的目的。

7.4.2　因子得分信息图

1. 单向因子得分图

若取 $m=2$，则可将样品的因子得分 F_1 和 F_2 在平面上作单向因子得分信息图，进而可对样品进行分类或对原始数据进行更深入的研究。下面仍是采用主因子法使用回归估计法计算的因子得分。

在 Python 中使用因子得分信息图 Scoreplot 函数绘制单向因子得分信息图，其中参数为因子得分数据，绘图函数见第 6 章 6.3.2 节。

In

```
import matplotlib.pyplot as plt
plt.rcParams['font.sans-serif']=['SimHei'];    # 中文黑体 SimHei
plt.rcParams['axes.unicode_minus']=False;     # 正常显示图中正负号
Scoreplot(Fp2_scores[['F1','F2']])
```

Out

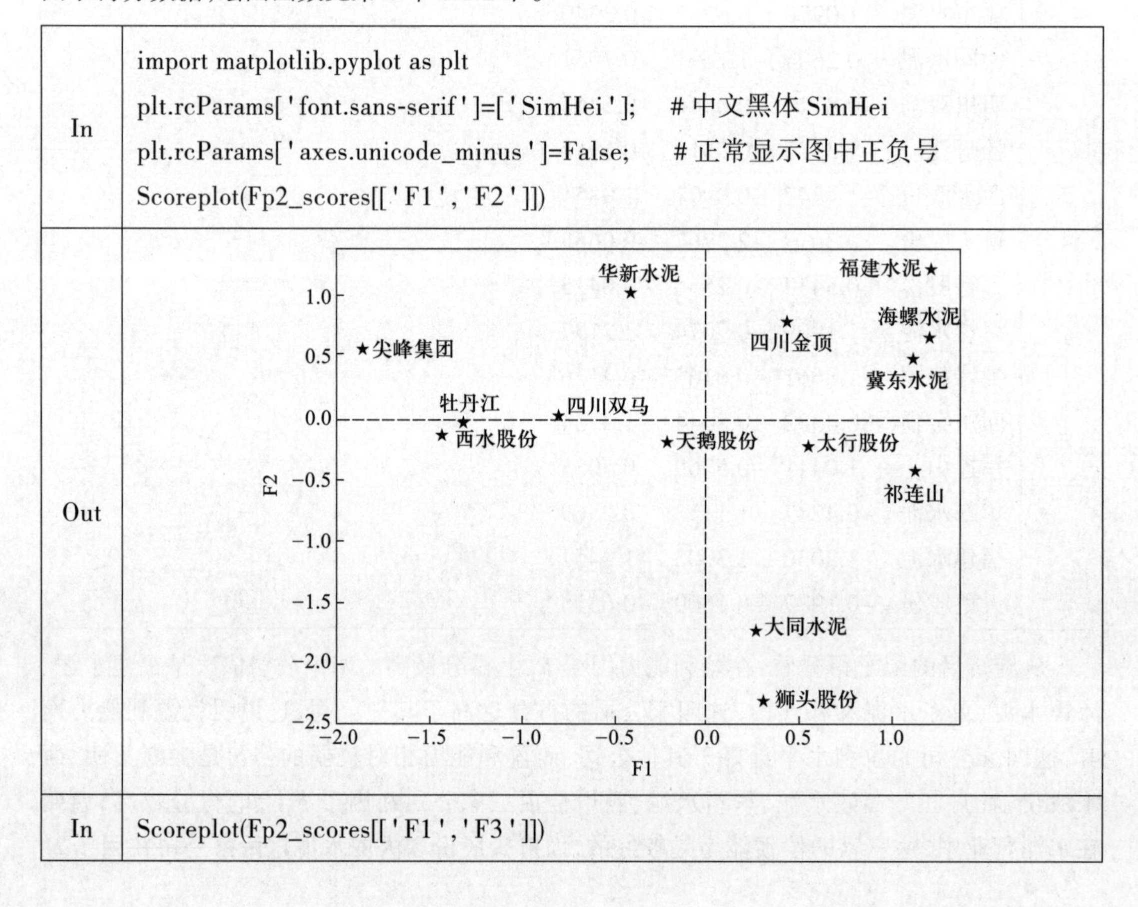

In

```
Scoreplot(Fp2_scores[['F1','F3']])
```

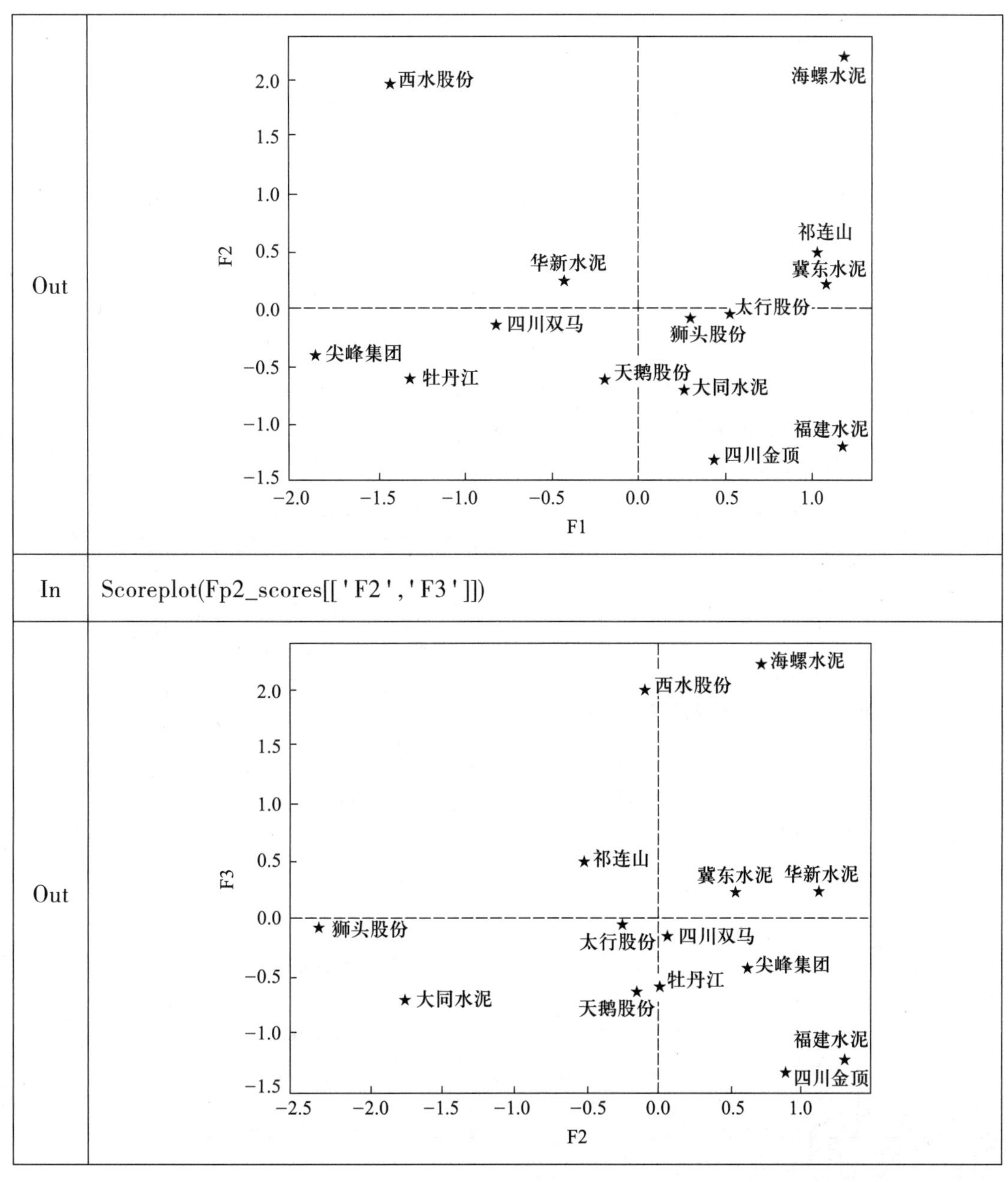

从因子得分图中可以看出，福建水泥在第一因子 F_1 和第二因子 F_2 上取正值相对较大，所以总的排名相对较前。而狮头股份、大同水泥在第一因子 F_1 上的得分取值相对较小，在第二因子 F_2 上的得分取负值相对较大，所以总的排名相对较后。其余在因子 F_1、因子 F_2 得分在中间的公司反映在因子得分图上是出现在离原点不远的因子 F_1 轴上，或因子 F_2 轴上。总的来说，各企业间的差距非常明显，而且三种经营能力都好的企业很少，因此，在上市公司水泥行业的发展中，每个公司应该兼顾三种经营能力的协调发展，锐意改革，提高公司的经营业绩。

关于 F_1 和 F_3 及 F_2 和 F_3 的因子图分析这里不再重复，请读者自行解释。

2. 双向因子信息重叠图

在 Python 中编写因子信息重叠图 Biplot 函数，函数参数包括 Load（因子载荷矩阵）和 Score（因子得分矩阵）。

下面以公共因子 F_1 和公共因子 F_2 为坐标轴。前面的分析结果可以在上面的因子得分图上得到直观的反映。

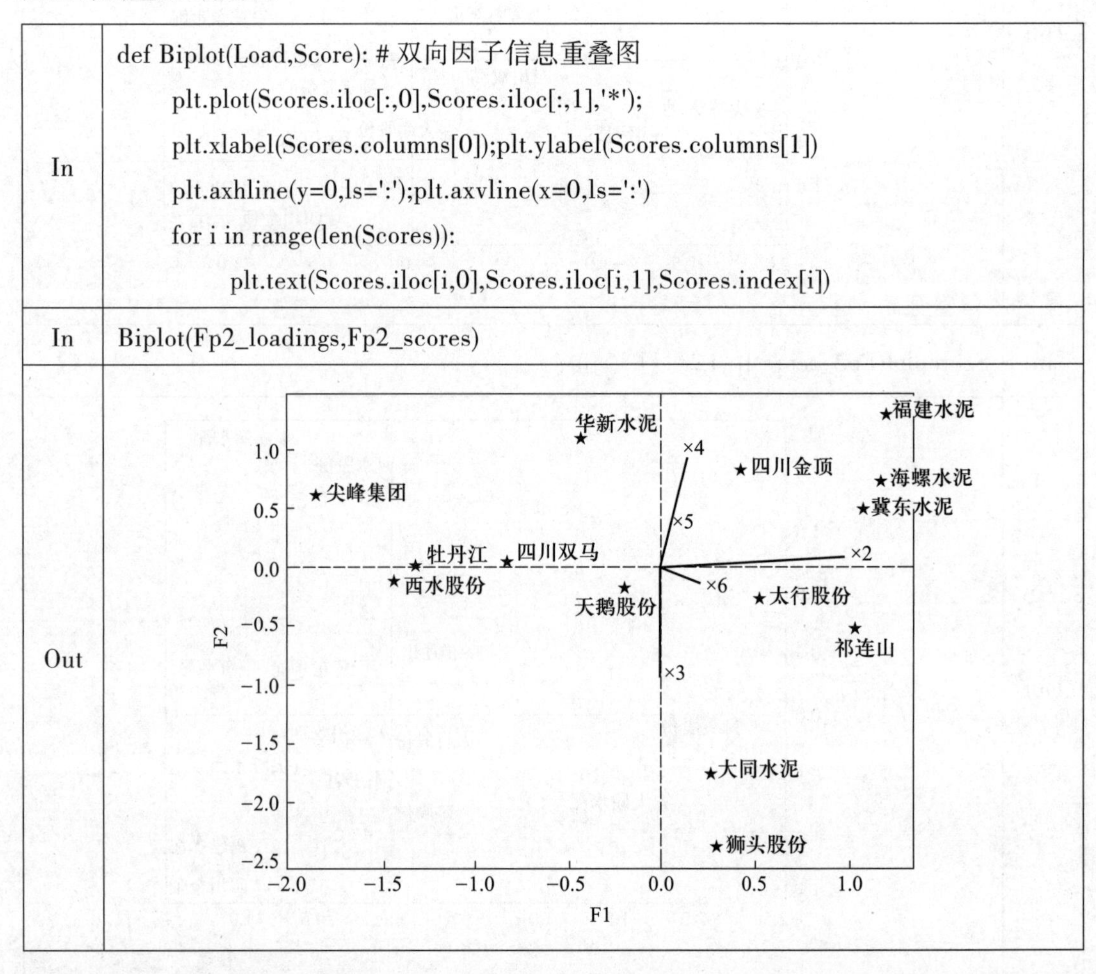

In

```
def Biplot(Load,Score): # 双向因子信息重叠图
    plt.plot(Scores.iloc[:,0],Scores.iloc[:,1],'*');
    plt.xlabel(Scores.columns[0]);plt.ylabel(Scores.columns[1])
    plt.axhline(y=0,ls=':');plt.axvline(x=0,ls=':')
    for i in range(len(Scores)):
        plt.text(Scores.iloc[i,0],Scores.iloc[i,1],Scores.index[i])
```

In

```
Biplot(Fp2_loadings,Fp2_scores)
```

Out

7.4.3 综合得分及排名

以各因子的方差贡献率为权重，由各因子得分的线性组合得到综合评价指标函数：

$$F = \frac{\lambda_1 F_1 + \lambda_2 F_2 + \cdots + \lambda_m F_m}{\lambda_1 + \lambda_2 + \cdots + \lambda_m} = \sum_{i=1}^{m} w_i F_i \tag{7-13}$$

式中：λ_i 为因子的方差贡献率；w_i 为权重。

由回归法估计各个样本的综合经营业绩得分，以各因子的方差贡献率占三个因子总方差贡献率的比重作为权重进行加权汇总，得出水泥行业的方差总和得分，然后计算各水泥公司的因子得分及排名。

在 Python 中编写计算综合得分的 FArank 函数，函数参数包括 Vars（方差贡献）和 Scores（因子得分矩阵）。

In	def FArank(Vars,Scores): # 计算综合因子得分与排名
	    Vi=Vars.values[0]
	    Wi=Vi/sum(Vi);Wi
	    Fi=Scores.dot(Wi)
	    Ri=Fi.rank(ascending=False).astype(int);
	    return(pd.DataFrame({ '因子得分' :Fi, '因子排名' :Ri}))

In	FArank(Fp1_Vars,Fp1_scores)# 利用旋转之前的各因子得分计算综合因子得分和排名
Out	因子得分 因子排名 上市公司 冀东水泥 0.5018 3 大同水泥 -0.1340 8 四川双马 -0.3859 11 牡丹江 -0.7951 13 西水股份 0.3693 4 狮头股份 0.2089 5 太行股份 0.2023 6 海螺水泥 1.4412 1 尖峰集团 -0.9387 14 四川金顶 -0.4893 12 祁连山 0.6603 2 华新水泥 -0.1024 7 福建水泥 -0.1793 9 天鹅股份 -0.3593 10
In	FArank(Fp2_Vars,Fp2_scores) # 利用旋转之后的各因子得分计算综合因子得分和排名
Out	因子得分 因子排名 上市公司 冀东水泥 0.6511 2 大同水泥 -0.7267 13 四川双马 -0.3220 10

Out	牡丹江	-0.6605	12
	西水股份	0.0096	8
	狮头股份	-0.7414	14
	太行股份	0.0961	6
	海螺水泥	1.3136	1
	尖峰集团	-0.5811	11
	四川金顶	0.0821	7
	祁连山	0.3393	4
	华新水泥	0.3095	5
	福建水泥	0.5381	3
	天鹅股份	-0.3076	9

从因子得分表可以看出,两种方法所得结果有些出入,这与采用的算法有关。因为做因子分析通常需要做因子旋转以获得较好的因子解释,所以我们认为从旋转以后的各因子得分计算的结果做综合评价要好些。

7.5 因子分析步骤

因子分析的核心问题有两个:一是如何构造因子变量;二是如何对因子变量进行命名解释。因此,因子分析的基本步骤和解决思路就是围绕这两个核心问题展开的。

【例 7.4】(续例 3.1)对我国居民消费数据进行因子分析。以其 8 个指标作为原始变量,使用 Python 对这 31 个省、自治区、直辖市的人均消费水平做分析评价,并根据因子得分和综合得分对各省、自治区、直辖市的人均消费水平进行因子分析。

7.5.1 因子分析的准备工作

通常在进行因子分析前,需验证因子分析方法的可行性与科学性,一般运用 KMO 与 Bartlett 进行验证。

1. 简单相关分析

计算原始变量的简单相关系数矩阵,如果矩阵中大部分数值过小(小于 0.3),则认为大部分变量呈弱相关,不适合做因子分析;如果某个变量和其他变量相关性较弱,则在接下来的分析中可以考虑剔除该变量。

In	d31=pd.read_excel('mvsData.xlsx','d31',index_col=0) d31.corr() #计算相关阵

```
      食品     衣着     设备     医疗     交通     教育     居住     杂项
食品  1.0000  0.5454  0.8163  0.5349  0.8726  0.8159  0.8159  0.8273
衣着  0.5454  1.0000  0.7760  0.7536  0.7407  0.6517  0.6678  0.8324
设备  0.8163  0.7760  1.0000  0.7742  0.9059  0.8552  0.8942  0.8767
医疗  0.5349  0.7536  0.7742  1.0000  0.7341  0.8128  0.7261  0.8201
交通  0.8726  0.7407  0.9059  0.7341  1.0000  0.8958  0.8964  0.9194
教育  0.8159  0.6517  0.8552  0.8128  0.8958  1.0000  0.8885  0.8852
居住  0.8159  0.6678  0.8942  0.7261  0.8964  0.8885  1.0000  0.8681
杂项  0.8273  0.8324  0.8767  0.8201  0.9194  0.8852  0.8681  1.0000
```
(Out)

此方法有个缺点是:当变量很多的时候,矩阵很大,观测起来不方便。

2. KMO 检验统计量

KMO(Kaiser-Meyer-Olkin)检验统计量是用于比较变量间简单相关系数和偏相关系数的指标。KMO 统计量取值在 0 和 1 之间。当所有变量间的简单相关系数平方和远远大于偏相关系数平方和时,KMO 值接近 1。KMO 值越接近于 1,意味着变量间的相关性越强,原有变量越适合作因子分析。当所有变量间的简单相关系数平方和接近 0 时,KMO 值接近 0。KMO 值越接近于 0,意味着变量间的相关性越弱,原有变量越不适合作因子分析。

$$KMO = \frac{\sum_i \sum_{j\neq i} r_{ij}^2}{\sum_i \sum_{j\neq i} r_{ij}^2 + \sum_i \sum_{j\neq i} p_{ij}^2} \tag{7-14}$$

式中:r_{ij} 为两变量间的简单相关系数;p_{ij} 为两变量间的偏相关系数。

Kaiser 给出了常用的 KMO 度量标准:

>0.9 非常适合;

0.8 ~ 0.9 适合;

0.7 ~ 0.8 一般;

0.6 ~ 0.7 不太适合;

0.5 ~ 0.6 不适合;

<0.5 极不适合。

以下使用 factor_analyzer 库中的 fa.calculate_kmo 函数进行 KMO 检验:

In	import factor_analyzer as fa
	kmo=fa.calculate_kmo(d31) # 计算 KMO
	print('KMO: %5.4f'%kmo[1])

Out	KMO: 0.8488

本例 KMO 为 0.848 8,适合做因子分析。

3. Bartlett 球体检验

Bartlett 球体检验的目的是检验相关矩阵是否为单位矩阵(identity matrix),单位矩阵是指主对角线为 1,其余元素都是 0 的 n 阶方阵,显然单位矩阵变量间不相关。如果是单位矩阵,则认为因子模型不合适。检验的零假设为相关矩阵是单位矩阵,如果不能拒绝该假设的话,就表明数据不适合用于因子分析。一般说来,显著水平值越小(<0.05),表明原始变量之间越可能存在有意义的关系,如果显著性水平很大(如 0.10 以上)可能表明数据不适宜做因子分析。该统计量服从卡方分布。

$$-[n-(2p+11)/6]\ln|R| \sim \chi^2(df)$$
$$df=p(p-1)/2$$

以下使用 factor_analyzer 库中的 calculate_bartlett_sphericity 函数进行 Bartlett 球体检验:

In	```chisq=fa.calculate_bartlett_sphericity(d31) # 进行 Bartlett 球体检验``` ```print('卡方值 = %8.4f, p 值 = %5.4f'%(chisq[0],chisq[1]))```
Out	卡方值 = 339.9615, p 值 = 0.0000

本例显著水平值为 0.0000,表明数据适合做因子分析。

7.5.2 因子分析的过程

1. 因子计算

(1)确认数据是否适合进行因子分析:一般使用 KMO 统计量与 Bartlett 球体检验进行验证。

(2)根据相关矩阵计算因子对象:可用 FactorAnalyzer 函数进行计算。

(3)根据累积方差贡献率确定因子个数:若前 m 个因子包含的数据信息总量较大(即其累积方差贡献率不低于 80%)时,可取前 m 个因子来反映原评价指标。

(4)获得因子载荷并做出解释。

(5)因子旋转:若所得的 m 个因子无法确定或其实际意义不是很明显,则需将因子进行旋转以获得较为明显的实际含义。

2. 因子评价

(1)因子得分:用原指标的线性组合来求各因子得分。

(2)因子信息图:根据因子得分和因子载荷绘制双重因子信息图。

(3)综合得分:由各因子得分的线性组合计算综合得分。

(4)得分排序:利用综合得分可以得到得分名次。

下面将上述方法进行总结,形成一个基于主因子方法的综合因子分析函数 FAscores,用 Python 实现因子分析结果的呈现。其中参数 X 为数据框,m 为主因子个数,默认取 2,rot 为因子旋转,默认为 varimax 旋转法。

In

```
def FAscores(X,m=2,rot='varimax'): # 因子分析综合评价函数
    import factor_analyzer as fa
    kmo=fa.calculate_kmo(X)
    chisq=fa.calculate_bartlett_sphericity(X) # 进行 Bartlett 检验
    print('KMO 检验:KMO 值 =%6.4f 卡方值 =%8.4f, p 值 =%5.4f'%
          (kmo[1],chisq[0],chisq[1]))
    from factor_analyzer import FactorAnalyzer as FA
    Fp=FA(n_factors=m,method='principal',rotation=rot).fit(X.values)
    vars=Fp.get_factor_variance()
    Factor=['F%d'%(i+1) for i in range(m)]
    Vars=pd.DataFrame(vars,['方差','贡献率','累积贡献率'],Factor)
    print("\n 方差贡献 :\n",Vars)
    Load=pd.DataFrame(Fp.loadings_,X.columns,Factor)
    Load['共同度']=1-Fp.get_uniquenesses()
    print("\n 因子载荷 :\n",Load)
    Scores=pd.DataFrame(Fp.transform(X.values),X.index,Factor)
    print("\n 因子得分 :\n",Scores)
    Vi=vars[0]
    Wi=Vi/sum(Vi);Wi
    Fi=Scores.dot(Wi)
    Ri=Fi.rank(ascending=False).astype(int);
    print("\n 综合排名 :\n")
    return pd.DataFrame({'综合得分':Fi,'综合排名':Ri})
```

In

```
pd.set_option('display.max_rows',31)
FAscores(d31,m=2,rot='varimax')
```

Out

```
KMO 检验:KMO 值 =0.8488 卡方值 =339.9615, p 值 =0.0000


方差贡献:
            F1      F2
  方差    4.0868  3.1549
贡献率    0.5108  0.3944
```

Out

```
累积贡献率      0.5108   0.9052

因子载荷:
         F1      F2      共同度
食品  0.9399  0.2237  0.9334
衣着  0.3246  0.8764  0.8735
设备  0.7344  0.6025  0.9023
医疗  0.3817  0.8522  0.8720
交通  0.8152  0.5238  0.9389
教育  0.7780  0.5334  0.8899
居住  0.8110  0.4857  0.8936
杂项  0.6967  0.6728  0.9381

因子得分:
              F1       F2
地区
北京      1.3989   2.6450
天津      0.8897   1.6831
河北     -0.5982  -0.0204
山西     -1.1361   0.2331
内蒙古   -0.7131   1.0289
辽宁     -0.4256   1.0175
吉林     -0.9619   0.6705
黑龙江   -1.2049   0.9418
上海      2.9345   1.2389
江苏      0.5896   0.3376
浙江      1.5521   0.2898
安徽     -0.0424  -0.6092
福建      1.1952  -1.0874
江西     -0.0235  -1.0251
山东     -0.1701   0.1586
河南     -0.9033  -0.0029
湖北     -0.2330   0.3929
湖南     -0.0401  -0.1950
广东      2.1611  -1.3957
```

Out

广西	0.0952	-1.4887
海南	1.1135	-2.2325
重庆	-0.0932	0.0864
四川	-0.0889	-0.3959
贵州	-0.4785	-0.9384
云南	-0.1431	-1.2448
西藏	-0.8071	-0.8668
陕西	-0.7470	0.1228
甘肃	-0.7230	-0.4195
青海	-0.8412	0.2637
宁夏	-0.7553	0.5591
新疆	-0.8002	0.2529

综合排名:

	综合得分	综合排名
地区		
北京	1.9418	2
天津	1.2353	3
河北	-0.3465	21
山西	-0.5396	26
内蒙古	0.0458	9
辽宁	0.2031	7
吉林	-0.2508	16
黑龙江	-0.2697	17
上海	2.1958	1
江苏	0.4799	6
浙江	1.0022	4
安徽	-0.2894	18
福建	0.2008	8
江西	-0.4599	24
山东	-0.0269	12
河南	-0.5111	25
湖北	0.0397	10
湖南	-0.1076	13

Out	广东	0.6116	5
	广西	-0.5948	28
	海南	-0.3442	20
	重庆	-0.0150	11
	四川	-0.2227	15
	贵州	-0.6788	30
	云南	-0.6231	29
	西藏	-0.8331	31
	陕西	-0.3681	23
	甘肃	-0.5908	27
	青海	-0.3599	22
	宁夏	-0.1827	14
	新疆	-0.3414	19

由于公共因子在原始变量上的载荷值不太好解释,故对其进行因子旋转,选用方差最大化正交旋转。

由旋转后的因子载荷矩阵可以看出,公共因子 F_1 在人均食品支出、人均家庭设备用品及服务支出、人均交通和通信支出、人均娱乐教育文化服务支出、人均居住支出、人均杂项商品和服务支出上的载荷值都很大,可视为反映日常消费的公共因子;F_2 在人均衣着支出和人均医疗保健支出上的载荷值很大,可视为衣着和医疗因子。有了公共因子合理的解释,结合各个省、自治区、直辖市在公共因子上的得分和综合得分,就可以对各省、自治区、直辖市的综合人均消费水平进行评价了。

最后,由回归法估计出因子得分,以各因子的方差贡献率占因子总方差贡献率的比重作为权重进行加权汇总,得出各省、自治区、直辖市的综合得分及排名。

在日常消费因子 F_1 上得分最高的前六个省、自治区、直辖市依次是上海、广东、浙江、北京、福建和海南,且上海和广东明显高于其他省、自治区、直辖市,这就是说就日常消费而言,沿海地区相对要高些,且上海和广东的消费水平远远高于其他省、自治区、直辖市;而黑龙江和山西得分较低,在这方面的消费相对较小些。上海、北京、天津、在因子 F_2 上的得分较高,可见该地区人们用于衣着和医疗方面的消费支出不小。海南、广西、广东排到全国最末,这是符合实际情况的。就综合得分来看,上海、北京、天津、浙江、广东这 5 个省、市的得分最高,西藏、贵州、云南的得分位于全国之末,故可知北京、上海、广东、浙江、天津这 5 个省、市的综合人均消费水平居于全国水平前列,云南、贵州和西藏的综合人均消费水平居于全国水平之末。

我国各地区城镇的人均消费水平主要是由经济发展水平决定的,经济发展水平较高的省、自治区、直辖市,其城镇人均消费水平也相对较高,经济较落后的地区,其城镇人均消费水平也相对较低。

7.6 实际中进行因子分析

统计软件的广泛应用使因子分析的实际计算过程相当简易,但是对研究人员而言,明白一种分析方法的意义往往比知晓其计算过程更为重要。一个完整的因子分析过程应当包含如下方面:

7.6.1 基本分析

1. 问题的定义

这包括定义一个因子分析的问题并确定实施因子分析的变量。应用统计分析方法的关键往往并不在于方法本身,而在于对合适的问题选择合适的方法。因子分析适用的场合往往是一些多变量大样本的情形,研究者的目的则在于寻求这些具有内在相关性的变量背后的一种基本结构。包含在因子分析中的变量应当依据过去的经验、理论或者研究者自己的判断而选择。但非常重要的一点是,这些变量必须具备区间或者比率测度等级。在样本大小方面,粗略而言,进行因子分析的样本容量至少应是因子分析所涉及变量数目的 4 到 5 倍。

2. 因子分析的适应性

通常在进行因子分析前,还需验证因子分析方法的可行性与科学性,一般运用 KMO 统计量与 Bartlett 球体检验进行验证。

3. 确定因子个数

除了经验判断外,特征值法是选用较多的判断方法。因子对应的特征值就是因子所能解释的方差大小,而由于标准化变量的方差为 1,因此特征值法要求保留因子特征值大于 1 的那些因子,即要求所保留的因子至少能够解释一个变量的方差。需要注意的是,如果变量的数目少于 20,该方法通常会给出一个比较保守的因子数目。

此外,基于所保留的因子能够解释的方差比例的方法也常常使用。一般而言,所保留的公因子至少应该能够解释所有变量 80% 的方差。

7.6.2 扩展分析

1. 因子旋转

因子载荷给出了观测变量和提取的因子之间的相关程度的大小,这意味着在某一因子上负载大的变量对该因子的影响较大,因子的实际意义较大地取决于这些变量。这可以帮助我们来解释因子的实际意义。但是,基于公因子本身的意义,实际中往往会出现所有变量在一个因子上的负载都比较大的情形,这为因子的解释带来了困难。

因子旋转为因子解释提供了便利。因子旋转的目的是使某些变量在某个因子上的载荷较高,而在其他因子上的载荷则显著地低,这事实上是依据因子对变量进行更好的"聚类"。同时,一个合理的要求是这种旋转应不影响共同度和全部所能解释的方差比例。因子模型本身的协方差结构在正交阵下的"不可识别性"决定了因子旋转的可行性。

正交旋转(orthogonal rotation)和斜交旋转(oblique rotation)是因子旋转的两类方法。前者由于保持了坐标轴的正交性(成直角),即因子之间的不相关性,因此使用最多,也是正交因子模型的旋转方法。正交旋转的方法很多,其中以方差最大化法(varimax)最为常用。斜交旋转可以更好地简化因子模型矩阵,提高因子的可解释性,但是因为因子间的相关性而不受欢迎。如果总体中各因子间存在明显的相关关系则应该考虑斜交旋转。

2. 因子解释

因子分析的重要一步应该是对所提取的公因子给出合理的解释。因子解释可以通过考虑在因子上具有较高载荷变量的意义进行。经过因子旋转后的因子载荷阵可以大大提高因子的可解释性。

需要注意的是,即使经过旋转后,仍有可能存在一个因子的所有因子载荷均较高的情形,这种因子通常可以称为一般或者基础性因子。一个合理的解释是它是由于所研究的问题的共性决定的,而并不单一地取决于问题的某一个方面。此外,对于某些载荷较小、难以解释或者实际意义不合理的因子,如果其解释的方差较小,则通常予以舍弃。

3. 因子得分

如果后续分析需要,通常需要进一步计算各公因子的因子得分。即给出各因子在每一个样品上的值。事实上,既然各观测变量可以表示为各公因子的线性组合,那么反之,各公因子也可以表示为各观测变量的线性组合。

因子得分正是通过这样的方法利用各观测变量的值而估计得到的。主成分分析法可以给出各因子的得分,并且这些值之间是不相关的。因子得分值可以用来代替原来的变量用于后续的分析。由于消除了相关性,为后续统计分析方法的应用提供了较大的便利。

4. 因子分析的意义

因子分析的意义在于简化数据结构,通过科学的定量分析构造一个统计上优良的指标体系,然后对被评价对象进行综合评价。运用该方法,不仅可以将所研究各上市公司的综合因子的得分进行排序,以判别它的经营状况优劣,还可以根据计算的结果,找出公司的相对竞争优势,取长补短,发挥企业的特长,提高公司综合竞争力。利用因子分析评价企业综合经营业绩有两大优点：一是能客观地反映各因素对经营业绩的影响，即各指标权重赋值具有科学性；二是能消除各指标相关性对综合评价的影响。通过以上的分析和评价，可以看出，应用因子分析法可以很好地解决多指标下的经营业绩分析问题，它通过分析事件的内在关系，抓住主要矛盾，找出主要因素，使多变量的复杂问题变得易于研究和分析。在上述案例中，虽然只选择了 6 个指标，可能存在指标不完全的问题，但不影响方法和过程的一般性研究。在指标更全面的条件下，按照同样的思路和方法，应该可以得到更好的结果。

案例 7：上市公司经营业绩评价的因子分析

一、案例简介

1. 案例的背景分析

对上市公司的经营业绩进行评价一直是经营者、投资者和研究者的关注重心。但是，能够反映上市公司经营业绩的指标众多，而各个指标之间往往又存在一定的相关性，容易造成信息的重复。与此同时，公司之间的情况各异，各个指标彼高此低，因此，必须对上市公司进行综合的评价和分析，从众多的指标中提取合适和科学的公共因子，以方便对上市公司业绩的评价。因子分析方法无疑是解决这一问题的有效途径。

2. 案例的分析对象

本案例所探讨的就是面对众多的指标应该如何利用因子分析方法进行综合的分析和评价，其所依托的客体是 2003 年上海股市医药、生物行业 28 家上市公司年报中的有关指标。所引用资料取自巨潮资讯网。一共选取了 11 个指标：

X_1：每股收益 / 元；

X_2：每股净资产 / 元；

X_3：净资产收益率；

X_4：扣除后每股收益 / 元；

X_5：存货周转率；

X_6：固定资产周转率；

X_7：总资产周转率；

X_8：主营业务利润率；

X_9：销售毛利率；

X_{10}：流动比率；

X_{11}：速动比率。

二、数据管理

图 7-1 是上市公司经营业绩评价指标数据的截图。

	A	B	C	D	E	F	G	H	I	J	K	L
1	上市公司	X1	X2	X3	X4	X5	X6	X7	X8	X9	X10	X11
2	上海医药	0.33	3.65	8.93	0.212	1.13	0.78	10.33	10.16	6.91	9.17	1.69
3	昆明制药	0.72	6.11	11.73	0.7124	2.23	1.92	55.37	54.63	3.19	3.61	0.78
4	片仔癀	0.43	3.88	11.14	0.4251	11.7	9.01	67.03	66.12	0.66	2.82	0.46
5	同仁堂	0.722	4.93	14.64	0.6954	2.54	1.08	47.38	46.14	1.15	2.92	0.83
6	天士力	0.5	3.91	12.67	0.4945	2.18	2.02	72.41	71.07	4.6	2.38	0.7
7	复星实业	0.648	4.34	14.94	0.65	1.11	0.89	26.04	25.55	5.45	2.86	0.54
8	康美药业	0.723	6.25	11.57	0.716	1.11	0.73	27.8	27.33	3.38	1.41	0.7
9	江中药业	0.35	4.12	8.42	0.3542	1.48	1.22	59.52	58.74	4.96	2.57	1.09
10	联环药业	0.187	4.09	4.58	0.1935	5.39	4.81	41.73	41.36	3.55	3.72	0.54
11	交大昂立	0.29	4.78	5.96	0.1457	2.08	1.82	49.87	47.37	2.02	4.17	0.43
12	双鹤药业	0.296	3.52	8.41	0.3	1.16	0.87	26.98	26.49	3.52	2.51	0.79
13	亚宝药业	0.22	2.58	8.41	0.2208	1.48	1.21	45.64	44.83	3.71	2.34	0.67
14	东盛科技	0.21	2.15	9.61	0.2364	1.1	1.05	72.76	71.3	4.64	1.84	0.43
15	金宇集团	0.404	5.2	7.78	0.3997	1.96	0.76	39.31	38.15	0.66	1.65	0.38
16	太极集团	0.226	3.53	6.41	0.1597	0.72	0.47	27.71	27.19	4.48	2.11	0.9
17	美罗药业	0.12	4.81	2.43	0.1015	1.64	1.38	20.65	20.25	5.03	3.16	0.74
18	天药股份	0.358	3.53	10.14	0.3045	1.42	1.02	26.29	25.72	2	1.4	0.44
19	中新药业	0.23	4.31	5.42	0.1314	0.92	0.59	42.44	41.76	2.21	1.84	0.61
20	星湖科技	0.22	2.77	7.92	0.2163	2.65	1.9	34.25	33.58	2.54	1.27	0.5
21	天坛生物	0.199	2.76	7.22	0.2002	2.87	2.01	50.01	49.36	0.96	1.03	0.39
22	钱江生化	0.161	3.29	4.89	0.1295	1.75	1.44	24.54	24.4	2.92	1.74	0.43
23	迪康药业	0.1	5.21	1.93	0.0586	2.73	2.51	47.52	46.86	2.71	0.58	0.19
24	金花股份	0.062	3.75	1.65	0.0662	1.23	1.09	18.31	17.96	9.21	0.75	0.38
25	鲁抗医药	0.13	3.92	3.35	0.158	1.17	0.82	26.18	25.52	3.18	0.58	0.38
26	通化东宝	0.11	4.19	2.66	0.1076	2.3	1.93	49.4	48.8	1.36	0.43	0.18

图 7-1

三、Jupyter 操作

1. 调入数据

In	Case7=pd.read_excel('mvscase.xlsx','Case7',index_col=0); Case7

2. 计算过程及结果分析

In	print(FAscores(Case7,m=4))
Out	KMO 检验：KMO 值 =0.5104 卡方值 =468.2395，p 值 =0. 0000

Out

方差贡献：

	F1	F2	F3	F4
方差	3.3606	2.1584	2.0857	2.0405
贡献率	0.3055	0.1962	0.1896	0.1855
累积贡献率	0.3055	0.5017	0.6913	0.8768

因子载荷：

	F1	F2	F3	F4	共同度
X1	0.9512	0.2099	0.0524	0.1348	0.9698
X2	0.8270	0.0568	0.1150	-0.1236	0.7157
X3	0.8341	0.2103	0.0287	0.2298	0.7935
X4	0.9508	0.1202	0.0337	0.1683	0.9480
X5	0.1103	-0.0674	0.9621	0.2043	0.9841
X6	0.0559	-0.0345	0.9588	0.2273	0.9752
X7	0.1350	-0.1438	0.2276	0.9461	0.9859
X8	0.1338	-0.1433	0.2320	0.9456	0.9864
X9	0.0280	0.6626	-0.2678	-0.1895	0.5474
X10	0.1880	0.8790	0.1975	-0.0699	0.8518
X11	0.2909	0.8910	-0.0808	-0.0483	0.8874

因子得分：

	F1	F2	F3	F4
上市公司				
上海医药	-0.3629	3.9817	0.1782	-1.2653
昆明制药	1.6926	0.3077	-0.0866	0.7639
片仔癀	0.3360	-0.2036	4.3791	0.8016
同仁堂	1.7454	-0.1151	-0.2184	0.4084
天士力	0.5730	0.5760	-0.5060	2.2891
复星实业	1.5370	0.1236	-0.5703	-0.8123
康美药业	2.1247	-0.6415	-0.5669	-1.0679
江中药业	0.0917	1.2004	-0.6813	1.5828
联环药业	-0.3676	0.4997	1.9434	-0.2699
交大昂立	-0.0016	0.1234	0.2457	0.4151
双鹤药业	0.2169	0.3348	-0.3709	-0.6267
亚宝药业	-0.3337	0.4373	-0.4623	0.7264

```
东盛科技 -0.5520   0.3553  -1.0646   2.6140
金宇集团  0.9749  -1.1458  -0.2073  -0.3579
太极集团 -0.1741   0.6101  -0.6393  -0.4913
美罗药业 -0.2924   0.6313   0.1798  -1.3396
天药股份  0.5727  -0.7650  -0.2767  -0.8569
中新药业 -0.0368  -0.2418  -0.5746   0.2019
星湖科技 -0.1035  -0.4058   0.1811  -0.2976
天坛生物 -0.2197  -0.7743   0.1447   0.6796
钱江生化 -0.2491  -0.4050   0.0570  -0.9819
迪康药业 -0.2108  -1.0913   0.4186   0.0139
金花股份 -0.6313   0.2753  -0.4025  -1.3475
鲁抗医药 -0.1025  -0.8317  -0.3600  -0.9685
通化东宝 -0.2676  -1.2889   0.0895   0.3337
天目药业 -1.8604   0.1438   0.2323   0.0743
ST 三普  -1.7963  -0.4112  -0.4701   0.1267
ST 金泰  -2.3027  -1.2795  -0.5915  -0.3481
```

Out

```
          综合得分  综合排名
上市公司
上海医药    0.5354     5
昆明制药    0.8015     2
片仔癀      1.1881 .   1
同仁堂      0.6216     4
天士力      0.7034     3
复星实业    0.2680     8
康美药业    0.2482     9
江中药业    0.4881     6
联环药业    0.3469     7
交大昂立    0.1680    11
双鹤药业   -0.0623    14
亚宝药业    0.0353    12
东盛科技    0.2100    10
金宇集团   -0.0373    13
太极集团   -0.1663    18
美罗药业   -0.2051    19
```

Out	天药股份	−0.2128	20
	中新药业	−0.1485	16
	星湖科技	−0.1507	17
	天坛生物	−0.0748	15
	钱江生化	−0.3728	23
	迪康药业	−0.2242	21
	金花股份	−0.5305	25
	鲁抗医药	−0.5046	24
	通化东宝	−0.2917	22
	天目药业	−0.5501	26
	ST 三普	−0.7927	27
	ST 金素	−1.2902	28

从累积贡献率可以看出，前 4 个因子的方差贡献率已经占到累积方差贡献率的 87.68%，所以只需要取前 4 个因子就可以较好地概括原始指标。

由旋转后的因子载荷矩阵可以看出，因子 F_1 在每股收益 X_1、每股净资产 X_2、净资产收益率 X_3、扣除后每股收益 X_4 上的载荷量较大，反映上市公司给予其股东的回报，在这个因子上得分越高，则公司能够给予股东的回报一般而言也越高。第二个因子 F_2 在销售毛利率 X_9、流动比率 X_{10}、速动比率 X_{11} 上的载荷较大，是反映公司盈利能力的公共因子。第三个因子 F_3 由于在存货周转率 X_5、固定资产周转率 X_6 上有较大的载荷量，所以是反映公司资产管理能力的综合指标。第四个因子 F_4 在总资产周转率 X_7、主营业务利润率 X_8 上的载荷量较大，主要体现了公司的短期偿债能力，是债权人非常关心的项目。

从因子得分表可以看到，在资产管理能力方面，片仔癀可谓一枝独秀。这与该公司独家生产和拥有 400 余年历史的名贵中药片仔癀不无关系。由于其独特的地位，所以漳州片仔癀集团公司的资金相当充足；另一方面，片仔癀由于其拥有的片仔癀配方属于国家绝密，因此在上市时没有进行资产评估，片仔癀的无形资产包括品牌、商标、技术、专利、药品批文等，都没有作评估就无偿进入股份公司，致使其在无形资产方面没有显示出应有的数据。这两方面的原因使得片仔癀在着重考察资产管理能力指标方面有着极为优秀的表现。康美药业在股东回报方面领先，但是在其他三个方面却都处于平均水平以下，这与其特殊的股本结构和小盘股有着重要联系。首先，翻看康美药业的年度报告就可以知道无论是就整个资本市场还是仅就医药行业的上市公司而言，康美药业都属于小盘股。其次，康美药业属于典型的“家族”企业，公司的第一、二大股东关系密切，两者股权合计拥有超过 78% 的公司股份。这两个原因使得尽管康美药业在其他方面表现平平，但是因为其没有一般上市公司的所有权和经营权分离所产生的矛盾，所以康美药业的股东可以享有较高的投资回报。

与片仔癀相对比，天士力则在短期偿债方面表现突出。尽管在 2003 年上半年受到

SARS的冲击，其短期偿债水平仍然位居同行业上市公司的前列。天士力制药股份有限公司是2003年国内最大的滴丸剂型生产企业，与医药流通领域其他公司相比现金流较为充足，短期偿债能力较强。作为一家中药上市企业，随着中国加入世界贸易组织，知识产权得到更大的保障，以及绿色治疗概念的逐步兴起，天士力必然会保持更加良好的发展势头。

同仁堂的综合得分排名第四，在资产管理和盈利能力上出现负数，低于平均水平，究其原因，主要是因为同仁堂的主营业务是在医药商业方面，而随着医药行业原有体系被打破，在医药流通和商业方面的竞争加剧（例如越来越多的平价药房的出现，连锁药店逐渐步入微利时代），其盈利能力受到一定冲击也是在意料之中的。尽管如此，同仁堂作为一家在医药行业有着很强竞争力的上市公司，其短期偿债能力和股东回报水平却仍然保持在同行业的前列。

3. 案例小结

（1）根据上述结果，可以认为对上市公司业绩进行综合评价时主要考察该公司的股东回报能力、盈利能力、短期偿债能力、资产管理能力方面。

（2）从评价上市公司业绩的四项主因子来看，对股东的回报被放在了首位，其次是资产管理能力、偿债能力、盈利能力。这一结论基本符合现代企业经营理论。公司的首要任务是为股东创造价值，增加财富，回报股东。随着中国资本市场的成熟，市场对上市公司的关注逐渐转向对公司资产管理能力方面。在风险日高的资本市场，上市公司资产的安全也被赋予了仅次于股东回报能力和资产管理能力的地位，而盈利能力则为公司的各方面提供了动力。

（3）该评价方法是根据上市公司11项指标数据的内在关系确定各项指标在总体评价体系中的权重，即由原始数据本身确定综合指标的权重，并且随着上市公司样本或数据时期不同，最后得到的权重和结果也有所不同，但这并不影响在同一样本或时期范畴公司综合经营效果评价的可比性。因子分析方法有严谨性和科学性，可以较好地体现公司经营业绩评价的客观性和公正性。

思考与练习

一、思考题（手工解答，纸质作业）

1. 比较因子分析和主成分分析模型的关系，说明它们的相似和不同之处。

2. 采用因子分析时有哪些注意问题？

3. 能否将因子旋转的技术用于主成分分析，使主成分有更鲜明的实际背景？

4. 证明对标准化变量 Z_1、Z_2 和 Z_3，计算的相关系数矩阵

$$R=\begin{bmatrix}1 & 0.63 & 0.45\\ 0.63 & 1 & 0.35\\ 0.45 & 0.35 & 1\end{bmatrix}$$

可以由 $m=1$ 的正交因子模型

$$\begin{cases}Z_1=0.9\boldsymbol{F}_1+\boldsymbol{\varepsilon}_1\\ Z_2=0.7\boldsymbol{F}_1+\boldsymbol{\varepsilon}_2\\ Z_3=0.1\boldsymbol{F}_1+\boldsymbol{\varepsilon}_3\end{cases}$$

生成，这里 $Var(\boldsymbol{F}_1)=1, Cov(\boldsymbol{\varepsilon},\boldsymbol{F}_1)=0$，

$$Cov(\boldsymbol{\varepsilon})=\boldsymbol{\Sigma}_{\varepsilon}=\begin{bmatrix}0.19 & 0 & 0\\ 0 & 0.51 & 0\\ 0 & 0 & 0.75\end{bmatrix}$$

即将 $\boldsymbol{R}$ 写成 $\boldsymbol{R}=\boldsymbol{AA}'+\boldsymbol{\Sigma}_{\varepsilon}$ 的形式。并且

（1）计算共同度 $h_i^2, i=1,2,3$，并对其做解释；

（2）计算 $Corr(z_{i,}\boldsymbol{F}_1), i=1,2,3$，哪个变量在公共因子中有最大的权重？为什么？

5. 验证下列矩阵性质：

（1）$(\boldsymbol{I}+\boldsymbol{A}'\boldsymbol{\Omega}^{-1}\boldsymbol{A})^{-1}\boldsymbol{A}'\boldsymbol{\Omega}^{-1}\boldsymbol{A}=\boldsymbol{I}-(\boldsymbol{I}+\boldsymbol{A}'\boldsymbol{\Omega}^{-1}\boldsymbol{A})^{-1}$

（2）$(\boldsymbol{AA}'+\boldsymbol{\Omega})^{-1}=\boldsymbol{\Omega}^{-1}-\boldsymbol{\Omega}^{-1}\boldsymbol{A}(\boldsymbol{I}+\boldsymbol{A}'\boldsymbol{\Omega}^{-1}\boldsymbol{A})^{-1}\boldsymbol{A}'\boldsymbol{\Omega}^{-1}$

（3）$\boldsymbol{A}'(\boldsymbol{AA}'+\boldsymbol{\Omega})^{-1}=(\boldsymbol{I}+\boldsymbol{A}'\boldsymbol{\Omega}^{-1}\boldsymbol{A})^{-1}\boldsymbol{A}'\boldsymbol{\Omega}^{-1}$

二、练习题（计算机分析，电子作业）

1. 编写 Python 程序进行计算思考题的第 4 题。

2. 编写 Python 程序验证思考题的第 5 题。

3. 试编制计算 Bartlett 因子得分的 Python 函数。

4. 因子分析法在股价预报上的探索：在本例中为了验证因子分析法的有效性，特意不区分行业，对上交所和深交所进行分层，然后把层内全部股票选入抽样框，以进行随机抽取。从金融界网站得到了 23 个企业在 2004 年 3 月 31 日的数据，所考虑的指标如下：X_1 流动比率（<2 偏低）、X_2 速动比率（<1 偏低）、X_3 现金流动负债比（%）、X_4 每股收益（元）、X_5 每股未分配利润（元）、X_6 每股净资产（元）、X_7 每股资本公积金（元）、X_8 每股盈余公积金（元）、X_9 每股净资产增长率（%）、X_{10} 经营净利率（%）、X_{11} 经营毛利率（%）、X_{12} 资产利润率（%）、X_{13} 资产净利率（%）、X_{14} 主营收入增长率（%）、X_{15} 净利润增长率（%）、X_{16} 总资产增长率（%）、X_{17} 主营利润增长率（%）、X_{18} 主营成本比例、X_{19} 营业费用比例（%）、X_{20} 管理费用比例（%）、X_{21} 财务费用比率（%）。数据如表 7-2。

表 7-2　23 个企业的 21 个指标的数据

名称	X_1	X_2	X_3	X_4	X_5	…	X_{20}	X_{21}
深深房 A	1.33	0.33	−1.44	−0.02	−0.92	…	15.8	6.61
同人华塑	0.76	0.73	−4.96	0.02	−1.42	…	11.85	9.59
南开戈德	1.21	1.14	−4.72	−0.02	−0.72	…	10.94	13.27
st 昌源	0.79	0.6	−0.19	−0.02	−1.96	…	237.64	797.55
山东巨力	0.75	0.58	7.55	−0.35	−0.36	…	3.46	1.1
一汽夏利	1.11	1.01	7.27	0.01	−0.26	…	4.05	2.03
闽东电力	1.19	1.01	−12.73	−0.03	−0.33	…	44.33	19.72
深本实 b	1.04	0.91	−17.41	-0.3	-0.3	…	18.72	6.44
st 啤酒花	0.22	0.16	0.15	−0.03	−3.28	…	33.3	11.31
云大科技	1.57	1.18	−3.77	−0.08	−0.55	…	40.51	30.56
中天科技	1.98	1.28	−28.33	0.01	0.16	…	6.43	1.6
爱建股份	1.36	0.82	7.47	0.05	−0.59	…	2.65	1.3
st 轻骑	0.92	0.82	−4.03	0	−1.91	…	5.46	-0.3
张裕 A	4.037	3.49	49.27	0.24	1.31	…	7.15	−0.74
阿继电器	1.95	1.43	−72.04	0.01	0.09	…	20.4	2.66
广州浪奇	1.91	1.38	−16.2	0.01	−0.47	…	5.61	−0.2
浙江震元	1.47	0.93	−3.68	0.02	0.45	…	6.87	0.29
四环生物	5.47	4.25	61.7	0.04	0.02	…	10.12	0.97
深宝安 A	1.49	0.35	0.05	0.01	−0.59	…	15.48	10.2
深发展 A	0.78	0.78	1.58	0.11	0.2	…	0.0	0.0
数码网络	85	0.63	2.52	0.04	0.1	…	4.65	1.5
中色建设	2.74	2.39	−27.9	0.02	0.21	…	26.44	2.29
东北药	1.24	1	3	0.01	−0.02	…	9.05	4.18

（1）求样本相关阵及特征根与特征向量。

（2）确定因子的个数，并解释这些因子的含义。

（3）计算各因子得分，画出前两个因子的得分图并对其进行解释。

（4）对因子进行旋转，比较旋转前后因子分析的结果。

（5）对这 23 个上市企业财务状况进行综合评价。

三、案例选题(仿照本章案例完成)

从给定的题目出发,按内容提要、指标选取、数据收集、Python 语言计算过程、结果分析与评价等方面进行案例分析。

1. 因子分析法在股价预报上的应用。
2. 我国各地区经济效益状况的综合研究。
3. 全国人文社会科研与发展状况的分析。
4. 用因子分析研究股票内在的联系。
5. 对我国 31 个省、自治区、直辖市农业发展状况进行综合分析。
6. 对电子行业上市公司经营业绩的因子分析研究。
7. 应用因子分析评价 2022 年全国 31 个省、自治区、直辖市经济效益。
8. 对 2022 年度全国各地区电信业发展情况做比较分析。
9. 对 31 个省、自治区、直辖市的宏观经济发展情况作评价。
10. 因子分析法在我国寿险公司偿付能力监测中的应用。
11. 因子分析法在上市公司经营业绩评价中的应用。

第 8 章
对应分析及 Python 视图

本章思维导图

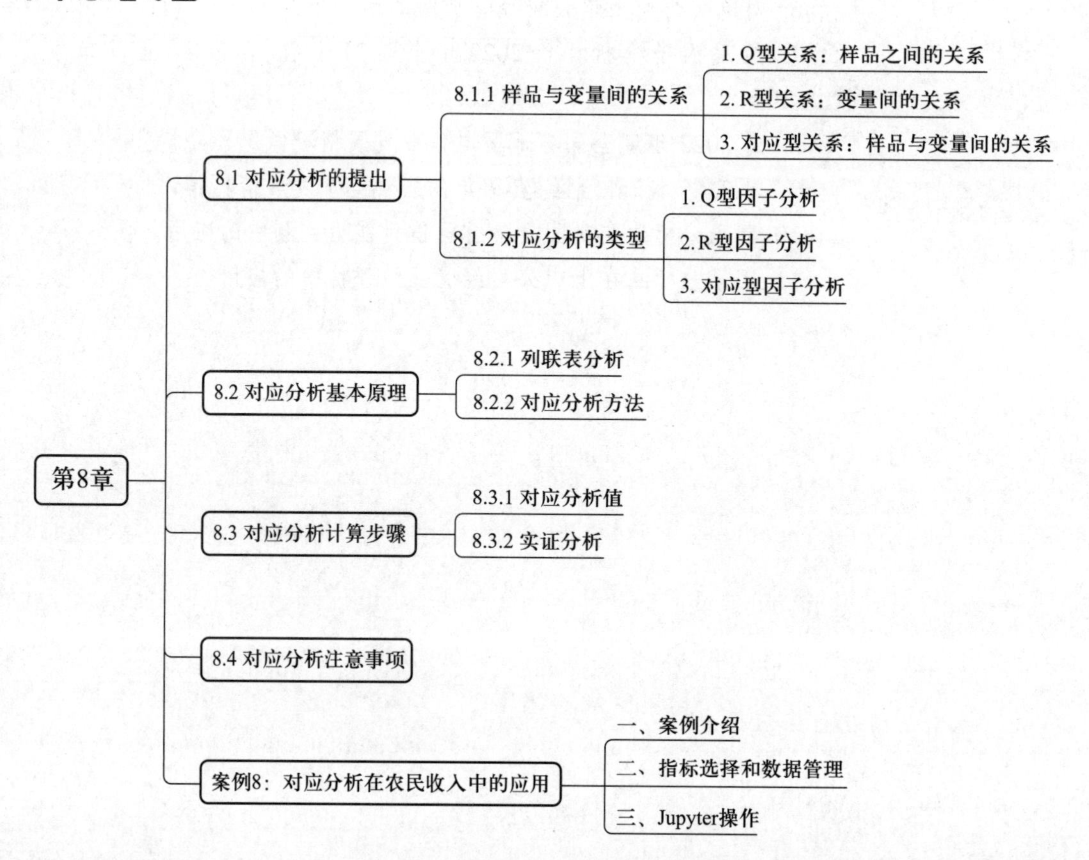

【学习目标】 要求了解对应分析的目的和基本统计思想，以及对应分析的实际意义。了解对应分析的统计原理。特别是定性变量定量化，解决社会科学中实际问题的基本思路。了解 Python 程序中对应分析的基本步骤。

【教学内容】 对应分析的目的和基本思想。对应分析方法的基本原理。对应分析的基本分析步骤，R 型和 Q 型因子分析在对应分析中的应用。相关的 Python 计算程序。

8.1 对应分析的提出

在错综复杂的经济和管理关系中,不仅需要了解变量之间的关系、样品之间的关系,还需要了解变量与样品之间的对应关系。1970 年 Beozecri 提出的对应分析,是多变量统计分析中一种有用的分析方法。

对应分析(correspondence analysis)是在因子分析的基础上发展起来的,是一种多元相依变量统计分析技术,通过分析由定性变量构成的交互汇总表来揭示变量间的联系。可以揭示同一变量各个类别之间的差异,以及不同变量各个类别之间的对应关系。

8.1.1 样品与变量间的关系

在经济管理数据的统计分析中,经常要处理三种关系:

(1)Q 型关系:样品之间的关系。

(2)R 型关系:变量间的关系。

(3)对应型关系:样品与变量间的关系。

如对某一行业所属的企业进行经济效益评价时,不仅要研究经济效益指标间的关系,还要将企业按经济效益的好坏进行分类,研究哪些企业与哪些经济效益指标的关系更密切,为决策部门正确指导企业的生产经营活动提供更多的信息。这就需要有一种统计方法,将企业(样品)和指标(变量)放在一起进行分析、分类、作图,便于做经济意义上的解释。解决这类问题的统计方法就是对应分析。

8.1.2 对应分析的类型

因子分析分为 R 型因子分析和 Q 型因子分析。

1. Q 型因子分析

Q 型因子分析是对样品作因子分析,研究样品之间的相互关系。

2. R 型因子分析

R 型因子分析是对变量作因子分析,研究变量之间的相互关系。

3. 对应型因子分析

对应型因子分析把 R 型因子分析和 Q 型因子分析统一了起来,通过 R 型因子分析直接得到Q型因子分析的结果,同时把变量(指标)和样品反映到相同的坐标轴(因子轴)的一张图形上,用此来说明变量(指标)与样品之间的对应关系。

8.2 对应分析基本原理

8.2.1 列联表分析

对应分析是分析两组或多组变量之间关系的有效方法,在离散情况下,它是从资料出发通过建立因素间的二维或多维列联表来对数据进行分析的。在此我们要问:这种分析是否有意义,或者说对于所给的数据是否值得做这种对应分析。也就是说,通常我们首先需要了解因素间有无联系或是否独立。这一节我们将介绍对应分析与独立性检验的内在关系,以此说明应用对应分析方法解决实际问题时应避免盲目性,需先进行因素的独立性检验。一般用 χ^2 检验来分析因素之间的关系。

表 8-1 的二维列联表可表示为

$$K=(k_{ij})_{r\times c}$$

表 8-1 一般的二维列联表

		因素 B				
		B_1	B_2	…	B_c	
因素 A	A_1	k_{11}	k_{12}	…	k_{1c}	$k_{1.}$
	A_2	k_{21}	k_{22}	…	k_{2c}	$k_{2.}$
	⋮	⋮	⋮	⋮	⋮	⋮
	A_r	k_{r1}	k_{r2}	…	k_{rc}	$k_{r.}$
		$k_{.1}$	$k_{.2}$	…	$k_{.c}$	$k_{..}$

其中:

$$k_{i.}=\sum_{j=1}^{c}k_{ij},k_{.j}=\sum_{i=1}^{r}k_{ij},k_{..}=\sum_{i=1}^{r}\sum_{j=1}^{c}k_{ij}$$

其频率阵为 $\boldsymbol{F}=(f_{ij})_{r\times c}$。用 $f_{i.}$ 表示因素 A 中第 i 水平发生时的概率;$f_{.j}$ 表示因素 B 中第 j 水平发生时的概率,那么其估计值分别为:

$$\widehat{f_{ij}}=\frac{k_{ij}}{k_{..}},\widehat{f_{i.}}=\frac{k_{i.}}{k_{..}},\widehat{f_{.j}}=\frac{k_{.j}}{k_{..}}$$

这里我们关心的是因素 A 和因素 B 是否独立,由此提出要检验的问题是:

H_0: 因素 A 和因素 B 是独立的

H_1: 因素 A 和因素 B 不独立

当 H_0 成立时，$f_{ij}=k_{ij}/k_{..}=k_{i.}k_{.j}/k_{..}$，由上面的假设所构造的统计量为

$$\begin{aligned}\chi^2 &= \sum_{i=1}^{r}\sum_{j=1}^{c}\frac{|k_{ij}-\hat{E}(k_{ij})|^2}{\hat{E}(k_{ij})} \\ &= \sum_{i=1}^{r}\sum_{j=1}^{c}\frac{(k_{ij}-k_{i.}k_{.j}/k_{..})^2}{k_{i.}k_{.j}/k_{..}} \\ &= k_{..}\sum_{i=1}^{r}\sum_{j=1}^{c}z_{ij}^2\end{aligned} \tag{8-1}$$

其中：

$$z_{ij}=(k_{ij}-k_{i.}k_{.j}/k_{..})/\sqrt{k_{i.}k_{.j}} \tag{8-2}$$

当假设 H_0: 因素 A 和因素 B 是独立的成立时，在 $r\times c$ 足够大的条件下，χ^2 服从自由度为 $(r-1)(c-1)$ 的 χ^2 分布，拒绝域为

$$\chi^2>\chi^2_{1-\alpha}[(r-1)(c-1)] \tag{8-3}$$

独立性检验只能判断因素 A 和因素 B 是否独立。如果因素 A 和因素 B 独立，则没有必要进行对应分析；如果因素 A 和因素 B 不独立，可以进一步通过对应分析考察两因素各个水平之间的相关关系。

【例 8.1】 收入与职业满意度的调查分析：将一个由 1 090 人组成的样本按 5 个收入类别和 4 个职业满意度进行交叉分类，所得结果见表 8-2，试探讨收入和职业满意度之间是否有关联。

表 8-2 收入与职业满意度的调查结果

收入	很不满意	有些不满	比较满意	很满意
<1 万	42	82	67	55
[1 万, 3 万)	35	62	165	118
[3 万, 5 万)	13	28	92	81
[5 万, 10 万)	7	18	54	75
>=10 万	3	7	32	54

下面对例 8.1 数据进行 χ^2 检验。

In

```
import pandas as pd
d81=pd.read_excel('mvsData.xlsx','d81',index_col=0); d81
```

Out

```
                很不满意  有些不满  比较满意   很满意
<1 万              42        82        67        55
[1 万 ,3 万 )      35        62       165       118
[3 万 ,5 万 )      13        28        92        81
[5 万 ,10 万 )      7        18        54        75
>=10 万             3         7        32        54
```

In

```
from scipy import stats
chi2=stats.chi2_contingency(d81)  # 列联表卡方检验
print('卡方值 =%.4f,   P 值 =%.4g'%(chi2[0],chi2[1]))
print('\n 理论频数 :\n',chi2[3].round(4))
```

Out

```
卡方值 =118.0959,   P 值 =1.48e-19

理论频数 :
[[ 22.5688   44.4606   92.5321   86.4385]
 [ 34.8624   68.6789  142.9358  133.5229]
 [ 19.633    38.6771   80.4954   75.1945]
 [ 14.1284   27.833    57.9266   54.1119]
 [  8.8073   17.3505   36.1101   33.7321]]
```

由于 χ^2 值等于 118.095 9，$P<0.05$，所以拒绝原假设 H_0，认为因素 A 和因素 B 不独立，即收入与职业满意度之间有密切联系，可以进一步做对应分析。

8.2.2 对应分析方法

在因子分析中，可以用较少的公共因子来提取样本数据的绝大部分信息。这样就可以考察较少的因素而获得足够的信息。而 R 型因子分析和 Q 型因子分析，即对变量和样品分别作因子分析，并没有考虑变量和样品之间的联系，损失了一部分信息。此外，在实际问题中，样品的数目远大于变量的数目，在进行 Q 型因子分析时，计算工作量远大于 R 型因子分析。

实际上，Q 型因子分析与 R 型因子分析分别反映了整体的不同侧面，因此它们之间也必然有内在的联系。对应分析就是通过巧妙的数学变换，把 Q 型与 R 型因子分析有机地结合起来。具体来说，通过一个过渡矩阵 $\boldsymbol{Z}$（见式 8-2），对数据进行处理，得到变量的乘积矩阵 $\boldsymbol{A}=\boldsymbol{Z}'\boldsymbol{Z}$ 与样品的乘积矩阵 $\boldsymbol{B}=\boldsymbol{Z}\boldsymbol{Z}'$。根据矩阵的代数性质，矩阵 $\boldsymbol{A}$ 与 $\boldsymbol{B}$ 有相同的非零特征根，记为 $\lambda_1 \geqslant \lambda_2 \geqslant \cdots \geqslant \lambda_p$。进一步地，若矩阵 $\boldsymbol{A}$ 的特征根 λ_i 对应的特征向量为 $\boldsymbol{U}_i$，则 $\boldsymbol{B}$ 对应的特征向量就是 $\boldsymbol{Z}\boldsymbol{U}_i=\boldsymbol{V}_i$。这样就可以很方便地从 R 型因子分析得到 Q 型因子分析的结果。下面给出对应分析具体的数学变换过程。

设有 n 个样品，每个样品有 p 个变量，即资料阵为

$$\boldsymbol{X}=\begin{bmatrix} x_{11} & x_{12} & \cdots & x_{1p} \\ x_{21} & x_{22} & \cdots & x_{2p} \\ \vdots & \vdots & & \vdots \\ x_{n1} & x_{n2} & \cdots & x_{np} \end{bmatrix}_{n\times p}=(x_{ij})_{n\times p}$$

对 $\boldsymbol{X}$ 的元素 x_{ij} 要求都大于等于 0（否则，对所有数据同加上一个数使其满足大于等于 0）。

现在，我们既需要对变量求它的主因子，又需要对样品求主因子。

假设数据阵 $\boldsymbol{X}$ 的样品协方差阵为 $\boldsymbol{S}_1$，而将样品看成变量时，设它的协方差阵为 $\boldsymbol{S}_2$，

显然，$\boldsymbol{S}_1$ 和 $\boldsymbol{S}_2$ 的非零特征根并不一样。能否把数据阵 $\boldsymbol{X}$ 变换成 $\boldsymbol{Z}$，使得 $\boldsymbol{Z}'\boldsymbol{Z}$ 和 $\boldsymbol{Z}\boldsymbol{Z}'$ 能起到 $\boldsymbol{S}_1$ 和 $\boldsymbol{S}_2$ 的作用。

由于 $\boldsymbol{Z}'\boldsymbol{Z}$ 和 $\boldsymbol{Z}\boldsymbol{Z}'$ 有相同的非零特征根，它们相应的特征向量也有密切的关系，在计算时可带来许多方便。下面首先介绍如何从原始数据 $\boldsymbol{X}$ 转化为 $\boldsymbol{Z}$。用 $x_{i.}$、$x_{.j}$ 和 $x_{..}$ 分别表示 $\boldsymbol{X}$ 的行和、列和与总和。即：

$$\begin{array}{ccccc|c} x_{11} & \cdots & x_{1j} & \cdots & x_{1p} & x_{1.} \\ \vdots & & \vdots & & \vdots & \vdots \\ x_{i1} & \cdots & x_{ij} & \cdots & x_{ip} & x_{i.} \\ \vdots & & \vdots & & \vdots & \vdots \\ x_{n1} & \cdots & x_{nj} & \cdots & x_{np} & x_{n.} \\ \hline x_{.1} & \cdots & x_{.j} & \cdots & x_{.p} & x_{..} \end{array} \qquad \begin{array}{ccccc|c} p_{11} & \cdots & p_{1j} & \cdots & p_{1p} & p_{1.} \\ \vdots & & \vdots & & \vdots & \vdots \\ p_{i1} & \cdots & p_{ij} & \cdots & p_{ip} & p_{i.} \\ \vdots & & \vdots & & \vdots & \vdots \\ p_{n1} & \cdots & p_{nj} & \cdots & p_{np} & p_{n.} \\ \hline p_{.1} & \cdots & p_{.j} & \cdots & p_{.p} & p_{..} \end{array}$$

其中：$x_{i.}=\sum_{j=1}^{p}x_{ij}$，$x_{.j}=\sum_{i=1}^{n}x_{ij}$，$x_{..}=\sum_{i=1}^{n}\sum_{j=1}^{p}x_{ij}$

令 $\boldsymbol{P}=\boldsymbol{X}/x_{..}=(p_{ij})$，即 $p_{ij}=x_{ij}/x_{..}$。不难看出，$0<p_{ij}<1$，且 $\sum_{i=1}^{n}\sum_{j=1}^{p}p_{ij}=1$，因而 p_{ij} 可解释为“概率”。类似地，用 $p_{i.}$、$p_{.j}$ 分别表示 $\boldsymbol{P}$ 阵的行和和列和。

进一步做概率的标准化变换：

$$z_{ij}=(p_{ij}-p_{i.}p_{.j})/\sqrt{p_{i.}p_{.j}}=(x_{ij}-x_{i.}x_{.j}/x_{..})/\sqrt{x_{i.}x_{.j}} \tag{8-4}$$

于是得过渡矩阵：

$$\boldsymbol{Z}=\begin{pmatrix} z_{11} & z_{12} & \cdots & z_{1p} \\ z_{21} & z_{22} & \cdots & z_{2p} \\ \vdots & \vdots & & \vdots \\ z_{n1} & z_{n2} & \cdots & z_{np} \end{pmatrix}_{n\times p}=(z_{ij})_{n\times p} \tag{8-5}$$

设 $\boldsymbol{A}=\boldsymbol{Z}'\boldsymbol{Z}$,即变量的协方差阵可以表示成 $\boldsymbol{Z}'\boldsymbol{Z}$ 的形式。

类似地可以求样品的协方差阵,最后可得 $\boldsymbol{B}=\boldsymbol{Z}\boldsymbol{Z}'$。

定理:设 $\boldsymbol{A}=\boldsymbol{Z}'\boldsymbol{Z}$,$\boldsymbol{B}=\boldsymbol{Z}\boldsymbol{Z}'$,$\lambda_i$ 是 $\boldsymbol{A}$ 的非零特征根,$\boldsymbol{e}_i$ 为 $\boldsymbol{B}$ 的特征向量,则有:

(1)$\boldsymbol{A}$ 与 $\boldsymbol{B}$ 的所有非零特征根相等。

(2)$\boldsymbol{B}$ 的非零特征根 λ_i 所对应的特征向量为 $\boldsymbol{Z}'\boldsymbol{e}_i$。

此定理告诉我们只需从 $\boldsymbol{A}$ 出发进行 R 型因子分析,就可容易地得到 Q 型因子分析的结果,另外 $\boldsymbol{A}$ 与 $\boldsymbol{B}$ 具有相同的非零特征根,注意到特征根是对应的公因子所提供的方差贡献这一事实,那么就可以用相同的公因子轴去表示变量和样品。

上述对应分析的推导主要是针对定量数据进行的。对定性数据,以往在分析时只是通过列联表来表现它们之间的关系,通过 χ^2 检验来分析它们之间的关系。如果仅仅是两个变量,且每个变量类别较少的时候表现得比较清楚,但在每个变量划分为多个类别的情况下就很难直观地揭示出变量之间的内在联系。对应分析方法的运用可有效地解决这些问题。对应分析通过变量变换的方法对数据进行因子分析,变换后的过渡矩阵与数据的单位和尺度已无关系,所以对定性数据也可以进行对应分析。

8.3 对应分析计算步骤

8.3.1 对应分析值

设有 p 个变量的 n 个样本观测数据矩阵 $\boldsymbol{X}=(x_{ij})_{n\times p}$,其中 $x_{ij}>1$。对数据矩阵 $\boldsymbol{X}$ 作对应分析的具体步骤如下:

(1)由数据矩阵 $\boldsymbol{X}$,计算规格化的概率矩阵 $\boldsymbol{P}=(p_{ij})_{n\times p}$。

(2)计算过渡矩阵 $\boldsymbol{Z}=(z_{ij})_{n\times p}=\left(\dfrac{p_{ij}-p_{i.}p_{.j}}{\sqrt{p_{i.}p_{.j}}}\right)_{n\times p}=\left(\dfrac{x_{ij}-x_{i.}x_{.j}/x_{..}}{\sqrt{x_{i.}x_{.j}}}\right)_{n\times p}$。

(3)进行 R 型因子分析。计算 $\boldsymbol{A}=\boldsymbol{Z}'\boldsymbol{Z}$ 的特征根 $\lambda_1\geqslant\lambda_2\geqslant\cdots\geqslant\lambda_p$,按照累积百分比 $\sum\limits_{i=1}^{m}\lambda_i/\sum\limits_{i=1}^{p}\lambda_i\geqslant 85\%$,取前 m 个特征根 $\lambda_1,\lambda_2,\cdots,\lambda_m$,并计算相应的单位特征向量 $\boldsymbol{u}_1,\boldsymbol{u}_2,\cdots,\boldsymbol{u}_m$ 得到因子载荷矩阵:

$$\boldsymbol{F}=\begin{pmatrix}\sqrt{\lambda_1}u_{11} & \sqrt{\lambda_2}u_{12} & \cdots & \sqrt{\lambda_m}u_{1m}\\ \sqrt{\lambda_1}u_{21} & \sqrt{\lambda_2}u_{22} & \cdots & \sqrt{\lambda_m}u_{2m}\\ \vdots & \vdots & & \vdots\\ \sqrt{\lambda_1}u_{p1} & \sqrt{\lambda_2}u_{p1} & \cdots & \sqrt{\lambda_m}u_{pm}\end{pmatrix}$$

（4）进行 Q 型因子分析。由上述求得的特征根，计算 $\boldsymbol{B}=\boldsymbol{ZZ}'$所对应的单位特征向量 $\boldsymbol{Ze}_i=\boldsymbol{v}_i$，得到因子载荷矩阵：

$$
\boldsymbol{G}=\begin{pmatrix}
\sqrt{\lambda_1}v_{11} & \sqrt{\lambda_2}v_{12} & \cdots & \sqrt{\lambda_m}v_{1m} \\
\sqrt{\lambda_1}v_{21} & \sqrt{\lambda_2}v_{22} & \cdots & \sqrt{\lambda_m}v_{2m} \\
\vdots & \vdots & & \vdots \\
\sqrt{\lambda_1}v_{n1} & \sqrt{\lambda_2}v_{n2} & \cdots & \sqrt{\lambda_m}v_{nm}
\end{pmatrix}
$$

Python 的 prince 包中有一个简单的函数 CA 可以用来进行对应分析。

对应分析函数 CA 的用法如下：

```
CA().fit(X)
X 为数据矩阵（框），通常是频数表数据
```

（5）对应分析图。采用函数 plot_coordinates 作变量与样本的散点图，分析 F_1–F_2 上的变量之间的关系，分析 G_1–G_2 上的样品之间的关系；同时可综合分析变量和样品之间的关系。

8.3.2 实证分析

下面是对例 8.1 数据所做的对应分析的结果。

（1）进行对应分析。

In	#!pip install prince

In	from prince import CA # 对应分析
	ca1=CA().fit(d81)

In	F=ca1.row_coordinates(d81) # 行坐标
	print(F)

Out	0 1 <1 万 0.514 -0.090 [1 万 ,3 万) -0.009 0.123 [3 万 ,5 万) -0.170 0.069 [5 万 ,10 万) -0.288 -0.130 >=10 万 -0.441 -0.203

In	G=ca1.column_coordinates(d81) # 列坐标
	print(G)

Out

	0	1
很不满意	0.513	−0.008
有些不满	0.473	−0.067
比较满意	−0.098	0.147
很满意	−0.272	−0.121

（2）根据上述数据作对应图。

In

```
import matplotlib.pyplot as plt   # 加载基本绘图包
plt.rcParams['font.sans-serif']=['SimHei'];   # 设置中文字体为黑体
plt.rcParams['axes.unicode_minus']=False;   # 正常显示图中正负号
ca1.plot_coordinates(d81); # 对应分析图
```

Out

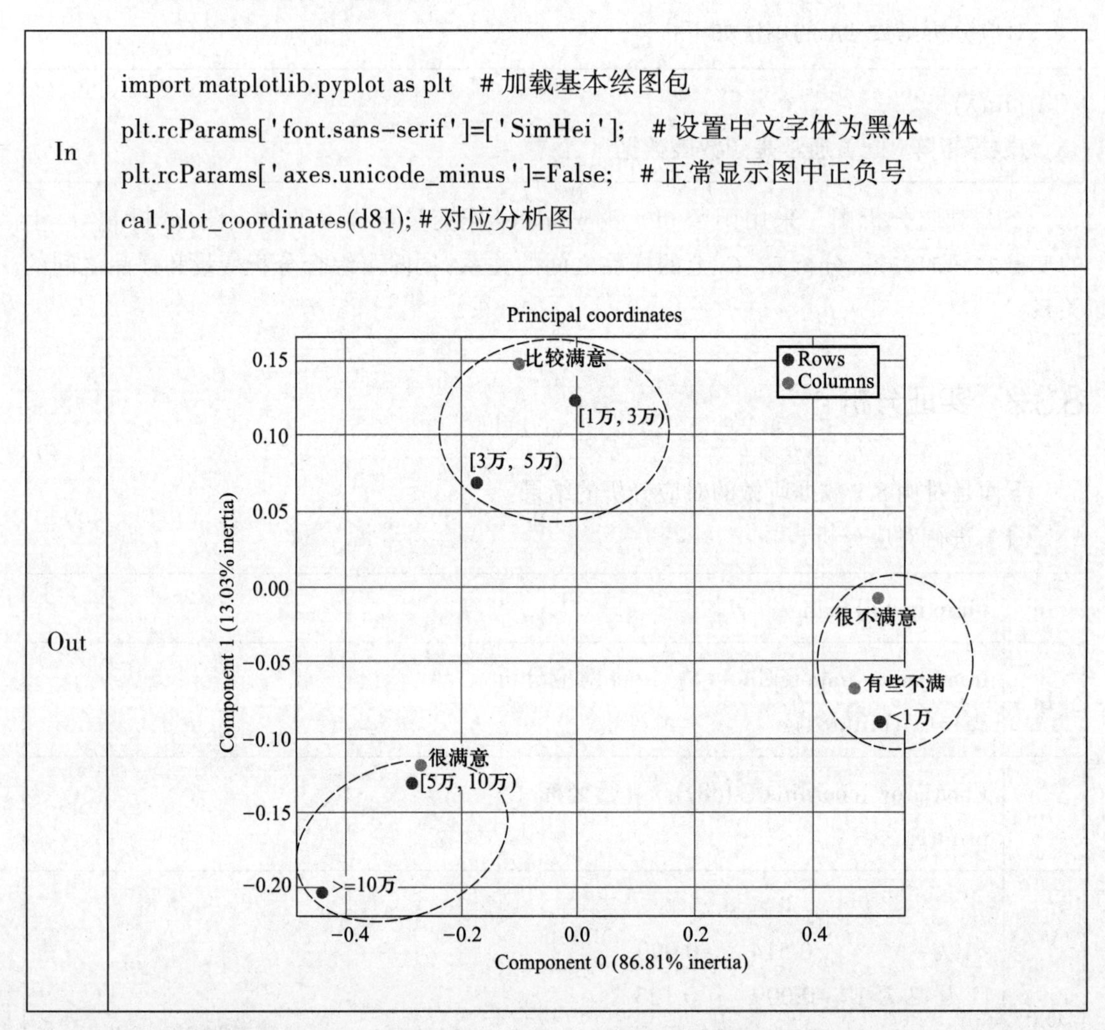

（3）对应分析结果。

根据上图可将样本和变量分为三组：

第一组：变量：<1 万

　　　　样品：有些不满、很不满意

第二组：变量：[1 万，3 万)、[3 万，5 万)

　　　　样品：比较满意

第三组：变量：[5 万，10 万）、≥ 10 万

样品：很满意

在图形中，相似的类会聚在一起，靠得很近，因而根据两种定性变量（收入与职业满意度）之间的距离，就可以得出两个变量的哪些类相似，从而进行分组。根据分组情况，可以看出收入在 1 万元以下的人对自己的职业有些不满或者很不满意，而收入在 1 万到 5 万元之间的人对自己的职业感到比较满意，而收入在 5 万元以上的人对自己的职业大都感到很满意。

【例 8.2】 利用全国 31 个省、自治区、直辖市 1997 年各种经济类型资产占总资产比重的数据作对应分析。本例共考虑 6 个变量，分别是国有经济 / 总资产、集体经济 / 总资产、联营经济 / 总资产、股份制经济 / 总资产、外商投资经济 / 总资产、港澳台投资经济 / 总资产，数据见表 8-3。

表 8-3 全国 31 个省、自治区、直辖市按各种经济类型资产占总资产比重 单位：%

地区	国有经济	集体经济	联营经济	股份制经济	外商投资经济	港澳台投资经济
北京	64.923	9.978	0.917	3.123	15.355	5.502
天津	54.626	8.076	1.152	4.887	24.337	6.123
河北	65.573	17.008	0.234	5.744	6.067	4.545
山西	79.696	13.875	0.120	3.047	1.855	1.345
内蒙古	78.670	9.146	0.190	5.360	3.487	2.444
辽宁	67.643	11.246	0.480	6.851	9.581	3.172
吉林	77.543	8.899	0.099	6.603	5.136	1.400
黑龙江	76.705	8.891	0.088	8.034	3.967	2.081
上海	47.414	7.972	2.421	12.517	23.227	6.449
江苏	38.035	31.643	1.573	7.001	12.828	7.804
浙江	35.546	37.345	0.762	10.307	9.272	5.471
安徽	54.807	18.217	0.269	18.416	5.111	1.623
福建	33.717	9.201	1.128	6.552	15.525	32.642
江西	75.864	13.878	0.309	2.630	5.508	1.289
山东	55.759	23.873	0.210	6.747	9.376	3.570
河南	64.351	17.826	0.278	9.127	3.278	4.217
湖北	61.639	14.863	0.550	13.431	7.068	2.252
湖南	73.401	16.534	0.084	3.505	4.075	1.622

续表

地区	国有经济	集体经济	联营经济	股份制经济	外商投资经济	港澳台投资经济
广东	29.000	14.267	1.099	7.634	16.066	31.467
广西	65.484	16.093	0.353	6.972	7.865	2.689
海南	50.979	2.691	0.908	18.364	13.156	12.736
重庆	67.535	12.730	0.222	8.733	7.155	2.794
四川	66.010	13.463	0.295	14.922	2.797	1.456
贵州	82.825	8.660	0.834	4.125	1.913	1.309
云南	76.543	11.113	0.275	7.372	2.640	1.811
西藏	77.082	10.634	4.661	2.476	2.379	2.282
陕西	80.185	8.742	0.249	4.096	3.394	3.149
甘肃	82.696	9.909	0.099	4.503	1.443	1.264
青海	89.509	3.964	0.109	5.235	0.281	0.642
宁夏	76.352	8.235	0.209	7.933	6.075	0.885
新疆	84.105	8.384	0.433	3.146	1.157	2.458

（1）进行对应分析。

In
```
d82=pd.read_excel('pymvstats1.xlsx','d82',index_col=0);
ca2=CA().fit(d82)
ca2.row_coordinates(d82)        #行坐标
ca2.column_coordinates(d82)     #列坐标
```

Out
```
Rows:
              0        1
北京      0.122   -0.078
天津      0.346   -0.029
河北     -0.044    0.075
山西     -0.312   -0.048
内蒙古   -0.246   -0.139
 …          …        …
陕西     -0.235   -0.178
甘肃     -0.341   -0.136
青海     -0.427   -0.287
```

<table>
<tr><td>Out</td><td>宁夏 -0.238 -0.087
新疆 -0.317 -0.211
Columns:
0 1
国有经济 -0.216 -0.102
集体经济 0.083 0.489
联营经济 0.408 -0.020
股份制经济 0.144 0.202
外商投资经济 0.630 0.096
港澳台投资经济 1.377 -0.376</td></tr>
</table>

（2）作对应分析图。

<table>
<tr><td>In</td><td>ca2.plot_coordinates(d82);</td></tr>
<tr><td>Out</td><td>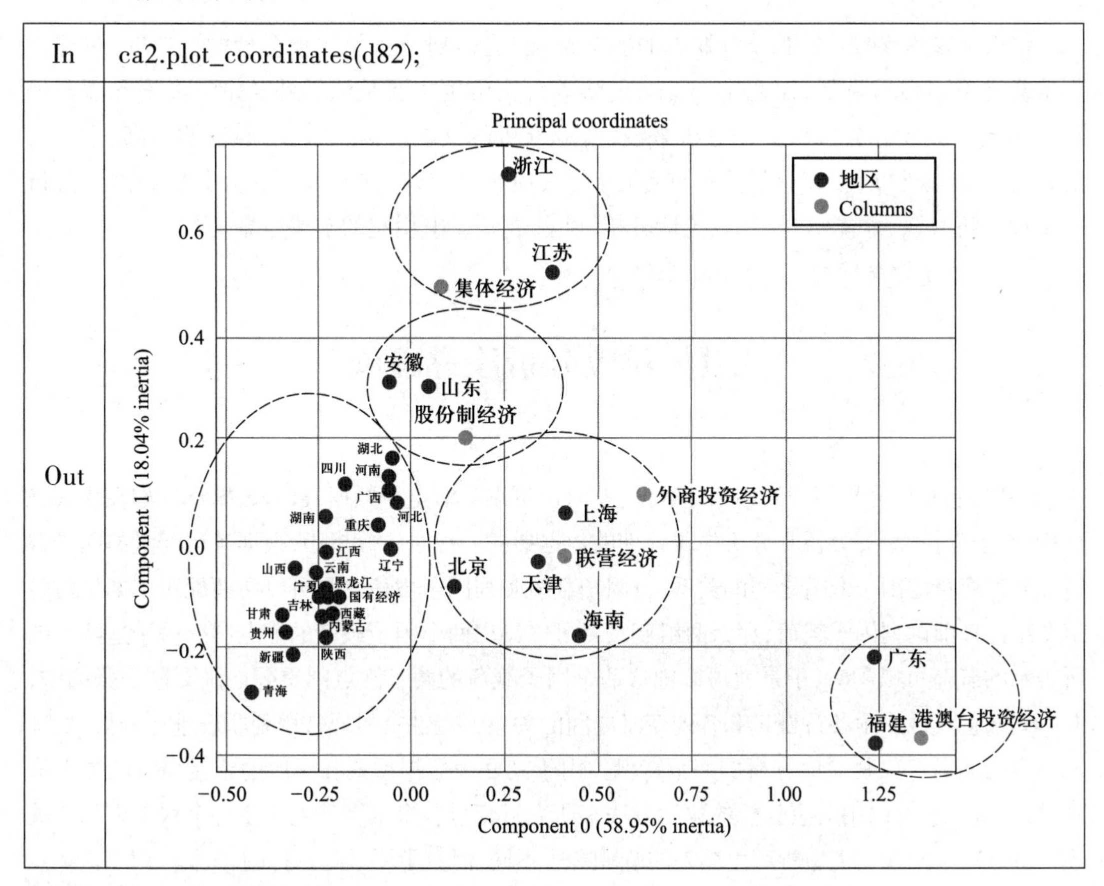</td></tr>
</table>

（3）对应分析结果。

根据上图可将样品和变量分为五类：

第一类：变量：港澳台投资经济

样品：广东、福建

第二类：变量：外商投资经济、联营经济

样品：北京、天津、上海、海南

第三类：变量：集体经济

样品：浙江、江苏

第四类：变量：股份制经济

样品：安徽、山东

第五类：变量：国有经济

样品：其他省份

第一类中，样品为广东、福建，这两个省份临近港澳台，所以港澳台投资经济占主导。第二类中，样品为北京、天津、上海、海南，这些为直辖市或经济特区，所以以外商投资经济和联营经济为主。第三类中，样品为浙江、江苏，是集体经济的大省。第四类中，样品为安徽、山东，是股份制经济搞得较好的省份。第五类为其他省份，这些省份由于传统因素的影响还是以国有经济为主。

结合1997年我国各地经济发展的实际情况，这样划分还是比较合理的。广东、福建主要依靠港澳台经济发展，而北京、天津、上海等直辖市也主要是依靠外商投资经济和联营经济。相较于主成分分析和因子分析来说，对应分析所反映的信息太少，准确性不高，主要目的是将数据降维，所以在分析实际问题的时候，应当结合对应分析、主成分分析和因子分析等多种分析方法，才能够全面、系统地分析问题，进而提出相应的解决方案。

8.4　对应分析注意事项

一般地，对应分析用于处理定性数据，有时也可以分析定量数据，这些数据具有如在主成分分析、因子分析、聚类分析等分析中所处理的数据形式。在对应分析中，根据各行变量的因子载荷和各列变量的因子载荷之间的关系，行因子载荷和列因子载荷之间可以两两配对。如果对每组变量选择前两列因子载荷，那么两组变量就可以画出两个因子载荷的散点图。由于这两个图所表示的载荷可以配对，于是就可以把这两个因子载荷的两个散点图重叠地画到同一张图中，并以此来直观地显示各行变量和各列变量之间的关系。定性资料通常用列联表进行分析，处理列联表的问题仅仅是对应分析的一个特例。由于列联表数据形式和一般的定量变量的数据形式类似，所以也可以用对应分析的数学方法来研究行变量各个水平和列变量各个水平之间的关系。虽然对不同数据类型所产生结果的解释有所不同，但数学原理是一样的。

对应分析的基础是交叉汇总表（即列联表），一般使用卡方检验和逻辑回归等方法，也表示行、列的对应关系。对应分析、因子分析或主成分分析虽然都是多变量统计分析，但对应分析的目的与因子分析或主成分分析的目的是完全不同的。前者是通过图形直观地表现变量所含类别间的关系，后者则是为了降维。

另外，我们在进行对应分析时还需注意以下几个问题：

（1）不能用于相关关系的假设检验。它只能说明两个变量之间的联系，而不能说明这两个变量存在的关系是否显著，只是用来揭示这两个变量内部类别之间的关系。

（2）维度由变量所含的最小类别决定。由于维度取舍不同其所包含的信息量也有所不同，一般来讲如果各变量所包含的类别较少，则在两个维度进行对应分析时损失的信息量最少。对应分析输出的图形通常是二维的，这是一种降维的方法，将原始的高维数据按一定规则投影到二维图形上。而投影可能引起部分信息丢失。

（3）对极端值比较敏感。

（4）研究对象要有可比性，变量的类别应涵盖所有情况。

（5）不同标准化分析的结果不同，原始数据需进行无量纲化处理。

在解释图形变量类别间关系时，要注意所选择的数据标准化方式，不同的标准化方式会导致类别在图形上的不同分布。

案例 8：对应分析在农民收入中的应用

一、案例介绍

下面就不同的文化程度和不同的收入来源对广东省农民收入水平的影响给出对应分析。

二、指标选择和数据管理

根据统计年鉴上的口径，农民家庭纯收入等级分为 5 个水平：低收入户、中低收入户、中等收入户、中高收入户、高收入户。

平均每百个劳动力的文化程度分为 6 个等级：文盲或半文盲、小学程度、初中程度、高中程度、中专程度、大专程度。

总收入按收入的性质或来源分为 4 个：工资性收入、家庭经营收入、转移性收入和财产性收入。其中工资性收入又分为 4 个方面：在非企业组织中得到的收入、在本地企业中得到的收入、常住人口外出从业得到的收入和其他工资性收入。数据收集如图 8-1，数据来源于《广东统计年鉴 2006》。

项目	低收入户	中低收入户	中等收入户	中高收入户	高收入户
文盲或半文盲	13.53	3.68	3.51	3.09	2.24
小学程度	69.77	29.14	24.99	20.96	19.75
初中程度	97.69	55.28	56.36	57.93	49.85
高中程度	14.00	9.20	11.05	12.54	17.50
中专程度	3.77	2.33	3.28	3.74	6.72
大专程度	1.24	0.37	0.81	1.74	3.94
在非企业组织中得到	52.49	73.87	156.25	227.37	741.94
在本地企业中得到	280.34	257.72	322.94	299.17	1297.58
常住人口外出从业得到	388.23	940.18	1511.76	2484.98	2870.31
其他工资性收入	535.60	358.95	291.32	303.71	475.49
家庭经营收入	3480.68	2069.17	2244.54	2782.37	6479.68
转移性收入	159.99	158.30	239.27	344.35	661.23
财产性收入	34.32	32.57	63.95	119.43	699.20

图 8-1

三、Jupyter 操作

1. 调入数据

In

```
Case8=pd.read_excel( 'mvsCase.xlsx', 'Case8' ,index_col=0);
Case8
```

Out

项目	低收入户	中低收入户	中等收入户	中高收入户	高收入户
文盲或半文盲	13.53	3.68	3.51	3.09	2.24
小学程度	69.77	29.14	24.99	20.96	19.75
初中程度	97.69	55.28	56.36	57.93	49.85
高中程度	14.00	9.20	11.05	12.54	17.50
中专程度	3.77	2.33	3.28	3.74	6.72
大专程度	1.24	0.37	0.81	1.74	3.94

Out	在非企业组织中得到	52.49	73.87	156.25	227.37	741.94
	在本地企业中得到	280.34	257.72	322.94	299.17	1297.58
	常住人口外出从业得到	388.23	940.18	1511.76	2484.98	2870.31
	其他工资性收入	535.60	358.95	291.32	303.71	475.49
	家庭经营收入	3480.68	2069.17	2244.54	2782.37	6479.68
	转移性收入	159.99	158.30	239.27	344.35	661.23
	财产性收入	34.32	32.57	63.95	119.43	699.20

2. 进行卡方检验

In

```
from scipy import stats
dat1=Case8.head(6)   # 文化程度数据
st=stats.chi2_ contingency(dat1)
print(' 卡方值 =%.4f, P 值 =%.4g'%(st[0],st[1]))
```

Out

```
卡方值 =33.3027,   P 值 =0.03125
```

In

```
dat2=Case8.tail(7)   # 总收入数据
st=stats.chi2_ contingency(dat2)
print(' 卡方值 =%.4f, P 值 =%.4g'%(st[0],st[1]))
```

Out

```
卡方值 =3055.5061, P 值 =0
```

可以看到,收入水平与文化程度的 χ^2 统计量为 33.3,收入来源与收入水平的 χ^2 统计量为 3 055.5,在 0.05 的显著性水平下均通过了检验,说明文化程度和收入来源都是影响农民收入的显著性因素。但是在涉及哪种文化程度以及哪种收入来源更能增加农民收入的问题时,这两种方法却无能为力。这时用对应分析能够很好地解决这类问题。运用对应分析,在绘出的对应分析图上能够直观地观察以下三个方面的关系:指标之间的关系;样品之间的关系;指标与样品之间的对应关系。

3. 对应分析

(1) 文化程度对农民家庭纯收入的影响。由协方差矩阵的特征值、贡献率我们知道,两个因子对总方差的贡献分别是 85.94% 和 13.01%,在因子个数的确定中,取累积贡献率 >80% 所对应的因子个数,前两个因子的累积贡献率已达到了 98.95%(85.94%+13.01%),说明前两个主因子已经代表了绝大多数信息了。于是确定主因子个数为 2,用前两个特征值相应的因子载荷向量绘图。

In

```
from prince import CA
Ca1=CA().fit(dat1)
Ca1.row_coordinates(dat1)
Cal.column_coordinates (dat1)
Ca1.plot_coordinates(dat1);
```

Out

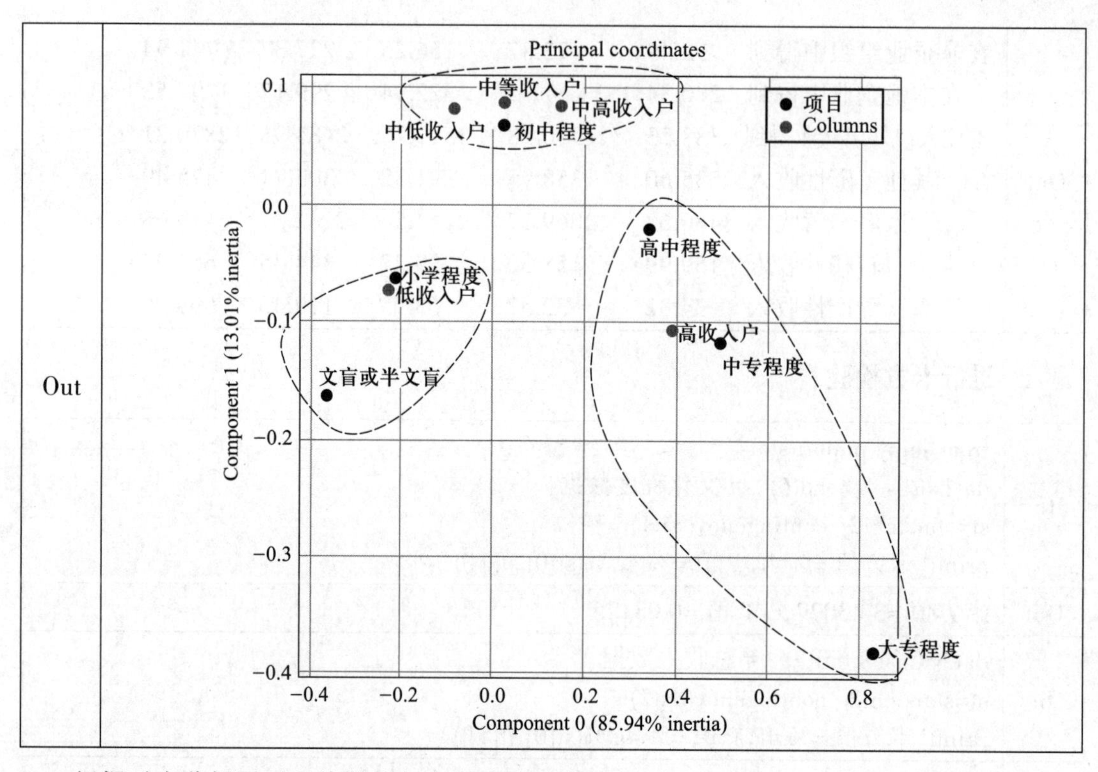

根据对应分析图可以将样品与变量分为三类。

第一类：低收入群体，这一群体与小学程度以下的关联度较高。

第二类：中低、中等以及中高收入群体，他们与初中程度关联性较高。

第三类：高收入群体，对应的是高中、中专和大专的文化程度。

容易看出，文化程度明显与收入水平呈正相关，高文化对应高收入，低文化对应低收入。这点可以这样解释：不同文化程度的农民其收入来源也会有所不同。一般说来，低文化程度的农村劳动力较倾向于固守在农村，从事农林牧渔业或从事家庭经营活动等，但农产品市场的不景气和农村家庭经营收入增长缓慢使得这类文化程度的劳动力处于低收入水平。而较高文化程度的劳动力则较倾向于流向城镇，外出务工而获得收入，或从本地企业和非企业中获得收入。这些解释可以在接下来的分析中得到验证。

在2005年，广东农民的人力资本结构仍然十分不合理，小学以下文化程度的农民虽然较20世纪80年代和90年代有大幅下降，但这并不代表农民的文化程度有所提高。实际上在广大农村，初中文化程度的劳动力仍占了大部分，2005年有将近一半的农村劳动力为初中文化，与此相对应，农村大多数都是中等或中等上下的家庭户。

（2）不同收入来源对农民家庭纯收入水平的关联情况分析。

In

```
Ca2=CA().fit(dat2)
Ca2.row_coordinates(dat2)
Ca2. column_coordinates(dat2)
Ca2.plot_coordinates (dat2);
```

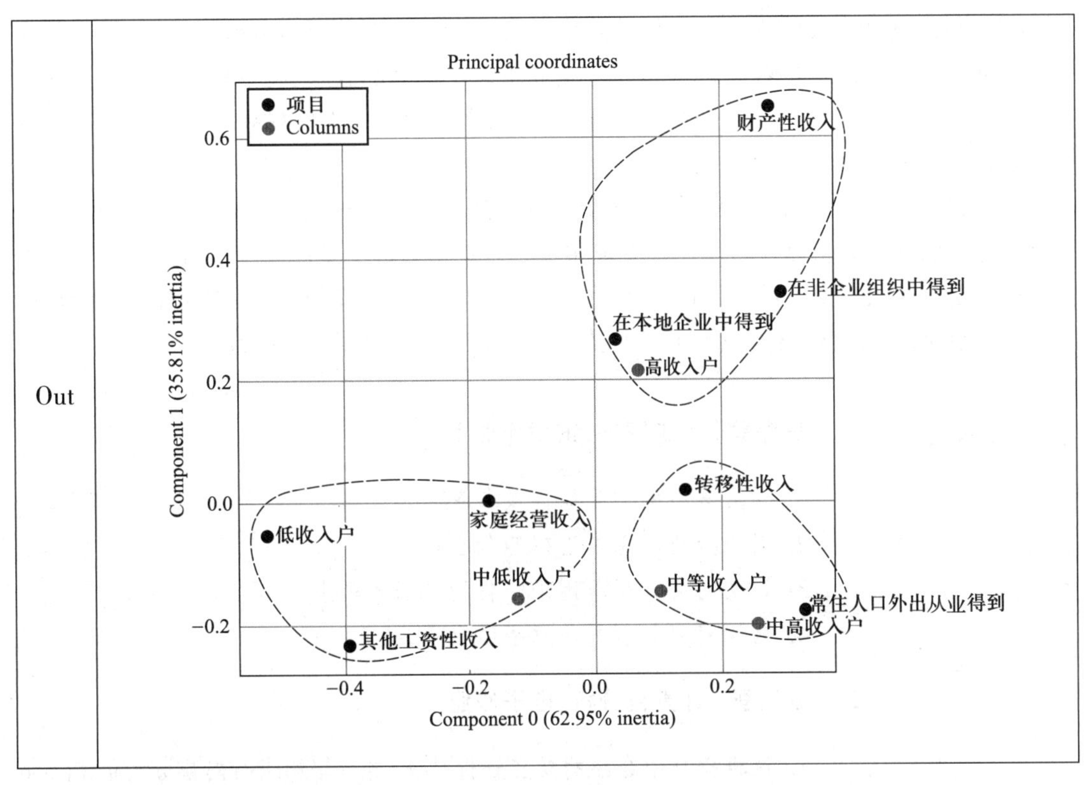

根据对应分析图可以将广东省农民的收入来源与收入水平的相关关系分为三类。

第一类：收入水平：中低收入户、低收入户。

　　　　收入来源：家庭经营收入、其他工资性收入。

第二类：收入水平：中等收入户、中高收入户。

　　　　收入来源：常住人口外出从业得到收入、转移性收入。

第三类：收入水平：高收入户。

　　　　收入来源：在非企业组织中得到收入、在本地企业中得到收入、财产性收入。

根据这种分类结果可分析得到如下结果：

（1）家庭经营收入以及其他工资性收入并不能使农民富裕起来。这一方面可能是因为农村市场的狭小使得家庭经营收入不高，另一方面也可能是因为农产品市场不景气，价格低下而造成农民收入不高。其他工资性收入是农民在出卖劳动得到的零星的收入，这种收入来源对农民增收作用不大。

（2）常住人口外出务工可以增加农民收入，转移性收入对农民增收有些许作用。中等收入户以及中高等收入户与常住人口外出从业相关性较高，说明人口外出从业比起家庭经营收入来说，更能增加农民收入。我们应该大力转移农村剩余劳动力，鼓励农民外出务工。转移性收入是农村住户在二次分配中的所有收入，包括在外人口寄回和带回、农村以外亲友赠送的收入、调查补贴、保险赔款、救济金、奖励收入、土地征用补偿收入等，这些收入大多属于“输血型”收入，对农民增收的效果本来是非常有限的，但对于粤北贫困山区的农民来说，作用力却有所显示。

（3）最能增加农民收入的是城镇化给农民带来的收入。从对应分析图可以看出，与农村高收入户关联度最高的收入来源是在非企业组织中得到的收入、在本地企业中得到的收入和财产性收入。城镇化会带来当地企业的发展，也可以给广大农村剩余劳动力带来广阔的就业途径，是农民增收的第一大动力。

从农村居民收入的来源和结构看，工资性收入逐渐成为农村居民收入的主要增收渠道，而这部分的收入主要依靠农村居民在企业中获得就业机会即主要取决于农村居民的人力资本。所以要优化人力资本结构。而要优化人力资本结构，一要靠教育提高农民的文化素质；二要靠城镇化，一方面吸引优秀人才下基层，另一方面转移农村剩余劳动力。

思考与练习

一、思考题（手工解答，纸质作业）

1. 对应分析的产生原因及背景是什么？
2. 对应分析的基本思想是什么？
3. 说明对应分析与因子分析的区别和联系。
4. 应用对应分析的注意事项有哪些？

二、练习题（计算机分析，电子作业）

1. 试根据书中介绍的对应分析原理，自行编制进行对应分析的Python函数。

2. 将由1 660个人组成的样本按心理健康状况和社会经济状况进行交叉分组，分组结果如表8-4。试对这组数据实施对应分析，解释所得结果，了解数据间的联系能否很好地在二维图中反映。

表8-4　心理健康状况与社会经济状况数据表

心理健康状况	父母社会经济状况				
	高	中高	中	中低	低
良好	121	57	72	36	21
轻微症状	188	105	141	97	71
中等症状	112	65	77	54	54
受损	86	60	94	78	71

资料来源：L. Srole，et al. Mental health in the metropolis：The Midtown Manhatten Study［M］. New York：Harper & Row，1975.

3. 当今世界经济、科技发展迅速，市场竞争越演越烈。市场竞争实质是科技的竞争，而科技竞争的重要形式则是专利竞争。专利是实现科学技术经济价值的重要形式，也是参与市场竞争的强有力武器，更是改革和发展的助推器。我国的专利法将专利分为三类，分别是发明专利、实用新型专利和外观设计专利。

由于各种专利类型的申请和授权量会受所在地经济状况、行业性质等因素的影响,所以不同的地区专利类型结构也会不尽相同。试对2005年广东省各市专利类型的申请情况表8–5进行对应分析和比较,并解释其原因。

表8–5 广东省各市专利类型的申请情况

地区	发明	实用新型	外观设计	地区	发明	实用新型	外观设计
广州	2 706	3 735	5 855	江门	200	802	2 279
深圳	14 583	6 766	8 390	佛山	2 016	5 248	11 790
珠海	401	929	788	阳江	24	156	625
汕头	160	689	2 803	湛江	112	153	318
韶关	85	272	104	茂名	22	118	174
河源	10	42	84	肇庆	41	171	163
梅州	30	73	100	清远	20	64	86
惠州	75	377	425	潮州	28	187	1 415
汕尾	28	43	170	揭阳	32	145	470
东莞	553	2 603	6 723	云浮	29	47	91
中山	192	1 263	2 794				

三、案例选题(仿照本章案例完成)

从给定的题目出发,按内容提要、指标选取、数据收集、Python语言计算过程、结果分析与评价等方面进行案例分析。

1. 各地区有害气体平均浓度的对应分析。
2. 对我国国民经济各行业更新改造投资情况进行对应分析。
3. 对我国货币发行增长率进行对应分析。
4. 用对应分析研究2022年我国职工收入与职业满意度之间的关系。
5. 用对应分析研究2010—2022年全国社会消费品零售额的构成。
6. 心理健康状况与家庭经济状况之间的对应分析。
7. 对科技投入与经济发展关系进行研究。
8. 对2022年中国各行业在四大媒介上的广告费用进行研究。
9. 对不同消费者对不同品牌的手机的偏好进行分析。

下篇 多元数据的有监督机器学习

有监督机器学习是从标签化训练数据集中推断出函数和模型的机器学习任务。

这里的训练数据由一组训练实例组成。在监督学习中，每一个例子都由一个输入对象（通常是一个向量）和一个期望的输出值（也被称为监督信号）组成。有监督机器学习算法分析训练数据，并产生一个推断的功能，它可以用于映射新的例子。一个最佳的方案将允许该算法正确地在标签不可见的情况下确定类标签。

用已知某种或某些特性的样本作为训练集，建立一个数学模型（如模式识别中的判别模型、回归分析模型、广义线性模型等），再用已建立的模型来预测未知样本，此种方法称为有监督机器学习，是最常见的机器学习方法。

第 9 章
相关与回归及 Python 分析

本章思维导图

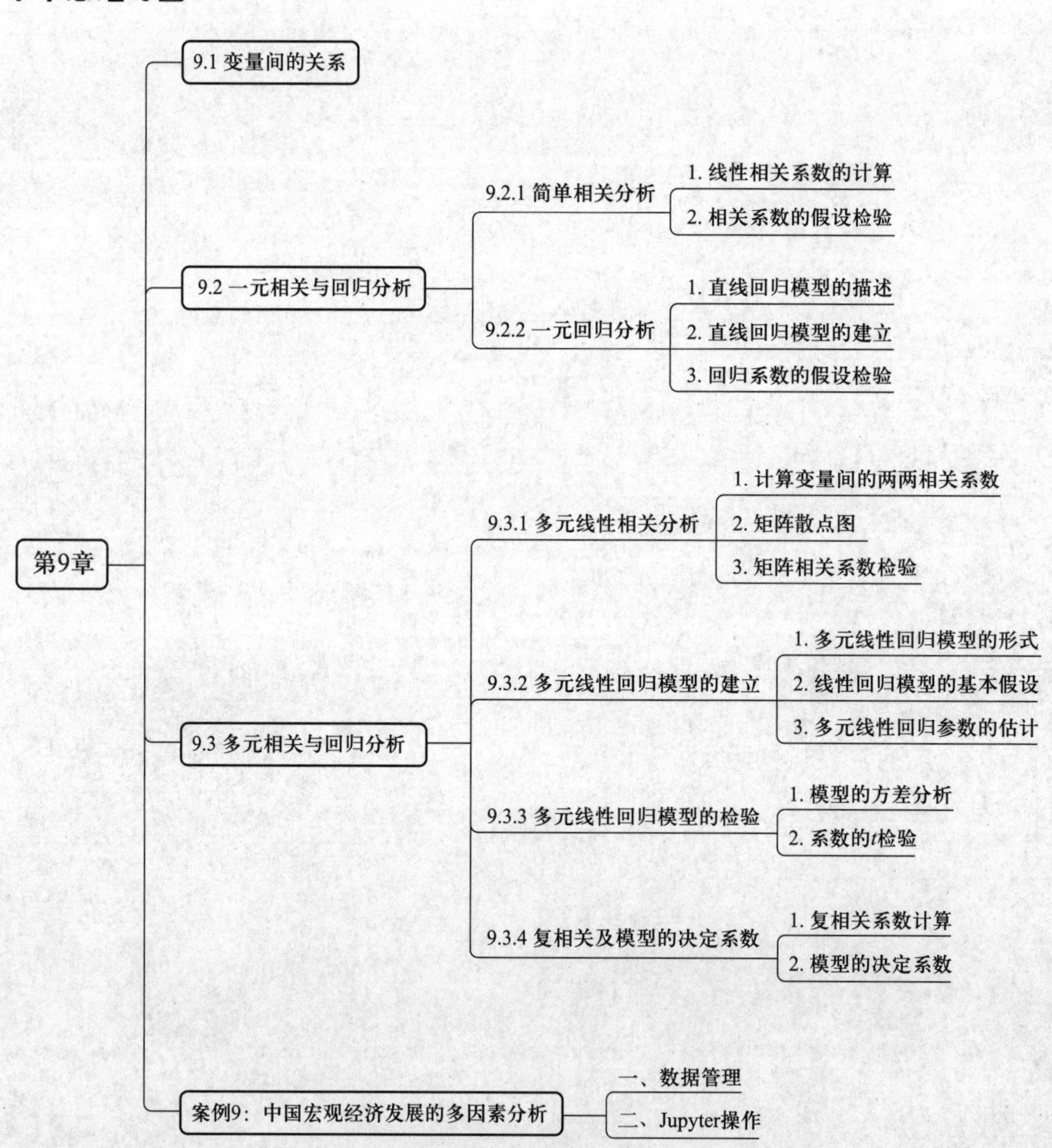

【学习目标】 在学生已具有的(一元)相关与回归分析的基础知识上,掌握和应用多元线性相关与回归分析。

【教学内容】 变量间的关系分析,简单相关与回归分析。多元相关回归分析的目的和基本思想,多元回归分析的数学模型、基本假定和最小二乘方法,回归系数的假设检验。

9.1 变量间的关系

变量间的关系:一类是变量间存在着完全确定性的关系,这类变量间的关系称为函数关系。另一类是变量间不存在完全的确定性关系,不能用精确的数学公式来表示。这些变量间都存在着十分密切的关系,但不能由一个或几个变量的值精确地求出另一个变量的值。这些变量间的关系称为相关关系,把存在相关关系的变量称为相关变量。

相关变量间的关系:一种是平行关系,即两个或两个以上变量之间相互影响。另一种是依存关系,即一个变量的变化受另一个或几个变量的影响。相关分析是研究呈平行关系的相关变量之间的关系,而回归分析是研究呈依存关系的相关变量间的关系。表示原因的变量称为自变量(independent variable),表示结果的变量称为因变量(dependent variable)。

变量间的关系及分析方法如图 9-1 所示。

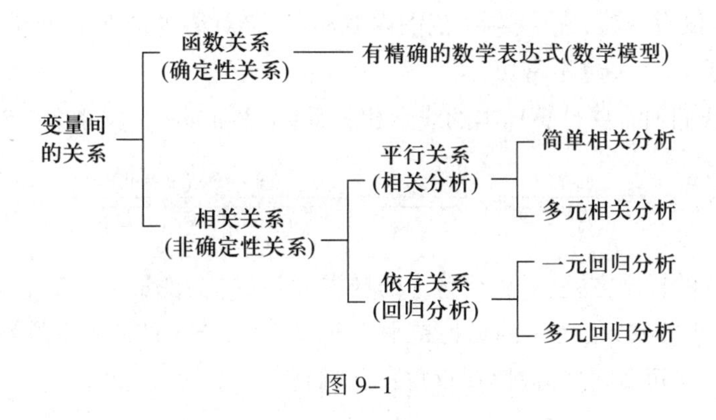

图 9-1

9.2 一元相关与回归分析

9.2.1 简单相关分析

相关分析就是要通过对大量数字资料的观察,消除偶然因素的影响,探求现象之间相关关系的密切程度和表现形式。研究现象之间相关关系的理论方法就称为相关分析法。

相关分析以现象之间是否相关、相关的方向和密切程度等为主要研究内容。它不区别自变量与因变量,对各变量的构成形式也不关心。其主要分析方法有绘制相关图、计算和检验相关系数。

1. 线性相关系数的计算

在所有相关分析中,最简单的是两个变量之间的线性相关,它只涉及两个变量。而且一变量数值发生变动,另一变量的数值随之发生大致相同的线性变动,从平面图上观察其各点的分布近似地表现为一直线,这种相关关系就为直线相关(也叫线性关系)。

线性相关分析是用相关系数来表示两个变量间相互的线性关系,并判断其密切程度的统计方法。总体相关系数通常用 ρ 表示。其计算公式为

$$\rho=\frac{Cov(x,y)}{\sqrt{Var(x)Var(y)}}=\frac{\sigma_{xy}}{\sqrt{\sigma_x^2\sigma_y^2}} \tag{9-1}$$

式中:σ_x^2 为变量 x 的总体方差;σ_y^2 为变量 y 的总体方差;σ_{xy} 为变量 x 与变量 y 的总体协方差。相关系数 ρ 没有单位,在 $-1\sim+1$ 范围内波动,其绝对值越接近 1,两个变量间的直线相关越密切,越接近 0,相关越不密切。

在实际中,我们通常要计算样本的线性相关系数(Pearson 相关系数),计算公式为

$$r=\frac{s_{xy}}{\sqrt{s_x^2\cdot s_y^2}}=\frac{l_{xy}}{\sqrt{l_{xx}\cdot l_{yy}}}=\frac{\sum(x-\bar{x})(y-\bar{y})}{\sqrt{\sum(x-\bar{x})^2\sum(y-\bar{y})^2}} \tag{9-2}$$

式中:s_x^2 为变量 x 的样本方差;s_y^2 为变量 y 的样本方差;s_{xy} 为变量 x 与变量 y 的样本协方差;l_{xx} 为 x 的离均差平方和;l_{yy} 为 y 的离均差平方和;l_{xy} 为 x 与 y 的离均差乘积之和,简称为离均差积和,其值可正可负。实际计算时可按下式简化:

$$\begin{cases} l_{xx}=\sum(x-\bar{x})^2=\sum x^2-\dfrac{(\sum x)^2}{n} \\ l_{yy}=\sum(y-\bar{y})^2=\sum y^2-\dfrac{(\sum y)^2}{n} \\ l_{xy}=\sum(x-\bar{x})(y-\bar{y})=\sum xy-\dfrac{(\sum x)(\sum y)}{n} \end{cases} \tag{9-3}$$

【例 9.1】 12 个学生身高与体重的相关关系分析。首先通过散点图看身高与体重的关系。

为了使大家进一步熟悉 Python 语言编程，我们先建立一个离均差乘积和函数 l_{xy}。

$$l_{xx}=556.9,\quad l_{yy}=813,\quad l_{xy}=645.5$$

$$r=\frac{l_{xy}}{\sqrt{l_{xx}l_{yy}}}=\frac{645.5}{\sqrt{559.6\times 813}}=0.959\ 3$$

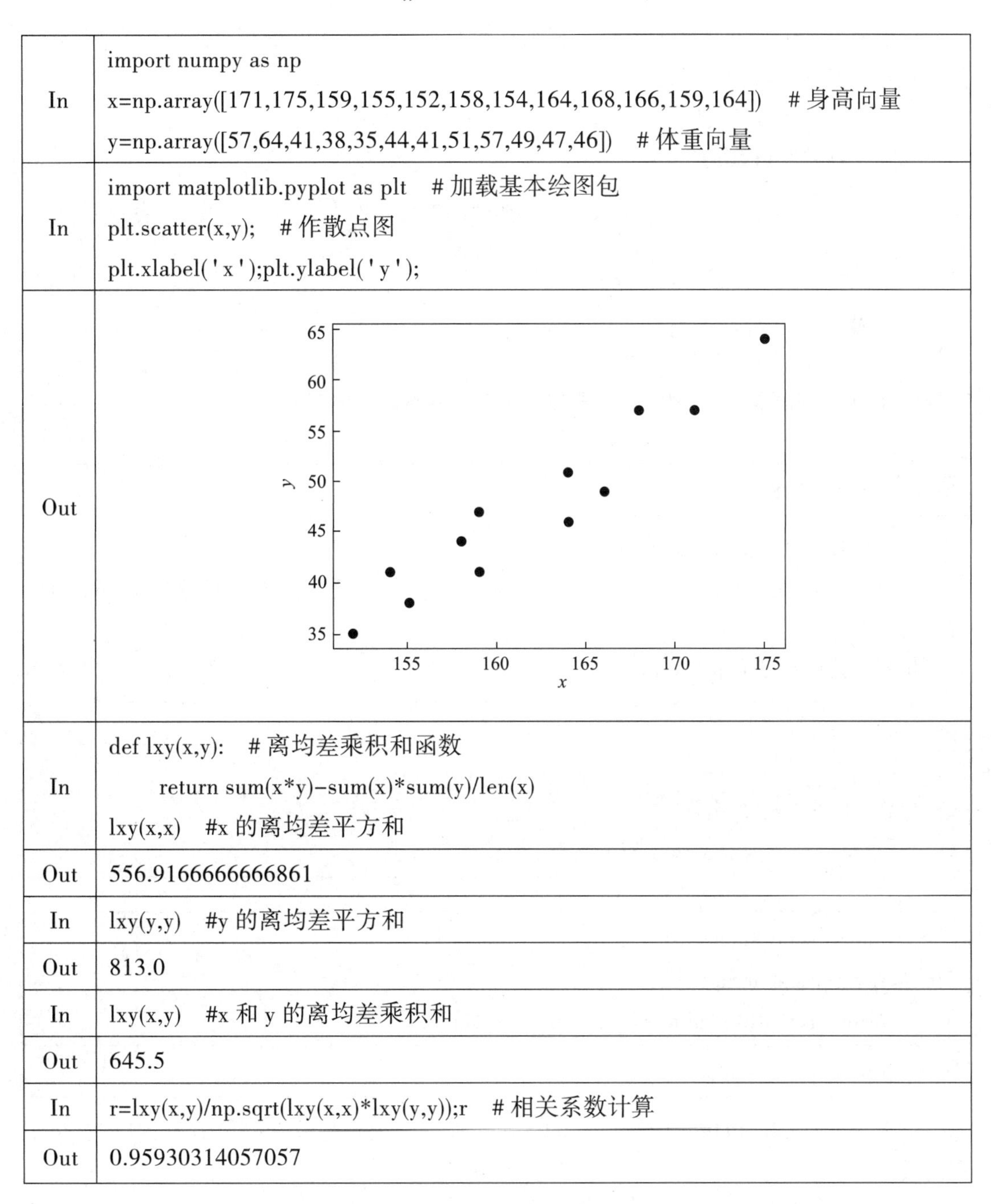

In	import numpy as np x=np.array([171,175,159,155,152,158,154,164,168,166,159,164])　# 身高向量 y=np.array([57,64,41,38,35,44,41,51,57,49,47,46])　# 体重向量
In	import matplotlib.pyplot as plt　# 加载基本绘图包 plt.scatter(x,y);　# 作散点图 plt.xlabel('x');plt.ylabel('y');
Out	
In	def lxy(x,y):　# 离均差乘积和函数 　　return sum(x*y)-sum(x)*sum(y)/len(x) lxy(x,x)　#x 的离均差平方和
Out	556.9166666666861
In	lxy(y,y)　#y 的离均差平方和
Out	813.0
In	lxy(x,y)　#x 和 y 的离均差乘积和
Out	645.5
In	r=lxy(x,y)/np.sqrt(lxy(x,x)*lxy(y,y));r　# 相关系数计算
Out	0.95930314057057

这里 r 为正值,说明该组人群的身高与体重之间呈现正的线性相关关系。至于相关系数 r 是否显著,尚需进行假设检验。

2. 相关系数的假设检验

r 与其他统计指标一样,也有抽样误差。从同一总体内抽取若干大小相同的样本,各样本的相关系数总有波动。要判断不等于 0 的 r 值是来自总体相关系数 $\rho=0$ 的总体还是来自 $\rho\neq0$ 的总体,必须进行显著性检验。

由于来自 $\rho=0$ 的总体的所有样本相关系数呈对称分布,故 r 的显著性可用 t 检验来进行。对 r 进行 t 检验的步骤为:

(1)建立检验假设:H_0: $\rho=0$, H_1: $\rho\neq0$, $\alpha=0.05$。

(2)计算相关系数 r 的 t 值:

$$t_r=\frac{r-0}{\sqrt{\dfrac{1-r^2}{n-2}}}=\frac{0.959\ 3\sqrt{12-2}}{\sqrt{1-0.959\ 3^2}}=10.74$$

In	n=len(x) # 向量的长度
	tr=r/np.sqrt((1-r**2)/(n-2)) # 相关系数假设检验 t 统计量
	tr

Out	10.742975886487837

(3)计算 t 值和 p 值,作结论。

下面使用 Python 的科学计算包 scipy 的 stats 模块中的相关系数检验函数 pearsonr( ) 进行分析。

相关系数检验函数 pearsonr( ) 的用法如下。

```
pearsonr(x,y)

x,y 为数据向量(长度相同)
输出结果第一个值为 pearsonr 相关系数,第二个为 p 值
```

In	import scipy.stats as st rp=st.pearsonr(x,y) print('r=%.4f,P-value=%.4g'%(rp[0],rp[1]))
Out	r=0.9593 p-value=8.21e-07

由于 p=8.21e-07<0.05,于是在 $\alpha=0.05$ 显著性水平上拒绝 H_0,可认为身高与体重呈现正的线性关系。

注意：相关系数的显著性与样本量有关，如当 $n=3$，$n-2=1$ 值时，虽然 $r=-0.907\ 0$，却为不显著；若 $n=400$，即使 $r=-0.100\ 0$，亦为显著。因此不能只看 r 的值就下结论，还需看其样本量大小。

9.2.2 一元回归分析

1. 直线回归模型的描述

直线回归分析研究两变量之间的依存关系，变量区分自变量和因变量，并研究确定自变量和因变量之间的具体关系的方程形式。分析中所形成的这种关系式称为回归模型，其中以一条直线方程表明两变量依存关系的模型叫单变量（一元）线性回归模型。其主要步骤包括：建立回归模型、求解回归模型中的参数、对回归模型进行检验等。

2. 直线回归模型的建立

在因变量和自变量所作的散点图中如果趋势大致呈直线形：

$$y = a + bx + e$$

则可拟合一条直线方程。目的是找一个直线方程模型：

$$\hat{y} = a + bx$$

式中：$\hat{y}$ 表示因变量 y 的估计值。x 为自变量的实际值。a、b 为待估参数，其几何意义是：a 是直线方程的截距，b 是斜率；其经济意义是：a 是当 x 为零时 y 的估计值，b 是当 x 每增加一个单位时 y 增加的数量，b 也叫回归系数。

由例 9.1 的散点图可见，虽然 x 与 y 之间有直线趋势存在，但并不是一一对应的。每一个值 x_i 与对 y_i（$i=1, 2, \cdots, n$）用回归方程估计的 $\hat{y}_i$ 值（即直线上的点）或多或少存在一定的差距。这些差距可以用（$y_i - \hat{y}_i$）来表示，称为估计误差或残差（residual）。要使回归方程比较“理想”，很自然会想到应该使这些估计误差尽量小一些。也就是使估计误差平方和

$$Q = \sum_{i=1}^{n} (y_i - \hat{y}_i)^2 = \sum_{i=1}^{n} [y_i - (a + bx_i)]^2 \tag{9-4}$$

达到最小。这就是最小二乘准则，利用这种准则对参数进行估计的方法是普通最小二乘法（简称 OLS）。对 Q 求关于 a 和 b 的偏导数，并令其等于零，可得

$$b = \frac{\sum_{i=1}^{n} (x_i - \bar{x})(y_i - \bar{y})}{\sum_{i=1}^{n} (x_i - \bar{x})^2} = \frac{l_{xy}}{l_{xx}}, \quad a = \bar{y} - b\bar{x} \tag{9-5}$$

式中：l_{xx} 表示 x 的离差平方和；l_{xy} 表示 x 与 y 的离差积和。

由散点图观察实测样本资料是否存在一定的协同变化趋势，这种趋势是否为直线。根据是否有直线趋势确定应拟合直线还是曲线。由例 9.1 资料绘制的散点图可见，身高与体

重之间存在明显的线性趋势，所以可考虑建立直线回归方程。

【例 9.2】 下面仍以身高与体重数据来介绍建立直线回归方程的步骤：

In	b=lxy(x,y)/lxy(x,x)　#线性回归方程斜率 a=y.mean( )-b*x.mean( )　#线性回归方程截距 print('a=%.4f　b=%.4f'%(a,b))　#显示线性回归方程估计值
Out	a=-140.3644　b=1.1591

于是得回归方程：

$$\hat{y}=-140.364+1.159x$$

建立回归方程后，一般应将回归方程在散点图上表示出来，也就是作回归直线。作图时可在自变量 x 的实测范围内任取两个相距相对较远的数值 x_1、x_2 代入回归方程，计算得到 $\hat{y}_1$、$\hat{y}_2$，用 $(x_1,\hat{y}_1)$、$(x_2,\hat{y}_2)$ 两点即可作回归直线。

In	plt.plot(x,y,'o',x,a+b*x,'-');　#添加估计方程线 plt.xlabel('x');plt.ylabel('y');
Out	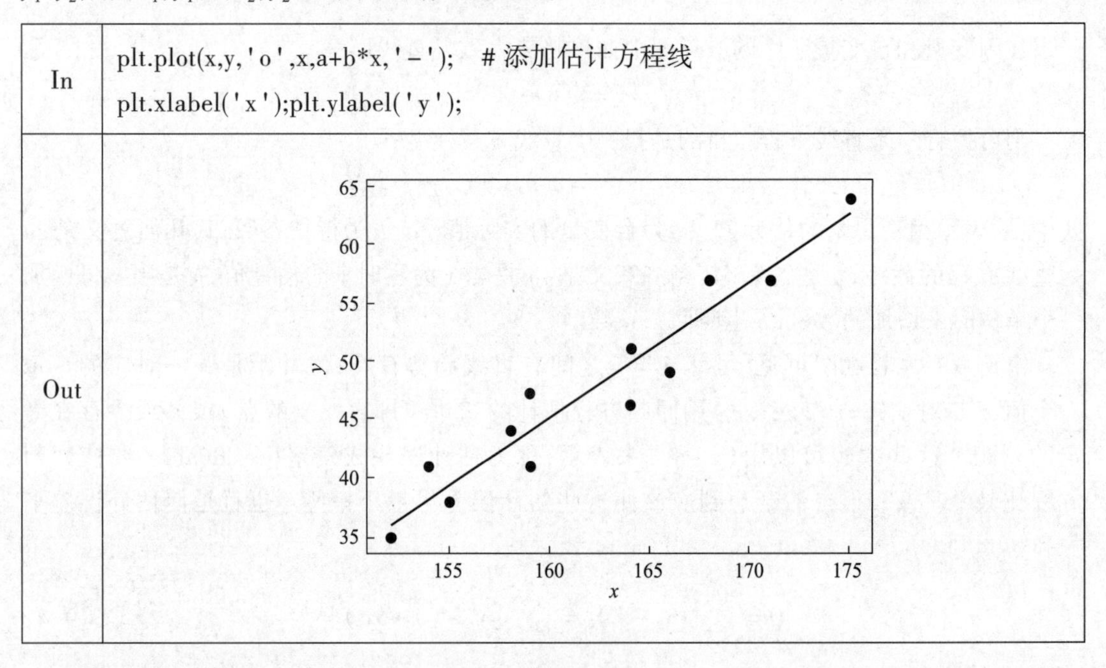

3. 回归系数的假设检验

由样本资料建立回归方程的目的是对两变量的回归关系进行推断，也就是对总体回归方程作估计。由于存在抽样误差，样本回归系数 b 往往不会恰好等于总体回归系数 β。如果总体回归系数 $\beta=0$，那么 $\hat{y}$ 是常数，无论 x 如何变化，不会影响 $\hat{y}$，回归方程就没有意义。当总体回归系数 $\beta=0$ 时，由样本资料计算得到的样本回归系数 b 不一定为 0，所以有必要对估计得到的样本回归系数 b 进行检验。

当 $\beta=0$ 成立时，样本回归系数 b 服从正态分布。所以可用 t 检验的方法检验 b 是否有统计学意义。检验时用的统计量：

$$t=\frac{b-\beta}{s_b}\sim t(n-2) \tag{9-6}$$

$$s_b=\frac{s_{y.x}}{\sqrt{\sum_{i=1}^{n}(x_i-\bar{x})^2}} \tag{9-7}$$

$$s_{y.x}=\sqrt{\frac{\sum_{i=1}^{n}(y_i-\hat{y}_i)^2}{n-2}} \tag{9-8}$$

式 9-8 中 $s_{y\cdot x}$ 称为剩余标准差或估计标准差（standard error of estimate），是误差的均方根，它反映了因变量 y 在扣除自变量 x 的线性影响后的离散程度。$s_{y\cdot x}$ 可以与 y 的标准差 s_y 比较，从而可看出自变量 x 对 y 的线性影响的大小。式 9-7 中 s_b 称为样本回归系数 b 的标准误差。

由于这些公式计算复杂，实际上，在进行线性回归分析时，可直接应用 Python 自带的拟合线性模型的函数 ols，下面我们就用 statsmodels 包的最小二乘估计函数 ols 进行线性回归分析。

线性回归拟合函数 ols（ ）的用法如下。

```
ols(formula,...)

formula 为模型公式，如 y~x,…为其他选项，这里省略不做介绍
```

【例 9.3】 我们知道，财政收入与税收有密切的依存关系。今收集了我国自 1978 年改革开放以来到 2018 年共 41 年的税收（x，百亿元）和财政收入（y，百亿元）数据，如表 9-1 所示，试分析税收与财政收入之间的依存关系。

表 9-1 1978—2018 年税收与财政收入数据 单位：百亿元

	y	x		y	x
1978	11.322 6	5.19	1987	21.993 5	21.40
1979	11.463 8	5.38	1988	23.572 4	23.90
1980	11.599 3	5.72	1989	26.649 0	27.27
1981	11.757 9	6.30	1990	29.371 0	28.22
1982	12.123 3	7.00	1991	31.494 8	29.90
1983	13.669 5	7.76	1992	34.833 7	32.97
1984	16.428 6	9.47	1993	43.489 5	42.55
1985	20.048 2	20.41	1994	52.181 0	51.27
1986	21.220 1	20.91	1995	62.422 0	60.38

续表

	y	x		y	x
1996	74.079 9	69.10	2008	613.303 5	542.24
1997	86.511 4	82.34	2009	685.183 0	595.22
1998	98.759 5	92.63	2010	831.015 1	732.11
1999	114.440 8	106.83	2011	1 038.744	897.38
2000	133.952 3	125.82	2012	1 172.535	1 006.14
2001	163.860 4	153.01	2013	1 292.096	1 105.31
2002	189.036 4	176.36	2014	1 403.700	1 191.75
2003	217.152 5	200.17	2015	1 522.692	1 249.22
2004	263.964 7	241.66	2016	1 596.050	1 303.61
2005	316.492 9	287.79	2017	1 725.928	1 443.70
2006	387.602 0	348.04	2018	1 833.598	1 564.03
2007	513.217 8	456.22			

要考察它们之间的数量关系，需建立线性回归方程，以便进行分析、估计和预测，步骤如下。

(1) 拟合模型。

statsmodels 是 Python 的统计建模和计量经济学工具包，包括一些描述统计、统计模型估计和推断的功能。

In
```
import pandas as pd  #加载数据分析包
pd.set_option('display.precision',4)  #设置数据框输出精度
d93=pd.read_excel('mvsData.xlsx','d93',index_col=0);
```

In
```
from statsmodels.formula.api import ols  #加载公式法普通最小二乘函数
fm0=ols('y~x',data=d93).fit()  #拟合一元线性回归模型
fm0.params  #显示回归参数
```

Out
```
Intercept   -9.0593
x            1.1895
dtype: float64
```

于是得回归方程：

$$\hat{y}=-9.059\,3+1.189\,5x$$

（2）作回归直线。

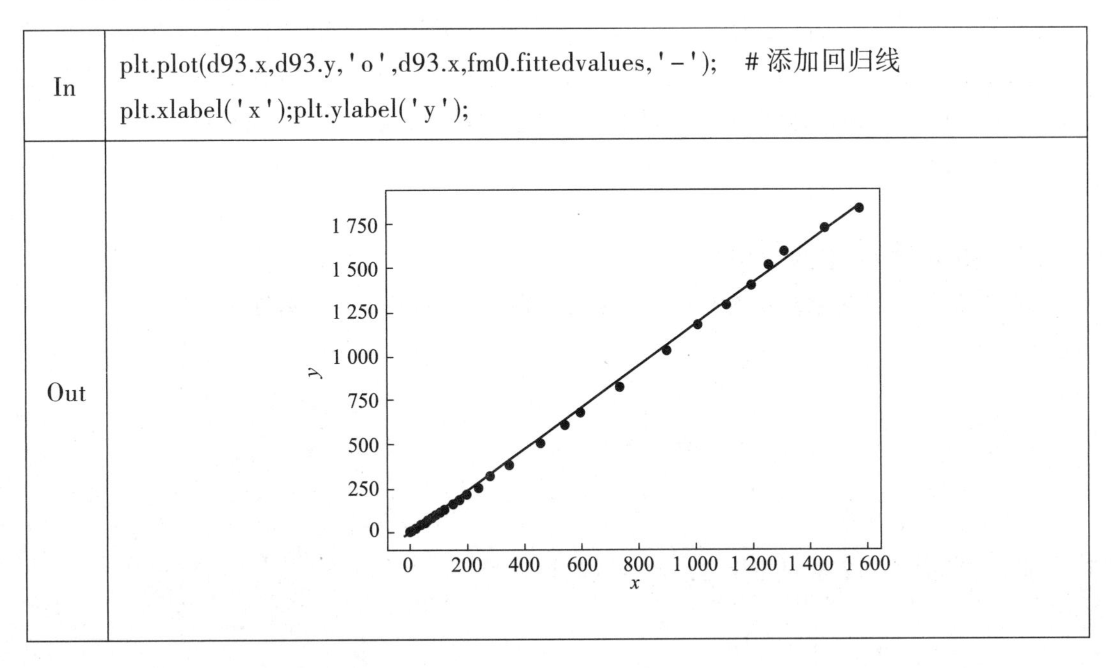

In

```
plt.plot(d93.x,d93.y,'o',d93.x,fm0.fittedvalues,'-');    # 添加回归线
plt.xlabel('x');plt.ylabel('y');
```

Out

（3）回归系数的假设检验。

In

```
print(fm0.summary( ).tables[1])   # 回归系数 t 检验表
```

Out

```
==============================================================================
                 coef    std err          t      P>|t|      [0.025      0.975]
------------------------------------------------------------------------------
Intercept     -9.0593      3.321     -2.728      0.009     -15.776      -2.343
x              1.1895      0.006    209.775      0.000       1.178       1.201
==============================================================================
```

由于回归系数的 $P<0.05$，于是在 $\alpha=0.05$ 显著性水平处拒绝 H_0，认为回归系数有统计学意义，x 与 y 间存在线性回归关系。

9.3 多元相关与回归分析

回归分析研究的主要对象是客观事物变量间的统计关系。它是建立在对客观事物进行大量实验和观察的基础上，用来寻找隐藏在看起来不确定的现象中统计规律的统计方法。它与相关分析的主要区别：一是在回归分析中，解释变量称为自变量，被解释变量称为因变量,处于被解释的地位;而在相关分析中,并不区分自变量和因变量,各变量处于平等地位。二是相关分析中所涉及的变量全是随机变量;而回归分析中,只有因变量是随机变量,自变量可以是随机变量,也可以是非随机变量。三是相关分析研究主要是为刻画两类变量线性相关的密切程度;而回归分析不仅可以揭示自变量对因变量的影响大小,还可以由回归方程进行预测和控制。

9.3.1 多元线性相关分析

设 $x_1, x_2, \cdots, x_n$ 是来自正态总体 $N_p(\boldsymbol{\mu}, \boldsymbol{\Sigma})$ 容量为 n 的样本,样本资料阵为

$$\boldsymbol{X} = \begin{bmatrix} x_{11} & x_{12} & \cdots & x_{1p} \\ x_{21} & x_{22} & \cdots & x_{2p} \\ \vdots & \vdots & & \vdots \\ x_{n1} & x_{n2} & \cdots & x_{np} \end{bmatrix} \tag{9-9}$$

此时,任意两个变量间的相关系数构成的矩阵为

$$\boldsymbol{R} = \begin{bmatrix} r_{11} & r_{12} & \cdots & r_{1p} \\ r_{21} & r_{22} & \cdots & r_{2p} \\ \vdots & \vdots & & \vdots \\ r_{p1} & r_{p2} & \cdots & r_{pp} \end{bmatrix} = \begin{bmatrix} 1 & r_{12} & \cdots & r_{1p} \\ r_{21} & 1 & \cdots & r_{2p} \\ \vdots & \vdots & \ddots & \vdots \\ r_{p1} & r_{p2} & \cdots & 1 \end{bmatrix} = (r_{ij})_{p \times p} \tag{9-10}$$

其中 r_{ij} 为任意两变量 x_i 和 x_j 之间的简单相关系数,即:

$$r_{ij} = \frac{\sum_{ij}(x_i - \bar{x}_i)(x_j - \bar{x}_j)}{\sqrt{\sum_i (x_i - \bar{x}_i)^2 \sum_j (x_j - \bar{x}_j)^2}} \tag{9-11}$$

【例 9.4】 财政收入多变量线性相关分析

财政收入是指一个国家凭借政府的特殊权力,按照有关的法律和法规在一定时期内(一般为一年)取得的各种形式收入的总和。财政收入水平高低是反映一国经济实力的重要标志。本例共取 5 个变量,分析财政收入和国内生产总值、税收、进出口贸易总额、经济活动人口之间的关系。

其中 t 为年份;y 为财政收入(百亿元);x_1 为国内生产总值(百亿元);x_2 为税收(百亿元);x_3 为进出口贸易总额(百亿元);x_4 为经济活动人口(百万人)。

本案例的数据来自《中国统计年鉴》及海关总署(2018 年的经济活动人口为测算值),数据时限为 1978—2018 年,数据如表 9-2 所示。

在例 9.3 中我们发现 1978—2018 年全国财政收入与税收之间的确存在线性回归关系,为了进一步考察财政收入和其他变量之间的数量关系,需建立多元线性回归方程,以便进行分析与预测。步骤如下:

表 9-2 财政收入多因素分析数据

	y	x_1	x_2	x_3	x_4
1978	11.32	36.34	5.19	3.55	406.82
1979	11.46	40.78	5.38	4.12	415.92
1980	11.60	45.75	5.72	5.70	429.03
1981	11.76	49.57	6.30	8.90	441.65
1982	12.12	54.26	7.00	12.80	456.74
⋮	⋮	⋮	⋮	⋮	⋮
2014	1 403.70	6471.82	1 191.75	2 632.09	796.90
2015	1 522.69	6 991.09	1 249.22	2 566.94	800.91
2016	1 596.05	7 456.32	1 303.61	2 556.67	806.94
2017	1 725.93	8 152.60	1 443.70	2 683.70	806.86
2018	1 833.60	8 844.26	1 564.03	3 172.46	805.25

1. 计算变量间的两两相关系数

计算财政收入和国内生产总值、税收、进出口贸易总额、经济活动人口两两之间的相关系数。

In

```
d94=pd.read_excel('mvsData.xlsx','d94',index_col=0);d94
d94.corr()  #多元数据相关系数矩阵
```

Out

	y	x1	x2	x3	x4
y	1.0000	0.9978	0.9996	0.9708	0.6521
x1	0.9978	1.0000	0.9984	0.9769	0.6911
x2	0.9996	0.9984	1.0000	0.9760	0.6641
x3	0.9708	0.9769	0.9760	1.0000	0.7348
x4	0.6521	0.6911	0.6641	0.7348	1.0000

2. 矩阵散点图

下面是两两变量间的矩阵散点图。

In	pd.plotting.scatter_matrix(d94); # 多元数据散点图
Out	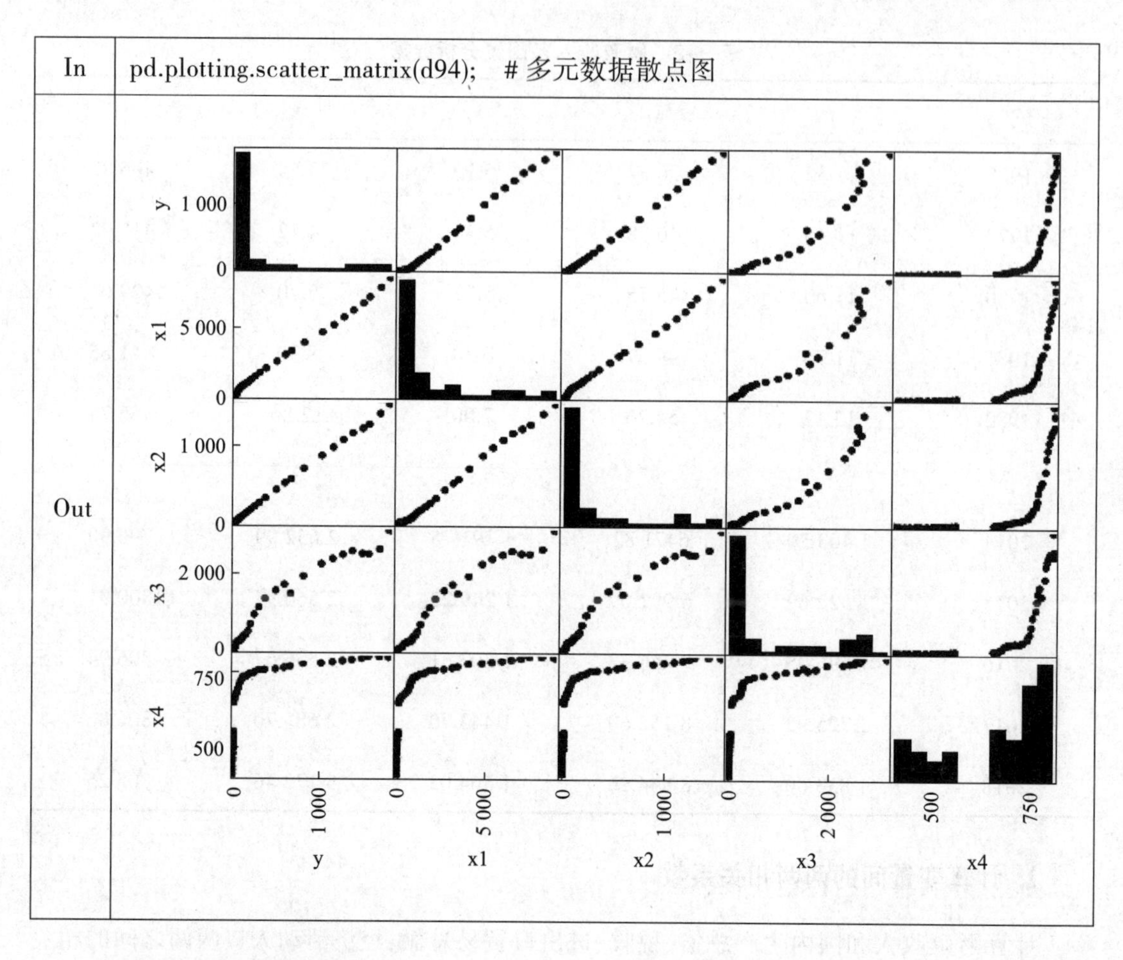

3. 矩阵相关系数检验

由于 Python 没有现成的对相关系数矩阵做假设检验的函数，下面首先编写计算相关系数的 t 值和 p 值的函数 mcor_test( )，然后对数据进行检验。

In

```
import scipy.stats as st   # 加载统计包
def mcor_test(X):   # 相关系数矩阵检验
    p=X.shape[1];p
    sp=np.ones([p, p]).astype(str)
    for i in range(0,p):
        for j in range(i,p):
            P=st.pearsonr(X.iloc[:,i],X.iloc[:,j])[1]
            if P>0.05: sp[i,j]=''
            if(P>0.01 and P<=0.05): sp[i,j]='*'
            if(P>0.001 and P<=0.01): sp[i,j]='**'
            if(P<=0.001): sp[i,j]='***'
```

In	r=st.pearsonr(X.iloc[:,i],X.iloc[:,j])[0] sp[j,i]=round(r,4) if(i==j):sp[i,j]='------' print(pd.DataFrame(sp,index=X.columns,columns=X.columns)) print("\n 下三角为相关系数,上三角为检验 p 值 * p<0.05 ** p<0.01 *** p<0.001")
In	mcor_test(d94) # 多元数据相关系数检验
Out	(see below)

```
          y       x1       x2       x3       x4
y    ------      ***      ***      ***      ***
x1   0.9978   ------      ***      ***      ***
x2   0.9996   0.9984   ------      ***      ***
x3   0.9708   0.9769    0.976   ------      ***
x4   0.6521   0.6911   0.6641   0.7348   ------

下三角为相关系数,上三角为检验 p 值 * p<0.05 ** p<0.01 *** p<0.001
```

从结果可以看出,财政收入和国内生产总值、税收、进出口贸易总额、经济活动人口之间的关系都比较密切($r>0.65$, $P<0.001$),财政收入与税收之间的关系最为密切($r=0.999\ 6$, $P<0.001$)。

9.3.2 多元线性回归模型的建立

上文介绍的一元线性回归分析,研究的是一个因变量与一个自变量呈直线趋势的数量关系。在实际中,常会遇到一个因变量与多个自变量数量关系的问题。如在例 9.3 中考察的是 1978—2018 年全国财政收入与税收之间线性关系,如果我们想进一步考察财政收入和国内生产总值、税收、进出口贸易总额、经济活动人口之间的依存关系,就需要建立多元回归模型。与一元线性回归(直线回归)类似,一个因变量与多个自变量间的这种线性数量关系可以用多元线性回归方程来表示。

$$\hat{y} = b_0 + b_1x_1 + b_2x_2 + \cdots + b_px_p \tag{9-12}$$

式中:b_0 相当于直线回归方程中的常数项 a;b_i($i=1, 2, \cdots, p$)称为偏回归系数(partial regression coefficient),其意义与直线回归方程中的回归系数 b 相似。当其他自变量对因变量的线性影响固定时,b_i 反映了第 i 个自变量 x_i 对因变量 $\boldsymbol{y}$ 线性影响的大小。这样的回归称为因变量 $\boldsymbol{y}$ 在这一组自变量 $\boldsymbol{x}$ 上的回归,习惯上常称为多元线性回归模型。

1. 多元线性回归模型的形式

随机变量 $\boldsymbol{y}$ 与一组变量 $\boldsymbol{x}$ 的线性回归模型为:

$$y = \beta_0 + \beta_1 x_1 + \beta_2 x_2 + \cdots + \beta_p x_p + \varepsilon \tag{9-13}$$

当我们得到 n 组观测数据 $(x_{i1}, x_{i2}, \cdots, x_{ip}, y_i)$, $i=1, 2, \cdots, n$,则线性回归模型可表示为

$$\begin{cases} y_1 = \beta_0 + \beta_1 x_{11} + \beta_2 x_{12} + \cdots + \beta_p x_{1p} + \varepsilon_1 \\ y_2 = \beta_0 + \beta_1 x_{21} + \beta_2 x_{22} + \cdots + \beta_p x_{2p} + \varepsilon_2 \\ \cdots\cdots\cdots\cdots \\ y_n = \beta_0 + \beta_1 x_{n1} + \beta_2 x_{n2} + \cdots + \beta_p x_{np} + \varepsilon_n \end{cases} \tag{9-14}$$

将其写成矩阵形式为

$$\boldsymbol{y} = \boldsymbol{x\beta} + \boldsymbol{\varepsilon}$$

其中:

$$\boldsymbol{y} = \begin{bmatrix} y_1 \\ y_2 \\ \vdots \\ y_n \end{bmatrix}, \quad \boldsymbol{x} = \begin{bmatrix} 1 & x_{11} & \cdots & x_{1p} \\ 1 & x_{21} & \cdots & x_{2p} \\ \vdots & \vdots & & \vdots \\ 1 & x_{n1} & \cdots & x_{np} \end{bmatrix}, \quad \boldsymbol{\beta} = \begin{bmatrix} \beta_0 \\ \beta_1 \\ \vdots \\ \beta_p \end{bmatrix}, \quad \boldsymbol{\varepsilon} = \begin{bmatrix} \varepsilon_1 \\ \varepsilon_2 \\ \vdots \\ \varepsilon_n \end{bmatrix} \tag{9-15}$$

这里 β 为回归系数向量。

2. 线性回归模型的基本假设

由于一元线性回归比较简单,其趋势图可用散点图直观显示,所以对其性质和假定并未作详细探讨。实际上,在建立线性回归模型前,需要对模型做一些假定,经典线性回归模型的基本假设前提为:

(1)解释变量一般说来是非随机变量。

(2)误差等方差及不相关假定(G–M 条件):

$$\begin{cases} E(\varepsilon_i) = 0, i = 1, 2, \cdots, n \\ Cov(\varepsilon_i, \varepsilon_j) = \begin{cases} \sigma^2, i = j \\ 0, i \neq j \end{cases} \quad i, j = 1, 2, \cdots, n \end{cases} \tag{9-16}$$

(3)误差服从正态分布的假定:

$$\varepsilon_i \overset{\text{iid}}{\sim} N(0, \sigma^2), \quad i = 1, 2, \cdots, n \tag{9-17}$$

(4)$n>p$,即要求样本容量多于解释变量的个数。

3. 多元线性回归参数的估计

从多元线性模型的矩阵形式 $\boldsymbol{y}=\boldsymbol{x\beta}+\boldsymbol{\varepsilon}$ 可知,若模型的参数 $\boldsymbol{\beta}$ 的估计量 $\hat{\boldsymbol{\beta}}$ 已获得,则 $\hat{\boldsymbol{y}}=\boldsymbol{x}\hat{\boldsymbol{\beta}}$,于是残差 $e_i = y_i - \hat{y}_i$,根据最小二乘准则,所选择的估计方法应使估计值 $\hat{y}_i$ 与观察值 y_i 之间的残差 e_i 在所有样本点上的平方和达到最小,即使

$$Q = \sum_{i=1}^{n} (y_i - \hat{y}_i)^2 = \sum_{i=1}^{n} e_i^2 = \boldsymbol{e}'\boldsymbol{e} = (\boldsymbol{y} - \boldsymbol{x}\hat{\boldsymbol{\beta}})'(\boldsymbol{y} - \boldsymbol{x}\hat{\boldsymbol{\beta}}) \tag{9-18}$$

达到最小，根据微积分求极值的原理，Q 对 $\hat{\beta}$ 求导且等于 0，可求得使 Q 达到最小的 $\hat{\beta}$，这种估计方法就是所谓的最小二乘（LS）法。

$$\begin{aligned}\frac{\partial Q}{\partial \hat{\boldsymbol{\beta}}} &= \frac{\partial(\boldsymbol{y}-\boldsymbol{x}\hat{\beta})'(\boldsymbol{y}-\boldsymbol{x}\hat{\beta})}{\partial\hat{\beta}}\\ &= \frac{\partial}{\partial\hat{\beta}}(\boldsymbol{y}'-\hat{\beta}'\boldsymbol{x}')(\boldsymbol{y}-\boldsymbol{x}\hat{\beta})\\ &= \frac{\partial}{\partial\hat{\beta}}(\boldsymbol{y}'\boldsymbol{y}-\hat{\beta}'\boldsymbol{x}'\boldsymbol{y}-\boldsymbol{y}'\boldsymbol{x}\hat{\beta}+\hat{\beta}'\boldsymbol{x}'\boldsymbol{x}\hat{\beta})\\ &= \frac{\partial}{\partial\hat{\beta}}(\boldsymbol{y}'\boldsymbol{y}-2\hat{\beta}'\boldsymbol{x}'\boldsymbol{y}+\hat{\beta}'\boldsymbol{x}'\boldsymbol{x}\hat{\beta})\\ &= -2\boldsymbol{x}'\boldsymbol{y}+2\boldsymbol{x}'\boldsymbol{x}\hat{\beta}\\ &=0\end{aligned}$$

$$\boldsymbol{x}'\boldsymbol{x}\hat{\beta}=\boldsymbol{x}'\boldsymbol{y}$$

$$\hat{\beta}_{\mathrm{LS}}=(\boldsymbol{x}'\boldsymbol{x})^{-1}\boldsymbol{x}'\boldsymbol{y} \tag{9-19}$$

【例 9.5】 财政收入多元线性回归分析

在例 9.4 中我们发现 1978—2018 年财政收入与税收之间的确存在线性回归关系，为了进一步考察财政收入和其他变量之间的数量关系，这里建立多元线性回归方程，以便进行分析与预测。步骤如下：

In	fm=ols('y~x1+x2+x3+x4',data=d94).fit() fm.params # 模型参数
Out	Intercept 28.8592 x1 0.0236 x2 1.1658 x3 -0.0452 x4 -0.0592

于是得到多元线性回归方程：

$$\hat{\boldsymbol{y}}=28.8592+0.0236\boldsymbol{x}_1+1.1658\boldsymbol{x}_2-0.0452\boldsymbol{x}_3-0.0592\boldsymbol{x}_4$$

9.3.3 多元线性回归模型的检验

1. 模型的方差分析

经回归分析，因变量 $\boldsymbol{y}$ 的离均差平方和 $SS_{\mathrm{T}}=\sum_{i=1}^{n}(y_i-\bar{y})^2$，被分解成两个部分。一部分 $SS_{\mathrm{E}}=\sum_{i=1}^{n}(y_i-\hat{y}_i)^2$，其本质是估计误差的平方和，这部分反映了这组实测值 y_i 扣除了 $\boldsymbol{x}$ 对

$\boldsymbol{y}$ 的线性影响后剩下的变异。另一部分 $SS_R=\sum_{i=1}^{n}(\hat{y}_i-\bar{y})^2$,反映了 $\boldsymbol{x}$ 对 $\boldsymbol{y}$ 的线性影响,称为回归平方和或回归贡献。不难证明:$SS_T=SS_R+SS_E$。

即因变量 $\boldsymbol{y}$ 的离均差平方和经回归分析被分解成两个部分。

$$\begin{aligned} SS_T &= \sum_{i=1}^{n}(y_i-\bar{y})^2 = \sum_{i=1}^{n}(y_i-\hat{y}_i)^2 + \sum_{i=1}^{n}(\hat{y}_i-\bar{y})^2 \\ &= SS_E + SS_R \end{aligned} \tag{9-20}$$

同时,自由度也被分解成两个部分。其中回归自由度就是自变量的个数。

$$df_R = p, \quad df_E = df_T - df_R = (n-1) - p = n-p-1 \tag{9-21}$$

由此可分别计算两部分的均方(方差):

$$MS_R = SS_R/df_R = \sum_{i=1}^{n}(\hat{y}_i-\bar{y})^2/p \tag{9-22}$$

$$MS_E = SS_E/df_E = \sum_{i=1}^{n}(y_i-\hat{y}_i)^2/n-p-1 \tag{9-23}$$

方差分析的原假设是:$H_0:\beta_1=\beta_2=\cdots=\beta_p=0$,这就意味着因变量 y 与所有的自变量 x_j 都不存在回归关系,多元线性回归方程没有意义。相应的备择假设:$H_1:\beta_1$、β_2、$\cdots$、β_p 不全为 0,当 H_0 成立时,有:

$$F = \frac{MS_R}{MS_E} \sim F(p, n-p-1) \tag{9-24}$$

即 F 服从 F 分布。这样就可以用 F 统计量来检验回归方程是否有意义。

2. 系数的 t 检验

多元回归方程有统计学意义并不说明每一个偏回归系数都有意义,所以有必要对每个偏回归系数作检验。在 $\beta_j=0$ 时,偏回归系数 $\hat{\beta}_j(j=1,2,\cdots,p)$ 服从正态分布,所以可用 t 统计量对偏回归系数作检验。

检验假设 $H_{0j}:\beta_j=0$, $H_{1j}:\beta_j\neq 0$。

当 H_{0j} 成立时,$\hat{\boldsymbol{\beta}}\sim N(\boldsymbol{\beta},\sigma^2(\boldsymbol{x}'\boldsymbol{x})^{-1})$,记 $(\boldsymbol{x}'\boldsymbol{x})^{-1}=(c_{ij})$。

则我们构造的 t 统计量为:

$$t_j = \frac{\hat{\beta}_j-\beta_j}{s_{\hat{\beta}_j}} \quad j=1,2,\cdots,p \tag{9-25}$$

式中:$s_{\hat{\beta}_j}$ 是第 j 个偏回归系数的标准误差。其计算比较复杂:

$$s_{\hat{\beta}_j} = \sqrt{c_{jj}}\,s_{y.x} \tag{9-26}$$

$$s_{y.x} = \sqrt{\frac{\sum_{i=1}^{n}e_i^{\ 2}}{n-p-1}}\sqrt{\frac{\sum_{i=1}^{n}(y_i-\hat{y}_i)^2}{n-p-1}} = \sqrt{\frac{SS_E}{df_E}} = \sqrt{MS_E} \tag{9-27}$$

与单变量情形一样，$s_{y.x}$ 称为剩余标准差或标准估计误差，也反映了因变量 y 在扣除各自变量 x 的线性影响后的变异程度；$s_{y.x}$ 可以与 y 的标准差 s_y 比较，从而可看出所有自变量 x 对 y 的线性影响大小。

当原假设 $H_{0j}:\beta_j=0$ 成立时，上面的 t 统计量服从自由度为 $n-p-1$ 的 t 分布。给定显著性水平 α，查出双侧检验的临界值 $t_{1-\alpha/2}$。当 $|t_j|\geqslant t_{1-\alpha/2}$ 时拒绝零假设 $H_{0j}:\beta_j=0$，认为 β_j 显著不为零，自变量 x_j 对因变量 y 的线性效果显著；当 $|t_j|<t_{1-\alpha/2}$ 时不拒绝零假设 $H_{0j}:\beta_j=0$，认为 β_j 为零，自变量 x_j 对因变量 y 的线性效果不显著。

一般统计软件在完成多元回归分析同时都会输出方差分析与 t 检验的结果。其中 t 检验结果给出了每个偏回归系数和常数项的值、它们的标准误差、t 值与相应的 P 值。

In	print(fm.summary( ))　# 多元线性回归
Out	（见下方输出）

```
                            OLS Regression Results
==============================================================================
Dep.Variable:                      y   R-squared:                       1.000
Model:                           OLS   Adj.R-squared:                   1.000
Method:                Least Squares   F-statistic:                 2.527e+04
Date:               Tue, 28 Sep 2021   Prob (F-statistic):           1.60e-61
Time:                       20:45:46   Log-Likelihood:                -154.70
No.Observations:                  41   AIC:                             319.4
Df Residuals:                     36   BIC:                             328.0
Df Model:                          4
Covariance Type:           nonrobust
==============================================================================
                coef    std err          t      P>|t|      [0.025      0.975]
------------------------------------------------------------------------------
Intercept    28.8592     15.544      1.857      0.072      -2.666      60.385
x1            0.0236      0.017      1.393      0.172      -0.011       0.058
x2            1.1658      0.096     12.084      0.000       0.970       1.361
x3           -0.0452      0.010     -4.642      0.000      -0.065      -0.025
x4           -0.0592      0.029     -2.032      0.050      -0.118      -0.000
==============================================================================
Omnibus:                      19.046   Durbin-Watson:                   1.007
Prob(Omnibus):                 0.000   Jarque-Bera (JB):               79.387
Skew:                          0.694   Prob(JB):                     5.77e-18
Kurtosis:                      9.674   Cond.No.                      3.22e+04
==============================================================================
```

Out	Notes: [1] Standard Errors assume that the covariance matrix of the errors is correctly specified. [2] The condition number is large, 3.22e+04.This might indicate that there are strong multicollinearity or other numerical problems.

由方差分析结果可见,模型的 F 值为 25 270, $P<0.000\,1$,认为回归模型是有意义的。

由 t 检验结果可见, x_2, x_3, x_4 的偏回归系数的 P 值都小于等于 0.05,可认为解释变量税收 x_2、进出口贸易总额 x_3、经济活动人口 x_4 显著; x_1 的 P 值大于 0.05,不能否定 $\beta_1=0$ 的假设,可认为国内生产总值 x_1 对财政收入 y 没有显著的影响。我们可以看到,进出口贸易总额、经济活动人口所对应的偏回归系数为负,这与经济现实是不相符的。出现这种结果的可能原因在于,这些解释变量之间存在高度的共线性,这点也可从矩阵散点图上看到。解决这类问题的方法是采用岭回归模型,限于篇幅,本文从略。

9.3.4 复相关及模型的决定系数

以上都是在把其他变量的影响完全排除在外的情况下研究两个变量之间的相关关系。但是在实际分析中,一个变量的变化往往要受到多种变量的综合影响,这时就需要采用复相关分析方法。所谓复相关,就是研究多个变量同时与某个变量之间的相关关系,度量复相关程度的指标是复相关系数。

1. 复相关系数计算

设因变量为 $\boldsymbol{y}$,自变量为 $\boldsymbol{x}_1, \boldsymbol{x}_2, \cdots, \boldsymbol{x}_p$,假定回归模型为

$$\boldsymbol{y}=\beta_0+\beta_1\boldsymbol{x}_1+\beta_2\boldsymbol{x}_2+\cdots+\beta_p\boldsymbol{x}_p+\boldsymbol{\varepsilon} \tag{9-28}$$

$$\hat{\boldsymbol{y}}=\hat{\beta}_0+\hat{\beta}_1\boldsymbol{x}_1+\hat{\beta}_2\boldsymbol{x}_2+\cdots+\hat{\beta}_p\boldsymbol{x}_p \tag{9-29}$$

对 $\boldsymbol{y}$ 与 $\boldsymbol{x}_1, \boldsymbol{x}_2, \cdots, \boldsymbol{x}_p$ 作相关分析就是对 $\boldsymbol{y}$ 与 $\hat{\boldsymbol{y}}$ 作相关分析,记 $r_{y\cdot x_1, x_2, \cdots, x_p}$ 为 $\boldsymbol{y}$ 与 $\boldsymbol{x}_1, \boldsymbol{x}_2, \cdots, \boldsymbol{x}_p$ 的复相关系数,而 $r_{y.\hat{y}}$ 可以看作 $\boldsymbol{y}$ 与 $\hat{\boldsymbol{y}}$ 的简单相关系数。于是 $\boldsymbol{y}$ 与 $\boldsymbol{x}_1, \boldsymbol{x}_2, \cdots, \boldsymbol{x}_p$ 的复相关系数计算公式为

$$\begin{aligned} R &= Corr(\boldsymbol{y}, \boldsymbol{x}_1, \boldsymbol{x}_2, \cdots, \boldsymbol{x}_p) = Corr(\boldsymbol{y}, \hat{\boldsymbol{y}}) \\ &= \frac{Cov(\boldsymbol{y}, \hat{\boldsymbol{y}})}{\sqrt{Var(\boldsymbol{y})Var(\hat{\boldsymbol{y}})}} \end{aligned} \tag{9-30}$$

在类似多元回归分析这类问题中,研究者常希望知道因变量与一组自变量间的相关程度,即复相关。如例 9.4 的资料,研究者希望分析财政收入与国内生产总值、税收等指标间的相关程度,为此可计算复相关系数 R。

$$R=\sqrt{\frac{\sum(\hat{y}_i-\bar{y})^2}{\sum(y_i-\bar{y})^2}}=\sqrt{\frac{SS_R}{SS_T}} \tag{9-31}$$

复相关系数反映了一个变量与另一组变量关系密切的程度。复相关系数的假设检验结果等价于多元回归的方差分析结果，所以不必再作假设检验。

2. 模型的决定系数

复相关系数公式 R 根号里的分式实际上就是回归离差平方和与总离差平方和的比值，反映了回归贡献的百分比值。所以常把 R^2 称为决定系数或相关指数。

$$R^2=\frac{SS_R}{SS_T} \tag{9-32}$$

本例 R^2=0.999 8^2=0.999 6。

R^2 在评价多元回归方程、变量选择、曲线回归方程拟合的好坏程度中常会用到。

模型的拟合程度越高，即意味着样本点围绕回归线越紧密，模型的拟合程度可用函数 rsquared 计算。

In	R2=fm1.rsquared print('模型的决定系数 R^2 = %5.4f'%R2)
Out	模型的决定系数 R^2 = 0.9996
In	R=np.sqrt(R2);R print('变量的复相关系数 R = %5.4f'%np.sqrt(R2))
Out	变量的复相关系数 R = 0.9998

案例 9：中国宏观经济发展的多因素分析

一国的经济的发展受多种因素的影响，下面对我国 1979—2018 年共 40 个年度的宏观经济数据应用多变量线性回归模型进行多因素分析。

一、数据管理

收集 1979—2018 年我国国内生产总值、税收收入、进出口贸易总额、社会消费品零售总额、城乡居民全年消费额、全社会固定资产投资总额和城乡居民储蓄存款年底余额等宏观经济数据，就会形成多因素分析的数据形式。这里共有 40 年的数据，7 个经济指标（单位：百亿元),数据见图 9-2。

Y:国内生产总值;

X_1:全国税收收入;

X_2:进出口贸易总额;

X_3:社会消费品零售总额;

X_4:城乡居民全年消费额;

X_5:全社会固定资产投资总额;

X_6:城乡居民储蓄存款年底余额。

数据来自国家统计局网站及统计年鉴。

首页 mvsCase.xlsx

文件 开始 插入 页面布局 公式 数据 审阅 视图 开发工具 会员

B23 fx 125.82

	A	B	C	D	E	F	G	H	I
1	Y	X1	X2	X3	X4	X5	X6		
2	40.78	5.38	4.55	18.00	20.14	8.57	2.81		
3	45.75	5.72	5.70	21.40	23.37	9.11	3.96		
4	49.57	6.30	7.35	23.50	26.28	9.61	5.24		
5	54.26	7.00	7.71	25.70	28.67	12.00	6.75		
6	60.79	7.76	8.60	28.49	32.21	14.30	8.93		
7	73.46	9.47	12.01	33.76	36.90	18.33	12.15		
8	91.80	20.41	20.67	43.05	46.27	25.43	16.23		
9	104.74	20.91	25.80	49.50	52.94	31.21	22.39		
10	122.94	21.40	30.84	58.20	60.48	37.92	30.81		
26	1383.15	200.17	704.84	525.16	593.44	555.67	1036.17		
27	1627.42	241.66	955.39	595.01	665.87	704.77	1195.55		
28	1891.90	287.79	1169.22	683.53	752.32	887.74	1410.51		
29	2212.07	348.04	1409.74	791.45	841.19	1099.98	1615.87		
30	2716.99	456.22	1669.24	935.72	997.93	1373.24	1725.34		
31	3199.36	542.24	1799.21	1148.30	1153.38	1728.28	2178.85		
32	3498.83	595.22	1506.48	1330.48	1266.61	2245.99	2607.72		
33	4107.08	732.11	2017.22	1580.08	1460.58	2516.84	3033.02		
34	4860.38	897.38	2364.02	1872.06	1765.32	3114.85	3436.36		
35	5409.89	1006.14	2441.60	2144.33	1985.37	3746.95	3995.51		
36	5969.63	1105.31	2581.69	2428.43	2197.63	4462.94	4476.02		
37	6471.82	1191.75	2642.42	2718.96	2425.40	5120.21	4852.61		
38	6991.09	1249.22	2455.03	3009.31	2659.80	5620.00	5460.78		
39	7456.32	1303.61	2433.86	3323.16	2934.43	6064.66	5977.51		
40	8152.60	1443.70	2780.99	3662.62	3179.64	6412.38	6437.68		
41	8844.26	1564.03	3050.10	3809.87	3482.10	6456.75	7160.38		
42									
43									

Case8 Case9 Case10 Case11 Case12

图 9-2

二、Jupyter 操作

1. 调入数据

In	Case9=pd.read_excel('mvsCase.xlsx', sheet_name='Case9')

2. 相关系数检验

<table>
<tr><td>In</td><td>mcor_test(Case9)　# 相关系数两两检验</td></tr>
<tr><td>Out</td><td>

	Y	X1	X2	X3	X4	X5	X6
Y	------	***	***	***	***	***	***
X1	0.9984	------	***	***	***	***	***
X2	0.9709	0.9705	------	***	***	***	***
X3	0.997	0.9955	0.9508	------	***	***	***
X4	0.9986	0.9952	0.9609	0.9983	------	***	***
X5	0.9914	0.993	0.9393	0.9967	0.9912	------	***
X6	0.9984	0.9966	0.9592	0.9989	0.9989	0.9939	------

下三角为相关系数，上三角为检验 p 值 * p < 0.05 ** p < 0.01 *** p <0.001</td></tr>
</table>

从相关分析结果可以看到 Y（国内生产总值）与 X_1（全国税收收入）、X_2（进出口贸易总额）、X_3（社会消费品零售总额）、X_4（城乡居民全年消费额）、X_5（全社会固定资产投资总额）、X_6（城乡居民储蓄存款年底余额）的相关系数分别为 0.998 4、0.970 9、0.997 0、0.998 6、0.991 4、0.998 4，关系都非常密切（$r>0.9$，$p<0.001$）。

3. 矩阵散点图

In	Pd.plotting.scatter_matrix(Case9)
Out	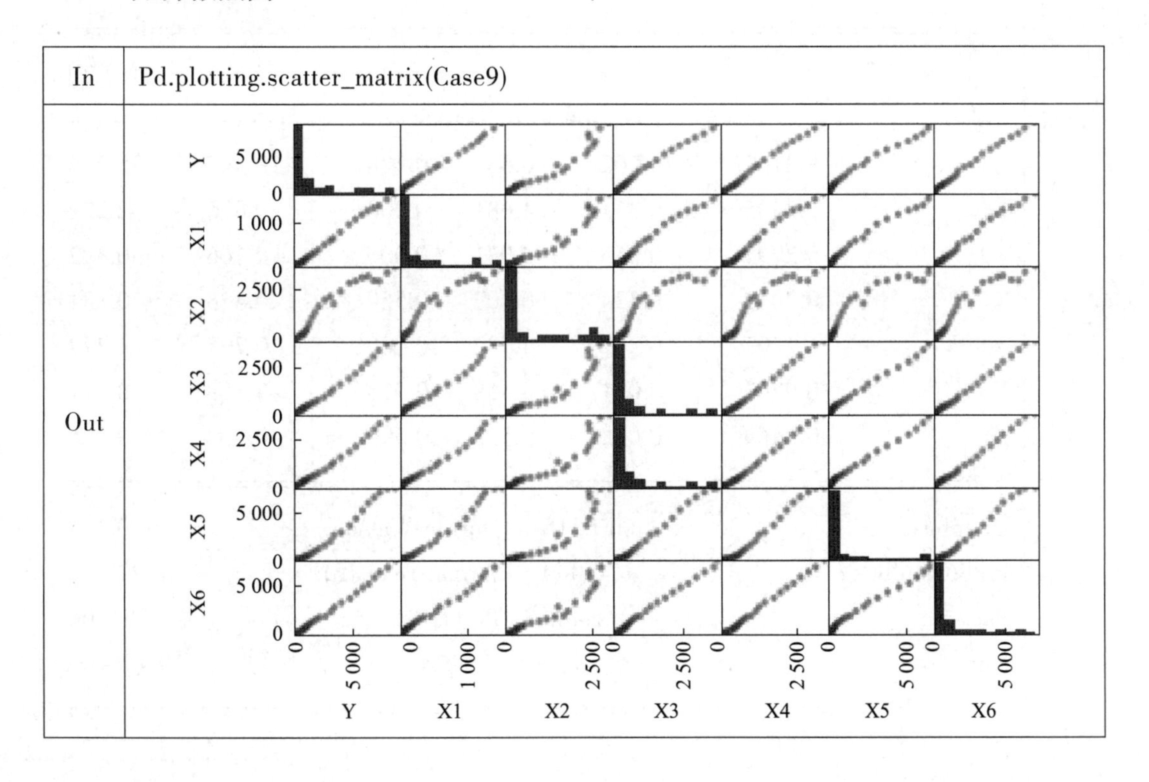

相关系数表明各变量与国内生产总值之间的线性相关程度都相当高,由此可以认为所选取的六个因素都与国内生产总值之间存在着线性相关关系。

基于此,本例再进行多因素线性回归分析,以便建立国内生产总值与每个因素之间的线性回归分析模型。本例以国内生产总值为因变量,其他6个指标为自变量。

4. 线性回归分析

In

```
from statsmodels, formula. api import ols
print(ols(' Y~X1+X2+X3+X4+X5+X6 ',data=Case9). fit( ). summary( ))
```

Out

```
                          OLS Regression Results
==============================================================================
Dep.Variable:                    Y   R-squared:                       1.000
Model:                         OLS   Adj.R-squared :                  1.000
Method:              Least Squares   F-statistic:                 3.136e+04
Date:             Tue, 17 Jan 2023   Prob(F-statistic):            1.71e-60
Time:                     22:07:41   Log-Likelihood:                -198.15
No.Observations:                40   AIC:                             410.3
Df Residuals:                   33   BIC:                             422.1
Df Model :                       6
Covariance Type:         nonrobust
==============================================================================
                coef    std err          t      P>| t |      [0.025      0.975]
------------------------------------------------------------------------------
Intercept     8.4152     13.202      0.637      0.528     -18.445      35.276
X1            1.5485      0.331      4.681      0.000       0.875       2.221
X2            0.2792      0.055      5.031      0.000       0.166       0.392
X3            0.2015      0.334      0.603      0.550      -0.478       0.881
X4            1.2407      0.262      4.732      0.000       0.707       1.774
X5            0.0263      0.071      0.368      0.715      -0.119       0.171
X6            0.0469      0.088      0.533      0.597      -0.132       0.226
==============================================================================
Omnibus:                    19.518   Durbin-Watson:                   0.758
Prob(Omnibus):               0.000   Jarque-Bera(JB):                27.179
Skew:                        1.460   Prob(JB):                     1.25e-06
Kurtosis:                    5.790   Cond.No.                      9.44e+03
==============================================================================
```

Out	Notes: [1] Standard Errors assume that the covariance matrix of the errors is correctly specified. [2] The condition number is large, 9.44e+03. This might indicate that there are strong multicollinearity or other numerical problems.

如果直接用 Python 语言做线性回归分析，发现对国内生产总值影响显著的有 X_1（全国税收收入）、X_2（进出口贸易总额）、X_4（城乡居民全年消费额）。而 X_3（社会消费品零售总额）、X_5（全社会固定资产投资总额）、X_6（城乡居民储蓄存款年底余额）对国内生产总值的影响没有显著的统计学意义，这主要是由变量间高度线性相关引起的。如 X_3（社会消费品零售总额）与 X_4（城乡居民全年消费额）的简单相关系数为 0.998 3（$p<0.001$），两者基本可互相替代。而 X_5（全社会固定资产投资总额）的结果也许反映在 X_1（全国税收收入）上，两者的简单相关系数为 0.993，也是相当高的。另外自变量的复共线性也非常高（条件数 condition number=9 440），这对建模也是有影响的。但模型的优劣也与所收集的数据有关。

下面我们对显著的变量重新建立线性回归模型，该模型理论上要优于上面的 6 变量模型。较优的回归模型应该使用逐步回归分析去实现，最优的回归模型可应用变量选择准则去实现，限于篇幅，此处从略。

In

```
fm=ols('Y~X1+X2+X4',data=Case9).fit();
print(fm. summary())
```

Out

```
                        OLS Regression Results
==============================================================================
Dep.variable:                    Y   R-squared:                     1.000
Model:                         OLS   Adj.R-squared:                 1.000
Method:              Least squares   F-statistic:               6.357e+04
Date:             Tue, 17 Jan 2023   Prob(F-statistic):          4.51e-67
Time:                     22:18:16   Log-Likelihood:              -199.62
No.Observations:                40   AIC:                           407.2
Df Residuals:                   36   BIC:                           414.0
Df Model:                        3
Covariance Type:         nonrobust
==============================================================================
                 coef    std err          t      P>|t|      [0.025      0.975]
------------------------------------------------------------------------------
Intercept      0.1393      9.924      0.014      0.989     -19.987      20.266
```

Out	X1 2.0071 0.151 13.321 0.000 1.701 2.313 X2 0.2053 0.025 8.284 0.000 0.155 0.256 X4 1.4735 0.063 23.313 0.000 1.345 1.602 == Omnibus: 17.237 Durbin-Watson: 0.837 Prob(Omnibus): 0.000 Jarque-Bera(JB): 21.803 Skew: 1.349 Prob(JB): 1.84e-05 Kurtosis: 5.408 Cond.No. 3.24e+03 == Notes: [1] Standard Errors assume that the covariance matrix of the errors is correctly specified. [2] The condition number is large, 3.24e+03. This might indicate that there are strong multicollinearity or other numerical problems.
In	plt.figure(figsize=(7,5)) plt.plot(Case9. Y, ' o ', Case9. index, fm. fittedvalues, ' - ');
Out	8 000 6 000 4 000 2 000 0 0 5 10 15 20 25 30 35 40

利用该回归模型计算出的国内生产总值与实际国内生产总值作出以上折线图。从拟合数据和折线图可以看到利用建立的模型得出的预测数据与历史数据有相当好的拟合性,点和线几乎完全重合。

从所建立的影响因素模型运行结果来看:

(1)我国 1979—2018 的国内生产总值的增长具有相当的惯性。

(2)国内生产总值对全国税收收入的依存度为 2.007 1,这反映出改革开放以来,我国国内生产总值占全国税收收入的比重呈逐年增长的事实。

（3）国内生产总值对进出口贸易总额的依存度为 0.205 3，说明随着时间推移进出口贸易总额对经济的增长后劲不足。

（4）国内生产总值对城乡居民全年消费额的依存度为 1.473 5，城乡居民全年消费对国内生产总值有较大影响，是国民经济增长的动力之一。

思考与练习

一、思考题（手工解答，纸质作业）

1. 变量间统计关系和函数关系的本质区别是什么？

2. 回归分析与相关分析的区别与联系是什么？

3. 多元线性回归模型有哪些基本假定？为什么要求多元线性回归模型满足一些基本假设？当这些假定不满足时对回归模型有何影响？

4. 应用多元回归分析和相关分析时应注意哪些事项？

二、练习题（计算机分析，电子作业）

1. 一家保险公司十分关心其总公司营业部加班的程度，决定认真调查一下现状。经过 10 周时间，收集了每周加班工作时间 y（小时）和签发的新保单数目 x（张），见表 9-3。

表 9-3　每周加班工作时间 y 与签发的新保单数 x

周	1	2	3	4	5	6	7	8	9	10
x/ 张	825	215	1 070	550	480	920	1 350	325	670	1 215
y/ 小时	3.5	1	4	2	1	3	4.5	1.5	3	5

（1）绘制散点图，并以此判断 x 与 y 之间是否大致呈线性关系。

（2）计算 x 与 y 的相关系数。

（3）用最小二乘估计法求出回归方程。

（4）求出随机误差 ε 的方差 σ^2 的估计值。

（5）计算 x 与 y 的决定系数。

（6）对回归方程做方差分析。

（7）对回归方程作残差图并做一些分析。

（8）计算 x_0=1 000（张）需要的加班时间是多少？

2. 某家房地产公司的总裁想了解为什么公司中的某些分公司比其他分公司表现出色。他认为决定年销售额（以百万元计）的关键因素是广告预算（以千元计）和销售代理数。为了分析这种情况，他抽取了 8 个分公司作为样本，收集了表 9-4 所示的数据。

表 9-4 房地产公司年销售额相关数据

分公司	广告预算 / 千元	销售代理数	年销售额 / 百万元
1	249	15	32
2	183	14	18
3	310	21	49
4	246	18	52
5	288	13	36
6	248	21	43
7	256	20	24
8	241	19	41

（1）建立回归模型并解释各系数。

（2）用 5% 的显著水平，试确定每一解释变量与因变量间是否呈线性关系。

（3）计算相关系数和复相关系数。

三、案例选题（仿照本章案例完成）

仿照书中的案例形式，从给定的题目出发，按内容提要、指标选取、数据收集、计算机计算过程、结果分析与评价等方面进行案例分析。

1. 未来我国用电量的多因素分析。
2. 未来若干年我国手机供应量的多元预测分析。
3. 未来若干年我国计算机供应量的多元预测分析。
4. 应用回归模型研究股市的变化规律。
5. 我国彩电（液晶）供应量的多因素分析。

第 10 章

典型相关分析及 Python 应用

本章思维导图

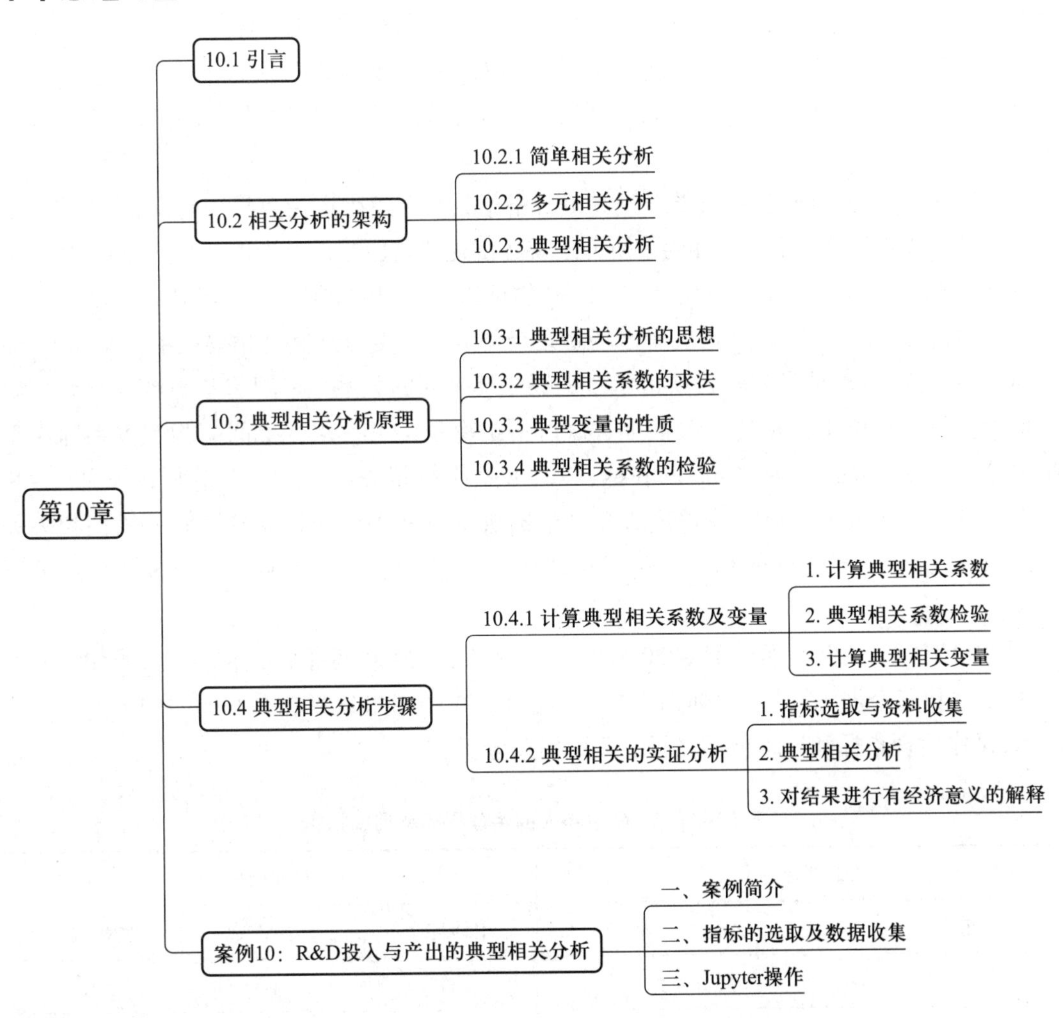

【学习目标】 要求了解典型相关分析的目的和统计思想，以及典型相关分析的实际意义。了解 Python 程序中典型相关分析的基本算法。能运用 Python 进行典型相关分析。

【教学内容】 典型相关分析的作用和基本方法。典型相关分析的数学模型构建。典型相关系数以及典型变量的计算,典型相关系数的假设检验。

10.1 引 言

在相关分析中,当考察的一组变量仅有两个时,可用简单相关系数衡量之;当考察的一组变量有多个时,可用复相关系数衡量之。在多变量线性回归中,我们探讨的是一组解释变量与一个反应变量之间的关系,然而在经济管理所面临的复杂研究中,通常需要找出一个以上的反应变量与一组解释变量的关系。像是在心理测验的研究中,我们想知道的是一群有关"个性"的解释变量及一群有关受测验者各种不同的"能力"(反应变量)之间的关系。

在经济与管理的研究中,可能对于一组价格指数与一组生产指数感兴趣,并且想从其中一组变量来预测另一组变量。如为了研究宏观经济走势与股票市场走势之间的关系,需要考察各种宏观经济指标如经济增长率、失业率、物价指数、进出口增长率等与各种反映股票市场状况的指标如股票价格指数、股票市场融资金额等两组变量之间的相关关系。又如,在体育训练中,考察运动员身体的各项指标与训练成绩之间的关系;在工厂里,考察原材料主要质量指标与产品质量指标的相关性等。探讨一组变量与另一组变量间的相互关系即典型相关分析(canonical correlation analysis, CCA),是简单相关和多元相关分析的延伸,1936 年由哈罗德·霍特林提出。该理论研究多个随机变量和多个随机变量之间的线性相关关系,是利用综合变量之间的相关关系来反映两组指标之间的整体相关性的多元统计分析方法。

【例 10.1】 某健康俱乐部对 20 名中年人测量了三个生理指标:体重(x_1)、腰围(x_2)、脉搏(x_3)和三个训练指标:引体向上(y_1)、起坐次数(y_2)和跳跃次数(y_3),数据如表 10-1 所示,试作生理指标和训练指标之间的典型相关分析。

表 10-1 20 名中年人的生理指标和训练指标

生理指标			训练指标		
体重	腰围	脉搏	引体向上	起坐次数	跳跃次数
x_1	x_2	x_3	y_1	y_2	y_3
191	36	50	5	162	60
189	37	52	2	110	60
193	38	58	12	101	101
162	35	62	12	105	37

续表

生理指标			训练指标		
体重	腰围	脉搏	引体向上	起坐次数	跳跃次数
x_1	x_2	x_3	y_1	y_2	y_3
189	35	46	13	155	58
182	36	56	4	101	42
211	38	56	8	101	38
167	34	60	6	125	40
176	31	74	15	200	40
154	33	56	17	251	250
169	34	50	17	120	38
166	33	52	13	210	115
154	34	64	14	215	105
247	46	50	1	50	50
193	36	46	6	70	31
202	37	62	12	210	120
176	37	54	4	60	25
157	32	52	11	230	80
156	33	54	15	225	73
138	33	68	2	110	43

10.2 相关分析的架构

10.2.1 简单相关分析

简单相关系数如图 10–1 所示。

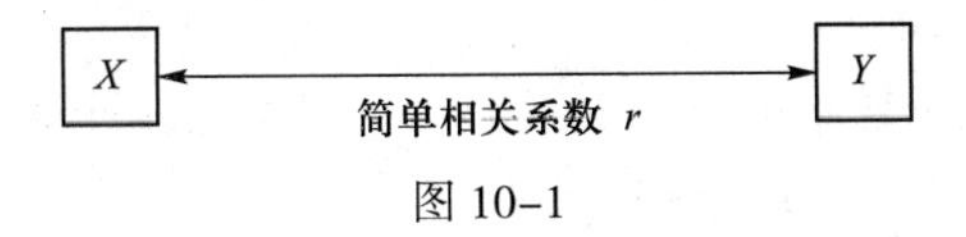

图 10–1

In

```
d101=pd.read_excel('mvsData.xlsx','d101')
d101.corr()
```

Out

	x1	x2	x3	y1	y2	y3
x1	1.0000	0.8702	−0.3658	−0.3897	−0.4931	−0.2263
x2	0.8702	1.0000	−0.3529	−0.5522	−0.6456	−0.1915
x3	−0.3658	−0.3529	1.0000	0.1506	0.2250	0.0349
y1	−0.3897	−0.5522	0.1506	1.0000	0.6957	0.4958
y2	−0.4931	−0.6456	0.2250	0.6957	1.0000	0.6692
y3	−0.2263	−0.1915	0.0349	0.4958	0.6692	1.0000

In

```
pd.plotting.scatter_matrix(d101)
```

Out

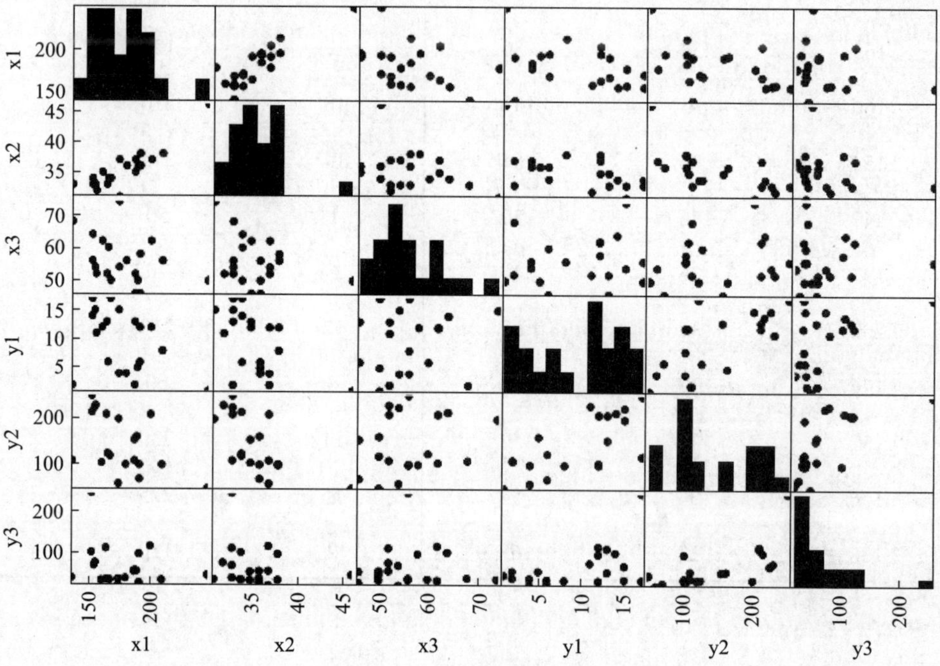

如上所示，读取数据并得出不同变量之间两两相关系数，另作了数据矩阵散点图，从散点图的形状可以观察变量间的相互关系。如 x_1 与 x_2 呈正相关，x_1 与 x_3、y_1、y_2、y_3 都呈负相关关系。

10.2.2 多元相关分析

复相关系数如图 10-2 所示。

下面计算各 x 变量和 y 变量的复相关系数。我们也可以计算各 y 变量和 x 变量的复相关系数。

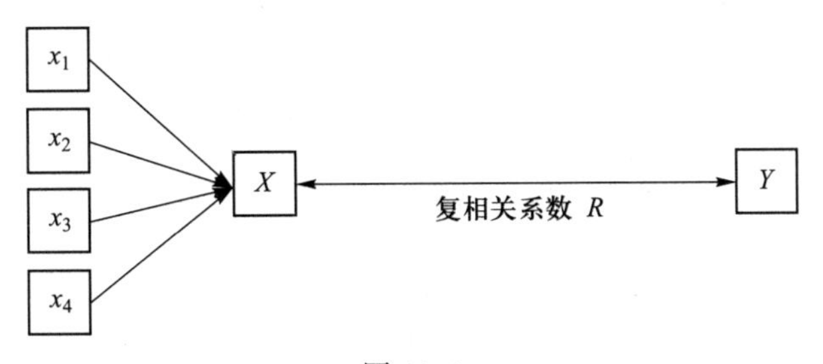

图 10-2

In	Out

In

```
from statsmodels.formula.api import ols
fmy1=ols(formula='y1~x1+x2+x3',data=d101).fit()
print(fmy1.summary())
```

Out

```
                        OLS Regression Results
==============================================================================
Dep.Variable:                    y1   R-squared:                       0.340
Model:                          OLS   Adj.R-squared:                   0.216
Method:               Least Squares   F-statistic:                     2.742
Date:              Mon,22 Nov 2021   Prob (F-statistic):             0.0774
Time:                      12:08:11   Log-Likelihood:                -57.019
No.Observations:                 20   AIC:                             122.0
Df Residuals:                    16   BIC:                             126.0
Df Model:                         3
Covariance Type:          nonrobust
==============================================================================
                 coef    std err          t      P>|t|      [0.025      0.975]
------------------------------------------------------------------------------
Intercept     47.9684     18.285      2.623      0.018       9.207      86.730
x1             0.0788      0.089      0.886      0.389      -0.110       0.268
x2            -1.4558      0.683     -2.132      0.049      -2.903      -0.008
x3            -0.0190      0.160     -0.118      0.907      -0.359       0.321
==============================================================================
Omnibus:                      3.771   Durbin-Watson:                   1.721
Prob(Omnibus):                0.152   Jarque-Bera (JB):                1.413
Skew:                        -0.146   Prob(JB):                        0.493
Kurtosis:                     1.731   Cond.No.                      3.35e+03
==============================================================================
```

可以看到，引体向上（y_1）跟 3 个生理指标——体重（x_1）、腰围（x_2）、脉搏（x_3）之间的复相关系数的平方为 0.34，说明引体向上跟生理指标的线性关系都不是很密切，这一点也可以从模型中变量的系数检验中看到。接下来 y_2 和 y_3 的分析与此类似。

In
```
fmy2=ols(formula=' y2 ~ x1+x2+x3 ',data=d101).fit( )
print(fmy2.summary( ))
```

Out
```
                            OLS Regression Results
==============================================================================
Dep.Variable:                      y2   R-squared:                       0.436
Model:                            OLS   Adj.R-squared:                   0.331
Method:                 Least Squares   F-statistic:                     4.131
Date:                Mon,22 Nov 2021   Prob (F-statistic):             0.0239
Time:                        12:12:28   Log-Likelihood:                -104.85
No.Observations:                   20   AIC:                             217.7
Df Residuals:                      16   BIC:                             221.7
Df Model:                           3
Covariance Type:            nonrobust
==============================================================================
                 coef    std err          t      P>|t|      [0.025      0.975]
------------------------------------------------------------------------------
Intercept    623.2817    199.901      3.118      0.007     199.510    1047.053
x1             0.7277      0.973      0.748      0.466      -1.336       2.791
x2           -17.3872      7.465     -2.329      0.033     -33.213      -1.562
x3             0.1393      1.755      0.079      0.938      -3.580       3.859
==============================================================================
Omnibus:                        3.054   Durbin-Watson:                   2.625
Prob(Omnibus):                  0.217   Jarque-Bera (JB):                1.459
Skew:                           0.303   Prob(JB):                        0.482
Kurtosis:                       1.824   Cond.No.                      3.35e+03
==============================================================================
```

In
```
fmy3=ols(formula=' y3 ~ x1+x2+x3 ',data=d101).fit( )
print(fmy3.summary( ))
```

Out
```
                            OLS Regression Results
==============================================================================
Dep.Variable:                      y3   R-squared:                       0.054
Model:                            OLS   Adj.R-squared:                  -0.123
```

Out	Method:	Least Squares		F-statistic:		0.3039
	Date:	Mon,22 Nov 2021		Prob (F-statistic):		0.822
	Time:	12:12:45		Log-Likelihood:		-106.06
	No.Observations:	20		AIC:		220.1
	Df Residuals:	16		BIC:		224.1
	Df Model:	3				
	Covariance Type:	nonrobust				

```
==============================================================================
                 coef    std err          t      P>|t|      [0.025      0.975]
------------------------------------------------------------------------------
Intercept    179.8868    212.284      0.847      0.409    -270.136     629.909
x1            -0.5379      1.034     -0.520      0.610      -2.729       1.653
x2             0.2338      7.928      0.029      0.977     -16.572      17.040
x3            -0.3886      1.863     -0.209      0.837      -4.339       3.562
==============================================================================
Omnibus:                       22.024   Durbin-Watson:                   2.605
Prob(Omnibus):                  0.000   Jarque-Bera (JB):               28.874
Skew:                           2.002   Prob(JB):                     5.37e-07
Kurtosis:                       7.314   Cond.No.                      3.35e+03
==============================================================================
```

10.2.3 典型相关分析

大量的实际问题需要我们把指标之间的联系扩展到两组随机变量之间的相互依赖关系（见图 10-3）。典型相关分析就是用来解决此类问题而提出的一种多元统计分析方法。典型相关分析的实质就是利用主成分的思想来讨论两组随机变量的相关性问题，把两组变量间的相关性研究化为少数几对变量之间的相关性研究，而且这少数几对变量之间又是不相关的，以此来达到化简复杂相关关系的目的。不过，在实际中，希望只提取少数几对就能足够反映两组变量之间的相关。

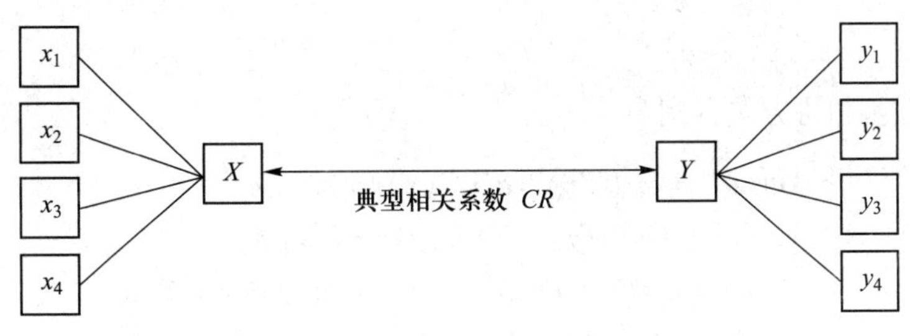

图 10-3

10.3　典型相关分析原理

10.3.1　典型相关分析的思想

如上所述，典型相关分析是研究两组变量之间相关关系的一种多元统计分析方法，它可以真正反映两组变量之间相互依赖的线性关系，考虑两组变量的线性组合，并研究它们之间的相关系数 $\rho(u,v)$。在两组变量中，采用类似主成分分析的做法，找一对相关系数最大的线性组合（u_1、v_1），用这个组合的简单相关系数来表示两组变量的相关性，叫作两组变量的第一个典型相关系数 $\rho(u_1,v_1)$，而这两个线性组合叫作第一对典型变量。下一步，再在两组变量的与 u_1、v_1 不相关的线性组合中，找一对相关系数最大的线性组合，它就是第二对典型变量，而且 $\rho(u_2,v_2)$ 就是第二个典型相关系数。这样下去，可以得到若干对典型变量，从而提取出两组变量间的全部信息。

在单变量复相关里，有 p 个 x 变量和一个 y 变量，分析的目的在于找出适当的回归系数作为这 p 个 x 变量的加权值，使 p 个 x 变量线性组合分数与这一个 y 变量分数之间的相关变为最大。在典型相关分析里也有 p 个 x 变量，但是 y 变量却有 q 个（q>1）。典型相关的目的在于找出这 p 个 x 变量的加权值和这 q 个 y 变量加权值，使这 p 个 x 变量线性组合分数与这 q 个 y 变量线性组合分数相关程度达到最大值。

10.3.2　典型相关系数的求法

假设有两组变量，一组变量为 $\boldsymbol{x}=(x_1,x_2,\cdots,x_p)'$，另一组变量为 $\boldsymbol{y}=(y_1,y_2,\cdots,y_q)'$，不失一般性，令 $p\leqslant q$。$\boldsymbol{x}$ 与 $\boldsymbol{y}$ 的协方差阵

$$\boldsymbol{\Sigma}=Cov(\boldsymbol{x},\boldsymbol{y})=\begin{bmatrix}Cov(\boldsymbol{x},\boldsymbol{x}) & Cov(\boldsymbol{x},\boldsymbol{y})\\ Cov(\boldsymbol{y},\boldsymbol{x}) & Cov(\boldsymbol{y},\boldsymbol{y})\end{bmatrix}=\begin{bmatrix}\boldsymbol{\Sigma}_{11} & \boldsymbol{\Sigma}_{12}\\ \boldsymbol{\Sigma}_{21} & \boldsymbol{\Sigma}_{22}\end{bmatrix}$$

为研究 $\boldsymbol{x}$ 变量和 $\boldsymbol{y}$ 变量之间的线性相关关系，可考虑它们之间的线性组合

$$\begin{cases}\boldsymbol{u}=a_1x_1+a_2x_2+\cdots+a_px_p=\boldsymbol{a}'\boldsymbol{x}\\ \boldsymbol{v}=b_1y_1+b_2y_2+\cdots+b_qy_q=\boldsymbol{b}'\boldsymbol{y}\end{cases}$$

$\boldsymbol{u}$ 和 $\boldsymbol{v}$ 的方差和协方差分别为

$$Var(\boldsymbol{u})=Var(\boldsymbol{a}'\boldsymbol{x})=\boldsymbol{a}'Var(\boldsymbol{x})\boldsymbol{a}=\boldsymbol{a}'\boldsymbol{\Sigma}_{11}\boldsymbol{a}$$
$$Var(\boldsymbol{v})=Var(\boldsymbol{b}'\boldsymbol{y})=\boldsymbol{b}'Var(\boldsymbol{y})\boldsymbol{b}=\boldsymbol{b}'\boldsymbol{\Sigma}_{22}\boldsymbol{b}$$
$$Cov(\boldsymbol{u},\boldsymbol{v})=Cov(\boldsymbol{a}'\boldsymbol{x},\boldsymbol{b}'\boldsymbol{y})=\boldsymbol{a}'Cov(\boldsymbol{x},\boldsymbol{y})\boldsymbol{b}=\boldsymbol{a}'\boldsymbol{\Sigma}_{12}\boldsymbol{b}$$

于是，两个新变量 $\boldsymbol{u}$ 和 $\boldsymbol{v}$ 之间的相关系数（即典型相关系数）为

$$\rho = Corr(\boldsymbol{u},\boldsymbol{v}) = Corr(\boldsymbol{a}'\boldsymbol{x},\boldsymbol{b}'\boldsymbol{y}) = \frac{\boldsymbol{a}'\boldsymbol{\Sigma}_{12}\boldsymbol{b}}{\sqrt{\boldsymbol{a}'\boldsymbol{\Sigma}_{11}\boldsymbol{a}\boldsymbol{b}'\boldsymbol{\Sigma}_{22}\boldsymbol{b}}} \tag{10-1}$$

由于对于任意常数 $c \neq 0$,有 $Corr(c\boldsymbol{a}'\boldsymbol{x}, c\boldsymbol{b}'\boldsymbol{y})=Corr(\boldsymbol{a}'\boldsymbol{x}, \boldsymbol{b}'\boldsymbol{y})$,所以通常需对 $\boldsymbol{a}$ 和 $\boldsymbol{b}$ 附加约束条件,使其具有唯一性,最好的约束条件是使

$$Var(\boldsymbol{u}) = Var(\boldsymbol{a}'\boldsymbol{x}) = \boldsymbol{a}'\boldsymbol{\Sigma}_{11}\boldsymbol{a} = 1$$
$$Var(\boldsymbol{v}) = Var(\boldsymbol{b}'\boldsymbol{y}) = \boldsymbol{b}'\boldsymbol{\Sigma}_{22}\boldsymbol{b} = 1$$

于是,问题就变成在上述约束条件下求 $\boldsymbol{a}$ 和 $\boldsymbol{b}$ 使得

$$\rho = Corr(\boldsymbol{u},\boldsymbol{v}) = Corr(\boldsymbol{a}'\boldsymbol{x},\boldsymbol{b}'\boldsymbol{y}) = \boldsymbol{a}'\boldsymbol{\Sigma}_{12}\boldsymbol{b} \tag{10-2}$$

达到最大。构造拉格朗日乘数函数

$$G = \boldsymbol{a}'\boldsymbol{\Sigma}_{12}\boldsymbol{b} - \frac{\lambda}{2}(\boldsymbol{a}'\boldsymbol{\Sigma}_{11}\boldsymbol{a} - 1) - \frac{\mu}{2}(\boldsymbol{b}'\boldsymbol{\Sigma}_{22}\boldsymbol{b} - 1) \tag{10-3}$$

两边分别对向量 $\boldsymbol{a}$ 和 $\boldsymbol{b}$ 求导,并令其为 0,得方程组:

$$\begin{cases} \dfrac{\partial G}{\partial \boldsymbol{a}} = \boldsymbol{\Sigma}_{12}\boldsymbol{b} - \lambda\boldsymbol{\Sigma}_{11}\boldsymbol{a} = 0 \\ \dfrac{\partial G}{\partial \boldsymbol{b}} = \boldsymbol{\Sigma}_{21}\boldsymbol{a} - \mu\boldsymbol{\Sigma}_{22}\boldsymbol{b} = 0 \end{cases} \tag{10-4}$$

以 a' 和 b' 分别左乘方程两式得:

$$\begin{cases} \boldsymbol{a}'\boldsymbol{\Sigma}_{12}\boldsymbol{b} = \lambda\boldsymbol{a}'\boldsymbol{\Sigma}_{11}\boldsymbol{a} = \lambda \\ \boldsymbol{b}'\boldsymbol{\Sigma}_{21}\boldsymbol{a} = \mu\boldsymbol{b}'\boldsymbol{\Sigma}_{22}\boldsymbol{b} = \mu \end{cases} \tag{10-5}$$

由于 $(\boldsymbol{b}'\boldsymbol{\Sigma}_{21}\boldsymbol{a})'=\boldsymbol{a}'\boldsymbol{\Sigma}_{12}\boldsymbol{b}$,所以 $\lambda=\mu$,也就是说,λ 恰好就是 $\boldsymbol{u}$ 和 $\boldsymbol{v}$ 的相关系数。

另外,由上述方程组的第二式得 $\boldsymbol{b} = \frac{1}{\mu}\boldsymbol{\Sigma}_{22}^{-1}\boldsymbol{\Sigma}_{21}\boldsymbol{a} = \frac{1}{\lambda}\boldsymbol{\Sigma}_{22}^{-1}\boldsymbol{\Sigma}_{21}\boldsymbol{a}$,

将其代入方程组的第一式得:

$$\boldsymbol{\Sigma}_{12}\boldsymbol{\Sigma}_{22}^{-1}\boldsymbol{\Sigma}_{21}\boldsymbol{a}-\lambda^2\boldsymbol{\Sigma}_{11}\boldsymbol{a}=0$$

两边左乘 $\boldsymbol{\Sigma}_{11}^{-1}$ 得:

$$\boldsymbol{\Sigma}_{11}^{-1}\boldsymbol{\Sigma}_{12}\boldsymbol{\Sigma}_{22}^{-1}\boldsymbol{\Sigma}_{21}\boldsymbol{a}-\lambda^2\boldsymbol{a}=0$$

同理可得:

$$\boldsymbol{\Sigma}_{22}^{-1}\boldsymbol{\Sigma}_{21}\boldsymbol{\Sigma}_{11}^{-1}\boldsymbol{\Sigma}_{12}\boldsymbol{b}-\lambda^2\boldsymbol{b}=0$$

记 $\boldsymbol{A}=\boldsymbol{\Sigma}_{11}^{-1}\boldsymbol{\Sigma}_{12}\boldsymbol{\Sigma}_{22}^{-1}\boldsymbol{\Sigma}_{21}$, $\boldsymbol{B}=\boldsymbol{\Sigma}_{22}^{-1}\boldsymbol{\Sigma}_{21}\boldsymbol{\Sigma}_{11}^{-1}\boldsymbol{\Sigma}_{12}$,则得:

$$\begin{cases} \boldsymbol{A}\boldsymbol{a} = \lambda^2\boldsymbol{a} \\ \boldsymbol{B}\boldsymbol{b} = \lambda^2\boldsymbol{b} \end{cases}$$

说明 λ^2 既是 $\boldsymbol{A}$ 矩阵又是 $\boldsymbol{B}$ 矩阵的特征根,$\boldsymbol{a}$、$\boldsymbol{b}$ 是其相应的特征向量,于是求 λ 和 $\boldsymbol{a}$、$\boldsymbol{b}$ 的问题就转化为求矩阵 $\boldsymbol{A}$ 和 $\boldsymbol{B}$ 的特征根和特征向量的问题。

设 A 的特征根为 $\lambda_1^2, \lambda_2^2, \cdots, \lambda_p^2$,则称 $\lambda_1 \geqslant \lambda_2 \geqslant \cdots \lambda_p>0$ 为典型相关系数,相应的特征向量为 $\boldsymbol{a}_1, \boldsymbol{a}_2, \cdots, \boldsymbol{a}_p$ 和 $\boldsymbol{b}_1, \boldsymbol{b}_2, \cdots, \boldsymbol{b}_p$,从而可得 p 对线性组合

$$\begin{cases} \boldsymbol{u}_i = a_{i1}x_1 + a_{i2}x_2 + \cdots + a_{ip}x_p = \boldsymbol{a}'_i\boldsymbol{x} \\ \boldsymbol{v}_i = b_{i1}y_1 + b_{i2}y_2 + \cdots + b_{iq}y_q = \boldsymbol{b}'_i\boldsymbol{y} \end{cases} \tag{10-6}$$

i=1, 2, ⋯, p,称每一对变量为典型变量。

下面是 Python 的机器学习包 sklearn 中关于典型相关分析的函数 CCA。

典型相关分析 CCA 的用法如下。

```
CCA(n_components=1).fit(X, Y)
X 为第 1 组变量的数值矩阵 ,Y 为第 2 组变量的数值矩阵
components 为保留典型变量的个数。
```

Python 中的 CCA 隶属于交叉分解模块(Cross decomposition),交叉分解算法即找到两个矩阵($\boldsymbol{X}, \boldsymbol{Y}$)之间的基本关系,包含降维和回归估计。

下面用 Python 自带的典型相关函数进行简单分析。

In
```
X=d101[['x1','x2','x3']]  #第一组数据
Y=d101[['y1','y2','y3']]  #第二组数据
from sklearn.cross_decomposition import CCA
import numpy as np
n,p=np.shape(X);n,q = np.shape(Y)
ca=CCA(n_components=min(p,q)).fit(X,Y);# 取最小变量个数
```

In
```
from pandas import DataFrame as DF
u_coef=ca.x_rotations_.T   #X 的典型变量系数
print(DF(u_coef,['u1','u2','u3'],X.columns))
v_coef=ca.y_rotations_.T   #Y 的典型变量系数
print(DF(v_coef,['v1','v2','v3'],Y.columns))
```

Out
```
          x1        x2        x3
u1   -0.4404    0.8971   -0.0336
u2    1.5927   -0.9979    0.1954
u3   -0.1819    0.4819    1.0005
          y1        y2        y3
v1   -0.2645    0.7976    0.5421
v2    0.3849   -0.1265   -1.0887
v3   -0.8909    0.8498   -0.2877
```

In
```
u_scores,v_scores=ca.transform(X,Y)  #典型变量 u、v 得分
U=DF(u_scores);V=DF(v_scores)  #典型变量得分数据框
CR=U.corrwith(V);CR  #典型变量的相关系数
```

Out	0	0.7956
	1	0.2006
	2	0.0726

10.3.3 典型变量的性质

（1）每一对典型变量 $\boldsymbol{u}_i$ 及 $\boldsymbol{v}_i$（$i=1,2,\cdots,p$）的标准差为 1。

（2）任意两个典型变量 $\boldsymbol{u}_i$（$i=1,2,\cdots,p$）彼此不相关，任意两个典型变量 $\boldsymbol{v}_j$（$j=1,2,\cdots,q$）彼此不相关，且当 $i\neq j$ 时，$\boldsymbol{u}_i$ 及 $\boldsymbol{v}_j$ 也彼此不相关。

（3）各典型变量 $\boldsymbol{u}_i$ 及 $\boldsymbol{v}_i$ 的相关系数为 λ_i（$i=1,2,\cdots,p$），典型相关系数满足关系式 $1\geqslant\lambda_1\geqslant\lambda_2\geqslant\cdots\geqslant\lambda_p\geqslant 0$。

在理论上，典型变量的对数和相对应的典型相关系数的个数可以等于两组变量中数目较少的那一组变量的个数。其中，$\boldsymbol{u}_1$ 及 $\boldsymbol{v}_1$ 的相关系数 λ_1 反映的相关成分最多，所以称为第一对典型变量；$\boldsymbol{u}_2$ 及 $\boldsymbol{v}_2$ 的相关系数 λ_2 反映的相关成分次之，所以称为第二对典型变量；以此类推。在应用上，只保留前面几对典型变量，确定保留典型相关变量的对数方法为：① 对典型相关系数作显著性检验，看显著性检验的结果；② 结合应用，看典型变量和典型相关系数的实际解释，通常所求得的典型变量的个数越少越容易解释，最好是第一对典型变量能反映足够多的相关成分，只保留一对典型变量便比较理想。透过典型变量之间的典型相关系数来综合地描述两组变量的线性相关关系并进行检验和分析的方法，称为典型相关分析。

典型相关系数的平方表示此两组变量的典型变量间享有的共同变异的百分比，如果将它乘上典型变量对该组变量解释变异的比例，即为重迭系数，表示一组变量被对方的典型变量解释的平均百分比，有点像复相关系数和决定系数。

在实际例子中一般并不知道 $\boldsymbol{\Sigma}$，因此在只有样本数据的情况下，可以用样本协方差阵代替。但是这时的特征根可能不在 0 和 1 的范围，因此会出现软件输出中的特征根（比如远远大于 1）不等于相关系数的平方的情况。这时，各种软件会给出调整后的相关系数。但大多数情况下，我们在进行典型相关分析时，可先将数据进行标准化，这时样本协方差阵即为样本相关阵，就不会出现这种情况。

10.3.4 典型相关系数的检验

对典型相关系数的显著性检验，可求出“去掉前 $r-1$ 个典型相关系数的影响”之后所剩的 $p-r+1$ 个典型相关系数是否可达到显著性水平，所计算的统计量若大于 $\chi_{\alpha}^{2}[(p-r+1)(q-r+1)]$，便要拒绝典型相关系数为 0 的假设。

检验统计量为

$$Q_{r-1}=-\left[n-r-\frac{1}{2}(p+q+1)\right]\ln\Lambda_{r-1}\sim\chi^2[(p-r+1)(q-r+1)] \quad (10\text{-}7)$$

其中：

$$\Lambda_{r-1}=(1-\lambda_r^2)(1-\lambda_{r+1}^2)\cdots(1-\lambda_p^2)=\prod_{i=r}^{p}(1-\lambda_i^2)$$

Python 自带的典型分析包 CCA 并不包括对典型相关系数的假设检验，为了分析方便，这里利用 Python 自编了典型相关系数检验函数 CR_test 来进行典型相关分析。

In

```
def CR_test(n,p,q,r):    # 典型相关系数检验函数
    m=len(r);
    import numpy as np
    Q=np.zeros(m);P=np.zeros(m)
    L=1   #lambda=1
    from math import log
    for k in range(m-1,-1,-1):
        L=L*(1-r[k]**2)
        Q[k]=-log(L)
    from scipy import stats
    for k in range(0,m):
        Q[k]=(n-k-1/2*(p+q+3))*Q[k] # 检验的卡方值
        P[k]=1-stats.chi2.cdf(Q[k],(p-k)*(q-k))#P 值
    CR=DF({'CR': r,'Q': Q,'P': P})
    return CR
```

In

```
CR_test(n,p,q,CR)
```

Out

```
       CR        Q         P
0    0.7956   16.2550   0.0617
1    0.2006    0.6718   0.9548
2    0.0726    0.0713   0.7895
```

输出结果的第一列是典型相关系数，第二列是检验的卡方值，第三列是相应的 P 值，可以看到在 α=0.05 的显著性水平上没有一个典型相关系数是显著的。

10.4　典型相关分析步骤

设所观测对象来自正态总体的样本，每个样品测量两组指标，分别记 $\boldsymbol{x}=(x_1,x_2,\cdots,x_p)'$，$\boldsymbol{y}=(y_1,y_2,\cdots,y_q)'$，不妨设 $p<q$，原始资料矩阵为

$$[\boldsymbol{x},\boldsymbol{y}]=\begin{bmatrix} x_{11} & x_{12} & \cdots & x_{1p} & y_{11} & y_{12} & \cdots & y_{1q} \\ x_{21} & x_{22} & \cdots & x_{2p} & y_{21} & y_{22} & \cdots & y_{2q} \\ \vdots & \vdots & \vdots & \vdots & \vdots & \vdots & \vdots & \vdots \\ x_{n1} & x_{n2} & \cdots & x_{np} & y_{n1} & y_{n2} & \cdots & y_{nq} \end{bmatrix}$$

10.4.1 计算典型相关系数及变量

1. 计算典型相关系数

首先求 $\boldsymbol{A}=\boldsymbol{R}_{11}^{-1}\boldsymbol{R}_{12}\boldsymbol{R}_{22}^{-1}\boldsymbol{R}_{21}$ 的特征根 $r_1^2>r_2^2>\cdots>r_p^2>0$，并求 $r_1, r_2, \cdots, r_p$ 对应的特征向量 $\boldsymbol{a}_1, \boldsymbol{a}_2, \cdots, \boldsymbol{a}_p$；

$\boldsymbol{B}=\boldsymbol{R}_{22}^{-1}\boldsymbol{R}_{21}\boldsymbol{R}_{11}^{-1}\boldsymbol{R}_{12}$ 的特征根 $s_1^2>s_2^2>\cdots>s_p^2>0$，再求 $s_1, s_2, \cdots, s_p$ 对应的特征向量 $\boldsymbol{b}_1, \boldsymbol{b}_2, \cdots, \boldsymbol{b}_p$。此处 $r_i^2=s_i^2$。这里 $\boldsymbol{R}$ 是 $\boldsymbol{x}$ 和 $\boldsymbol{y}$ 的样本相关系数矩阵。

2. 典型相关系数检验

对典型相关系数进行假设检验，以确定相关系数的个数，然后根据显著的典型相关变量对数据进行典型相关分析。

3. 计算典型相关变量

$$\begin{aligned} \boldsymbol{u}_1 &= \boldsymbol{a}_1'\boldsymbol{x},\ \boldsymbol{v}_1=\boldsymbol{b}_1'\boldsymbol{y} \\ \boldsymbol{u}_2 &= \boldsymbol{a}_2'\boldsymbol{x},\ \boldsymbol{v}_2=\boldsymbol{b}_2'\boldsymbol{y} \\ &\cdots\cdots\cdots\cdots \\ \boldsymbol{u}_r &= \boldsymbol{a}_r'\boldsymbol{x},\ \boldsymbol{v}_r=\boldsymbol{b}_r'\boldsymbol{y} \end{aligned} \tag{10-8}$$

式中：$\boldsymbol{a}$ 和 $\boldsymbol{b}$ 分别称为变量 $\boldsymbol{x}$ 和 $\boldsymbol{y}$ 的典型载荷；r 为两组变量个数的最小者。

需要注意的是，由于对于任意常数 $c\neq 0$，有 $Corr(c\boldsymbol{a}'\boldsymbol{x}, c\boldsymbol{b}'\boldsymbol{y})=Corr(\boldsymbol{a}'\boldsymbol{x}, \boldsymbol{b}'\boldsymbol{y})$，所以典型变量的系数（载荷）并不唯一，每个软件得出的结果并不一样，相差一个倍数。

自编典型相关分析函数 cancor 的用法

```
cancor(X, Y, pq=None, plot=False):
X 和 Y 分别为第一组和第二组数据框变量
pq 指定典型变量的个数
plot 表示是否绘制第一对典型变量的关系图
```

在自编的典型相关分析函数中，先用 Python 自带的典型相关分析函数计算出典型相关系数，然后根据卡方检验公式计算 P 值，对典型相关系数进行假设检验，以确定相关系数的个数。下面是我们定义的典型相关分析函数 cancor。

In

```
def cancor(X,Y,pq=None,plot=False):   #pq 指定典型变量的个数
    import numpy as np
    n,p=np.shape(X);n,q=np.shape(Y)
    if pq==None:pq=min(p,q)
    cca=CCA(n_components=pq).fit(X,Y);
    u_scores,v_scores=cca.transform(X,Y)
    r=DF(u_scores).corrwith(DF(v_scores));
    CR=CR_test(n,p,q,r)
    print('典型相关系数检验 :\n',CR)
    print('\n 典型相关变量系数 :\n')
    u_coef=DF(cca.x_rotations_.T,['u%d'%(i+1)for i in range(pq)],X.columns)
    v_coef=DF(cca.y_rotations_.T,['v%d'%(i+1)for i in range(pq)],Y.columns)
    if plot:# 显示第一对典型变量的关系图
        import matplotlib.pyplot as plt
        plt.plot(u_scores[:,0],v_scores[:,0],'o')
    return u_coef,v_coef
```

In

```
cancor(X,Y,plot=True)
```

Out

```
典型相关系数检验：
       CR        Q        P
0  0.7956  16.2550   0.0617
1  0.2006   0.6718   0.9548
2  0.0726   0.0713   0.7895

典型相关变量系数：
        x1       x2       x3
u1  -0.4404   0.8971  -0.0336
u2   1.5927  -0.9979   0.1954
u3  -0.1819   0.4819   1.0005,
        y1       y2       y3
v1  -0.2645  -0.7976   0.5421
v2   0.3849  -0.1265  -1.0887
v3  -0.8909   0.8498  -0.2877
```

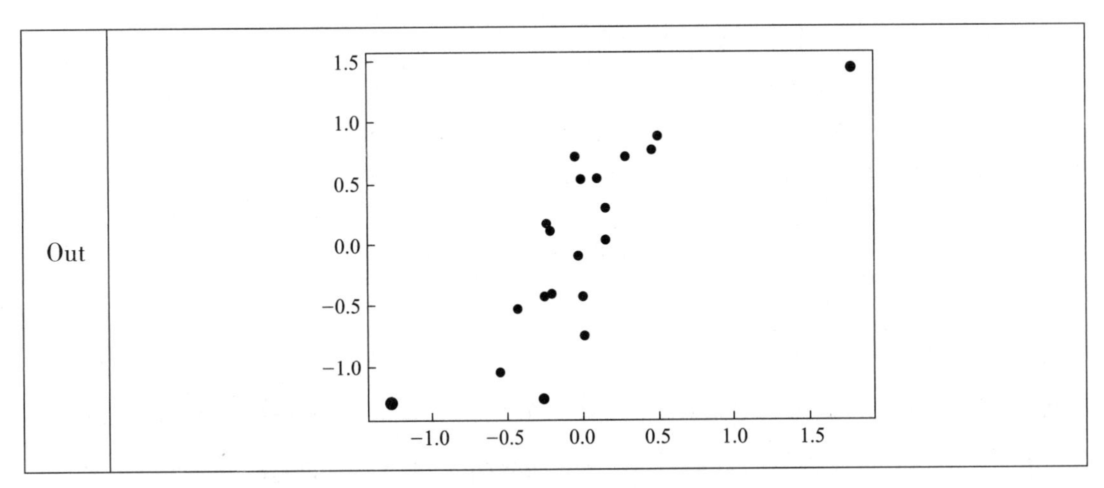

从第一对典型变量的散点图也可以看出线性关系不明显，所以就不需要做进一步的典型相关分析了。

10.4.2 典型相关的实证分析

【例 10.2】 广东省能源消费与经济增长之间典型相关分析

一个地区在一定时期内的能源消费与经济增长存在很大的相关性。一定时期的能源消费量的多少，可以很大程度上反映经济增长的快慢，一般情况下可以对两者进行回归分析。但是如果深入考虑此问题，可以发现，评价能源消费的指标很多，如原煤消费量、电力消费量等。评价经济增长的指标也有很多，如农业增长、工业增长、服务业增长，而且国民经济各个行业对能源的依赖程度有所不同。这时涉及一组变量对另一组变量的相关性研究，若用传统的线性相关的方法就不能解决。本例利用了典型相关分析的方法来解决此问题，目的是希望找出能源消费和经济增长之间的深层次关系，为决策者提供数据支撑。

1. 指标选取与资料收集

能源消费量是指一个地区在一定时期内消费的能源总量。能源具体可分为原煤、油品（包括汽油、煤油、柴油等）、电力等方面。为了能具体分析能源消费量的变动情况，收集了 4 个指标作为第一组变量：原煤消费量（万吨标准煤）、油品消费量（万吨标准煤）、电力消费量（万吨标准煤）、进口能源量（万吨标准煤）。能源消费和经济增长指标如图 10-4 所示。

图 10-4

经济增长反映了一个地区在一定时期内经济发展情况。为了从各个方面全面评价经济增长,特别收集了以下6个指标:农业生产总值(亿元)、工业生产总值(亿元)、建筑业生产总值(亿元)、第三产业生产总值(亿元)、全省户籍人口(万人)、人均可支配收入(元)。表10-2是1984年到2007年广东省能源消费与经济增长的数据。

表10-2 能源消费与经济增长指标数据

x_1	x_2	x_3	x_4	y_1	y_2	y_3	y_4	y_5	y_6
867.70	483.52	662.35	30.00	145.25	154.33	33.22	125.93	5 576.62	818.37
955.20	531.74	700.16	30.03	171.87	185.81	44.01	175.69	5 655.60	954.12
1 019.30	624.53	797.59	231.83	188.37	208.46	47.42	223.28	5 740.70	1 102.09
1 144.40	678.17	944.60	175.46	232.14	273.77	56.58	284.20	5 832.15	1 320.89
1 451.10	756.01	1017.60	165.54	306.50	386.35	73.82	388.70	5 928.31	1 583.13
1 575.20	893.28	1 112.60	375.61	351.73	464.06	90.07	475.53	6 024.98	2 086.21
1 326.00	919.61	1 313.70	474.80	384.59	523.42	92.45	558.58	6 246.32	2 303.15
1 459.20	1 055.70	1 515.50	517.89	416.00	675.55	107.12	694.63	6 348.95	2 752.18
1 535.90	1 149.40	1 817.00	1 046.30	465.83	899.28	201.04	881.39	6 463.17	3 476.70
1 693.80	1 173.90	2 174.50	1 779.90	558.70	1 386.83	318.05	1 205.70	6 581.60	4 632.38
1 749.50	1 328.30	2 630.80	1 605.20	692.25	1 865.44	387.80	1 673.52	6 691.46	6 367.08
1 906.80	1 476.00	2 803.70	1 575.50	864.49	2 448.82	451.40	2 168.34	6 788.74	7 438.68
1 804.40	1 506.20	3 072.00	2 354.60	935.24	2 842.85	464.66	2 592.22	6 896.77	8 157.81
1 756.30	1 472.60	3 090.80	3 064.60	978.32	3 235.42	468.97	3 091.81	7 013.73	8 561.71
1 681.30	1 737.90	3 273.80	2 954.20	994.55	3 564.25	502.87	3 469.21	7 115.65	8 839.68
1 541.80	1 912.50	3 454.30	2 668.30	1 009.01	3 832.44	526.56	3 882.66	7 298.88	9 125.92
1 552.70	2 052.10	4 122.40	2 757.40	986.32	4 463.06	536.45	4 755.42	7 498.54	9 761.57
1 554.30	2 209.20	4 506.30	3 662.60	988.84	4 941.20	564.86	5 544.35	7 565.33	10 415.19
1 574.94	2 346.12	5 343.95	4 211.20	1 015.08	5 548.41	594.99	6 343.94	7 649.29	11 137.20
2 209.78	2 805.67	5 524.44	4 741.71	1 072.91	6 886.97	705.81	7 178.94	7 723.42	12 380.40
1 695.07	2 998.96	7 620.55	5 324.97	1 219.84	8 485.85	794.88	8 364.05	7 804.75	13 627.65
1 986.22	4 076.07	8 635.75	4 587.62	1 428.27	10 482.03	857.90	9 598.34	7 899.64	14 769.94
2 344.21	4 555.01	9 243.42	5 038.17	1 532.17	12 500.22	931.60	11 195.53	8 048.71	16 015.58
2 579.46	4 757.19	10 275.54	5 292.14	1 695.57	14 910.03	1 029.07	13 449.73	8 156.05	17 699.30

2. 典型相关分析

In

```
d102=pd.read_excel('mvsData.xlsx','d102');d102
X=d102[['x1','x2','x3','x4']];Y=d102[['y1','y2','y3','y4','y5','y6']]
cancor(X,Y)
```

Out

```
典型相关系数检验：
      CR         Q        P
0  0.9990  120.6463  0.0000
1  0.9549   39.2642  0.0006
2  0.7373   10.3455  0.2416
3  0.4267    1.9094  0.5914

典型相关变量系数：
        x1       x2       x3       x4
u1  -0.0878   0.7752   0.5774   0.2409
u2  -0.2838  -0.4681   0.8211  -0.1857
u3   0.2014  -1.8706   1.9831  -0.2453
u4  -0.0539  -0.0195  -0.9457   1.0201,
        y1       y2       y3       y4       y5       y6
v1  -0.1306  -0.5530   0.1397   0.7772   0.1982   0.1193
v2  -0.4039   1.1599  -0.2782  -1.0204   0.0867   0.4373
v3  -0.2680  -0.9405  -0.0235   0.5590  -0.2415   0.9106
v4   1.1565   1.1569   0.6789  -0.1552  -0.6326  -2.1636
```

In

```
cancor(X,Y,2,plot=True)# 取前两对典型变量并绘制第一对典型变量的散点图
```

Out

```
典型相关系数检验：
      CR         Q       P
0  0.9990  108.3303  0.000
1  0.9549   27.9334  0.022

典型相关变量系数：
        x1       x2       x3       x4
u1  -0.0878   0.7752   0.5774   0.2409
u2  -0.2838  -0.4681   0.8211  -0.1857,
        y1       y2       y3       y4       y5       y6
v1  -0.1306  -0.5530   0.1397   0.7772   0.1982   0.1193
v2  -0.4039   1.1599  -0.2782  -1.0204   0.0867   0.4373
```

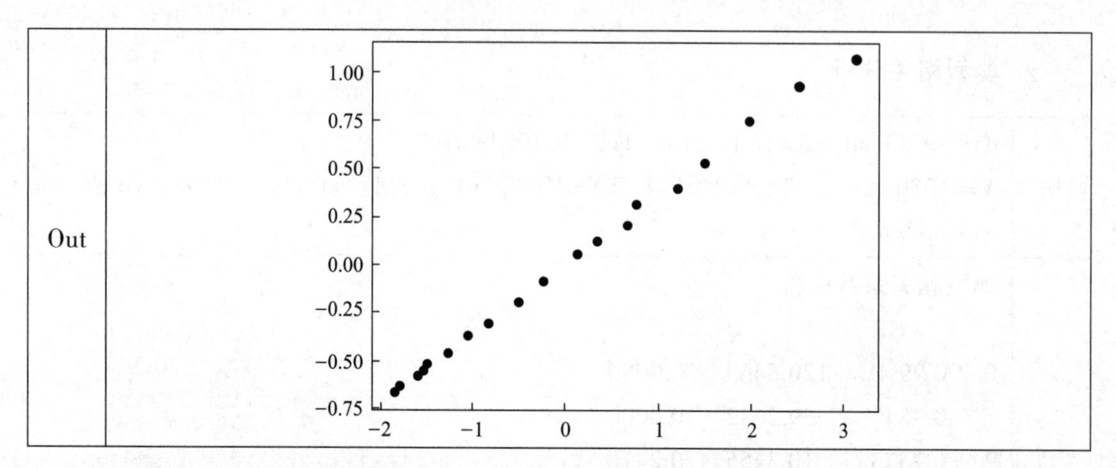

可以看到，在 0.05 的显著性水平上，前两组典型相关是显著的，即需要两组典型变量，于是可得出前两对典型变量的线性组合：

$$\begin{cases} u_1=-0.087\,8x_1+0.775\,2x_2+0.577\,4x_3+0.240\,9x_4 \\ v_1=-0.130\,6y_1-0.553\,0y_2+0.139\,7y_3+0.777\,2y_4+0.198\,2y_5+0.119\,3y_6 \end{cases}$$

$$\begin{cases} u_2=-0.283\,8x_1-0.468\,1x_2+0.821\,1x_3-0.185\,7x_4 \\ v_2=-0.403\,9y_1+1.159\,9y_2-0.278\,2y_3-1.020\,4y_4+0.086\,7y_5+0.437\,3y_6 \end{cases}$$

3. 对结果进行有经济意义的解释

（1）由于 CR1=0.999 0，说明 u_1、v_1 之间具有高度的相关关系（尤其是绝对值较大的权系数），而各自的线性组合中变量的系数大部分都为正号，因此一般说来，能源消费越多，经济增长也就越快。

（2）在第一对典型变量 u_1、v_1 中，u_1 为能源消费指标的线性组合，其中 x_2（油品消费量）和 x_3（电力消费量）较其他变量有较大的载荷，说明油品、电力是能源消费量的主要指标，它们在能源消费中占主导地位。x_4（进口能源量）较 x_1（原煤消费量）有较大的载荷，说明随着经济逐渐发展，本地的能源逐渐不能满足经济发展的需要，进口能源逐渐显示其重要性。v_1 是经济增长指标的线性组合，其中有较大载荷的变量是 y_2（工业生产总值）和 y_4（第三产业生产总值）。这说明 x_2（油品消费量）和 x_3（电力消费量）与 y_2（工业生产总值）和 y_4（第三产业生产总值）有较为密切的联系。以油品和电力为代表的能源消费对经济的促进作用主要体现在工业和第三产业的增长上。换句话说，如果想保持经济（尤其是工业、第三产业）快速增长，那么油品和电力必须有充足的供应，不然就会成为制约经济增长的瓶颈。

（3）在第二对典型变量中，在能源消费指标的线性组合中，仍以 x_2（油品消费量）和 x_3（电力消费量）较其他变量有较大的载荷，说明油品、电力是能源消费量的主要指标，它们在能源消费中占主导地位。而在经济增长各项指标的线性组合中，又以 y_2（工业生产总值）、y_4（第三产业生产总值）的载荷最大，再次说明第三产业和工业对能源有较大的依赖性。

（4）从上面两对典型变量中，我们可以看出，在能源消费这一方面，原煤所起的作用已经不重要了。事实上，从原始数据中我们也可以看出，随着经济快速增长，原煤消费量的增长已很缓慢。而在经济增长这一方面,农业生产总值、建筑业生产总值、全省户籍人口的载荷都不是很大,说明这三个指标的增长与能源的消费没有太大关系。这一点也很容易理解,因为在实际生活中,我们往往会发现,农业的发展并不会消费太多的能源,况且这些年来广东省的农业发展并不太快,所以和能源的关系并不太大。建筑业的增长也不会消耗太多能源。

案例 10:R&D 投入与产出的典型相关分析

一、案例简介

社会经济的发展以及知识信息的创新、扩散和应用主要依赖于掌握先进技术和知识的 R&D 资源。R&D 水平的高低是衡量一个国家或区域科技创新、技术进步的首要因素,而 R&D 水平的高低主要在于 R&D 投入能力与其产出效果。R&D 投入指标体系一般有人力、财力、物力三方面的指标,R&D 产出指标体系一般有专利、产值等指标。在 R&D 投入指标体系中每一个指标的重要程度是不一样的,探究哪些因素对 R&D 投入进而对 R&D 产出的影响最大,有助于我国高新技术产业的优化升级,促进经济高质量发展。

二、指标的选取及数据收集

R&D 投入指标中包括三个指标:R&D 人员全时当量、R&D 经费支出、专业技术人员。R&D 人员中全时人员是指在报告年度实际从事 R&D 活动的时间占制度工作时间 90% 及以上的人员。R&D 经费支出是指调查单位在报告年度用于内部开展 R&D 活动的实际支出。专业技术人员是指企事业单位中已经聘任专业技术职务从事专业技术工作和专业技术管理工作的人员,以及未聘任专业技术职务,现在专业技术岗位上的人员。

R&D 产出指标包括:国内三种专利申请受理数、国内三种专利申请授权数、技术成交合同数、技术成交合同金额、高新技术产业新产品产值、高新技术产业新产品销售收入。新产品是指采用新技术原理、新设计构思研制、生产的全新产品,或在结构、材质、工艺等方面比原有产品有明显改进,从而显著提高了产品性能或扩大了使用功能的产品。R&D 投入与产出的指标体系见表 10-3。

表 10-3 R&D 投入与产出的指标体系

主体	指标维度
R&D 投入指标	x_1: R&D 人员全时当量 /(人·年$^{-1}$)
	x_2: R&D 经费支出 / 万元
	x_3: 专业技术人员 / 人

续表

主体	指标维度
R&D 产出指标	y_1: 国内三种专利申请受理数 / 件 y_2: 国内三种专利申请授权数 / 件 y_3: 技术成交合同数 / 项 y_4: 技术成交合同金额 / 万元 y_5: 高新技术产业新产品产值 / 万元 y_6: 高新技术产业新产品销售收入 / 元

根据表 10-3 所示的指标体系，新疆、西藏两自治区的数据不全，不纳入研究范围。以中国 29 个省级区域为研究样本，利用 2009 年数据进行分析。数据来源于 2010 年版《中国科技统计年鉴》。原始数据如图 10-5 所示。

	A	B	C	D	E	F	G	H	I	J
1	x1	x2	x3	y1	y2	y3	y4	y5	y6	
2	191778.60	6686350.80	455745	22921	50236	49938	12362450.44	4083234.90	3830491.50	
3	52038.50	1784661.00	315767	7404	19624	9842	1054610.93	2719258.20	2561451.40	
4	56508.90	1348445.50	1174259	6839	11361	4392	172111.80	228689.90	223976.40	
5	47771.60	808563.30	864758	3227	6822	826	162067.53	22933.00	22064.50	
6	21675.80	520725.90	556413	1494	2484	865	147651.46	923.70	777.40	
7	80925.10	2323686.80	709135	12198	25803	15729	1197095.44	493796.50	476716.10	
8	39393.20	813601.90	630819	3275	5934	3222	197598.28	47255.80	55312.30	
9	54158.50	1091704.00	813806	5079	9014	2068	488550.02	463627.40	438795.70	
10	132859.40	4233774.20	583986	34913	62241	26952	4354108.44	3132712.20	3174322.00	
11	273273.00	7019529.00	1185041	87286	174329	13938	1082184.32	2971234.50	2824340.40	
12	185068.70	3988366.50	863487	79945	108482	12786	564580.51	1223747.40	1003813.10	
13	59697.20	1359534.50	836859	8594	16386	5888	356173.60	44146.40	43246.10	
14	63268.50	1353819.30	611313	11282	17559	4785	232594.42	1702339.80	1529295.50	
15	33054.50	758936.00	709372	2915	5224	2273	97892.70	142728.50	130176.30	
16	164620.10	5195920.20	1799758	34513	66857	7672	719390.98	1394576.00	1229597.60	
17	92571.30	1747599.30	1391600	11425	19589	3913	263046.10	325719.00	313657.20	
18	91160.80	2134489.50	902129	11357	27206	5689	770328.73	152043.90	125908.20	
19	63842.60	1534995.00	1022218	8309	15948	5258	440432.38	107670.70	90752.70	
20	283650.40	6529820.40	1462861	83621	125673	14408	1709849.78	5001517.10	4726972.90	
21	29855.80	472027.70	845262	2702	4277	290	17661.82	55686.20	43300.80	
22	4210.00	57806.00	140125	630	1040	62	5556.27	12985.80	1838.00	
23	35004.60	794599.40	438394	7501	13482	2465	383158.09	89620.60	84774.30	
24	85921.40	2144590.30	1105086	20132	33047	7632	545976.94	1489546.00	1289807.00	
25	13092.70	264134.30	588178	2084	3709	988	17806.11	125424.00	82183.20	
26	21110.10	372304.40	750259	2923	4633	1028	102468.71	46007.80	43546.30	
27	68039.70	1895063.00	740744	6087	15570	6243	698074.11	471719.50	377599.00	
28	21158.10	372612.40	502781	1274	2676	2680	356286.93	99773.10	91461.90	
29	4602.90	75937.90	116444	368	499	429	84967.21	9.60	5.00	
30	6919.50	104422.10	128210	910	1277	450	8982.29	23813.70	22018.90	

Case8 Case9 Case10 Case11 Case12 … +

图 10-5

三、Jupyter 操作

1. 调入数据

In	Case10=pd.read_excel('mvsCase.xlsx','Case10'); Case10

2. 计算过程及结果分析

In

```
Case10.corr()
```

Out

	x1	x2	x3	y1	y2	y3	y4	y5	y6
x1	1.0000	0.9701	0.5872	0.9256	0.9449	0.6330	0.4475	0.8178	0.8098
x2	0.9701	1.0000	0.5103	0.8439	0.8895	0.7607	0.6012	0.8550	0.8493
x3	0.5872	0.5103	1.0000	0.4902	0.4944	0.0419	−0.0949	0.2414	0.2303
y1	0.9256	0.8439	0.4902	1.0000	0.9794	0.4319	0.2062	0.7065	0.6968
y2	0.9449	0.8895	0.4944	0.9794	1.0000	0.4770	0.2579	0.7274	0.7203
y3	0.6330	0.7607	0.0419	0.4319	0.4770	1.0000	0.9433	0.7543	0.7573
y4	0.4475	0.6012	−0.0949	0.2062	0.2579	0.9433	1.0000	0.6328	0.6366
y5	0.8178	0.8550	0.2414	0.7065	0.7274	0.7543	0.6328	1.0000	0.9990
y6	0.8098	0.8493	0.2303	0.6968	0.7203	0.7573	0.6366	0.9990	1.0000

In

```
pd. plotting. scatter. matrix(Case10,figsize=(10,8));
```

Out

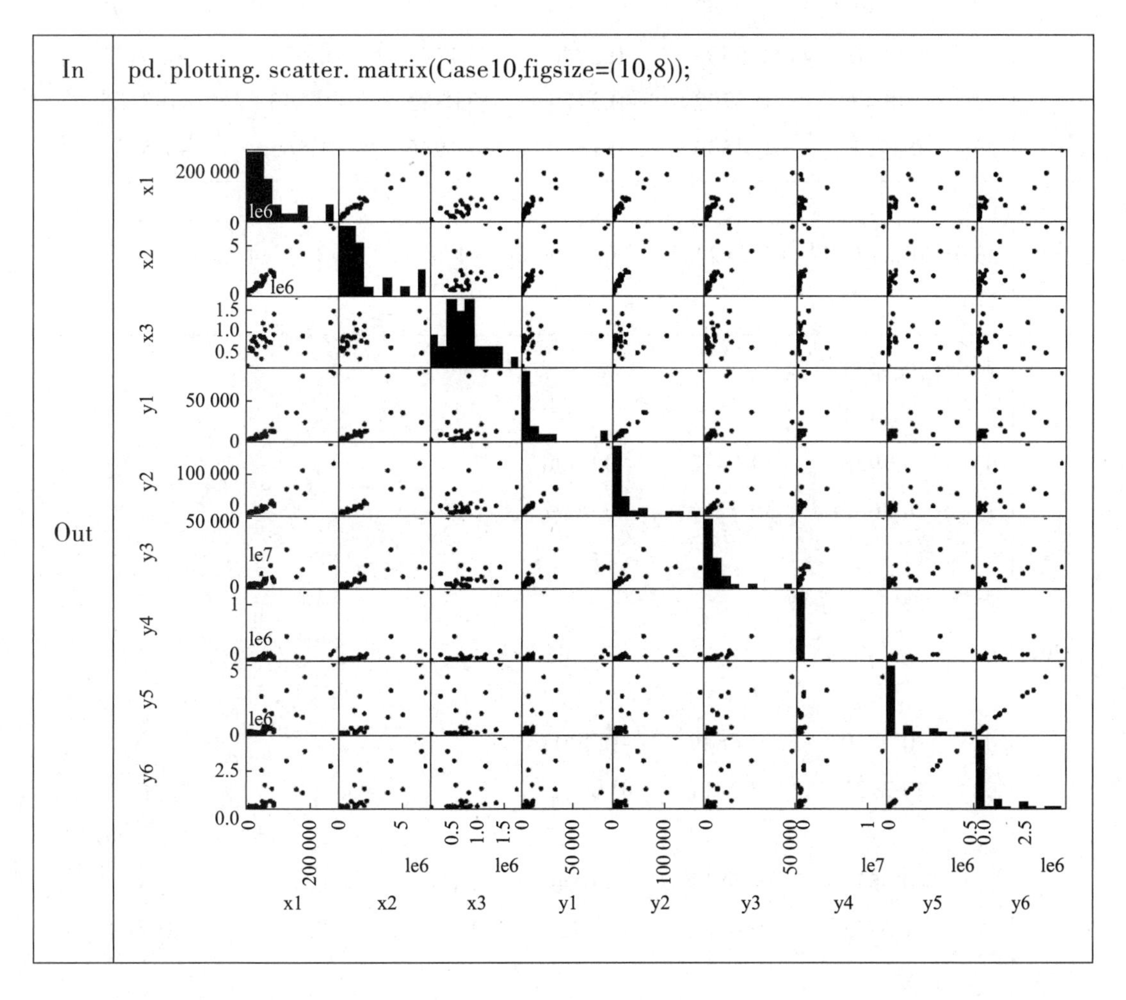

In	cancor(Case10[['x1','x2','x3']],Case10[['y1','y2','y3','y4','y5','y6']])

Out

```
典型相关系数检验:
        CR          Q         P
0   0.9928   132.4057    0.0000
1   0.8662    33.1651    0.0003
2   0.3362     2.5186    0.6413

典型相关变量系数:

        x1          x2         x3
u1   0.6639      0.6849    -0.3003
u2   0.7131     -0.7011     0.0062
u3  -1.8423      1.3831     1.1304,
        y1          y2         y3         y4         y5         y6
v1  -0.0570      0.5559     0.0840     0.1743     0.6238    -0. 5111
v2   1.0043     -0.6702    -0.3429     0.0383    -0.7432     0.7185
v3  -0.4721      0.4539     0.1649    -0.1946     1.5656    -1.5839
```

In	cancor(Case10[['x1','x2','x3']],Case10[['y1','y2','y3','y4','y5','y6']],2,True)

Out

```
典型相关系数检验:
        CR          Q         P
0   0.9928   129.6472    0.0000
1   0. 8662   30.5266    0.0007

典型相关变量系数:

        x1          x2         x3
u1   0.6639      0.6849    -0.3003
u2   0.7131     -0.7011     0.0062,
        y1          y2         y3         y4         y5         y6
v1  -0.0570      0.5559     0.0840     0.1743     0.6238    -0.5111
v2   1.0043     -0.6702    -0.3429     0.0383    -0.7432     0.7185
```

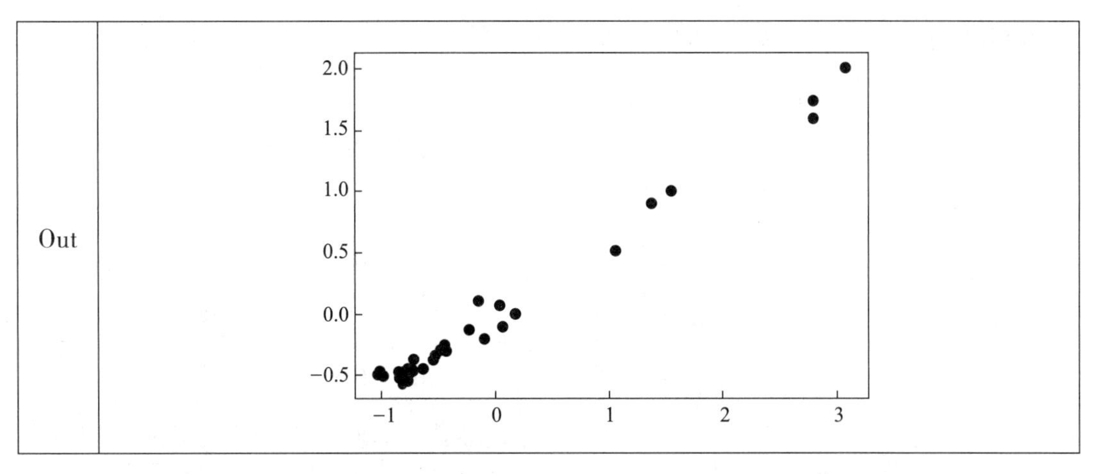

由Python得出三对典型相关变量的相关系数CR，分别为0.9928、0.8662、0.3362。前两对典型变量的相关系数较大，且卡方检验的P值都小于0.05，可知前两对典型变量的相关关系是显著的，即通过检验。因此我们只需分析前两对典型相关变量。根据Python分析得出的特征根及相应的单位正交化的特征向量，可得出前两对典型变量的线性组合是：

$$u_1 = 0.663\,9x_1 + 0.684\,9x_2 - 0.300\,3x_3$$

$$v_1 = -0.057\,0y_1 + 0.555\,9y_2 + 0.084\,0y_3 + 0.174\,3y_4 + 0.623\,8y_5 - 0.511\,1y_6$$

$$u_2 = 0.713\,1x_1 - 0.701\,1x_2 + 0.006\,2x_3$$

$$v_2 = 1.004\,3y_1 - 0.670\,2y_2 - 0.342\,9y_3 + 0.038\,3y_4 - 0.743\,2y_5 + 0.718\,5y_6$$

3. 对结果进行分析

（1）在第一组典型变量u_1、v_1中，u_1是R&D投入指标的线性组合，R&D经费支出（x_2）的典型载荷大于R&D人员全时当量（x_1）的典型载荷和专业技术人员（x_3）的典型载荷（$0.684\,9>0.663\,9>-0.300\,3$），说明R&D经费支出对R&D投入的影响与R&D人员全时当量对投入的影响相近似，均大于专业技术人员所带来的影响。v_1是R&D产出指标的线性组合，高新技术产业新产品产值（y_5）典型载荷最大，国内三种专利申请授权数（y_2）的典型载荷次之，技术成交合同数（y_3）、国内三种专利申请受理数（y_1）、技术成交合同金额（y_4）的典型载荷较小，说明这些指标对R&D产出的影响较小。

（2）在第二组典型变量u_2、v_2中，R&D投入指标的线性组合中占较大载荷的仍是R&D人员全时当量与R&D经费支出，说明在研发中人力与资金的投入是R&D投入的主要指标，它们占主导地位，而在R&D产出指标的线性组合中，国内三种专利申请受理数（y_1）的载荷最大，说明在该组典型变量中，专利水平主要衡量了R&D的产出。

本案例分析发现：R&D投入指标（R&D人员全时当量、R&D经费支出）和R&D产出指标（国内三种专利申请受理数、国内三种专利申请授权数、高新技术产业新产品产值）之间存在较好的相互解释和预测的能力。在此基础上可以为未来R&D发展预测模型的研究提供科学依据。

思考与练习

一、思考题（手工解答，纸质作业）

1. 试述典型相关分析的基本思想。
2. 分析一组原始变量的典型变量与其主成分的异同。
3. 给出某研究的协方差矩阵：

$$Cov\begin{bmatrix}X_1^{(1)}\\X_2^{(1)}\\X_1^{(2)}\\X_2^{(2)}\end{bmatrix}=\begin{bmatrix}\boldsymbol{\Sigma}_{11}&\boldsymbol{\Sigma}_{12}\\\boldsymbol{\Sigma}_{21}&\boldsymbol{\Sigma}_{22}\end{bmatrix}=\begin{bmatrix}1&0&0&0\\0&1&0.95&0\\0&0.95&1&0\\0&0&0&1\end{bmatrix}$$

验证第一对典型变量为 $U_1=X_2^{(1)}$，$V_1=X_1^{(2)}$，且它们的典型相关系数 $r_1=0.95$。

二、练习题（计算机分析，电子作业）

我国工农业产业系统的典型相关分析：首先将工业内部5个结构比重变量作为第一组分析变量。

X_1：以农业产品为原料的生产部门的产值占总工业部门产值的比重；

X_2：以非农业产品为原料的生产部门的产值占总工业部门产值的比重；

X_3：采掘工业部门的产值占总工业部门产值的比重；

X_4：原料工业部门的产值占总工业部门产值的比重；

X_5：加工工业部门的产值占总工业部门产值的比重。

把农业内部4个部门的产值的比重变量作为第二组分析变量。

Y_1：农业部门的产值占总行业产值的比重；

Y_2：林业部门的产值占总行业产值的比重；

Y_3：牧业部门的产值占总行业产值的比重；

Y_4：渔业部门的产值占总行业产值的比重。

原始数据分别为各个部门的年产值。表10-4是1984年到2002年我国工农业产业系统相关数据。

表10-4 1984—2002年我国工农业产业系统相关数据 单位：%

X_1	X_2	X_3	X_4	X_5	Y_1	Y_2	Y_3	Y_4
33.73	15.83	6.41	18.38	25.65	74.09	5.03	18.24	2.65
33.20	16.40	5.80	17.9	26.7	69.28	5.21	22.02	3.48
32.51	14.00	6.63	20.64	26.22	69.12	5.01	21.77	4.10
32.77	13.99	6.59	20.68	25.97	58.85	6.04	29.00	6.12
32.34	14.84	5.99	20.38	26.45	62.57	4.69	27.24	5.5
32.20	14.44	6.14	21.31	25.91	62.75	4.36	27.55	5.34

续表

X_1	X_2	X_3	X_4	X_5	Y_1	Y_2	Y_3	Y_4
32.74	14.22	6.21	22.27	24.56	64.66	4.31	25.67	5.36
31.69	14.62	6.28	22.40	25.01	63.09	4.51	26.47	5.93
29.86	14.21	5.87	22.96	27.10	61.51	4.65	27.08	6.75
26.38	13.67	6.18	25.86	27.90	60.07	4.49	27.41	8.02
28.48	13.72	6.32	23.81	27.67	58.22	3.88	29.66	8.24
28.88	13.87	6.35	23.26	27.64	58.43	3.49	29.72	8.36
28.67	14.37	6.61	22.15	28.20	60.57	3.48	26.91	9.04
27.95	14.79	6.86	21.99	28.41	58.23	3.44	28.73	9.60
27.16	15.77	5.97	22.32	28.77	58.03	3.47	28.63	9.87
26.04	15.93	5.83	22.89	29.31	57.53	3.61	28.54	10.31
24.59	15.20	6.30	24.38	29.52	55.68	3.76	29.67	10.89
24.73	14.70	5.59	24.46	30.52	55.24	3.59	30.42	10.75
24.50	14.64	5.30	23.61	31.95	54.51	3.77	30.87	10.85

对该资料进行全面的典型相关分析。

三、案例选题（仿照本章案例完成）

从给定的题目出发，按内容提要、指标选取、数据收集、Python 语言计算过程、结果分析与评价等方面进行案例分析。

1. 各部门社会总产值与投资性变量间的相关关系研究。
2. 社会经济综合发展水平与电信发展状况的典型相关分析。
3. 我国房地产指标的典型相关分析。
4. 2022 年各大城市消费品供应量和居民消费实力的典型相关分析。
5. 我国农业投入与农业产量的典型相关分析。
6. 工业企业经济指标之间的相关关系研究。
7. 国民收入变量和投资变量之间相关关系的研究。
8. 科技投入与产出的相关分析。
9. 我国工业和第三产业之间的典型相关分析。

第 11 章 扩展线性模型及 Python 建模

本章思维导图

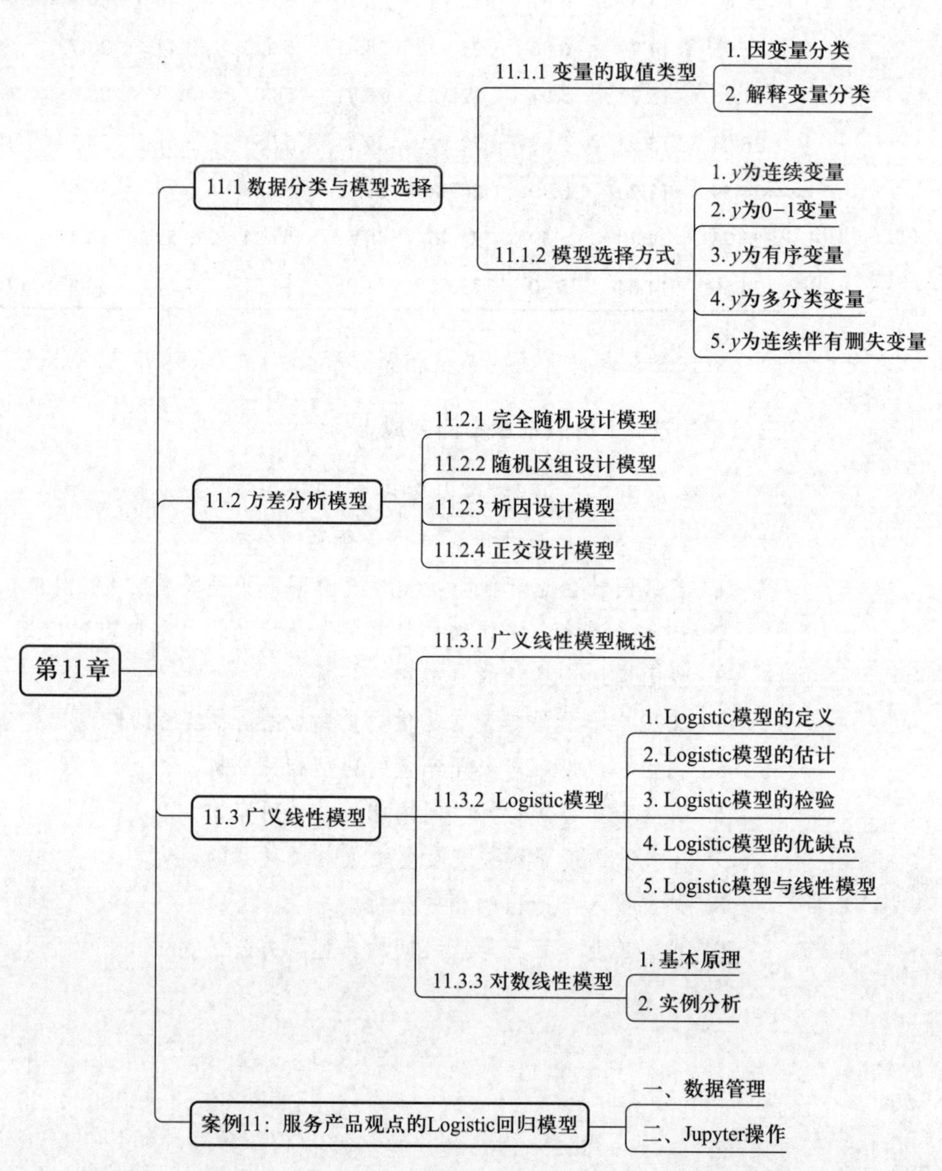

【学习目标】 由于统计模型的多样性和各种模型的适应性,要求学生针对因变量和解释变量的取值性质,了解统计模型的类型。掌握数据的分类与模型选择方法,并对广义线性模型和方差分析等模型有初步的了解。

【教学内容】 数据的分类与模型选择、方差分析模型、广义线性模型概述、Logistic 回归模型、对数线性模型的计算。

实际数据通常通过观察或实验获得,因变量是指研究中主要关心的随机现象的数量化表现。因变量受诸多因素影响,这些影响因素称为解释变量。实验和观察的目的就是探讨解释变量对因变量的影响(效应)大小,以及影响效应有无统计学意义。根据获得的数据,建立因变量和解释变量间恰当的统计模型(关系),解决下列三个问题:

(1)解释变量对因变量的效应。

(2)效应有无统计学意义。

(3)因变量随解释变量的变化规律。

由于统计模型的多样性和各种模型的适应性,针对因变量和解释变量的取值性质,统计模型可分为多种类型。

(1)方差分析模型。这里主要讲实验设计模型,即自变量为定性变量、因变量为正态随机变量的线性模型。

(2)广义线性模型。包括 Logistic 回归模型、对数线性模型、Cox 比例风险模型等。主要针对因变量为非正态情形的线性模型。

本章简单介绍方差分析模型和广义线性模型及其 Python 语言使用。

11.1 数据分类与模型选择

11.1.1 变量的取值类型

1. 因变量分类

因变量记为 $\boldsymbol{y}$。因变量 $\boldsymbol{y}$ 一般有如下几种取值方式:

(1)$\boldsymbol{y}$ 为连续变量。如身高、体重、财政收入与支出等。

(2)$\boldsymbol{y}$ 为二分类变量。如实验“成功”“失败”;药物“有效”“无效”;治疗结果“存活”“死亡”等。

(3)$\boldsymbol{y}$ 为有序变量。如治疗结果“治愈”“显效”“无效”,检验结果“-”“+”“++”“+++”等。

(4)$\boldsymbol{y}$ 为多分类变量。如脑肿瘤分良性、恶性、转移瘤,小儿肺炎分结核性、化脓性、细菌性等。

（5）$\boldsymbol{y}$ 为连续伴有删失变量。如某病治疗后存活时间，可能有失访删失、终检删失和随机删失等。

2. 解释变量分类

解释变量 $\boldsymbol{x}$ 一般有如下几种取值方式：

（1）$\boldsymbol{x}$ 为连续变量，如身高、体重等，一般称 x 为自变量或协变量。

（2）$\boldsymbol{x}$ 为分类变量，如性别：男、女，居住地：城市、村镇、农村，称 x 为因素。

（3）$\boldsymbol{x}$ 为等级变量，如吸烟量：不吸烟，0~10 支、10~20 支、20 支以上等，x 可通过评分转化为协变量；也可以看成因素，等级数看成是因素的水平数。

11.1.2　模型选择方式

1. $\boldsymbol{y}$ 为连续变量

当 $\boldsymbol{y}$ 为连续变量时，为了探讨 $\boldsymbol{y}$ 和 x_i 间的线性关系，建立以下模型：

$$y = \beta_0 + \beta_1 x_1 + \beta_2 x_2 + \cdots + \beta_p x_p + \boldsymbol{\varepsilon} = \boldsymbol{x\beta} + \boldsymbol{\varepsilon} \tag{11-1}$$

式中：ε 为随机误差，$E(\varepsilon)=0$。

假设观察了 n 个独立样本，对于每一个样本有

$$y_i = \beta_0 + \beta_1 x_{i1} + \beta_2 x_{i2} + \cdots + \beta_p x_{ip} + \varepsilon_i \quad \boldsymbol{i} = 1, 2, \cdots, n \tag{11-2}$$

记

$$\boldsymbol{y} = (y_1, y_2, \cdots, y_n)'$$

$$\boldsymbol{x} = \begin{bmatrix} 1 & X_{11} & X_{12} & \cdots & X_{1p} \\ 1 & X_{21} & X_{22} & \cdots & X_{2p} \\ \vdots & \vdots & \vdots & & \vdots \\ 1 & X_{n1} & X_{n2} & \cdots & X_{np} \end{bmatrix}$$

$$\boldsymbol{\beta} = (\beta_0, \beta_1, \beta_2, \cdots, \beta_p)'$$

$$\boldsymbol{\varepsilon} = (\varepsilon_1, \varepsilon_2, \cdots, \varepsilon_n)'$$

于是对于一个样本含量为 n 的样本，以上给出的线性方程组可用矩阵表示为：

$$\begin{cases} \boldsymbol{y} = \boldsymbol{x\beta} + \boldsymbol{\varepsilon} \\ E(\boldsymbol{\varepsilon}) = 0, Cov(\boldsymbol{\varepsilon}) = \boldsymbol{\sigma}^2 \boldsymbol{I} \end{cases} \tag{11-3}$$

式 11-3 被称为一般线性模型。

① 当 $x_1, x_2, \cdots, x_p$ 均为连续变量时，式 11-3 就是上节讲的线性回归模型，$\boldsymbol{y}$ 为因变量观察结果向量，$\boldsymbol{x}$ 为自变量观察阵。

② 当 $x_1, x_2, \cdots, x_p$ 是由分类变量构成的哑变量时，$\boldsymbol{y}$ 为反应变量（实验结果），$\boldsymbol{x}$ 为设计阵。式 11–3 称为实验设计模型或方差分析模型。

例如，T 表示居住地因素，有三个水平：城市、乡镇、农村。构造哑变量 X_1、X_2、X_3 来描述 T 因素（见图 11–1）。

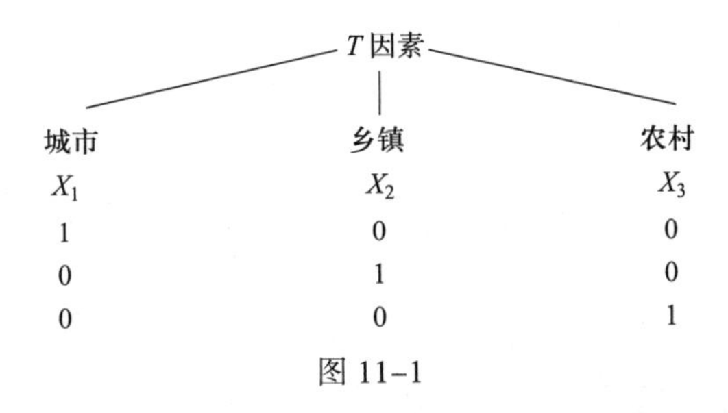

图 11–1

当 T 因素处于"城市"这个水平上，X_1=1，X_2=X_3=0；当 T 因素处于"乡镇"水平上，X_1=X_3=0，X_2=1；当 T 因素处于"农村"这个水平上，X_1=X_2=0，X_3=1。

③ 当一部分 x_i 是根据因素产生的哑变量，另一部分 z_i 是连续变量时，式 11–3 称为协方差分析模型。此时式 11–3 可以写成：

$$\boldsymbol{y} = \boldsymbol{x\beta} + \boldsymbol{Z\alpha} + \boldsymbol{\varepsilon} \qquad (11\text{–}4)$$

式中：$\boldsymbol{x}$ 是由哑变量构成的设计阵；$\boldsymbol{Z}$ 是连续变量构成的观察阵。

由此亦可看出协方差分析模型是回归模型和实验设计模型的混合效应模型。协方差分析模型的分析重点是在实验设计部分，而回归部分是用来克服混杂变量——协变量对实验结果的影响。

2. *y* 为 0–1 变量

一般用 Logistic 回归模型来描述 $\boldsymbol{y}$ 与诸解释变量或因素之间的关系，通过建立模型得到解释变量对反应变量 $\boldsymbol{y}$ 的效应值。

3. *y* 为有序变量

一般用累积比数模型和对数线性模型来描述 $\boldsymbol{y}$ 与解释变量之间的关系，解释变量可以是等级变量或因素。

4. *y* 为多分类变量

当 $\boldsymbol{y}$ 为多分类变量时宜用对数线性模型和多分类 Logistic 回归模型描述 $\boldsymbol{y}$ 与 $\boldsymbol{x}$ 之间的关系，解释变量 $\boldsymbol{x}$ 既可以是因素又可以是分类变量或等级变量。

5. *y* 为连续伴有删失变量

一般用 Cox 比例风险模型描述 $\boldsymbol{y}$ 与解释变量 $\boldsymbol{x}$ 之间的关系。$\boldsymbol{x}$ 可以是分类因素或连续变量。

11.2 方差分析模型

这里讲的方差分析模型主要是指实验设计模型。实验设计模型在方差分析中有重要的应用，在此将它进一步分类，对应于各种实验设计，都有与之相应的实验设计模型，而且它们都是式 11-3 所示模型在各种设计方案下的具体形式。下面介绍几种常用的实验设计模型。

11.2.1 完全随机设计模型

完全随机设计的实验结果，处理因素 A 有 G 个水平，实验结果是 y_{ij}, $j=1,2,\cdots,n_i$, $i=1,2,\cdots,G$。A 是因素，拟合模型前先产生 G 个哑变量 $x_1,x_2,\cdots,x_G$。当实验结果是在 A 的第 i 个水平上获得的，$x_i=1$，其他哑变量取值都为零。根据哑变量的这个特性，式 11-4 可简化成如下形式：

$$y_{ij}=\mu+\alpha_i+e_{ij} \quad i=1,2,\cdots,G, \quad j=1,2,\cdots,n_i \tag{11-5}$$

$$E(\boldsymbol{e})=0 \qquad Cov(\boldsymbol{e})=\sigma^2\boldsymbol{I}$$

式中：μ 为观察结果 y_{ij} 的总体均值；α_i 为哑变量的系数，称为 A 因素各水平的主效应；e_{ij} 为误差项。

模型 11-5 可用矩阵表示为

$$\boldsymbol{y}=\boldsymbol{x\beta}+\varepsilon \tag{11-6}$$

式中：$\boldsymbol{x}$ 是设计阵，元素为 0 或 1；ε 是误差向量；$\boldsymbol{y}$ 为观察结果向量；$\boldsymbol{\beta}=(\mu,\alpha_1,\alpha_2,\cdots,\alpha_G)'$。

【例 11.1】 设有 3 台机器，用来生产规格相同的铝合金薄板。现从 3 台机器生产出的薄板中各随机抽取 6 块，测出厚度值，见表 11-1，试分析各机器生产的薄板厚度有无显著差异。

表 11-1 铝合金薄板的厚度　　单位：cm

机器 1	2.36	2.38	2.48	2.45	2.47	2.43
机器 2	2.57	2.53	2.55	2.54	2.56	2.61
机器 3	2.58	2.64	2.59	2.67	2.66	2.62

首先将表 11-1 的数据代入模型 11-6 得

$$
\underset{\boldsymbol{y}}{\begin{bmatrix} y_{11} \\ y_{12} \\ y_{13} \\ y_{14} \\ y_{15} \\ y_{16} \\ y_{21} \\ y_{22} \\ y_{23} \\ y_{24} \\ y_{25} \\ y_{26} \\ y_{31} \\ y_{32} \\ y_{33} \\ y_{34} \\ y_{35} \\ y_{36} \end{bmatrix}} = \begin{bmatrix} 2.36 \\ 2.38 \\ 2.48 \\ 2.45 \\ 2.47 \\ 2.43 \\ 2.57 \\ 2.53 \\ 2.55 \\ 2.54 \\ 2.56 \\ 2.61 \\ 2.58 \\ 2.64 \\ 2.59 \\ 2.67 \\ 2.66 \\ 2.62 \end{bmatrix} = \underset{\boldsymbol{x}}{\begin{bmatrix} 1 & 1 & 0 & 0 \\ 1 & 1 & 0 & 0 \\ 1 & 1 & 0 & 0 \\ 1 & 1 & 0 & 0 \\ 1 & 1 & 0 & 0 \\ 1 & 1 & 0 & 0 \\ 1 & 0 & 1 & 0 \\ 1 & 1 & 0 & 0 \\ 1 & 1 & 0 & 0 \\ 1 & 1 & 0 & 0 \\ 1 & 1 & 0 & 0 \\ 1 & 1 & 0 & 0 \\ 1 & 0 & 0 & 1 \\ 1 & 1 & 0 & 0 \\ 1 & 1 & 0 & 0 \\ 1 & 1 & 0 & 0 \\ 1 & 1 & 0 & 0 \\ 1 & 1 & 0 & 0 \end{bmatrix}} \cdot \underset{\boldsymbol{\beta}}{\begin{bmatrix} \mu \\ \alpha_1 \\ \alpha_2 \\ \alpha_3 \\ \alpha_4 \end{bmatrix}} + \underset{\boldsymbol{e}}{\begin{bmatrix} e_{11} \\ e_{12} \\ e_{13} \\ e_{14} \\ e_{15} \\ e_{16} \\ e_{21} \\ e_{22} \\ e_{23} \\ e_{24} \\ e_{25} \\ e_{26} \\ e_{31} \\ e_{32} \\ e_{33} \\ e_{34} \\ e_{35} \\ e_{36} \end{bmatrix}}
$$

Python 语言完全随机设计模型方差分析过程如下：

In	import pandas as pd d111 = pd.read_excel('mvsData.xlsx','d111');d111
Out	Y A 0 2.36 1 1 2.38 1 2 2.48 1 3 2.45 1 4 2.47 1 ... . 13 2.64 3 14 2.59 3 15 2.67 3 16 2.66 3 17 2.62 3

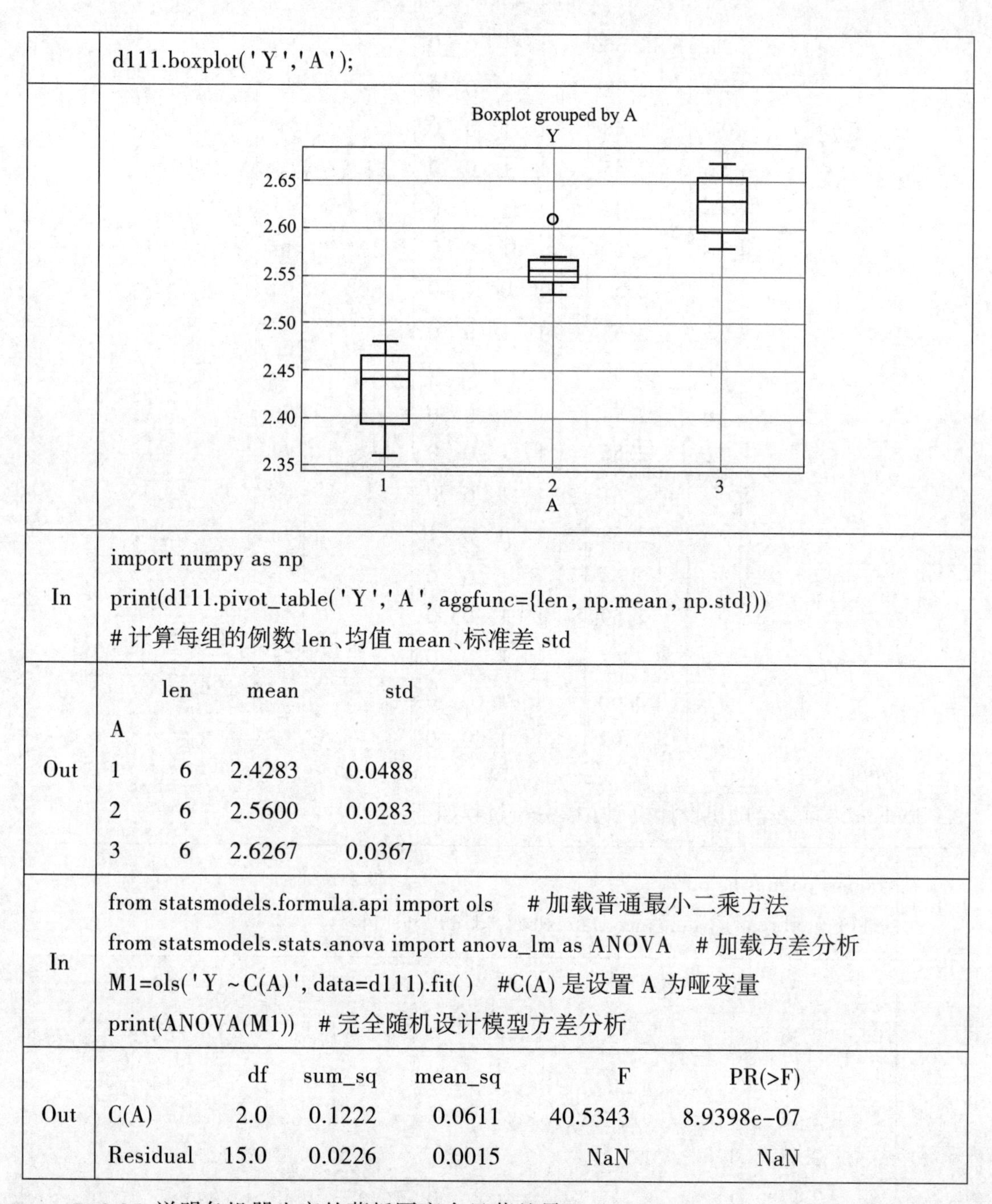

```
d111.boxplot('Y','A');
```


In
```
import numpy as np
print(d111.pivot_table('Y','A', aggfunc={len, np.mean, np.std}))
# 计算每组的例数 len、均值 mean、标准差 std
```

Out
```
   len    mean     std
A
1    6  2.4283  0.0488
2    6  2.5600  0.0283
3    6  2.6267  0.0367
```

In
```
from statsmodels.formula.api import ols    # 加载普通最小二乘方法
from statsmodels.stats.anova import anova_lm as ANOVA   # 加载方差分析
M1=ols('Y ~ C(A)', data=d111).fit()   #C(A) 是设置 A 为哑变量
print(ANOVA(M1))   # 完全随机设计模型方差分析
```

Out
```
            df   sum_sq   mean_sq        F       PR(>F)
C(A)       2.0   0.1222    0.0611  40.5343   8.9398e-07
Residual  15.0   0.0226    0.0015      NaN          NaN
```

$P<0.05$，说明各机器生产的薄板厚度有显著差异。

11.2.2 随机区组设计模型

随机区组设计也称随机单位组设计。表 11-2 是随机单位组实验结果，处理因素 A 有 G 个水平，单位组 B 有 n 个水平，分别产生 A 的 G 个哑变量和单位组的 n 个哑变量后，将实验结果 y_{ij} 表示成：

$$y_{ij} = \mu + \alpha_i + \beta_j + e_{ij}, \quad i = 1,2,\cdots,G, \quad j = 1,2,\cdots,n \tag{11-7}$$

式中：μ 为总平均数；α_i 为处理因素 A 的第 i 个水平的效应；β_j 为第 j 个单位组的效应；e_{ij} 为误差项。

【例 11.2】 使用 4 种燃料、3 种推进器作火箭射程试验，每一种组合情况做一次试验，则得火箭射程如表 11-2 所示，试分析各种燃料 A 与各种推进器 B 对火箭射程有无显著影响。

表 11-2 各种燃料 A 与各种推进器 B 对火箭射程影响

BA	A_1	A_2	A_3	A_4
B_1	582	491	601	758
B_2	562	541	709	582
B_3	653	516	392	487

表 11-2 中处理因素是燃料 A，单位组是推进器 B，把实验结果代入式 11-7，得：

$$\underset{\boldsymbol{y}}{\begin{bmatrix} y_{11} \\ y_{12} \\ y_{13} \\ y_{21} \\ y_{22} \\ y_{23} \\ y_{31} \\ y_{32} \\ y_{33} \\ y_{41} \\ y_{42} \\ y_{43} \end{bmatrix}} = \begin{bmatrix} 582 \\ 562 \\ 653 \\ 491 \\ 541 \\ 516 \\ 601 \\ 709 \\ 392 \\ 758 \\ 582 \\ 487 \end{bmatrix} = \underset{\boldsymbol{x}}{\begin{bmatrix} 1 & 1 & 0 & 0 & 0 & 1 & 0 & 0 \\ 1 & 1 & 0 & 0 & 0 & 0 & 1 & 0 \\ 1 & 1 & 0 & 0 & 0 & 0 & 0 & 1 \\ 1 & 0 & 1 & 0 & 0 & 1 & 0 & 0 \\ 1 & 0 & 1 & 0 & 0 & 0 & 1 & 0 \\ 1 & 0 & 1 & 0 & 0 & 0 & 0 & 1 \\ 1 & 0 & 0 & 1 & 0 & 1 & 0 & 0 \\ 1 & 0 & 0 & 1 & 0 & 0 & 1 & 0 \\ 1 & 0 & 0 & 1 & 0 & 0 & 0 & 1 \\ 1 & 0 & 0 & 0 & 1 & 1 & 0 & 0 \\ 1 & 0 & 0 & 0 & 1 & 0 & 1 & 0 \\ 1 & 0 & 0 & 0 & 1 & 0 & 0 & 1 \end{bmatrix}} \cdot \underset{\boldsymbol{\beta}}{\begin{bmatrix} \mu \\ \alpha_1 \\ \alpha_2 \\ \alpha_3 \\ \alpha_4 \\ \beta_1 \\ \beta_2 \\ \beta_3 \end{bmatrix}} + \underset{\boldsymbol{\varepsilon}}{\begin{bmatrix} e_{11} \\ e_{12} \\ e_{13} \\ e_{21} \\ e_{22} \\ e_{23} \\ e_{31} \\ e_{32} \\ e_{33} \\ e_{41} \\ e_{42} \\ e_{43} \end{bmatrix}}$$

Python 语言随机区组设计模型方差分析过程如下：

In

```python
d112 = pd.read_excel('mvsData.xlsx','d112');d112
```

Out

```
     Y  A  B
0  582  1  1
1  491  2  1
2  601  3  1
```

Out	3 758 4 1 4 562 1 2 .. .. 7 582 4 2 8 653 1 3 9 516 2 3 10 392 3 3 11 487 4 3
In	d112.boxplot('Y','A'); d112.pivot_table('Y','A',aggfunc={len,np.mean,np.std})
Out	len mean std A 1 3.0 599.0000 47.8226 2 3.0 516.0000 25.0000 3 3.0 567.3333 161.1593 4 3.0 609.0000 137.5027 Boxplot grouped by A Y 750 700 650 600 550 500 450 400 1 2 3 4 A
In	d112.boxplot('Y','B'); d112.pivot_table('Y','B',aggfunc={len,np.mean,np.std})
Out	len mean std B 1 4.0 608.0 110.9264 2 4.0 598.5 75.5447 3 4.0 512.0 107.8919

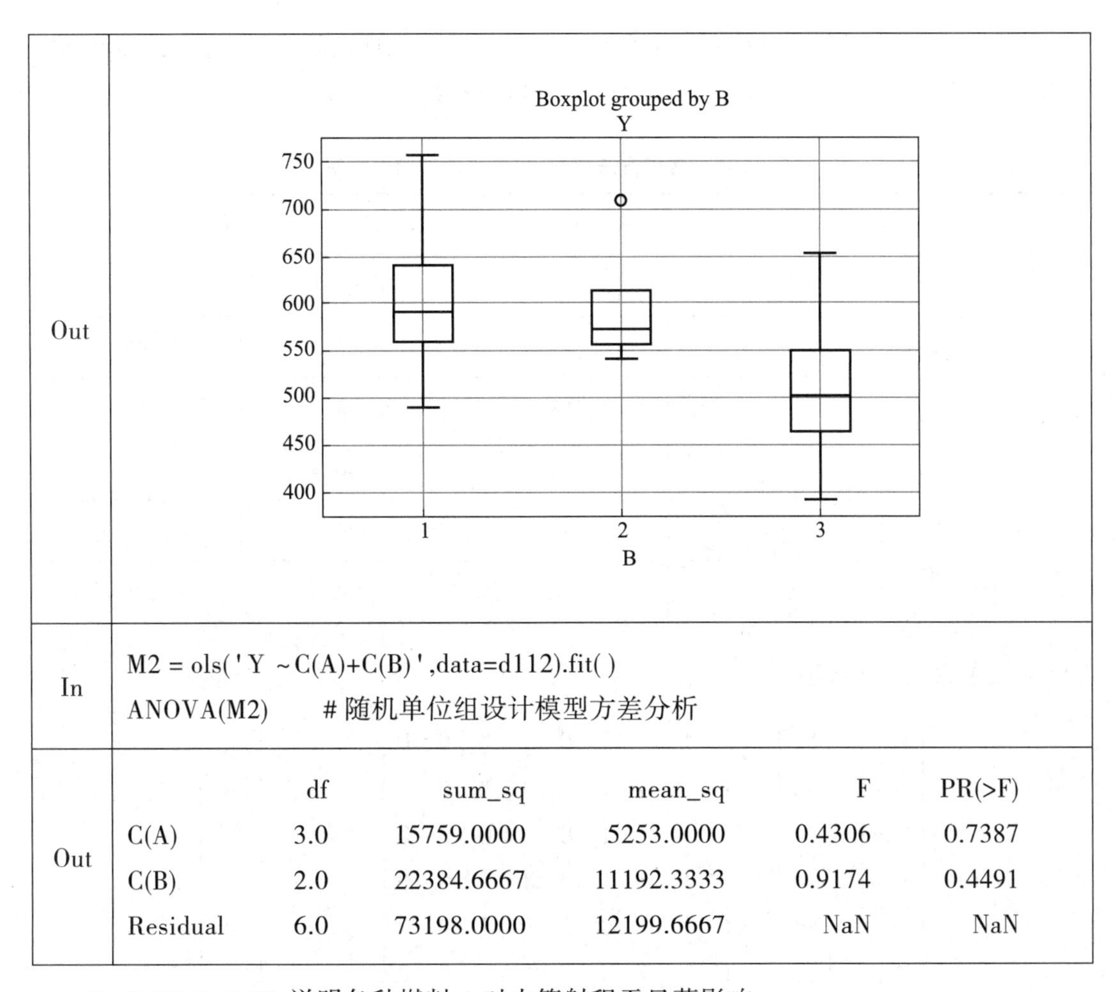

In	M2 = ols('Y ~ C(A)+C(B)',data=d112).fit() ANOVA(M2) # 随机单位组设计模型方差分析

Out	df	sum_sq	mean_sq	F	PR(>F)
C(A)	3.0	15759.0000	5253.0000	0.4306	0.7387
C(B)	2.0	22384.6667	11192.3333	0.9174	0.4491
Residual	6.0	73198.0000	12199.6667	NaN	NaN

P_A=0.738 7>0.05，说明各种燃料 A 对火箭射程无显著影响。

P_B=0.449 1>0.05，说明各种推进器 B 对火箭射程也无显著影响。

11.2.3 析因设计模型

先考虑两因素析因分析。假定 A 因素有 I 个水平，B 因素有 J 个水平，实验中共有 $I\times J$ 个处理，每个处理重复 r 次。两因素析因分析模型为

$$y_{ijk}=\mu+\alpha_i+\beta_j+\gamma_{ij}+e_{ijk}\quad i=1,2,\cdots,I\quad j=1,2,\cdots,J\quad k=1,2,\cdots,r \tag{11-8}$$

式中：y_{ijk} 是实验结果；μ 为总平均数；α_i 是处理因素第 i 个水平的效应；β_j 是行单位组第 j 个水平的效应；γ_{ij} 为 A 的第 i 个水平与 B 的第 j 个水平的交互效应；e_{ijk} 为随机误差项。

根据 γ_{ij} 的意义将式 11-8 写成下列的形式更易于理解：

$$y_{ijk}=\mu+\alpha_i+\beta_j+(\alpha\beta)_{ij}+e_{ijk} \tag{11-9}$$

式 11-9 中 $\alpha\beta$ 并不是表示 α 乘 β，而仅是一个记号，表示 A、B 因素间的交互作用，用这种形式表示多因素析因设计模型能更突出其优点。

【例 11.3】 为了研究两种方法提取甲、乙两种化合物的回收效果，采用了 2×2 析因设计实验，各种处理重复 4 次，实验结果（回收率）列于表 11-3。

表 11-3 两种方法提取甲、乙化合物的回收率

方法 A	新法		旧法	
化合物 B	甲化合物	乙化合物	甲化合物	乙化合物
数据	52	84	52	47
	48	88	44	64
	44	90	40	52
	44	80	26	45
合计	188	342	162	208

将表中数据代入模型 11-9 得：

$$
\underset{\boldsymbol{y}}{\begin{bmatrix} y_{111}\\ y_{112}\\ y_{113}\\ y_{114}\\ y_{121}\\ y_{122}\\ y_{123}\\ y_{124}\\ y_{211}\\ y_{212}\\ y_{213}\\ y_{214}\\ y_{221}\\ y_{222}\\ y_{223}\\ y_{224} \end{bmatrix}} = \begin{bmatrix} 52\\ 48\\ 44\\ 44\\ 84\\ 88\\ 90\\ 80\\ 52\\ 44\\ 40\\ 26\\ 47\\ 64\\ 52\\ 45 \end{bmatrix} = \underset{\boldsymbol{x}}{\begin{bmatrix} 1&1&0&1&0&1&0&0&0\\ 1&1&0&1&0&1&0&0&0\\ 1&1&0&1&0&1&0&0&0\\ 1&1&0&1&0&1&0&0&0\\ 1&1&0&0&1&0&1&0&0\\ 1&1&0&0&1&0&1&0&0\\ 1&1&0&0&1&0&1&0&0\\ 1&1&0&0&1&0&1&0&0\\ 1&0&1&1&0&0&0&1&0\\ 1&0&1&1&0&0&0&1&0\\ 1&0&1&1&0&0&0&1&0\\ 1&0&1&1&0&0&0&1&0\\ 1&0&1&0&1&0&0&0&1\\ 1&0&1&0&1&0&0&0&1\\ 1&0&1&0&1&0&0&0&1\\ 1&0&1&0&1&0&0&0&1 \end{bmatrix}} \cdot \underset{\boldsymbol{\beta}}{\begin{bmatrix} \mu\\ \alpha_1\\ \alpha_2\\ \beta_1\\ \beta_2\\ \gamma_{11}\\ \gamma_{12}\\ \gamma_{21}\\ \gamma_{22} \end{bmatrix}} + \underset{\boldsymbol{\varepsilon}}{\begin{bmatrix} e_{111}\\ e_{112}\\ e_{113}\\ e_{114}\\ e_{121}\\ e_{122}\\ e_{123}\\ e_{124}\\ e_{211}\\ e_{212}\\ e_{213}\\ e_{214}\\ e_{221}\\ e_{222}\\ e_{223}\\ e_{224} \end{bmatrix}}
$$

由上面列出的方程看出模型 11-9 与模型 11-3 无异。

如果析因分析中各处理的重复不是完全随机的，而是安排了单位组，假定有 r 个单位组，此时模型中必须考虑单位组的效应 θ_k，于是有模型：

$$y_{ijk}=\mu+\alpha_i+\beta_j+(\alpha\beta)_{ij}+\theta_k+e_{ijk} \tag{11-10}$$

Python 语言析因设计模型方差分析过程如下：

In	d113 = pd.read_excel('mvsData.xlsx','d113'); d113
Out	(output below)

```
     Y  A  B
0   52  1  1
1   48  1  1
2   44  1  1
3   44  1  1
4   84  1  2
..  .. .. ..
11  26  2  1
12  47  2  2
13  64  2  2
14  52  2  2
15  45  2  2
```

In:

```
M3 = ols('Y ~C(A)*C(B)', data=d113).fit()
ANOVA(M3)      # 析因设计模型方差分析
```

Out:

	df	sum_sq	mean_sq	F	PR(>F)
C(A)	1.0	1600.0	1600.00000	28.40237	0.00018
C(B)	1.0	2500.0	2500.00000	44.37870	0.00002
C(A):C(B)	1.0	729.0	729.00000	12.94083	0.00366
Residual	12.0	676.0	56.33333	NaN	NaN

$P_A<0.05$，说明不同方法对回收率有显著影响。

$P_B<0.05$，说明不同化合物对回收率有显著影响。

$P_{AB}<0.05$，说明方法和化合物之间的交互作用对回收率有显著影响。

11.2.4 正交设计模型

析因设计是全面试验，多个处理组是各因素、各水平的全面组合；与析因设计不同，正交设计则是非全面试验，多个处理组是各因素、各水平的部分组合，或称析因试验的部分实施。因为当因素较多时，采用析因设计需要的实验次数太多，通常是不现实的，这时可考虑采用正交设计。

正交实验设计模型的形式与正交表表头设计有关，根据例11.3中采用的 $L_8(2^7)$ 正交表及表头设计，安排 A、B、C、D 四个因素，并考虑 A、B 的交互作用，则实验结果可用如下线性模型表示：

$$y_{ijmnr}=\mu+\alpha_i+\beta_j+(\alpha\beta)_k+\gamma_m+\theta_n+e_{ijmnr} \tag{11-11}$$

式中：μ、α_i、β_j、γ_m、θ_n 意义同前。$(\alpha\beta)_k$ 是 A、B 的交互作用，此处采用的是单下标，其意义是将 A、B 的交互作用在模型中也当作"因素"对待，这是由正交表的性质决定的。式中 i,j,k,m,n=1, 2；r 是实验单位重复次数，r = 1, 2, …。

如果实验单位有重复，$L_8(2^7)$ 正交表中安排4个因素时还可以安排一些一级交互作用项，如 $A\times C$、$C\times D$、$B\times C$ 等，模型11-12仍然适用，只要添加效应项 $(\alpha\gamma)_s$、$(\gamma\theta)_t$、$(\beta\theta)_v$，s、t、v=1, 2 即可拟合模型。

【例11.4】 某农药厂生产某种农药，指标为农药的收率，显然是越大越好。据经验知，影响农药收率的因素有4个：反应温度 A、反应时间 B、原料配比 C、真空度 D。每个因素都有两个水平，具体情况如下：A_1: 60 ℃，A_2: 80 ℃；B_1: 2.5h，B_2: 3.5h，C_1: 1.1∶1，C_2: 1.2∶1，D_1: 66 500Pa，D_2: 79 800Pa，并考虑 A、B 的交互作用。选用正交表 $L_8(2^7)$ 安排试验。按试验号逐次进行试验，得出试验结果分别为：86%，95%，91%，94%，91%，96%，83%，88%。如表11-4所示。试用方差分析法分析影响因素并给出最佳方案。

表11-4 正交表 $L_8(2^7)$ 安排试验

列号	1	2	3	4	5	6	7	
表头	A	B	$A\times B$	C			D	Y
1	1	1	1	1	1	1	1	86
2	1	1	1	2	2	2	2	95
3	1	2	2	1	1	2	2	91
4	1	2	2	2	2	1	1	94
5	2	1	2	1	2	1	2	91
6	2	1	2	2	1	2	1	96
7	2	2	1	1	2	2	1	83
8	2	2	1	2	1	1	2	88

Python 语言正交设计模型方差分析过程如下：

In	d114 = pd.read_excel('mvsData.xlsx','d114'); d114
Out	 A B C D Y 0 1 1 1 1 86 1 1 1 2 2 95 2 1 2 1 2 91 3 1 2 2 1 94 4 2 1 1 2 91 5 2 1 2 1 96 6 2 2 1 1 83 7 2 2 2 2 88
In	M4 = ols('Y ~A+B+A*B+C+D', data=d114).fit() ANOVA(M4) #正交设计模型方差分析
Out	df sum_sq mean_sq F PR(>F) A 1.0 8.0 8.0 3.2 0.2155 B 1.0 18.0 18.0 7.2 0.1153 A:B 1.0 50.0 50.0 20.0 0.0465 C 1.0 60.5 60.5 24.2 0.0389 D 1.0 4.5 4.5 1.8 0.3118 Residual 2.0 5.0 2.5 NaN NaN

$P_A>0.05$，说明反应温度 A 对农药的收率无显著影响。

$P_B>0.05$，说明反应时间 B 对农药的收率无显著影响。

$P_C<0.05$，说明原料配比 C 对农药的收率有显著影响。

$P_D>0.05$，说明真空度 D 对农药的收率无显著影响。

$P_{AB}<0.05$，说明反应温度 A 和反应时间 B 之间的交互作用对农药的收率有显著影响。

11.3 广义线性模型

11.3.1 广义线性模型概述

广义线性模型可概括为响应变量服从指数分布族的模型框架，正态分布、指数分布、伽马分布、卡方分布、贝塔分布、伯努利分布、二项分布、多项分布、泊松分布（Poisson distribution）、负二项分布、几何分布等都属于指数分布族，可通过极大似然估计获得模型参数。

对于一般线性模型,其基本假定是 y 服从正态分布,或至少 y 的方差 σ^2 为有限常数。然而,在实际研究中有些观察值明显不符合这个假定。例如,当 y 是发病率($y=k/n$)时,y 服从二项分布,期望值和方差分别为 $E(y)=\pi$,$Var(y)=1/n\times\pi(1-\pi)$,其方差与样本量成反比且是 π 的函数。又譬如,当 y 是单位时间内的放射性计数时,y 服从泊松分布,期望值和方差分别为 $E(y)=\mu$,$Var(y)=\mu$,方差是 μ 的函数。实际数据中有很多资料均不符合一般线性模型的基本假定。尽管也可以将频率或频数作为 y 代入一般线性模型,但拟合结果往往不能令人满意,如出现频率的拟合值 $y>1$、频数的拟合值 $y<0$ 这些不合理现象。

20 世纪 70 年代初,Wedderburn 等人在一般线性模型的基础上,对 σ^2 为有限常数的假定作了进一步推广,提出了广义线性模型(generalized linear model)的概念和拟似然函数(quasi-likelihood function)的方法,用于求解满足下列条件的线性模型:

$$\begin{aligned} E(\boldsymbol{y}) &= \boldsymbol{\mu} \\ m(\boldsymbol{\mu}) &= \boldsymbol{X\beta} \\ Cov(\boldsymbol{y}) &= \sigma^2\boldsymbol{V}(\boldsymbol{\mu}) \end{aligned} \tag{11-12}$$

式中:连接函数 $m(\cdot)$ 将 μ 转化为 β 的线性表达式;$\boldsymbol{V}(\boldsymbol{\mu})$ 为 $n\times n$ 的矩阵,其中每个元素均为 μ 的函数,当各 y_i 值相互独立时,$\boldsymbol{V}(\boldsymbol{\mu})$ 为对角矩阵。当 $m(\mu)=\mu$,$\boldsymbol{V}(\boldsymbol{\mu})=\boldsymbol{I}$ 时,式 11-12 为一般线性模型,也就是说,式 11-12 包括了一般线性模型。

在广义线性模型中,均假定观察值 y 具有指数族概率密度函数:

$$f(y|\theta,\phi)=\exp\{[y\theta-b(\theta)]/a(\phi)+c(y,\phi)\} \tag{11-13}$$

其中 $a(\cdot)$、$b(\cdot)$ 和 $c(\cdot)$ 是三种函数形式,θ 为典则参数。如果给定 ϕ(散布参数,有时写作 σ^2),式 11-13 就是具有参数 θ 的指数族密度函数。以正态分布为例:

$$\begin{aligned} f(y|\theta,\phi) &= \frac{1}{\sqrt{2\pi\sigma^2}}\exp[-(y-\mu)^2/2\sigma^2] \\ &= \exp\left\{(y\mu-\mu^2/2)/\sigma^2-\frac{1}{2}[y^2/\sigma^2+\ln(2\pi\sigma^2)]\right\} \end{aligned}$$

与式 11-13 对照,可知:

$$\theta=\mu, b(\theta)=\mu^2/2, \phi=\sigma^2, a(\phi)=\sigma^2$$

$$c(y,\phi)=-\frac{1}{2}[y^2/\sigma^2+\ln(2\pi\sigma^2)]$$

根据样本和 $\boldsymbol{y}$ 的函数可建立对数似然函数,并可导出 y 的期望值和方差。

在广义线性模型中,式 11-13 中的典则参数不仅仅是 μ 的函数,还是参数 $\beta_0,\beta_1,\cdots,\beta_p$ 的线性表达式。因此,对 μ 作变换,可得到这三种分布连接函数的形式(见表 11-5)。

正态分布:

$$m(\mu)=\mu=\sum\beta_j x_j \tag{11-14}$$

二项分布:

$$m(\mu)=\ln\left(\frac{\mu}{1-\mu}\right)=\sum\beta_j x_j \tag{11-15}$$

泊松分布：

$$m(\mu)=\ln(\mu)=\sum\beta_j x_j \tag{11-16}$$

上述推广体现在两个方面：

（1）通过一个连接函数，将响应变量的期望与解释变量建立线性关系。

$$m(E(y))=\beta_0+\beta_1x_1+\beta_2x_2+\cdots+\beta_px_p \tag{11-17}$$

（2）通过一个误差函数说明广义线性模型的最后一部分随机项。

表 11-5　广义线性模型中的常用分布族

分布	函数	模型
正态（Gaussian）	$E(y)=\boldsymbol{X}'\boldsymbol{\beta}$	普通线性模型（11-14）
二项（Binomial）	$E(y)=\dfrac{\exp(\boldsymbol{X}'\boldsymbol{\beta})}{1+\exp(\boldsymbol{X}'\boldsymbol{\beta})}$	Logistic 模型（11-15）
泊松（Poisson）	$E(y)=\exp(\boldsymbol{X}'\boldsymbol{\beta})$	对数线性模型（11-16）

在 Python 语言中，正态（高斯）分布族的广义线性模型事实上同线性模型是相同的，即：

```
gm<-GLM.from_formula(formula,data,family= sm.families.Gaussian())
```

同线性模型

```
fm<-ols(formula,data)
```

得到的结论是一致的，当然效率会差很多。

广义线性模型函数 GLM.from_formula（ ）的用法如下：

sm.GLM.from_formula (formula,family = sm.families.Gaussian( ),data,...)
这里 sm 为 statsmodes.api 的别名
formula 为公式，即为要拟合的模型；
family 为分布族，包括正态分布 (Gaussian)、二项分布 (Binomial)、泊松分布 (Poisson) 和伽马分布 (Gamma), 分布族还可以通过选项 link= 来指定使用的连接函数；
data 为可选择的数据框

这样，在广义线性意义下，我们不仅知道一般线性模型是广义线性模型的一个特例，而且导出了处理频率资料的 Logistic 模型和处理频数资料的对数线性模型。这个重要结果还说明，虽然 Logistic 模型和对数线性模型都是非线性模型，即 μ 和 β 呈非线性关系，但通过连接函数使 $m(\mu)$ 和 β 呈线性关系，从而使我们可以用线性拟合的方法求解这类非线性模型。更有意义的是，实际研究中的主要数据形式无非是计量资料、频率资料和频数资料（半计量资料实际上可以看作有序的频数资料），因此掌握了广义线性模型的思想和方法，结合有关统计软件（如 SAS、SPSS、R 和 Python 等），就可以用统一的方法处理各种类型的统计数据。

11.3.2 Logistic 模型

1. Logistic 模型的定义

在一般线性模型中反应变量 y 的值是有实际意义的，并假定 $y\sim N(\mu,\sigma^2)$，当 y 是二分类或 0–1 变量时，y 的取值为 0 或 1 仅是名义上的，没有实际意义，此时 y 是服从 Bernoulli 分布的随机变量，即 $y\sim b(n,p)$，针对 0–1 变量，回归模型需做一些改进：

（1）回归函数应该改用限制在［0,1］区间内的连续曲线，而不能再沿用线性回归方程，应用较多的是 Logistic 函数（也称 Logit 变换），其形式为

$$y=f(x)=\frac{1}{1+\mathrm{e}^{-(x-a)}}=\frac{\mathrm{e}^{x-a}}{1+\mathrm{e}^{x-a}} \tag{11-18}$$

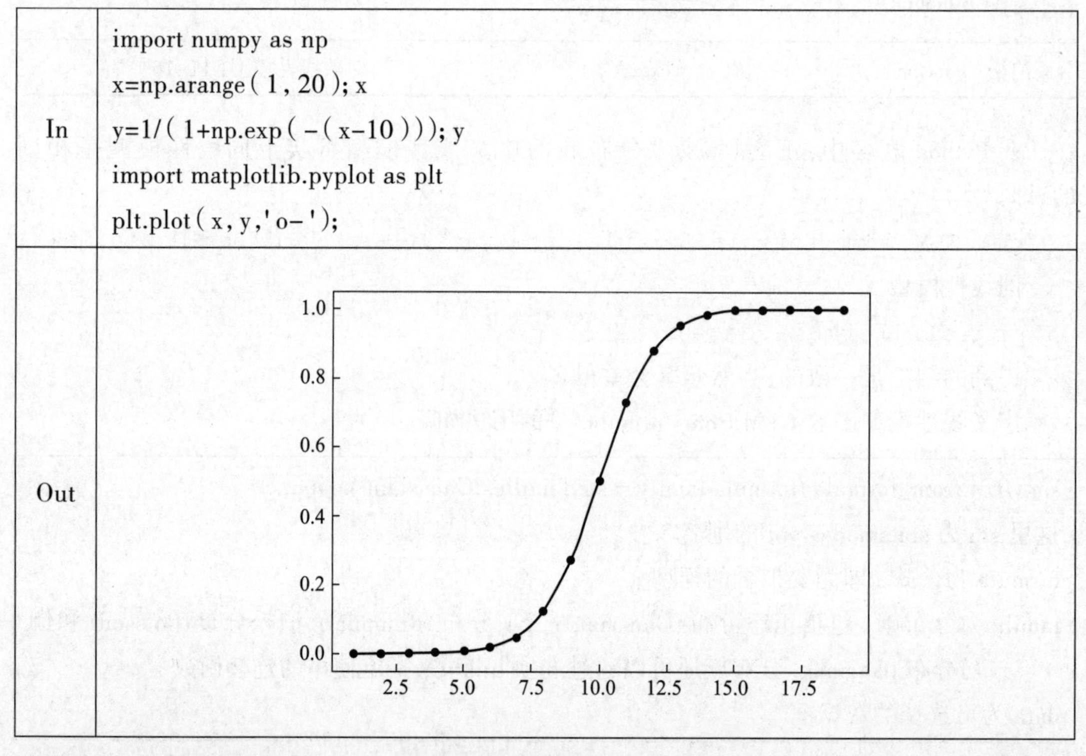

In

```
import numpy as np
x=np.arange(1, 20); x
y=1/(1+np.exp(-(x-10))); y
import matplotlib.pyplot as plt
plt.plot(x, y,'o-');
```

Out

（2）因变量 y_i 本身只取 0，1 值，不适于直接作为回归模型中的因变量，设 P 表示 y=1 的概率，Q 表示 y=0 的概率，Q=1–P。概率 P 是有实际意义的，它表示 y 取值为 1 的可能性的大小。假定在观察反应变量的同时，观察了 p 个解释变量 $x_1,x_2,\cdots,x_p$，用向量 X 记 $(x_1,x_2,\cdots,x_p)'$，与线性模型不同的是，我们不是研究反应变量的值与解释变量之间的关系，而是研究反应变量取某值的概率 P 与解释变量之间的关系。实际观察结果表明概率 P 与解释变量之间不是呈线性关系，而是呈 S 形曲线关系。这是因为概率分布函数是一条 S 形曲线。

Logistic 函数是呈 S 形的曲线，见上图。故此一般用 Logistic 曲线来描述 P 与解释变量 x 之间的关系。

$$P=P(y=1\mid \boldsymbol{X})=\frac{\exp(\beta_0+\beta_1x_1+\cdots+\beta_px_p)}{1+\exp(\beta_0+\beta_1x_1+\cdots+\beta_px_p)}=\frac{\exp(\boldsymbol{X\beta})}{1+\exp(\boldsymbol{X\beta})} \tag{11-19}$$

对该式做 Logit 变换，得：

$$Logit(y)=\ln\left(\frac{P}{1-P}\right)=\beta_0+\beta_1x_1+\cdots+\beta_px_p+\varepsilon=\boldsymbol{X\beta}+\varepsilon \tag{11-20}$$

式 11-20 称为 Logistic 回归模型，其中 $\beta_0,\beta_1,\cdots,\beta_p$ 为待估参数。确定了它们，式 11-20 就被确定。

2. Logistic 模型的估计

Logistic 模型中常用极大似然估计法估计参数，用 Newton-Raphson 迭代求解，还有一种方法是根据广义线性模型的理论用加权最小二乘法迭代求解，两种方法求出的结果基本相同。下面简单介绍参数的极大似然估计法。

设 y 是 0-1 变量，$x_1,x_2,\cdots,x_p$ 是与 y 相关的变量，n 组观测数据为 $(x_1,x_2,\cdots,x_p;y_i)$ $(i=1,2,\cdots,n)$，取 $P(y_i=1)=\pi_i$，$P(y_i=0)=1-\pi_i$，则 y_i 的联合概率函数为

$$P(y_i)=\pi_i^{y_i}(1-\pi_i)^{1-y_i},\quad y_i=0,1;\quad i=1,2,\cdots,n \tag{11-21}$$

于是 $y_1,y_2,\cdots,y_n$ 的似然函数为

$$L=\prod_{i=1}^{n}P(y_i)=\prod_{i=1}^{n}\pi_i^{y_i}(1-\pi_i)^{1-y_i} \tag{11-22}$$

对似然函数取自然对数得：

$$\begin{aligned}\ln L&=\sum_{i=1}^{n}[y_i\ln(\pi_i)+(1-y_i)\ln(1-\pi_i)]\\&=\sum_{i=1}^{n}\left[y_i\ln\frac{\pi_i}{1-\pi_i}+\ln(1-\pi_i)\right]\end{aligned}$$

令

$$\frac{\partial\ln L}{\partial\beta_i}=0 \tag{11-23}$$

运用 Newton-Raphson 迭代即可求出 β_i 的最大似然估计 β_i 和 $\ln L$。迭代初值一般取为 $\beta_i=0$, $i=1,2,\cdots,p$。有一些情况下 Newton-Raphson 迭代的收敛性不好，可改用 Marquardt 改进的 Newton-Raphson 迭代法求解。

3. Logistic 模型的检验

在求出 β_i 的最大似然估计 $\hat{\beta}_i$ 的同时获得了 Fisher 信息阵 $\boldsymbol{I}$。

$$\boldsymbol{I}=\left\{\frac{\partial^2\ln L}{\partial\beta_i\partial\beta_j}\bigg|_{\hat{\beta}_0,\hat{\beta}_1,\cdots,\hat{\beta}_p}\right\} \tag{11-24}$$

$\boldsymbol{I}$ 的逆矩阵 $\boldsymbol{I}^{-1}$ 是 $\hat{\beta}_i$ 的协方差阵。$\boldsymbol{I}^{-1}$ 的对角线元素 $\boldsymbol{I}^{ii}$ 是 $\hat{\beta}_i$ 的方差。

$$Var(\hat{\beta}_i)=\boldsymbol{I}^{ii},\quad Se(\hat{\beta}_i)=\sqrt{\boldsymbol{I}^{ii}} \tag{11-25}$$

（1）β_i 的检验。

$H_0:\beta_i=0, H_1:\beta_i\neq 0$

检验统计量：

$$Z=\frac{\hat{\beta}_i}{Se(\hat{\beta}_i)}\dot{\sim} N(0,1) \tag{11-26}$$

如果 $Z<Z_\alpha$，认为 $\beta_i=0$，否则认为 $\beta_i\neq 0$。

（2）β_i 的置信区间。

β_i 的置信区间为

$$\hat{\beta}_i \pm Z_\alpha Se(\hat{\beta}_i) \tag{11-27}$$

【例 11.5】 表 11-6 为对 45 名驾驶员的调查结果，其中四个变量的含义为：

x_1：表示视力状况。它是一个分类变量，1 表示正常，0 表示有问题。

x_2：年龄，为数值型变量。

x_3：驾车教育。它也是一个分类变量，1 表示参加过驾车教育，0 表示没有。

y：分类变量（它也是一个分类变量，1 表示去年出过事故，0 表示去年没有出过事故）。

表 11-6 对 45 名驾驶员的调查结果

y	x_1	x_2	x_3	y	x_1	x_2	x_3	y	x_1	x_2	x_3
1	1	17	1	0	1	68	1	0	0	17	0
0	1	44	0	0	1	18	1	1	0	45	0
0	1	48	1	0	1	68	0	1	0	44	0
0	1	55	0	1	1	48	1	0	0	67	0
1	1	75	1	0	1	17	0	1	0	55	0
1	0	35	0	1	1	70	1	0	1	61	1
1	0	42	1	0	1	72	1	0	1	19	1
0	0	57	0	1	1	35	0	0	1	69	0
1	0	28	0	0	1	19	1	1	1	23	1
1	0	20	0	0	1	62	1	0	1	19	0
0	0	38	1	1	0	39	1	1	1	72	1
1	0	45	0	1	0	40	1	0	1	74	1
1	0	47	1	0	0	55	0	1	1	31	0
0	0	52	0	1	0	68	0	0	1	16	1
1	0	55	0	0	0	25	1	0	1	61	1

试考察 3 个变量 x_1、x_2、x_3 与 y 的关系。

这里 y 是因变量。它只有两个值，所以可以把它看作成功概率为 p 的 Bernoulli 试验的结果。但是和单纯的 Bernoulli 试验不同，这里的概率 p 为 x_1、x_2、x_3 的函数。可以用下面的 Logistic 回归模型进行分析。

$$\ln\left(\frac{p}{1-p}\right)=\beta_0+\beta_1x_1+\beta_2x_2+\beta_3x_3+\varepsilon \tag{11-28}$$

对例 11.5 进行计算：

In

```python
d115 = pd.read_excel('mvsData.xlsx','d115')  # 读取例 11.5 数据
import statsmodels.api as sm
Logit=sm.GLM.from_formula('y~x1+x2+x3',family=sm.families.Binomial(),data=d115).fit()
print(Logit.summary())   #Logistic 回归模型结果
```

Out

```
                 Generalized Linear Model Regression Results
==============================================================================
Dep.Variable:                       y   No.Observations:                   45
Model:                            GLM   Df Residuals:                      41
Model Family:                Binomial   Df Model:                           3
Link Function:                  logit   Scale:                         1.0000
Method:                          IRLS   Log-Likelihood:               -28.513
Date:                Tue,23 Feb 2021    Deviance:                      57.026
Time:                        13:48:03   Pearson chi2:                    45.0
No.Iterations:                      4
Covariance Type:            nonrobust
==============================================================================
                 coef    std err          z      P>|z|      [0.025      0.975]
------------------------------------------------------------------------------
Intercept      0.5976      0.895      0.668      0.504      -1.156      2.351
x1            -1.4961      0.705     -2.123      0.034      -2.878     -0.115
x2            -0.0016      0.017     -0.095      0.924      -0.034      0.031
x3             0.3159      0.701      0.451      0.652      -1.058      1.690
==============================================================================
```

由此得到初步的 Logistic 回归模型：

$$p=\frac{\exp(0.597\,6-1.496\,1x_1-0.001\,6x_2+0.315\,9x_3)}{1+\exp(0.597\,6-1.496\,1x_1-0.001\,6x_2+0.315\,9x_3)}$$

即

$$Logit(p)=0.597\,6-1.496\,1x_1-0.001\,6x_2+0.315\,9x_3$$

在此模型中,由于参数 β_2、β_3 没有通过检验,可把变量 x_2 和 x_3 从模型中剔除,建立因变量与变量 x_1 的模型。

In

```
Logit_x1=sm.GLM.from_formula('y~x1',family=sm.families.Binomial(),data=d115).fit()
print(Logit_x1.summary())
```

Out

```
                 Generalized Linear Model Regression Results
==============================================================================
Dep.Variable:                       y   No.Observations:                   45
Model:                            GLM   Df Residuals:                      43
Model Family:                Binomial   Df Model:                           1
Link Function:                  logit   Scale:                         1.0000
Method:                          IRLS   Log-Likelihood:               -28.621
Date:                Tue, 23 Feb 2021   Deviance:                      57.241
Time:                        13:51:46   Pearson chi2:                    45.0
No.Iterations:                      4
Covariance Type:            nonrobust
==============================================================================
                coef    std err          z      P>|z|      [0.025      0.975]
------------------------------------------------------------------------------
Intercept     0.6190      0.469      1.320      0.187      -0.300      1.538
x1           -1.3728      0.635     -2.161      0.031      -2.618     -0.128
==============================================================================
```

可以得到新的回归方程:

$$p=\frac{\exp(0.6190-1.3728x_1)}{1+\exp(0.6190-1.3728x_1)}$$

对视力正常和视力有问题的司机分别做预测,预测发生交通事故的概率。

In

```
# 预测视力正常 (x1=1) 和视力有问题 (x1=0) 的司机发生事故概率
Logit_x1.predict(pd.DataFrame({'x1':[1, 0]}))
```

Out

```
0    0.32
1    0.65
dtype:float64
```

可见:p_1=0.32,p_2=0.65,说明视力有问题司机发生交通事故的概率是视力正常的司机的两倍以上。

4. Logistic 模型的优缺点

在这里我们总结了逻辑回归的一些优点：

（1）形式简单，模型的可解释性非常好。从特征（解释变量或因素）的权重可以看到不同的特征对最后结果的影响，如果某个特征的权重值较高，那么这个特征对结果的影响会较大。

（2）模型效果不错。模型在工程上是可以接受的（作为 baseline），如果特征工程做得好，效果不会太差，并且特征工程可以并行开发，大大加快开发速度。

（3）方便输出结果调整。逻辑回归可以很方便地得到最后的分类结果，因为输出的是每个样本的概率分数，我们可以很容易地对这些概率分数划分阈值（大于某个阈值的是一类，小于某个阈值的是一类）。

但是逻辑回归本身也有许多缺点：

（1）准确率并不是很高。因为形式非常简单（非常类似线性模型），很难去拟合数据的真实分布。

（2）处理非线性数据较麻烦。逻辑回归在不引入其他方法的情况下，只能处理线性可分的数据，或者进一步说，处理二分类的问题。

5. Logistic 模型与线性模型

线性回归和逻辑回归是两种经典的算法，经常被拿来做比较。下面整理了两者的一些区别：

（1）线性回归只能用于回归问题，逻辑回归虽然名字叫回归，但是更多用于分类问题。

（2）线性回归要求因变量是连续型数值变量，而逻辑回归要求因变量是离散的变量。

（3）线性回归要求自变量和因变量呈线性关系，而逻辑回归不要求自变量和因变量呈线性关系。

（4）线性回归可以直观地表达自变量和因变量之间的关系，逻辑回归则无法直观表达变量之间的关系。

注意，对于二水平定性变量作为因变量的回归模型不止有 Logistic 模型，Logistic 模型也不一定最合适，但限于篇幅，不再赘述。如果因变量是多水平（多于二水平）的定性变量，统计上也有方法处理（比如多元 Logistic 回归），但这超出了本书的范围。

11.3.3 对数线性模型

1. 基本原理

对于广义线性模型，除了上面讲到的 Logistic 回归模型外，还有其他的模型，如泊松模型等，这里就不详细介绍了，只简单介绍 Python 中 sm.GLM.from_formula( )关于这些模型的使用方法。

泊松分布族模型的使用方法为：

```
sm.GLM.from_formula(formula,family=sm.families.Poisson(),
data=data.frame)
```

其直观概念是：

$$\ln(E(y)) = \beta_0 + \beta_1 x_1 + \beta_2 x_2 + \cdots + \beta_p x_p \tag{11-29}$$

即

$$E(y) = \exp(\beta_0 + \beta_1 x_1 + \beta_2 x_2 + \cdots + \beta_p x_p) \tag{11-30}$$

对于列联表还可以用（多项分布）对数线性模型来描述。以二维列联表为例，只有主效应的对数线性模型为：

$$\ln(m_{ij}) = \alpha_i + \beta_j + \varepsilon_{ij} \tag{11-31}$$

这相应于只有主效应 α_i 和 β_j，而这两个变量的效应是简单可加的。但是有时两个变量在一起时会产生附加的交叉效应，这时相应的对数线性模型就是：

$$\ln(m_{ij}) = \alpha_i + \beta_j + (\alpha\beta)_{ij} + \varepsilon_{ij} \tag{11-32}$$

对于表格中数目代表一个变量的观测数目时（比如例 11.6 的满意人数），就要考虑是否用泊松对数线性模型。

2. 实例分析

【例 11.6】 某企业想了解顾客对其产品是否满意，同时还想了解不同收入的人群对其产品的满意程度是否相同。在随机发放的 1 000 份问卷中，收回有效问卷 792 份，根据收入高低和满意回答的交叉分组数据见表 11-7。

表 11-7　顾客对产品的认可程度

	满意	不满意	合计
高	53	38	91
中	434	108	542
低	111	48	159
合计	598	194	792

在数据中，用 y 表示频数，x_1 表示收入人群，x_2 表示满意程度。

模型的检验过程如下：

In	d116 = pd.read_excel('mvsData.xlsx','d116')　# 读取例 11.6 数据 d116
Out	y x1 x2 0 53 1 1 1 434 2 1

<table>
<tr><td>Out</td><td><pre>2 111 3 1
3   38 1 2
4 108 2 2
5   48 3 2</pre></td></tr>
<tr><td>In</td><td><pre>Log=sm.GLM.from_formula('y~C(x1)+C(x2)',family=sm.families.Poisson(),data=d116)
print(Log.fit().summary()) # 对数线性模型结果</pre></td></tr>
<tr><td>Out</td><td><pre>   Generalized Linear Model Regression Results
==
Dep.Variable: y   No.Observations: 6
Model: GLM   Df Residuals: 2
Model Family: Poisson   Df Model: 3
Link Function: log   Scale: 1.0000
Method: IRLS   Log-Likelihood: -30.036
Date: Tue,23 Feb 2021   Deviance: 22.087
Time: 13:56:10   Pearson chi2:   23.6
No.Iterations: 5
Covariance Type: nonrobust
==
                 coef   std err   z   P>|z| [0.025   0.975]

Intercept   4.2299   0.107   39.619   0.000   4.021   4.439
C(x1)[T.2]   1.7844   0.113   15.751   0.000   1.562   2.006
C(x1)[T.3]   0.5580   0.131   4.245   0.000   0.300   0.816
C(x2)[T.2]   -1.1257   0.083   -13.625   0.000   -1.288   -0.964
==</pre></td></tr>
</table>

从检验结果看出，C(x1)[T.2]、C(x1)[T.3]、C(x2)[T.2]的 P 值都小于 0.01，说明各类收入人群和满意程度均对产品的认可程度有显著影响。

案例 11：服务产品观点的 Logistic 回归模型

图 11-2 是关于 40 个不同年龄（age，定量变量）和性别（sex，定性变量，用 0 和 1 代表女和男）的人对某项服务产品的观点（y，二水平定性变量，用 1 和 0 代表认可与不认可）的数据。

一、数据管理

	A	B	C
1	y	sex	age
2	0	1	51
3	0	1	57
4	0	1	46
5	1	1	20
6	0	0	50
7	0	1	22
8	0	1	40
9	1	0	29
10	0	1	68
11	0	0	66
12	1	1	28
13	1	0	43
14	0	0	43
15	1	0	53
16	0	1	69
35	0	1	40
36	1	0	64
37	0	1	63
38	1	0	26
39	0	0	43
40	1	1	42
41	0	1	56

图 11-2

二、Jupyter 操作

1. 调入数据

In	Case11=pd.read_excel('mvsCase.xlsx','Case11'); Case11

2. 广义线性模型

这里观点是因变量,它只有两个值,所以可以把它看作成功概率为 p 的 Bernoulli 试验的结果。但是和单纯的 Bernoulli 试验不同,这里的概率 p 为年龄和性别的函数。可以假定下面的 Logistic 回归模型:

$$\ln\left(\frac{p}{1-p}\right)=\beta_0+\alpha_i+\beta_1 x+\varepsilon,\quad 这里\ i=0,1\ 代表女性和男性$$

显然,当概率 p 取 0 到 1 之间的值时,方程左边的值在整个实数轴上变动。

In	glm1=sm.GLM. from_formula('y~age', family=sm.families.Binomial( ),data=Case11) print(glm1.fit( ).summary( ))
Out	(see output below)

```
                 Generalized Linear Model Regression Results
==============================================================================
Dep. variable:                      y   No. observations:                  40
Model:                            GLM   Df Residuals:                      38
Model Family:                Binomial   Df Model:                           1
Link Function:                  logit   Scale:                         1.0000
Method:                          IRLS   Log-Likelihood:               -24.685
Date:                Thu, 18 Nov 2021   Deviance:                      49.371
Time:                        11:15:09   Pearson chi2:                    39.9
No. Iterations:                     4
Covariance Type:            nonrobust
==============================================================================
                 coef    std err          z      P>|z|      [0.025      0.975]
------------------------------------------------------------------------------
Intercept      2.3588      1.123      2.101      0.036       0.158       4.559
age           -0.0547      0.024     -2.278      0.023      -0.102      -0.008
==============================================================================
```

In	glm2=sm.GLM. from_ formula('y~sex+age',family=sm.families.Binomial( ),data=Case11) print(glm2.fit( ).summary( ))
Out	(see output below)

```
                 Generalized Linear Model Regression Results
==============================================================================
Dep. Variable:                      y   No. Observations:                  40
Model:                            GLM   Df Residuals:                      37
Model Family:                Binomial   Df Model:                           2
Link Function:                  logit   Scale:                         1.0000
Method:                          IRLS   Log-Likelihood:               -23.502
Date:                Tue, 26 Oct 2021   Deviance:                      47.005
Time:                        09:51:43   Pearson chi2:                    39.0
No. Iterations:                     4
Covariance Type:            nonrobust
```

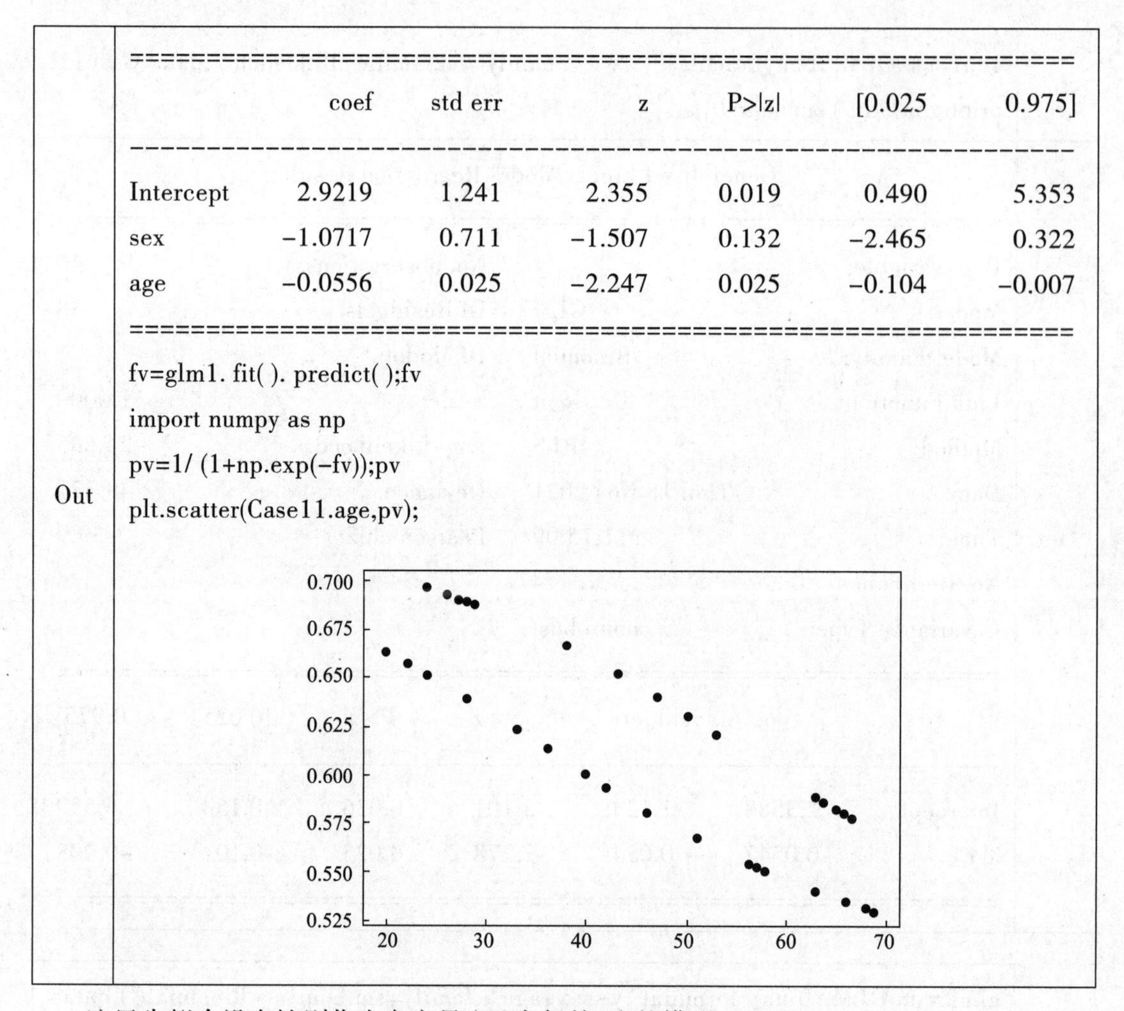

Out

	coef	std err	z	P>|z|	[0.025	0.975]
Intercept	2.9219	1.241	2.355	0.019	0.490	5.353
sex	−1.0717	0.711	−1.507	0.132	−2.465	0.322
age	−0.0556	0.025	−2.247	0.025	−0.104	−0.007

```
fv=glm1. fit( ). predict( );fv
import numpy as np
pv=1/ (1+np.exp(−fv));pv
plt.scatter(Case11.age,pv);
```


这里先拟合没有性别作为自变量（只有年龄 x）的模型。

$$\ln\left(\frac{p}{1-p}\right)=\hat{\beta}_0+\hat{\beta}_1 x \quad \text{或者等价地} \quad p=\frac{e^{\hat{\beta}_0+\hat{\beta}_1 x}}{1+e^{\hat{\beta}_0+\hat{\beta}_1 x}}.$$

依靠计算机，很容易得到 β_0 和 β_1 的估计分别为 2.358 8 和 −0.054 7。拟合的模型为

$$\ln\left(\frac{p}{1-p}\right)=2.358\,8-0.054\,7x$$

可以看出，年龄的增长对认可有负面影响。下面再加上性别变量进行拟合，得到的 β_0、β_1 和 α_0、α_1 的估计（同样事先确定 $\alpha_1=0$）分别为 2.921 9，−0.055 6，−1.071 7。可以看出年龄影响和男女混合时的模型（$\beta_1=-0.054\ 7$）差不多，而女性比男性认可的可能性大（$\alpha_0-\alpha_1=1.071\ 7$）。对于女性和男性，该拟合模型为

$$\ln\left(\frac{p}{1-p}\right)=2.921\,9-1.071\,7\text{sex}-0.055\,6\text{age}$$

思考与练习

一、思考题（手工解答，纸质作业）

1. 一般线性模型包括哪些模型？
2. 广义线性模型包括哪些模型？
3. 解释变量一般有几种取值方式？
4. 反应变量一般有几种取值方式？

二、练习题（计算机分析，电子作业）

1. 现有甲、乙、丙三个工厂生产同一种零件，为了了解不同工厂的零件的强度有无明显的差异，现分别从每一个工厂随机抽取部分零件测定其强度，数据如表 11-8 所示。试问三个工厂的零件的平均强度是否相同？

表 11-8　甲、乙、丙三个工厂零件强度数据　　单位：千克

工厂	零件强度					
甲	103	101	98	110		
乙	113	107	108	116	115	109
丙	82	92	84	86	88	

2. 生产某种化工产品时，要比较四种不同配方对生产率的影响。考虑到生产率随生产日期不同而变动较大，所以把实验日期也选为因子。实验分四天进行。配方因子和日期因子分别用 A、B 表示，数据如表 11-9 所示。

表 11-9　实 验 数 据　　单位：%

A	B			
	B_1	B_2	B_3	B_4
A_1	64.9	62.6	61.1	59.2
A_2	69.1	70.1	66.8	63.6
A_3	76.1	74.0	71.3	67.2
A_4	82.9	80.0	76.0	72.3

试分析不同配方和不同日期对生产率有无影响。

3. 某银行从历史贷款客户中随机抽取 16 个样本，根据设计的指标体系分别计算他们的“商业信用支持度”（x_1）和“市场竞争地位等级”（x_2），类别变量 G 中，1 代表贷款成功，2 代表贷款失败。数据如表 11-10 所示。

表 11-10 银行客户样本数据

客户	x_1	x_2	G	客户	x_1	x_2	G
1	40	1	1	9	125	−2	2
2	35	1	1	10	100	−2	2
3	15	−1	1	11	350	−1	2
4	29	2	1	12	54	−1	2
5	1	2	1	13	4	−1	2
6	−2	1	1	14	2	0	2
7	22	0	1	15	−10	−1	2
8	10	1	1	16	131	−2	2

(1) 为了给正确贷款提供决策支持,请建立 Logistic 模型进行分析。

(2) 根据建立的模型,判定是否给某客户(x_1=131, x_2=−2)提供贷款。

4. 表 11-11 是对三种品牌的洗衣机的问卷调查结果。

表 11-11 三种品牌的洗衣机的问卷调查结果

	城乡因素(Y)	城市		农村	
	地域因素(Z)	南方	北方	南方	北方
品牌因素(X)	A(大容量)	43	45	51	66
	B(中等容量)	51	39	35	32
	C(小容量)	67	54	32	30

试进行如下分析:

(1) 直观分析;

(2) 卡方检验;

(3) 对数线性模型。

5. 考虑一个化学反应过程,有两个因素。因素 A 为反应物的浓度,有两个水平:A_0(15%)和 A_1(25%);因素 B 为是否使用催化剂,有两个水平:B_0(不用)和 B_1(用),每种组合作 3 次试验,结果如表 11-12 所示。

表 11-12 两因素的化学反应结果数据 单位:%

A	B	1	2	3
A_0	B_0	28	25	27
A_1	B_0	36	32	32
A_0	B_1	18	19	23
A_1	B_1	31	30	29

（1）试写出其一般线性模型的矩阵表示。

（2）试分析因子 A、B 和交互作用 $A\times B$ 对化学反应的影响。

6. 在某化学工程中，为了提高原料利用率，选定辅料的供给速度（A）及其浓度（B）两个因子进行实验。各因子的水平如表 11–13 所示：

A：A_1（5 kg/h）　A_2（15 kg/h）　A_3（25 kg/h）

B：B_1（5%）　B_2（10%）　B_3（15%）　B_4（20%）

表 11–13　两因子及其交互作用对原料利用率的影响数据　单位：%

	B_1	B_2	B_3	B_4
A_1	60.7	61.5	61.6	61.7
	61.1	61.3	62.0	61.1
A_2	61.5	61.7	62.2	62.1
	60.8	61.2	62.8	61.7
A_3	60.6	60.6	61.4	60.7
	60.3	61.0	61.5	60.9

试分析因子 A、B 和交互作用 $A\times B$ 对提高原料利用率的影响。

7. 磁鼓电机是彩色录像机磁鼓组件的关键部件之一，按质量要求其输出力矩应大于 210 g·cm。某生产厂过去这项指标的合格率较低，从而希望通过试验找出好的条件，以提高磁鼓电机的输出力矩。表 11–14 是磁鼓电机试验数据，试对此正交设计试验进行方差分析。

表 11–14　磁鼓电机试验数据

试验号 / 因子	充磁量（10^{-4}T）	定位角度（/180）rad	定子线圈匝数（匝）	实验结果输出力矩（g·cm）
1	900	10	70	160
2	900	11	80	215
3	900	12	90	180
4	1 100	10	80	168
5	1 100	11	90	236
6	1 100	12	70	190
7	1 300	10	90	157
8	1 300	11	70	205
9	1 300	12	80	140

三、案例选题(仿照本章案例完成)

仿照书中的案例形式,从给定的题目出发,按内容提要、指标选取、数据收集、计算机计算过程、结果分析与评价等方面进行案例分析。

1. 试建立一个实际问题的完全随机设计的方差分析模型。
2. 试建立一个实际问题的随机区组设计的方差分析模型。
3. 试建立一个实际问题的Logistic回归模型。
4. 试建立一个实际问题的对数线性模型。

第 12 章
判别分析及 Python 算法

本章思维导图

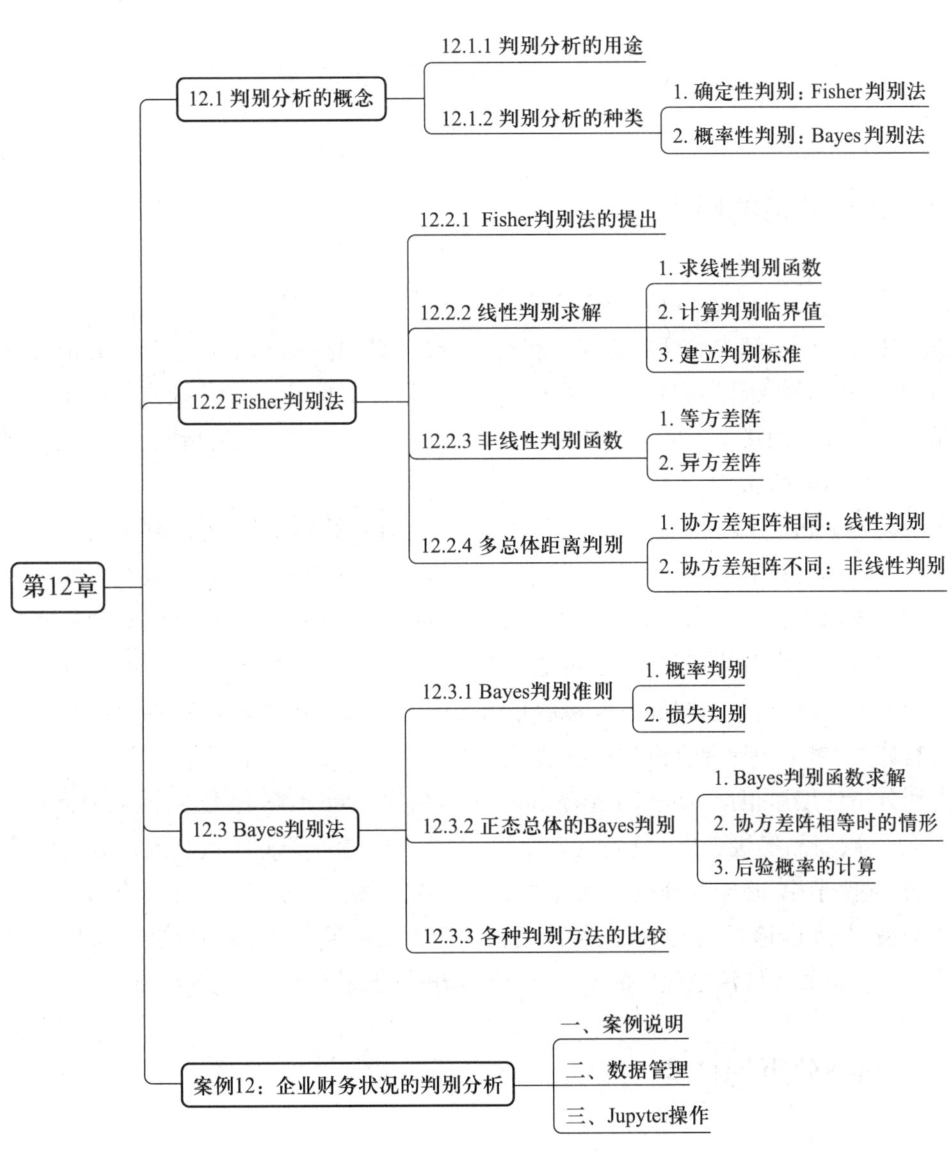

【学习目标】　要求学生理解判别分析的目的、意义及其统计思想。了解并熟悉判别分析的三种类型,特别是 Bayes 判别方法的统计思想。掌握教材中给出的不同判别方法的判别规则和判别函数的结构。了解 Python 计算程序中有关判别分析的算法。

【教学内容】　判别分析的目的和意义。判别分析中所使用的几种判别尺度的定义和基本性质,包括 Fisher 判别法、距离判别法、Bayes 判别法。利用 Python 中的相应程序,计算教材上给出的习题。

12.1　判别分析的概念

12.1.1　判别分析的用途

判别分析(discriminant analysis)是多变量统计分析中用于判别样本所属类型的一种统计分析方法。它所要解决的问题是在一些已知研究对象用某种方法已经分成若干类的情况下,确定新的样本属于已知类别中的哪一类。判别分析在处理问题时,通常要给出一个衡量新样品与各已知类别接近程度的描述统计模型即判别函数,同时也需指定一种判别规则,借以判定新的样本的归属。

所谓判别分析法,就是在已知的分类之下,一旦有新的样品时,可以利用此法选定一判别标准,以判定将该新样品放置于哪个类中。换句话说,设有数个群体,取数个变量做成适当的判别标准,即可辨别该群体的归属。判别分析的理论基础是根据观测到的某些指标的数据对所研究的对象建立判别函数,并进行分类的一种多变量分析方法。判别分析所研究的是已知分类的对象,如已知健康人和冠心病人的血压、血脂资料,建立判别函数,并对新样本预测其分类,属于一种有监督的机器学习方法。

判别分析法用途很广,如在动植物分类、医学疾病诊断、社区种类划分、气象区(或农业气象区)划分、商品等级分类、职业能力分类,以及人类考古学上年代及人种分类中均可利用。例如,在医学中,临床医师根据患者的主诉、体征及检查结果作出诊断,有时还需作鉴别诊断或分型、分类的诊断;根据病人各种症状的严重程度预测病人的病症,或某些治疗方法的疗效评估。再如环境污染程度的鉴定及环保措施、劳保措施的效果评估等。

12.1.2　判别分析的种类

判别规则可以是确定性的,确定新样品所属类别时,只考虑判别函数值的大小;判别规则也可以是概率性的,确定新样品所属类别时要用到概率性质。前者属于 Fisher 判别,后者属于 Bayes 判别。

判别分析方法较多,本章给出几种常用的方法。

1. 确定性判别:Fisher 判别法

(1)线性型。

(2)非线性型。

2. 概率性判别:Bayes 判别法

(1)概率型。

(2)损失型。

12.2 Fisher 判别法

12.2.1 Fisher 判别法的提出

最早为判别分析法提出合理解决办法者是 R.A.Fisher。1936 年 Fisher 提出将线性判别函数用于花卉分类上,就是将花卉的各种特征(如花瓣长与宽、花萼长与宽等)利用线性组合方法变成单变量值,再以单值比较方法来判别事物间的差别。

下面以两类判别为例说明。设两类样品分别含 n_1、n_2 个样品,各测得 p 个指标,其观察值如表 12-1 所示。

设欲建立的线性判别函数(linear discriminant function)为

$$\boldsymbol{Y}=a_1X_1+a_2X_2+\cdots+a_pX_p=\boldsymbol{a}'\boldsymbol{X}$$

该判别函数能根据指标 $X_1, X_2, \cdots, X_p$ 的值区分各样品应归属哪一类。式中 $a_i(i=1, 2, \cdots, p)$称为判别系数。在判别函数式建立后,还需求得临界值,作为判断的标准。

表 12-1 判别分析数据结构表

编号	变量 X				分类 Y
	X_1	X_2	…	X_p	G
1	x_{11}	x_{12}	…	x_{1p}	1
2	x_{21}	x_{22}	…	x_{2p}	1
⋮	⋮	⋮	⋮	⋮	⋮
n_1	x_{n_11}	x_{n_12}	…	x_{n_1p}	1
1	…	…	…	…	2
2	…	…	…	…	2
⋮	⋮	⋮	⋮	⋮	⋮
n_2	x_{n_21}	x_{n_22}	…	x_{n_2p}	2

图12-1是当p=1时两类判别的示意图，从图中可以看到，对单变量情形，两类判别分析类似于两样本均值t检验，只有当$\mu_1 \neq \mu_2$时，两类才能进行判别分析。

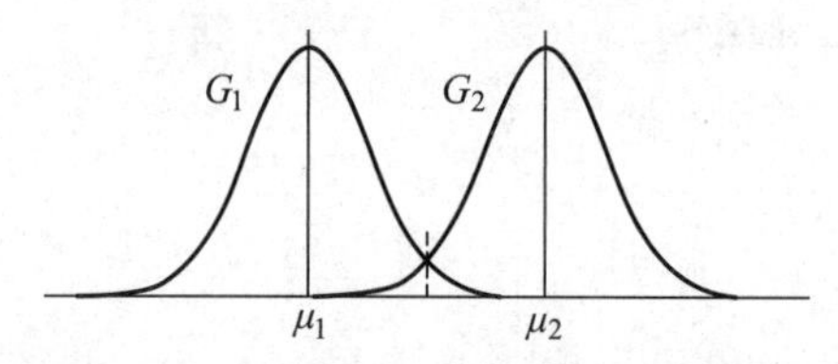

图12-1 单变量情形判别分析示意图

12.2.2 线性判别求解

1. 求线性判别函数

Fisher判别准则要求各类之间的变异尽可能地大，而各类内部的变异尽可能地小，变异用离均差平方和表示。对两类情形，可用类似于t检验的公式的分离度λ来表示，即：

$$\lambda = \frac{|\bar{Y}_1 - \bar{Y}_2|}{S_c} \quad 或 \quad \lambda^2 = \frac{(\bar{Y}_1 - \bar{Y}_2)^2}{S_c^2} \tag{12-1}$$

式中：S_c^2为合并方差，$S_c^2 = \frac{(n_1-1)S_1^2+(n_2-1)S_2^2}{n_1+n_2-2}$，$S_1^2$和$S_2^2$为各组的样本方差。

对多类情形，通常采用方差分析的方法来进行判别，也可用距离判别和Bayes判别分析方法。

Fisher线性判别的目标是选择适当的X的线性组合，使得Fisher函数的均值$\bar{Y}_1$和$\bar{Y}_2$之间的分离度达到最大。

定理：线性组合$\boldsymbol{Y}=\boldsymbol{a}'\boldsymbol{X}$对所有的线性系数向量$\boldsymbol{a}'$，当$\boldsymbol{a}' = (\bar{X}_1 - \bar{X}_2)'\boldsymbol{S}_c^{-1}$时$\lambda^2$达到最大，最大值为$D^2 = (\bar{X}_1 - \bar{X}_2)'\boldsymbol{S}_c^{-1}(\bar{X}_1 - \bar{X}_2)$。

2. 计算判别临界值

将$a' = (\bar{X}_1 - \bar{X}_2)'\boldsymbol{S}_c^{-1}$代入判别式即得判别函数。

求判别临界值Y_0：把类1、类2的平均数分别代入判别函数式：

$$\begin{cases} \bar{Y}_1 = a'\bar{X}_1 \\ \bar{Y}_2 = a'\bar{X}_2 \end{cases} \tag{12-2}$$

然后以两平均数之中点作为两类的界点。

$$Y_0 = \frac{\bar{Y}_1 + \bar{Y}_2}{2} \quad 或 \quad Y_0 = \frac{n_1\bar{Y}_1 + n_2\bar{Y}_2}{n_1+n_2} = \frac{n_1}{n_1+n_2}\bar{Y}_1 + \frac{n_2}{n_1+n_2}\bar{Y}_2 \tag{12-3}$$

当n_1=n_2时两者等价。

3. 建立判别标准

$$
\begin{cases}
\text{当 } Y<Y_0 \text{ 时，则 } X\in G_1 \\
\text{当 } Y>Y_0 \text{ 时，则 } X\in G_2 \\
\text{当 } Y=Y_0 \text{ 时，待判}
\end{cases}
$$

【例 12.1】 根据经验，今天和昨天的湿温差 x_1 及气温差 x_2 是预报明天下雨或不下雨的两个重要因子，试就表 12-2 的数据建立 Fisher 线性判别函数进行判别。设今天测得 $x_1=8.1$，$x_2=2.0$，试预报明天是雨天还是晴天。

表 12-2 雨天和晴天的湿温差 x_1 和气温差 x_2

雨天			晴天		
组别 G	x_1	x_2	组别 G	x_1	x_2
1	-1.9	3.2	2	0.2	6.2
1	-6.9	0.4	2	-0.1	7.5
1	5.2	2.0	2	0.4	14.6
1	5.0	2.5	2	2.7	8.3
1	7.3	0.0	2	2.1	0.8
1	6.8	12.7	2	-4.6	4.3
1	0.9	-5.4	2	-1.7	10.9
1	-12.5	-2.5	2	-2.6	13.1
1	1.5	1.3	2	2.6	12.8
1	3.8	6.8	2	-2.8	10.0

首先读入数据：

In

```
import pandas as pd
pd.set_option('display.max_rows',20)
d121=pd.read_excel('mvsData.xlsx','d121',index_col=0);
print(d121)
```

Out

```
   id    x1   x2  G
0   1  -1.9  3.2  1
1   2  -6.9  0.4  1
2   3   5.2  2.0  1
3   4   5.0  2.5  1
```

Out	4 5 7.3 0.0 1 5 6 6.8 12.7 1 6 7 0.9 −5.4 1 7 8 −12.5 −2.5 1 8 9 1.5 1.3 1 9 10 3.8 6.8 1 10 11 0.2 6.2 2 11 12 −0.1 7.5 2 12 13 0.4 14.6 2 13 14 2.7 8.3 2 14 15 2.1 0.8 2 15 16 −4.6 4.3 2 16 17 −1.7 10.9 2 17 18 −2.6 13.1 2 18 19 2.6 12.8 2 19 20 −2.8 10.0 2

然后对数据做单变量分析,以比较两个变量在不同天气下的差异。

In
```
d12_1.boxplot(column=['x1','x2'], by='G');
```

Out

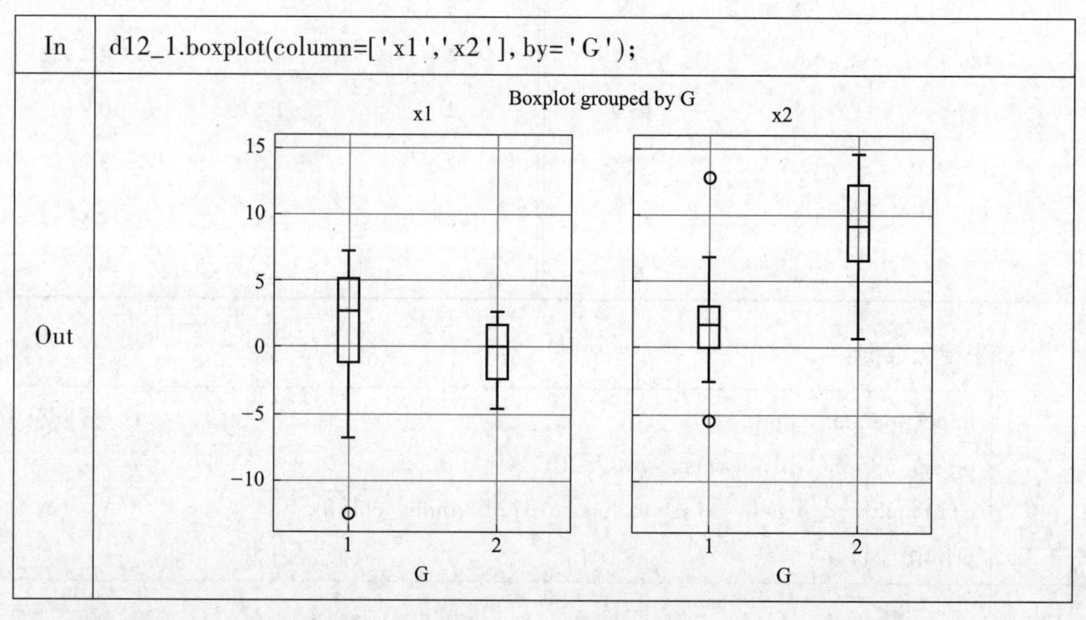

再对变量 x_1 和 x_2 进行两样本 t 检验。

In
```
from scipy import stats as st
t1=st.ttest_ind(d121[d121.G==1].x1,d121[d121.G==2].x1)
print('变量 x1 的两类 t 检验 :t=%.4f,p=%.4f' %(t1[0],t1[1]))
```

Out	变量 x1 的两类 t 检验 :t=0.5990,p=0.5567
In	t2=st.ttest_ind(d121[d121.G==1].x2,d121[d121.G==2].x2) print('变量 x2 的两类 t 检验 :t=%.4f,p=%.4f' %(t2[0],t2[1]))
Out	变量 x2 的两类 t 检验 :t=-3.2506,p=0.0044

从图中可以看出，雨天和晴天湿温差 x_1 无显著差异，t 检验的结果也证实了这点（$p=0.556\,7>0.05$），而雨天和晴天气温差 x_2 有显著差异，t 检验的结果也证实了这点（$p=0.004\,4<0.05$）。

在进行判别分析前，首先绘制两变量的分类散点图，从散点图可以看出，如果能构造一个线性模型，也许可以进行判别分类。

In	import matplotlib.pyplot as plt plt.plot(d121.x1,d121.x2,'.');plt.xlabel('x1');plt.ylabel('x2') for i in range(0,len(d121.G)):plt.text(d121.x1[i],d121.x2[i],d121.G[i])
Out	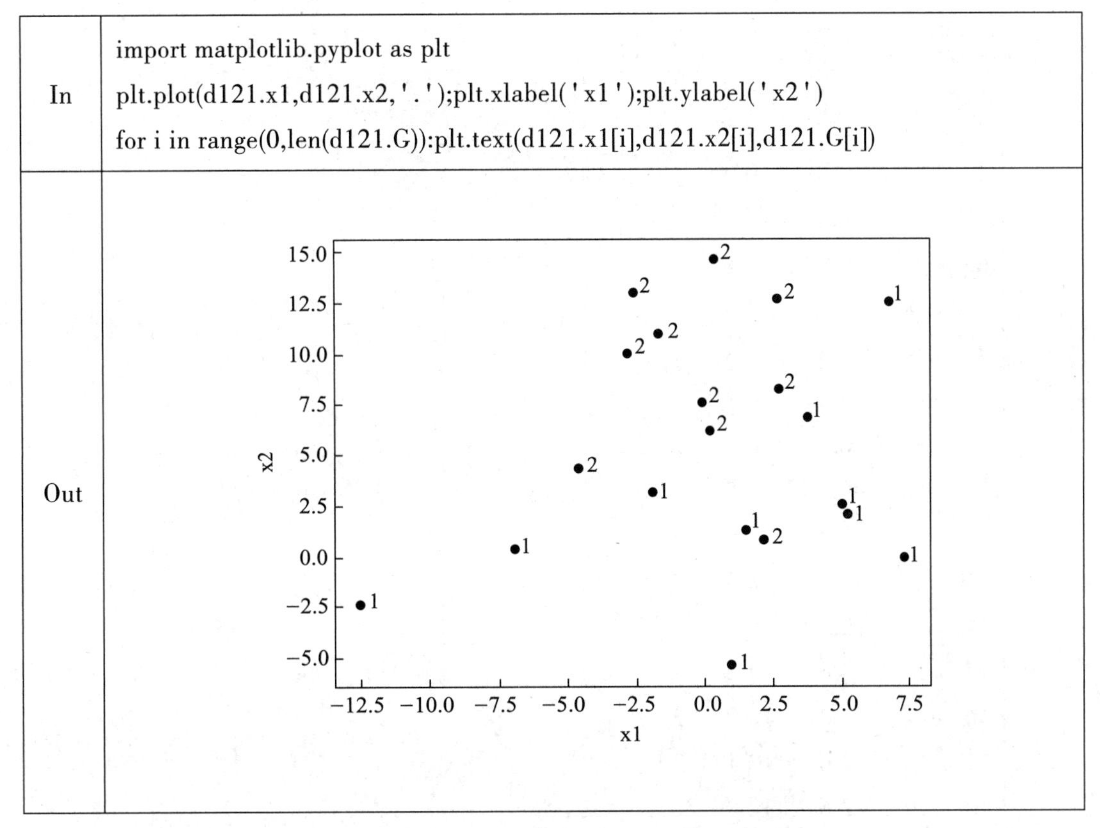

下面用 Python 的机器学习包 sklearn 的线性判别函数进行判别分析。该函数从算法上来说是基于本章第三节 Bayes 方法的，但为了全书统一，我们在此直接使用它，因为当不考虑先验概率（prior probability）时，线性判别算法等价于 Fisher 的判别。

线性判别函数 LinearDiscriminantAnalysis( )及拟合函数的使用：

```
LinearDiscriminantAnalysis(priors=( )).fit(X,Y)
```

X 为变量，Y 为分类，priors 为先验概率，默认是每组频率，这时为 Bayes 判别。当各类先验概率取相等时为 Fisher 判别。

In	X=d121[['x1','x2']];Y=d121['G'] from sklearn.discriminant_analysis import LinearDiscriminantAnalysis as lda d121_lda=lda(priors=(1/2,1/2)).fit(X,Y) d121_lda
Out	LinearDiscriminantAnalysis(priors=(0.5,0.5))

In	d121['ld_G'] = d121_lda.predict(X)# 线性判别结果
	print(d121)

Out	id x1 x2 G ld_G 0 1 -1.9 3.2 1 1 1 2 -6.9 0.4 1 1 2 3 5.2 2.0 1 1 3 4 5.0 2.5 1 1 4 5 7.3 0.0 1 1 5 6 6.8 12.7 1 2 6 7 0.9 -5.4 1 1 7 8 -12.5 -2.5 1 1 8 9 1.5 1.3 1 1 9 10 3.8 6.8 1 1 10 11 0.2 6.2 2 2 11 12 -0.1 7.5 2 2 12 13 0.4 14.6 2 2 13 14 2.7 8.3 2 2 14 15 2.1 0.8 2 1 15 16 -4.6 4.3 2 2 16 17 -1.7 10.9 2 2 17 18 -2.6 13.1 2 2 18 19 2.6 12.8 2 2 19 20 -2.8 10.0 2 2
In	tab1=pd.crosstab(d121.G,d121.ld_G,margins=True) print('混淆矩阵 :\n',tab1)
Out	混淆矩阵 : ld_G 1 2 All G 1 9 1 10

Out	2 1 9 10 All 10 10 20

In	import numpy as np
	def Rate(tab):# 定义计算符合率函数
	    rate=sum(np.diag(tab)[:-1]/np.diag(tab)[-1:])*100
	    print('符合率 :%.2f ' %rate)
	Rate(tab1)

Out	符合率 :90.0

从混淆矩阵可见两类错判的各有 1 例，判对的共有 18 例，故判别符合率为（9+9）/20= 90.0%。以上为回顾性考核。还可进行前瞻性考核，即将一些新的数据代入判别函数后，观察其符合率。所建立的判别函数的优劣，主要应看其前瞻性判别效果如何。建立判别函数的目的，主要是用于判别新样品，对新样品进行分类。实际建立判别函数时，所用样本应采用大样本资料，这样所得的判别函数较稳定、可靠。

In	d121_lda.scalings_ # 判别系数
Out	array([[-0.10353052], [0.22479571]])
In	a1=lda1.scalings_[0];a2=lda1.scalings_[1] a=1/a2*(a1*np.mean(d121.x1)+a2*np.mean(d121.x2));b =-a1/a2 plt.plot(d121.x1,d121.x2, ' . ');plt.xlabel(' x1 ');plt.ylabel(' x2 ') plt.plot(d121.x1,a+b*d121.x1,color= ' r ');# 画出判别线 for i in range(0,len(d121.G)): plt.text(d121.x1[i],d121.x2[i],d121.G[i])
Out	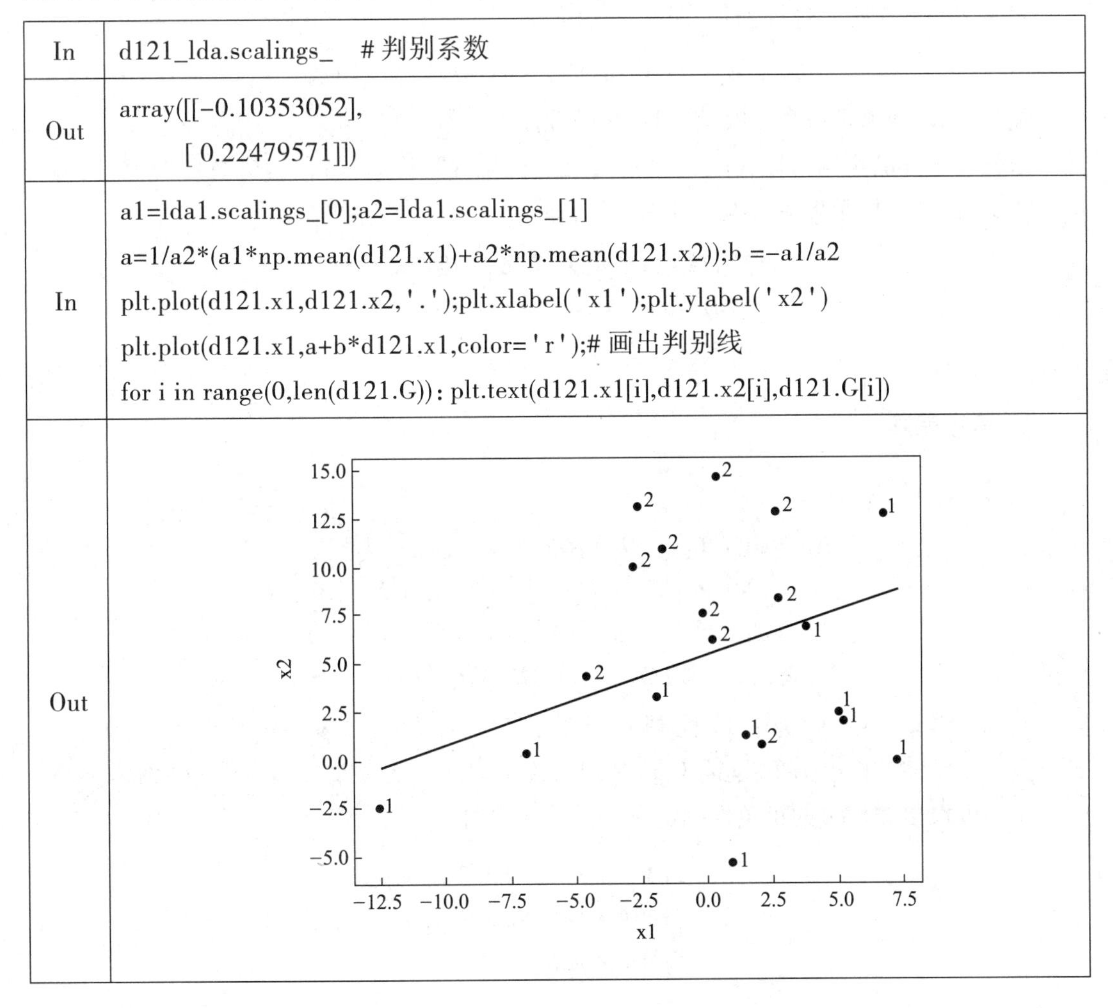

下面可以用判别函数来进行判别（预测），从输出结果中可以看到，明天估计要下雨（=1）。

In	print('线性判别分类情况：',d121_lda.predict(pd.DataFrame([[8.1,2.0]])))
Out	线性判别分类情况：[1]

12.2.3 非线性判别函数

非线性判别的基本思想是根据距离来进行判别，即根据已知分类的数据，分别计算各类的重心即各组的均值，判别准则是对任给的一次观测，若它与第 i 类的重心距离最近，就认为它来自第 i 类。

设有两个总体 G_1、G_2，从第一个总体中抽取 n_1 个样品，从第二个总体中抽取 n_2 个样品，每个样品测量 p 个指标。设 $\boldsymbol{\mu}_1$、$\boldsymbol{\mu}_2$ 和 $\boldsymbol{\Sigma}_1$，$\boldsymbol{\Sigma}_2$ 分别为两个类 G_1、G_2 的均值向量和协方差阵。

通常采用马氏距离进行判别，即

$$D(X,G_i)=(\boldsymbol{X}-\boldsymbol{\mu}_i)'\boldsymbol{\Sigma}^{-1}(\boldsymbol{X}-\boldsymbol{\mu}_i),\quad i=1,2 \tag{12-4}$$

显然，马氏距离是一个二次型，即二次函数。

取任一个样品实测指标 $\boldsymbol{X}=(X_1,X_2,\cdots,X_p)$，分别计算样品 X 到 G_1、G_2 总体的距离 $D(X,G_1)$ 和 $D(X,G_2)$，按距离最近准则判别归类，即

$$\begin{cases}\text{当 } D(X,G_1)<D(X,G_2)\text{，则 } X\in G_1\\ \text{当 } D(X,G_1)>D(X,G_2)\text{，则 } X\in G_2\\ \text{当 } D(X,G_1)=D(X,G_2)\text{，待判}\end{cases}$$

1. 等方差阵

当 $\boldsymbol{\Sigma}_1=\boldsymbol{\Sigma}_2=\boldsymbol{\Sigma}$ 时，设

$$\begin{aligned}W(\boldsymbol{X})&=D(X,G_2)-D(X,G_1)\\&=(\boldsymbol{X}-\boldsymbol{\mu}_2)'\boldsymbol{\Sigma}^{-1}(\boldsymbol{X}-\boldsymbol{\mu}_2)-(\boldsymbol{X}-\boldsymbol{\mu}_1)'\boldsymbol{\Sigma}^{-1}(\boldsymbol{X}-\boldsymbol{\mu}_1)\\&=2\boldsymbol{X}'\boldsymbol{\Sigma}^{-1}(\boldsymbol{\mu}_1-\boldsymbol{\mu}_2)-(\boldsymbol{\mu}_1+\boldsymbol{\mu}_2)\boldsymbol{\Sigma}^{-1}(\boldsymbol{\mu}_1-\boldsymbol{\mu}_2)\\&=2[\boldsymbol{X}-1/2(\boldsymbol{\mu}_1+\boldsymbol{\mu}_2)]'\boldsymbol{\Sigma}^{-1}(\boldsymbol{\mu}_1-\boldsymbol{\mu}_2)\end{aligned} \tag{12-5}$$

则 $W(\boldsymbol{X})=b_0+b_1\boldsymbol{X}$ 为一线性判别函数，其中 $b_0=-1/2(\boldsymbol{\mu}_1+\boldsymbol{\mu}_2)'\boldsymbol{\Sigma}^{-1}(\boldsymbol{\mu}_1-\boldsymbol{\mu}_2)$，$b_1=\boldsymbol{\Sigma}^{-1}(\boldsymbol{\mu}_1-\boldsymbol{\mu}_2)$，等价于上节的 Fisher 线性判别函数 $a'=(\bar{X}_1-\bar{X}_2)'\boldsymbol{S}_c^{-1}$，即一次线性判别。

于是可根据 $W(X)$ 的正负性判定所取样品的类别。

$$\begin{cases}\text{当 } W(\boldsymbol{X})>0\text{，则 } X\in G_1\\ \text{当 } W(\boldsymbol{X})<0\text{，则 } X\in G_2\\ \text{当 } W(\boldsymbol{X})=0\text{，待判}\end{cases}$$

2. 异方差阵

当 $\Sigma_1 \neq \Sigma_2$ 时，仍然用 $W(X) = D(X,G_2) - D(X,G_1) =$

$$(\boldsymbol{X}-\boldsymbol{\mu}_2)'(\boldsymbol{\Sigma}_2)^{-1}(\boldsymbol{X}-\boldsymbol{\mu}_2) - (\boldsymbol{X}-\boldsymbol{\mu}_1)'(\boldsymbol{\Sigma}_1)^{-1}(\boldsymbol{X}-\boldsymbol{\mu}_1) \quad (12\text{-}6)$$

判别函数 $W(\boldsymbol{X})$ 是 $\boldsymbol{X}$ 的二次函数，而不是上面那种一次函数。类似地，可将两个总体的讨论推广到多个总体。

二次判别函数 QuadraticDiscriminantAnalysis( )的用法如下。

> QuadraticDiscriminantAnalysis(priors=( ))qd.fit(X,Y)
>
> X 为变量，Y 为分类，priors 为先验概率，默认是每组频率，这时是 Bayes 判别。当各类先验概率取相等时为 Fisher 判别。

【例 12.2】 对例 12.1 天气数据做距离判别分析。我们知道，当方差阵相同时，距离判别跟 Fisher 判别是一样的，都是线性判别，所以我们下面只做方差阵不同时的二次判别。

In:
```
from sklearn.discriminant_analysis import QuadraticDiscriminantAnalysis as qda
d121_qda=qda(priors=(1/2,1/2)).fit(X,Y)
d121_qda
```

Out:
```
QuadraticDiscriminantAnalysis(priors=array([0.5,0.5]))
```

In:
```
d121['qd_G'] = d121_qda.predict(X)# 二次判别结果
print(d121)
```

Out:
```
    id     x1    x2  G  ld_G  qd_G
0    1   -1.9   3.2  1     1     2
1    2   -6.9   0.4  1     1     1
2    3    5.2   2.0  1     1     1
3    4    5.0   2.5  1     1     1
4    5    7.3   0.0  1     1     1
5    6    6.8  12.7  1     2     1
6    7    0.9  -5.4  1     1     1
7    8  -12.5  -2.5  1     1     1
8    9    1.5   1.3  1     1     1
9   10    3.8   6.8  1     1     1
10  11    0.2   6.2  2     2     2
11  12   -0.1   7.5  2     2     2
12  13    0.4  14.6  2     2     2
```

Out	13 14 2.7 8.3 2 2 2 14 15 2.1 0.8 2 1 1 15 16 –4.6 4.3 2 2 1 16 17 –1.7 10.9 2 2 2 17 18 –2.6 13.1 2 2 2 18 19 2.6 12.8 2 2 2 19 20 –2.8 10.0 2 2 2
In	tab2=d121.pivot_table('id','G','qd_G',aggfunc=len,margins=True) print('混淆矩阵:\n',tab2)
Out	混淆矩阵: qd_G 1 2 All G 1 9 1 10 2 2 8 10 All 11 9 20
In	Rate(tab2)
Out	符合率:85.00
In	print('二次判别分类情况:',d121_qda.predict(pd.DataFrame([[8.1,2.0]])))
Out	二次判别分类情况:[1]

根据建立的二次判别函数,代入预测数据,判断新观察属于第 1 类,即明天可能下雨。显然,如果假定协方差矩阵相等,线性判别分析的符合率要高于非线性判别。

12.2.4 多总体距离判别

1. 协方差矩阵相同:线性判别

设有 k 个总体 $G_1, G_2, \cdots, G_k$,它们的均值分别为 $\boldsymbol{\mu}_1, \boldsymbol{\mu}_2, \cdots, \boldsymbol{\mu}_k$,有相同的协方差矩阵 $\boldsymbol{\Sigma}$,对任一个样品实测指标 $\boldsymbol{X}=(x_1, x_2, \cdots, x_p)'$,计算其到类 i 的马氏距离:

$$\begin{aligned} D(X,G_i) &= (\boldsymbol{X}-\boldsymbol{\mu}_i)'\boldsymbol{\Sigma}^{-1}(\boldsymbol{X}-\boldsymbol{\mu}_i) \\ &= \boldsymbol{X}'\boldsymbol{\Sigma}^{-1}\boldsymbol{X} - 2\boldsymbol{\mu}_i'\boldsymbol{\Sigma}^{-1}\boldsymbol{X} + \boldsymbol{\mu}_i'\boldsymbol{\Sigma}^{-1}\boldsymbol{\mu}_i \\ &= \boldsymbol{X}'\boldsymbol{\Sigma}^{-1}\boldsymbol{X} - 2(b_i\boldsymbol{X}+b_0) \\ &= \boldsymbol{X}'\boldsymbol{\Sigma}^{-1}\boldsymbol{X} - 2\boldsymbol{Z}_i \end{aligned} \tag{12–7}$$

于是得线性判别函数 $\boldsymbol{Z}_i=b_0+b_i\boldsymbol{X}$, $i=1, 2, \cdots, k$。其中 $b_0=-1/2\boldsymbol{\mu}_i'\boldsymbol{\Sigma}^{-1}\boldsymbol{\mu}_i$ 为常数项,$b_i=\boldsymbol{\mu}_i'\boldsymbol{\Sigma}^{-1}$ 为线性判别系数。

相应的判别规则为：

当 $\boldsymbol{Z}_i = \max\limits_{1\leq j\leq k}(\boldsymbol{Z}_j)$，则 $X\in G_i$

当 $\boldsymbol{\mu}_1, \boldsymbol{\mu}_2, \cdots, \boldsymbol{\mu}_k$ 和 $\boldsymbol{\Sigma}$ 未知时，可用样本均值向量和样本合并方差阵 $\boldsymbol{S}_c$ 估计，其中：

$$\hat{\boldsymbol{\Sigma}} = \boldsymbol{S}_c = \frac{1}{n-k}\sum_{i=1}^{k}\boldsymbol{A}_i, \quad n = n_1 + n_2 + \cdots + n_k \tag{12-8}$$

$$\boldsymbol{A}_i = \sum_{i=1}^{n}(\boldsymbol{X}_i - \bar{\boldsymbol{X}})(\boldsymbol{X}_i - \bar{\boldsymbol{X}})', \quad i = 1,2,\cdots,k \tag{12-9}$$

2. 协方差矩阵不同：非线性判别

设有 k 个总体 $G_1, G_2, \cdots, G_k$，它们的均值分别为 $\boldsymbol{\mu}_1, \boldsymbol{\mu}_2, \cdots, \boldsymbol{\mu}_k$，且它们的协方差矩阵 $\boldsymbol{\Sigma}_i$ 不全相同，对任一个样品实测指标 $\boldsymbol{X}=(x_1, x_2, \cdots, x_p)'$，计算其到类 i 的马氏距离，$D(\boldsymbol{X}, G_i)=(\boldsymbol{X}-\boldsymbol{\mu}_i)'\boldsymbol{\Sigma}_i^{-1}(\boldsymbol{X}-\boldsymbol{\mu}_i)$，$i=1, 2, \cdots, k$，由于各 $\boldsymbol{\Sigma}_i$ 不同，所以从该式推不出线性判别函数，其本身是一个二次函数。

相应的判别规则为

当 $D(X,G_i) = \min\limits_{1\leq j\leq k}D(X,G_j)$，则 $X\in G_i$

当 $\boldsymbol{\mu}_1, \boldsymbol{\mu}_2, \cdots, \boldsymbol{\mu}_k$ 和 $\boldsymbol{\Sigma}_1, \boldsymbol{\Sigma}_2, \cdots, \boldsymbol{\Sigma}_k$ 未知时，可用样本均值向量和样本合并方差阵估计。

【例 12.3】 某地市场上销售的电视机有多种牌号，该地某商场从市场上按电视机的质量评分（Q）、功能评分（C）、销售价格（P，单位：百元）和销售状态（G）随机抽取了 20 种牌子的电视机进行调查。资料如表 12-3，其中销售状态（G）分三种：1 表示畅销，2 表示平销，3 表示滞销。试根据该资料建立判别函数，并根据判别准则进行回判。假设有一新厂商来推销其产品，其产品的质量评分为 8.0，功能评分为 7.5，销售价格为 6 500 元，问该厂产品的销售前景如何？

表 12-3 20 种牌子电视机的销售情况

id	Q	C	P	G
1	8.3	4.0	29	1
2	9.5	7.0	68	1
3	8.0	5.0	39	1
4	7.4	7.0	50	1
5	8.8	6.5	55	1
6	9.0	7.5	58	2
7	7.0	6.0	75	2
8	9.2	8.0	82	2

续表

id	Q	C	P	G
9	8.0	7.0	67	2
10	7.6	9.0	90	2
11	7.2	8.5	86	2
12	6.4	7.0	53	2
13	7.3	5.0	48	2
14	6.0	2.0	20	3
15	6.4	4.0	39	3
16	6.8	5.0	48	3
17	5.2	3.0	29	3
18	5.8	3.5	32	3
19	5.5	4.0	34	3
20	6.0	4.5	36	3

In

```
d12_3=pd.read_excel('mvsData.xlsx','d123')
plt.plot(d123.Q,d123.C,'.');plt.xlabel('Q');plt.ylabel('C')
for i in range(0,len(d123.G3)):plt.text(d123.Q[i],d123.C[i],d123.G[i])
```

Out

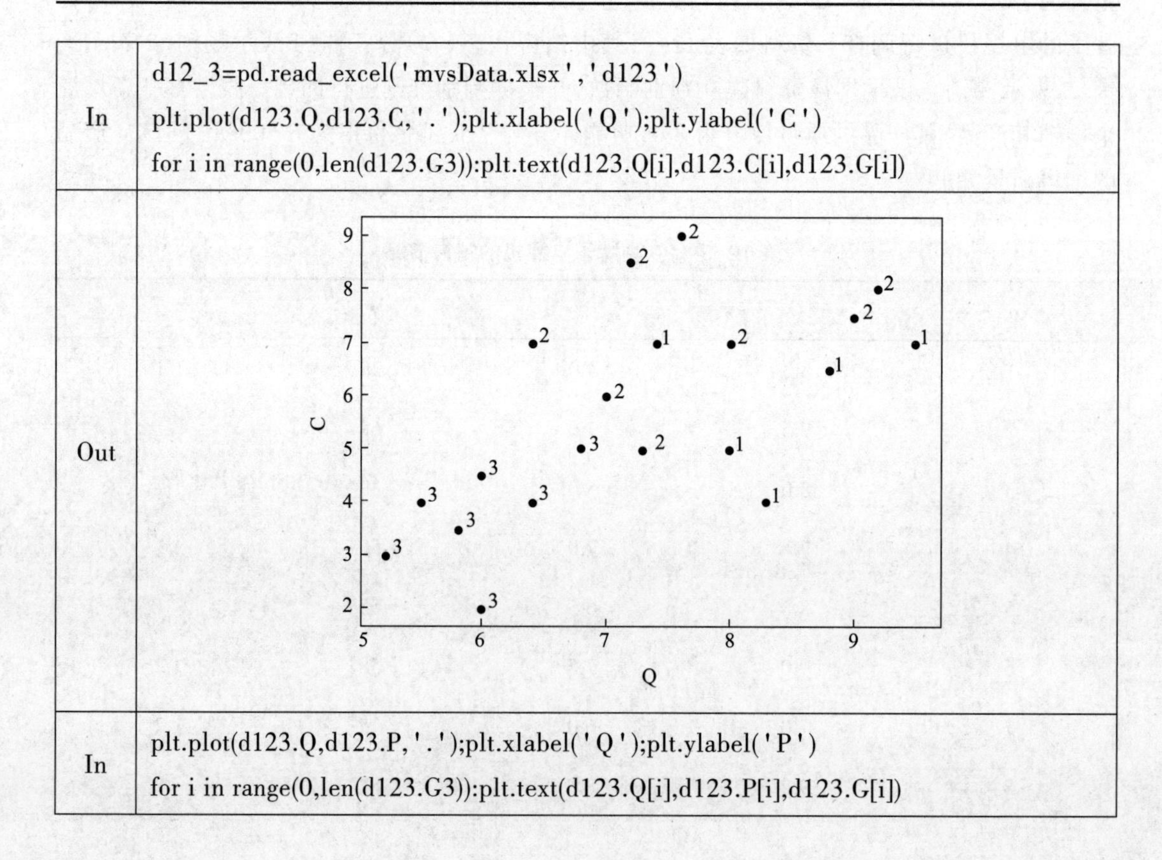

In

```
plt.plot(d123.Q,d123.P,'.');plt.xlabel('Q');plt.ylabel('P')
for i in range(0,len(d123.G3)):plt.text(d123.Q[i],d123.P[i],d123.G[i])
```

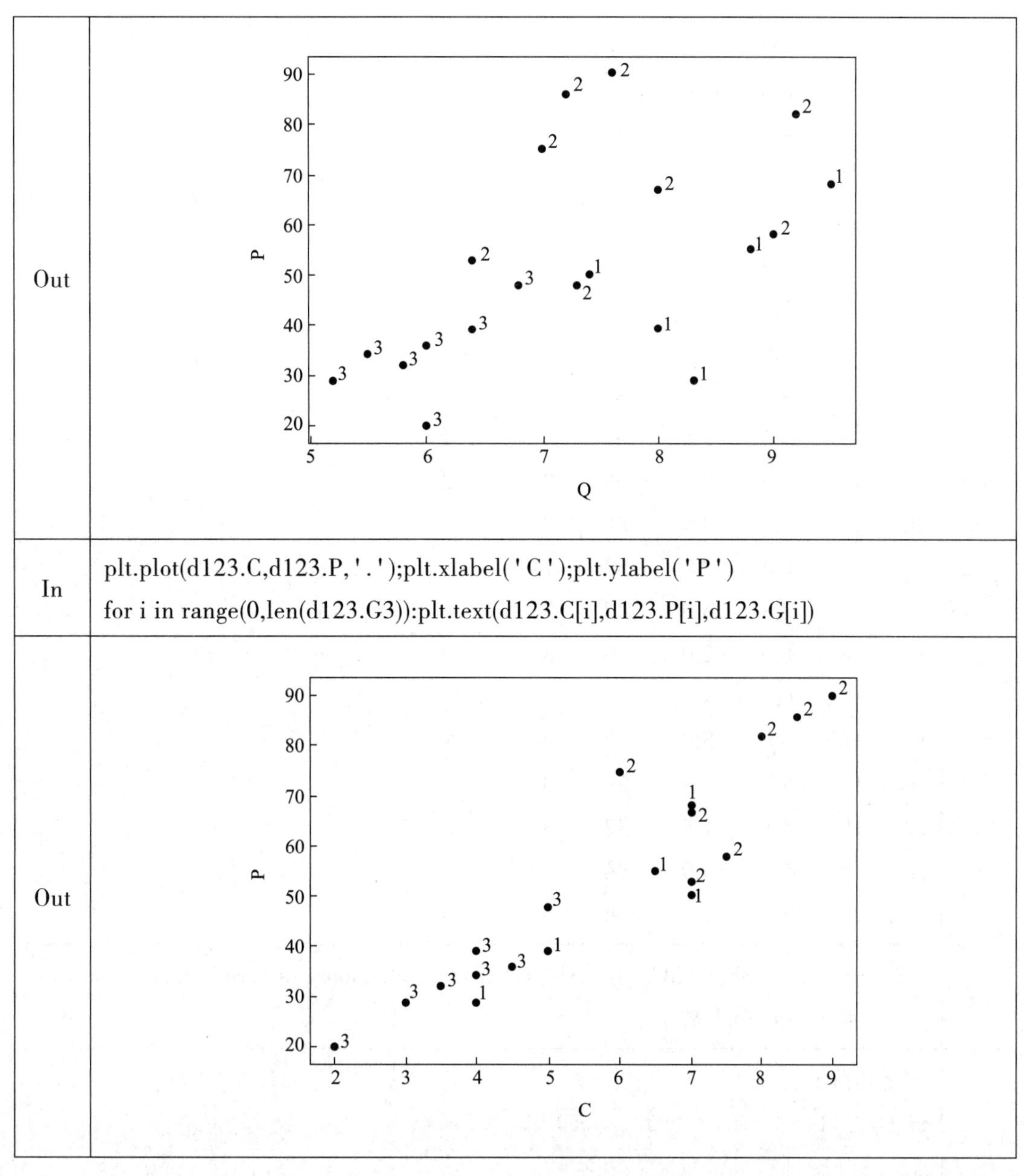


```
plt.plot(d123.C,d123.P,'.');plt.xlabel('C');plt.ylabel('P')
for i in range(0,len(d123.G3)):plt.text(d123.C[i],d123.P[i],d123.G[i])
```

上述图分别是“质量评分”与“功能评分”和“销售价格”的分组图,从中可以看到原始数据中每类样品在样本空间的分布情况。

1. 线性判别(等方差)

In

```
X=d123[['Q','C','P']];Y=d123.G
d123_lda=lda(priors=(1/3,1/3,1/3)).fit(X,Y)# 等概率
d123['ld_G'] = d123_lda.predict(X)# 线性判别结果
print(d123)
```

Out	<pre> id Q C P G ld_G 0 1 8.3 4.0 29 1 1 1 2 9.5 7.0 68 1 1 2 3 8.0 5.0 39 1 1 3 4 7.4 7.0 50 1 1 4 5 8.8 6.5 55 1 1 5 6 9.0 7.5 58 2 1 6 7 7.0 6.0 75 2 2 7 8 9.2 8.0 82 2 2 8 9 8.0 7.0 67 2 2 9 10 7.6 9.0 90 2 2 10 11 7.2 8.5 86 2 2 11 12 6.4 7.0 53 2 2 12 13 7.3 5.0 48 2 3 13 14 6.0 2.0 20 3 3 14 15 6.4 4.0 39 3 3 15 16 6.8 5.0 48 3 3 16 17 5.2 3.0 29 3 3 17 18 5.8 3.5 32 3 3 18 19 5.5 4.0 34 3 3 19 20 6.0 4.5 36 3 3</pre>
In	M1=d123.pivot_table('id','G','ld_G',aggfunc=len,margins=True,fill_value='0') print('混淆矩阵 :\n',M1)

Out	<pre>混淆矩阵 :
	ld_G 1 2 3 All
	G
	1 5.0 0 0 5
	2 1.0 6.0 1.0 8
	3 0 0 7.0 7
	All 6 6 8 20</pre>

In	Rate(M1)
Out	符合率 :90.00

只有两个样品判错，判别符合率：(5+6+7) /20=90.00%，判别效果还是可以的。

<table>
<tr><td>In</td><td>X0=pd.DataFrame([[8,7.5,65]])
print('线性判别分类情况 :',d123_lda.predict(X0))</td></tr>
<tr><td>Out</td><td>线性判别分类情况 :[2]</td></tr>
</table>

根据我们建立的线性判别函数，代入预测数据，判断新样品属于第 2 类，即该产品实际上属于平销。

2. 二次判别（异方差）

当协方差阵不相同时，距离判别函数为非线性形式，一般为二次函数，方程较为复杂。

<table>
<tr><td>In</td><td>d123_qda=qda(priors=(1/3,1/3,1/3)).fit(X,Y)
d123['qd_G'] = d123_qda.predict(X)# 非线性判别结果
print(d123)</td></tr>
<tr><td>Out</td><td>

```
    id    Q    C   P  G  ld_G  qd_G
0    1  8.3  4.0  29  1     1     1
1    2  9.5  7.0  68  1     1     1
2    3  8.0  5.0  39  1     1     1
3    4  7.4  7.0  50  1     1     1
4    5  8.8  6.5  55  1     1     1
5    6  9.0  7.5  58  2     1     2
6    7  7.0  6.0  75  2     2     2
7    8  9.2  8.0  82  2     2     2
8    9  8.0  7.0  67  2     2     2
9   10  7.6  9.0  90  2     2     2
10  11  7.2  8.5  86  2     2     2
11  12  6.4  7.0  53  2     2     2
12  13  7.3  5.0  48  2     3     3
13  14  6.0  2.0  20  3     3     3
14  15  6.4  4.0  39  3     3     3
15  16  6.8  5.0  48  3     3     3
16  17  5.2  3.0  29  3     3     3
17  18  5.8  3.5  32  3     3     3
18  19  5.5  4.0  34  3     3     3
19  20  6.0  4.5  36  3     3     3
```

</td></tr>
<tr><td>In</td><td>M2=d123.pivot_table('id','G','qd_G',aggfunc=len,margins=True,fill_value='0')
print('混淆矩阵 :\n',M2)</td></tr>
</table>

Out	混淆矩阵: qd_G 1 2 3 All G 1 5.0 0 0 5 2 0 7.0 1.0 8 3 0 0 7.0 7 All 5 7 8 20
In	Rate(M2)
Out	符合率 :95.00

判别符合率:(5+7+7)/20= 95.0%

由判别符合率知,应用距离判别(二次判别)进行判别的效果好于一次判别的效果。

In	print('非线性判别分类情况:',d123_qda.predict(X0))
Out	非线性判别分类情况:[2]

根据我们建立的二次判别函数,代入预测数据,判断新样品属于第 2 类,即该产品实际上属于平销。

12.3 Bayes 判别法

12.3.1 Bayes 判别准则

上面讲的几种判别分析方法,计算简单,结论明确,比较实用。但也存在一些缺点:一是判别方法与总体各自出现的概率大小完全无关;二是判别方法与错判后造成的损失无关,这是不尽合理的。Bayes 判别则是考虑了这两个因素而提出的一种判别方法。

Bayes 判别对多个总体的判别考虑的不只是建立判别式,而且要计算新给样品属于各总体的条件概率 $p(j|x)$, $j=1,2,\cdots,k$。比较这 k 个概率的大小,然后将新样品判归为来自概率最大的总体。Bayes 判别准则是以个体归属于某类的概率(或某类的判别函数值)最大或错判总平均损失最小为标准。

1. 概率判别

设有 k 个总体 $G_1, G_2, \cdots, G_k$,它们的先验概率(prior probabilities)分别为 $q_1, q_2, \cdots, q_k$。各总体的密度函数分别为:$p_1(x), p_2(x), \cdots, p_k(x)$,$x$ 为一个观测样品,该样品来自第 j 总

体的后验概率为（Bayes 公式）：

$$p(j|x)=\frac{q_j p_j(x)}{\sum_{i=1}^{k} q_i p_i(x)} \qquad (12\text{-}10)$$

当 $p(j|x)=\max\limits_{1\leqslant j\leqslant k} p(j|x)$ 时，判 x 来自第 j 总体。

2. 损失判别

有时还可以使用错判损失作为判别准则，这时把 x 错判为第 g 总体的平均损失（期望）定义为：

$$E(g|x)=\sum_{j\neq i} p(j|x)L(g|j)=\sum_{j\neq i}\frac{q_j p_j(x)}{\sum_{i=1}^{k} q_i p_i(x)}L(g|j) \qquad (12\text{-}11)$$

式中：$L(g|j)$ 称为损失函数。它表示本来是第 j 总体的样品错判为第 g 总体的损失。显然式 12-11 是对损失函数依概率加权的平均或称为错判的平均损失。当 $g=j$ 时，有 $L(g|j)=0$，当 $g\neq j$ 时，有 $L(g|j)>0$。建立判别准则为：

如 $E(g|x)=\min\limits_{1\leqslant j\leqslant k} E(j|x)$ 时，判 x 来自第 g 总体。

理论上讲，考虑损失函数更为合理，但实际中 $L(g|j)$ 并不容易确定，所以通常假定各种错判的损失皆相同，即：

$$L(g|j)=\begin{cases}0 & g=j\\ 1 & g\neq j\end{cases}$$

于是，寻找 g 使后验概率最大和使错判的平均损失最小是等价的，即：

$$P(g|x)\xrightarrow{g}\max\Longleftrightarrow E(g|x)\xrightarrow{g}\min$$

12.3.2 正态总体的 Bayes 判别

1. Bayes 判别函数求解

设 k 个总体 $G_1, G_2, \cdots, G_k$ 均服从 p 维正态分布，各总体的密度函数分别为：

$$p_j(\boldsymbol{x})=(2\pi)^{-p/2}|\boldsymbol{\Sigma}_j|^{-1/2}\exp\left[-\frac{1}{2}(\boldsymbol{x}-\boldsymbol{\mu}_j)'\boldsymbol{\Sigma}_j^{-1}(\boldsymbol{x}-\boldsymbol{\mu}_j)\right] \qquad (12\text{-}12)$$

式中 $\boldsymbol{\mu}_j$ 和 $\boldsymbol{\Sigma}_j$ 分别是第 j 个总体的均值向量和协方差矩阵。为了进行判别，需在 $q_j p_j(x)$ 中找出最大者，为了使判别函数具有简单的形式，取对数得：

$$\ln[q_j p_j(x)]=\ln q_j-\frac{1}{2}\ln(2\pi)^p-\frac{1}{2}\ln|\boldsymbol{\Sigma}_j|-\frac{1}{2}\boldsymbol{x}'\boldsymbol{\Sigma}_j^{-1}\boldsymbol{x}-\frac{1}{2}\boldsymbol{\mu}'_j\boldsymbol{\Sigma}_j^{-1}\boldsymbol{\mu}_j+\boldsymbol{x}'\boldsymbol{\Sigma}_j^{-1}\boldsymbol{\mu}_j$$

略去等式右边与 j 无关的项，记为：

$$Z(j|x)=\ln q_j-\frac{1}{2}\ln|\boldsymbol{\Sigma}_j|-\frac{1}{2}\boldsymbol{x}'\boldsymbol{\Sigma}_j^{-1}\boldsymbol{x}-\frac{1}{2}\boldsymbol{\mu}'_j\boldsymbol{\Sigma}_j^{-1}\boldsymbol{\mu}_j+\boldsymbol{x}'\boldsymbol{\Sigma}_j^{-1}\boldsymbol{\mu}_j$$

显然该函数是一个二次函数，其 Bayes 问题化为：

$$Z(j|x)\xrightarrow{j}\max$$

应用 Bayes 准则，当 $Z(j|x)=\max\limits_{1\leqslant j\leqslant k}Z(j|x)$ 时，判 $\boldsymbol{x}$ 来自第 j 总体。

2. 协方差阵相等时的情形

当 k 个总体的协方差阵相同，即 $\boldsymbol{\Sigma}_1=\boldsymbol{\Sigma}_2=\cdots=\boldsymbol{\Sigma}_k=\boldsymbol{\Sigma}$ 时，$Z(j|x)$ 中 $-\frac{1}{2}\ln|\boldsymbol{\Sigma}_j|$ 和 $-\frac{1}{2}\boldsymbol{x}'\boldsymbol{\Sigma}_j^{-1}\boldsymbol{x}$ 与 j 无关，求最大值时可以去掉，这时的判别函数记为：

$$Y(j|x)=\ln q_j-\frac{1}{2}\boldsymbol{\mu}'_j\boldsymbol{\Sigma}^{-1}\boldsymbol{\mu}_j+\boldsymbol{x}'\boldsymbol{\Sigma}_j^{-1}\boldsymbol{\mu}_j \tag{12-13}$$

该函数是一个线性函数。我们注意到，该函数与前面的线性判别函数只相差一个常数 $\ln q_i$，此时 Bayes 问题化为：

$$Y(j|x)\xrightarrow{j}\max$$

应用 Bayes 准则，当 $Y(j|x)=\max\limits_{1\leqslant j\leqslant k}Y(j|x)$ 时，判 x 来自第 j 总体。

式 12-13 的判别函数也可写成多项式形式：

$$Y(j|x)=\ln q_j+c_{0j}+\sum_{i=1}^{p}c_{ij}x_i \tag{12-14}$$

其中：

$$c_{ij}=\sum_{l=1}^{p}\sigma_{il}\mu_{lj}\quad i=1,2,\cdots,p,\boldsymbol{\Sigma}=(\sigma_{il})_{p\times p},\boldsymbol{\Sigma}^{-1}=(\sigma^{il})_{p\times p}$$

$$c_{0j}=-\frac{1}{2}\boldsymbol{\mu}'_j\boldsymbol{\Sigma}^{-1}\boldsymbol{\mu}_j=-\frac{1}{2}\sum_{i=1}^{p}c_{ij}\mu_{ij}$$

至于先验概率 q_j，如果没有更好的办法确定，通常可用样品频率 n_j/n 来代替，其中 n_j 是第 j 个分类的数目，且 $n_1+n_2+\cdots+n_k=n$。若取 $q_1=q_2=\cdots=q_k=1/k$，则此时的 Bayes 判别类似于 Fisher 判别。

当对 k 个分类样本，若各类总体都服从多元正态分布，并且各类总体的协方差矩阵相同，式 12-14 也可写成显式的线性判别函数：

$$\begin{cases}Y_{(1)}=\ln q_1+c_{01}+c_{11}x_1+c_{21}x_2+\cdots+c_{p1}x_p\\Y_{(2)}=\ln q_2+c_{02}+c_{12}x_1+c_{22}x_2+\cdots+c_{p2}x_p\\\cdots\cdots\cdots\cdots\\Y_{(k)}=\ln q_k+c_{0k}+c_{1k}x_1+c_{2k}x_2+\cdots+c_{pk}x_p\end{cases}$$

若有某观察对象，把实际测得的各指标 $\boldsymbol{x}$ 值代入上式，可求得各类 Y 值，哪个 Y 值最大，就判断其归属于哪一类。

3. 后验概率的计算

作判别分类时，主要是根据判别式 $y(j|x)$ 的大小来分类的，但它并不是后验概率 $p(j|x)$，

我们推导 $y(j|x)$ 是从 $\ln[q_j p_j(x)]$ 省略了与 j 无关的项得到的，即 $\ln[q_j p_j(x)]=y(j|x)+\delta$，这里 δ 是与 j 无关的部分，于是有：

$$
\begin{aligned}
p(j|x) &= \frac{q_j p_j(x)}{\sum_{i=1}^{k} q_i p_i(x)} = \frac{\exp[y(j|x)+\delta]}{\sum_{i=1}^{k}\exp[y(i|x)+\delta]} \\
&= \frac{\exp[y(j|x)]\exp[\delta]}{\sum_{i=1}^{k}\exp[y(i|x)]\exp[\delta]} = \frac{\exp[y(j|x)]}{\sum_{i=1}^{k}\exp[y(i|x)]}
\end{aligned} \tag{12-15}
$$

由于式 12-15 中使 y 最大的 g，其 $p(g|x)$ 必为最大，因此我们只需把样品代入判别式中进行判别即可。

【例 12.4】（续例 12.3）对例 12.3 数据应用 Bayes 判别法进行判别。

取各组频率为先验概率：$q_1=5/20$，$q_2=8/20$，$q_3=7/20$，下面为先验概率不相等时的 Bayes 判别。

（1）线性判别函数。

In

```
# 先验概率不等的 Bayes 线性判别模型
d123_ld_B=lda(priors=(5/20,8/20,7/20)).fit(X,Y)
d123['ld_B_G'] = d123_ld_B.predict(X)
print(d123)
```

Out

```
    id    Q    C    P  G  ld_G  qd_G  ld_B_G
0    1  8.3  4.0   29  1     1     1       1
1    2  9.5  7.0   68  1     1     1       1
2    3  8.0  5.0   39  1     1     1       1
3    4  7.4  7.0   50  1     1     1       1
4    5  8.8  6.5   55  1     1     1       1
5    6  9.0  7.5   58  2     1     2       1
6    7  7.0  6.0   75  2     2     2       2
7    8  9.2  8.0   82  2     2     2       2
8    9  8.0  7.0   67  2     2     2       2
9   10  7.6  9.0   90  2     2     2       2
10  11  7.2  8.5   86  2     2     2       2
11  12  6.4  7.0   53  2     2     2       2
12  13  7.3  5.0   48  2     3     3       3
13  14  6.0  2.0   20  3     3     3       3
14  15  6.4  4.0   39  3     3     3       3
15  16  6.8  5.0   48  3     3     3       3
16  17  5.2  3.0   29  3     3     3       3
```

Out	17　18　5.8　3.5　32　3　3　3　3 18　19　5.5　4.0　34　3　3　3　3 19　20　6.0　4.5　36　3　3　3　3
In	M3=d123.pivot_table('id','G','ld_B_G',aggfunc=len,margins=True,fill_value='0') print('混淆矩阵 :\n',M3)
Out	混淆矩阵 : ld_B_G　1　2　3　All G 1　5.0　0　0　5 2　1.0　6.0　1.0　8 3　0　0　7.0　7 All　6　6　8　20
In	Rate(M3)
Out	符合率 :90.00

由判别符合率知,应用 Bayes 判别函数进行判别的效果还是不错的。

In	print('分类后验概率 :') d123_ld_B_p=100*d123_ld_B.predict_proba(X).round(2) pd.DataFrame(d123_ld_B_p,d123.id,['G1','G2','G3'])
Out	分类后验概率 : 　G1　G2　G3 id 1　97.0　1.0　2.0 2　71.0　29.0　0.0 3　91.0　7.0　3.0 4　54.0　45.0　1.0 5　86.0　14.0　0.0 6　89.0　11.0　0.0 7　0.0　88.0　12.0 8　12.0　88.0　0.0 9　12.0　87.0　0.0 10　0.0　100.0　0.0 11　0.0　100.0　0.0 12　7.0　83.0　10.0 13　22.0　39.0　40.0

Out	14 0.0 0.0 100.0 15 1.0 3.0 97.0 16 6.0 27.0 67.0 17 0.0 0.0 100.0 18 0.0 0.0 100.0 19 0.0 0.0 99.0 20 1.0 3.0 96.0

后验概率给出了样品落在各个类的概率大小，这也是 Bayes 判别区别于 Fisher 判别的主要特点。

In	print('线性判别分类情况：',d123_ld_B.predict(X0))
Out	线性判别分类情况:[2]
In	np.set_printoptions(precision=2,suppress=True) print('线性判别分类概率：',d123_ld_B.predict_proba(X0)*100)
Out	线性判别分类概率:[[21.15 78.68 0.18]]

根据我们建立的 Bayes 判别函数，代入预测数据，判断新样品属于第 2 类，即该产品实际上属于平销，但属于平销的概率仅为 78.68%。从这里也可以看出考虑与不考虑先验概率对模型的判别效果还是有影响的。

（2）非线性判别函数。

In	d123_qd_B=qda(priors=(5/20,8/20,7/20)).fit(X,Y) d123['qd_B_G'] = d123_qd_B.predict(X) d123

Out

	id	Q	C	P	G	ld_G	qd_G	ld_B_G	qd_B_G
0	1	8.3	4.0	29	1	1	1	1	1
1	2	9.5	7.0	68	1	1	1	1	1
2	3	8.0	5.0	39	1	1	1	1	1
3	4	7.4	7.0	50	1	1	1	1	1
4	5	8.8	6.5	55	1	1	1	1	1
5	6	9.0	7.5	58	2	1	2	1	2
6	7	7.0	6.0	75	2	2	2	2	2
7	8	9.2	8.0	82	2	2	2	2	2
8	9	8.0	7.0	67	2	2	2	2	2
9	10	7.6	9.0	90	2	2	2	2	2

Out	10　11　7.2　8.5　86　2　2　2　2　2 11　12　6.4　7.0　53　2　2　2　2　2 12　13　7.3　5.0　48　2　3　3　3　3 13　14　6.0　2.0　20　3　3　3　3　3 14　15　6.4　4.0　39　3　3　3　3　3 15　16　6.8　5.0　48　3　3　3　3　3 16　17　5.2　3.0　29　3　3　3　3　3 17　18　5.8　3.5　32　3　3　3　3　3 18　19　5.5　4.0　34　3　3　3　3　3 19　20　6.0　4.5　36　3　3　3　3　3
In	M4=d123.pivot_table('id','G','qd_B_G',aggfunc=len,margins=True,fill_value='0') print('混淆矩阵:\n',M4)
Out	混淆矩阵: qd_B_G　1　2　3　All G 1　5.0　0　0　5 2　0　7.0　1.0　8 3　0　0　7.0　7 All　5　7　8　20
In	Rate(M4)
Out	符合率:95.00

由判别符合率知,非线性 Bayes 判别函数的判别效果好于线性判别分析。

In	print('分类后验概率') d123_qd_B_p=100*d123_qd_B.predict_proba(X).round(2) pd.DataFrame(d123_qd_B_p,d123.id,['G1','G2','G3'])
Out	分类后验概率: 　G1　G2　G3 id 1　99.0　1.0　0.0 2　90.0　10.0　0.0 3　93.0　7.0　0.0 4　84.0　16.0　0.0 5　88.0　12.0　0.0

Out	6 0.0 100.0 0.0 7 0.0 100.0 0.0 8 0.0 100.0 0.0 9 0.0 100.0 0.0 10 0.0 100.0 0.0 11 0.0 100.0 0.0 12 0.0 100.0 0.0 13 0.0 33.0 67.0 14 0.0 0.0 100.0 15 0.0 1.0 99.0 16 0.0 10.0 90.0 17 0.0 0.0 100.0 18 0.0 0.0 100.0 19 0.0 0.0 100.0 20 0.0 2.0 98.0

后验概率给出了样品落在各个类的概率大小,这也是 Bayes 判别区别于 Fisher 判别的主要特点。

In	print('非线性判别分类情况 :',d123_qd_B.predict(X0))
Out	非线性判别分类情况 :[2]
In	print('非线性判别分类概率 :',d123_qd_B.predict_proba(pd.DataFrame([[8,7.5,65]]))*100)
Out	非线性判别分类概率 :[[0.82 99.15 0.02]]

根据我们建立的 Bayes 判别函数,代入预测数据,判断新样品属于第 2 类,即该产品实际上属于平销,属于平销的概率为 99.15%。

12.3.3 各种判别方法的比较

判别分析方法首先根据已知所属组的样本给出判别函数,并制定判别规则,然后再判断每一个新样品应属于哪一组。Fisher 判别、距离判别、Bayes 判别等方法根据其出发点不同各有其特点。

(1)距离判别和 Fisher 判别对判别变量的分布类型并无要求,两者只要求各类总体的二阶矩存在,而 Bayes 判别则要求知道判别变量的分布类型。因此,距离判别和 Fisher 判别较 Bayes 判别简单一些。

(2)当仅有两个总体时,若它们的协方差矩阵是相同的,则距离判别和 Fisher 判别等价。当判别变量服从正态分布时，它们还和 Bayes 判别等价。而当两类的协方差矩阵不同时，Fisher 判别是用它们的合并协方差阵，这时距离判别和 Bayes 判别是不同的。

案例 12：企业财务状况的判别分析

一、案例说明

对 21 个破产的企业收集它们在破产前两年的财务数据，对 25 个财务良好的企业也收集同一时期的数据。数据涉及四个数值变量：CF_TD（现金流量 / 总债务），NI_TA（净收入 / 总资产），CA_CL（流动资产 / 流动债务），CA_NS（流动资产 / 净销售额）；一个分组变量：企业现状（1 为非破产企业，2 为破产企业）。部分数据如图 12-2 所示。

二、数据管理

id	CF_TD	NI_TA	CA_CL	CA_NS	G
1	0.51	0.1	2.49	0.54	1
2	0.08	0.02	2.01	0.53	1
3	0.38	0.11	3.27	0.35	1
4	0.19	0.05	2.25	0.33	1
5	0.32	0.07	4.24	0.63	1
6	0.31	0.05	4.45	0.69	1
7	0.12	0.05	2.52	0.69	1
8	-0.02	0.02	2.05	0.35	1
9	0.22	0.08	2.35	0.4	1
10	0.17	0.07	1.8	0.52	1
11	0.15	0.05	2.17	0.55	1
12	-0.1	-0.01	2.5	0.58	1
13	0.14	-0.03	0.46	0.26	1
14	0.14	0.07	2.61	0.52	1
15	0.15	0.06	2.23	0.56	1
16	0.16	0.05	2.31	0.2	1
17	0.29	0.06	1.84	0.38	1
18	0.54	0.11	2.33	0.48	1
19	-0.33	-0.09	3.01	0.47	1
42	-0.08	-0.08	1.51	0.42	2
43	0.05	0.03	1.68	0.95	2
44	0.01	0	1.26	0.6	2
45	0.12	0.11	1.14	0.17	2
46	-0.28	-0.27	1.27	0.51	2

图 12-2

三、Jupyter 操作

1. 调入数据并进行基本统计分析

In
```
Case12=pd.read_ excel('mvsCase.xlsx','case12');case12
```

Out

	id	CF_TD	NI_TA	CA_CL	CA_NS	G
0	1	0.51	0.10	2.49	0.54	1
1	2	0.08	0.02	2.01	0.53	1
2	3	0.38	0.11	3.27	0.35	1
3	4	0.19	0.05	2.25	0.33	1
4	5	0.32	0.07	4.24	0.63	1
...	...	...	...	...	...	...
41	42	-0.08	-0.08	1.51	0.42	2
42	43	0.05	0.03	1.68	0.95	2
43	44	0.01	0.00	1.26	0.60	2
44	45	0.12	0.11	1.14	0.17	2
45	46	-0.28	-0.27	1.27	0.51	2

46 rows × 6 columns

In
```
Case12.pivot_table(['CF_TD','NI_TA','CA_CL','CA_NS'],['G'],
aggfunc={len, np. mean,np.std})
```

Out

	CA_CL			CA_ NS			CF_TD			NI_TA		
	len	mean	std	len	mean	std	len	mean	std	len	mean	std
G												
1	25	2.5936	1.0231	25	0.4268	0.1624	25	0.2352	0.2169	25	0.0556	0.0487
2	21	1.3667	0.4053	21	0.4376	0.2111	21	-0.0681	0.2099	21	-0.0814	0.1449

2. 线性判别

In
```
from sklearn. discriminant_analysis import LinearDiscriminantAnalysis as lda
X=Case12[['CF_ TD','NI_ TA','CA_ CL','CA_ NS']]; Y=Case12.G
Case12_ lda=lda( ).fit(X,Y) # 线性判别
Case12['ld_ G'] = Case12_ lda. predict(X)
Case12
```

Out

	id	CF_TD	NI_TA	CA_CL	CA_NS	G	ld_G
0	1	0.51	0.10	2.49	0.54	1	1
1	2	0.08	0.02	2.01	0.53	1	1
2	3	0.38	0.11	3.27	0.35	1	1
3	4	0.19	0.05	2.25	0.33	1	1
4	5	0.32	0.07	4.24	0.63	1	1
...	...	...	...	...	...	...	...
41	42	−0.08	−0.08	1.51	0.42	2	2
42	43	0.05	0.03	1.68	0.95	2	2
43	44	0.01	0.00	1.26	0.60	2	2
44	45	0.12	0.11	1.14	0.17	2	1
45	46	−0.28	−0.27	1.27	0.51	2	2

46 rows × 7 columns

In

```
Case12_ ld_ M=Case12.pivot_ table('id','G','ld_G',aggfunc=len,margins=True)
print(' 混淆矩阵 :\n ',Case12_ ld_ M)
```

Out

```
混淆矩阵 :
ld_G   1   2  All
G
1     24   1   25
2      3  18   21
All   27  19   46
```

In

```
Rate(Case12_ld_M)
```

Out

```
符合率 : 91.30
```

3. 非线性判别

In

```
from sklearn.discriminant_analysis import QuadraticDiscriminantAnalysis as qda
Case12_ qda=qda( ).fit(X,Y) # 非线性判别
Case12[ ' qd_G ' ] = Case12_ qda. predict(X)
Case12
```

Out

	id	CF_TD	NI_TA	CA_CL	CA_NS	G	ld_G	qd_G
0	1	0.51	0.10	2.49	0.54	1	1	1
1	2	0.08	0.02	2.01	0.53	1	1	1

Out	2 3 0.38 0.11 3.27 0.35 1 1 1 3 4 0.19 0.05 2.25 0.33 1 1 1 4 5 0.32 0.07 4.24 0.63 1 1 1 ... . 41 42 -0.08 -0.08 1.51 0.42 2 2 2 42 43 0.05 0.03 1.68 0.95 2 2 2 43 44 0.01 0.00 1.26 0.60 2 2 2 44 45 0.12 0.11 1.14 0.17 2 1 2 45 46 -0.28 -0.27 1.27 0.51 2 2 2 46 rows × 8 columns
In	Case12_qd_M=Case12.pivot_table('id','G','qd_G',aggfunc=len, margins=True) print(Case12_qd_M)
Out	qd_G 1 2 All G 1 24 1 25 2 2 19 21 All 26 20 46
In	Rate(Case12_ qd_ M)
Out	符合率：93.48

本例中非线性判别（二次判别）的效果比线性判别（一次判别）要好。

思考与练习

一、思考题（手工解答，纸质作业）

1. 判别分析的基本思想是什么？
2. 距离判别的基本思想是什么？
3. Fisher 判别的基本思想是什么？
4. Bayes 判别的基本思想是什么？
5. 证明：$-1/2(\boldsymbol{x}-\boldsymbol{\mu}_1)'\boldsymbol{\Sigma}^{-1}(\boldsymbol{x}-\boldsymbol{\mu}_1)+1/2(\boldsymbol{x}-\boldsymbol{\mu}_2)'\boldsymbol{\Sigma}^{-1}(\boldsymbol{x}-\boldsymbol{\mu}_2)=$
$(\boldsymbol{\mu}_1-\boldsymbol{\mu}_2)'\boldsymbol{\Sigma}^{-1}\boldsymbol{x}-1/2(\boldsymbol{\mu}_1-\boldsymbol{\mu}_2)'\boldsymbol{\Sigma}^{-1}(\boldsymbol{\mu}_1+\boldsymbol{\mu}_2)$。

二、练习题（计算机分析，电子作业）

1. 考虑两个数据集 $\boldsymbol{x}_1=\begin{bmatrix}3&7\\2&4\\4&7\end{bmatrix}$，$\boldsymbol{x}_2=\begin{bmatrix}6&9\\5&7\\4&8\end{bmatrix}$。

（1）计算 Fisher 线性判别函数。

（2）用 Bayes 法则，在相同先验概率和相同代价下将观测值 x_0=（2，7）分类到总体 G_1 或 G_2。

2. 设 n_1=11 个和 n_2=12 个观测值分别取自两个随机变量 $\boldsymbol{x}_1$ 和 $\boldsymbol{x}_2$。假定这两个变量服从二元正态分布，且有相同的协方差矩阵。其中

$$\bar{\boldsymbol{x}}_1=\begin{bmatrix}-1\\-1\end{bmatrix},\ \bar{\boldsymbol{x}}_2=\begin{bmatrix}2\\1\end{bmatrix},\ \boldsymbol{S}_P=\begin{bmatrix}7.3 & -1.1\\-1.1 & 4.8\end{bmatrix}$$

（1）构造样本的 Fisher 线性判别函数。

（2）将观测值 $\boldsymbol{x}_0$=（0，1）分配到总体 G_1 或 G_2（假定有等代价和等先验概率）。

3. 以舒张压和血浆胆固醇含量预测被检查者是否患冠心病。测得 15 名冠心病人和 16 名健康人的舒张压 X_1（mmHg）及血浆胆固醇含量 X_2（mg/dl），结果见表 12-4。

表 12-4 冠心病人和健康人舒张压及血浆胆固醇含量数据表

冠心病组	X_1	X_2	正常组	X_1	X_2
1	74	200	2	80	80
1	100	144	2	94	172
1	110	150	2	100	118
1	70	274	2	70	152
1	96	212	2	80	172
1	80	158	2	80	190
1	80	172	2	70	142
1	100	140	2	80	107
1	100	230	2	80	124
1	100	220	2	80	194
1	90	239	2	78	152
1	110	155	2	70	190
1	100	155	2	80	104
1	96	140	2	80	94
1	100	230	2	84	132
			2	70	140

（1）对每一组数据用不同的符号，作两变量的散点图，观察它们在平面上的散布情况，该组数据作判别分析是否合适？

（2）分别建立距离判别（等方差阵和不等方差阵）、Fisher 判别和 Bayes 判别分析模型，计算各自的判别符合率，确定哪种判别方法最恰当。

（3）绘制线性判别函数图。

4. 对于 A 股市场 2009 年陷入财务困境的上市公司（ST 公司），我们收集了 7 家 ST 公司陷入财务困境前一年（2008 年）的财务数据，同时对于财务良好的公司（非 ST 公司），收集了同一时期 8 家非 ST 公司对应的财务数据，如表 12–5 所示。数据涉及四个数值变量：资产负债率 x_1（%）、流动资产周转率 x_2（次）、总资产报酬率 x_3（%）和营业收入增长率 x_4（%）。类别变量 G 中 2 代表 ST 公司，1 代表非 ST 公司。

（1）分别建立线性判别、非线性判别和 Bayes 判别分析模型，计算各自的判别符合率，确定哪种判别方法最恰当。

（2）某公司 2008 年财务数据为：x_1=78.356 3，x_2=0.889 5，x_3=1.800 1，x_4=14.102 2。试判定 2009 年该公司是否会陷入财务困境。

表 12–5　A 股市场 15 家公司 2008 年的财务数据

证券简称	x_1	x_2	x_3	x_4	G
ST 中源	60.672 5	1.024 7	11.670 5	–26.539	2
ST 宇航	25.598 3	1.919 2	–5.830 2	26.049 2	2
ST 耀华	90.872 7	1.967 1	–14.184 5	–12.943 9	2
ST 万杰	90.461 9	1.002 2	1.816 9	65.727 3	2
ST 钛白	53.456 5	0.759 3	–23.884 3	–38.310 7	2
ST 筑信	92.225 6	1.784 7	–4.105 7	19.228 1	2
ST 东航	115.119 6	4.657 7	–16.253 7	–3.901 7	2
洪城股份	38.985 6	0.603 6	2.379 1	–2.546 1	1
工大首创	28.919 7	2.528 1	2.356 4	–0.228 9	1
交大南洋	56.744 3	1.530 7	–0.18	3.728 2	1
九鼎新材	52.120 3	1.346 4	5.090 8	10.786 8	1
恩华药业	52.873 1	2.104 9	9.086 6	18.348 6	1
东百集团	54.438 9	5.607 8	13.784 6	22.311 8	1
广东明珠	46.379 3	0.997 4	9.480 6	15.351 7	1
中国国航	79.486 3	5.919	–9.473 9	7.031 6	1

数据来源：Wind 资讯。

5. 植物分类之判别分析：费歇（Fisher）于 1936 年发表的鸢尾花（Iris）数据被广泛地作为判别分析的经典例子。数据是对 3 种鸢尾花（g）——刚毛鸢尾花（第 1 组）、变色鸢尾花（第 2 组）和弗吉尼亚鸢尾花（第 3 组）各抽取一个容量为 50 的样本，测量其花萼长（sepallen，x_1）、花萼宽（sepalwid，x_2）、花瓣长（petallen，x_3）、花瓣宽（petalwid，x_4），单位为 mm，数据见表 12-6。

表 12-6 鸢尾花数据

第一组					第二组					第三组				
i	x_1	x_2	x_3	x_4	i	x_1	x_2	x_3	x_4	i	x_1	x_2	x_3	x_4
1	5.1	3.5	1.4	0.2	51	7	3.2	4.7	1.4	101	6.3	3.3	6	2.5
2	4.9	3	1.4	0.2	52	6.4	3.2	4.5	1.5	102	5.8	2.7	5.1	1.9
3	4.7	3.2	1.3	0.2	53	6.9	3.1	4.9	1.5	103	7.1	3	5.9	2.1
4	4.6	3.1	1.5	0.2	54	5.5	2.3	4	1.3	104	6.3	2.9	5.6	1.8
5	5	3.6	1.4	0.2	55	6.5	2.8	4.6	1.5	105	6.5	3	5.8	2.2
6	5.4	3.9	1.7	0.4	56	5.7	2.8	4.5	1.3	106	7.6	3	6.6	2.1
⋮	⋮	⋮	⋮	⋮	⋮	⋮	⋮	⋮	⋮	⋮	⋮	⋮	⋮	⋮
46	4.8	3	1.4	0.3	96	5.7	3	4.2	1.2	146	6.7	3	5.2	2.3
47	5.1	3.8	1.6	0.2	97	5.7	2.9	4.2	1.3	147	6.3	2.5	5	1.9
48	4.6	3.2	1.4	0.2	98	6.2	2.9	4.3	1.3	148	6.5	3	5.2	2
49	5.3	3.7	1.5	0.2	99	5.1	2.5	3	1.1	149	6.2	3.4	5.4	2.3
50	5	3.3	1.4	0.2	100	5.7	2.8	4.1	1.3	150	5.9	3	5.1	1.8

试对该数据进行 Fisher 判别分析和 Bayes 判别分析。

三、案例选题（仿照本章案例完成）

从给定的题目出发，按内容提要、指标选取、数据收集、Python 语言计算过程、结果分析与评价等方面进行案例分析。

1. 根据某种产品各品牌的评分情况判别其销售趋向。

2. 运用判别分析对各国人口状况进行研究。

3. 对我国 31 个省、自治区、直辖市的城镇居民，依据 8 项指标作判别分析。

4. 判别分析在我国行业经济效益分析中的应用。

5. 根据业绩良好企业和破产企业的各项财务指标建立判别模型分

析企业的未来发展。

6. 对我国31个省、自治区、直辖市2022年物价指数有关数据作判别分析。

7. 试用Logistic回归进行判别分析，说明它和线性判别分析有何不同，并举例说明。

8. 根据各种经济指标判断当前宏观经济运行是正常、过热或是过冷。

9. 根据各国人均的各项经济指标判定一个国家经济发展程度的所属类型。

附录　书中自定义函数及使用

一、自定义函数名称及用途

为方便大家学习本书及用 Python 进行数据分析，我们在书中自编了一些 Python 函数以辅助进行数据分析，下面列出这些函数所在的章节及其用途。

书中自定义函数名及用途

函数名	用途	章节
xbar	自定义均值计算函数	2.1.3
freq	计量数据频数表与直方图	2.5.1
bz	规格化计算函数	5.3.1
AHP	判断矩阵 A 的 AHP 权重计算	5.3.2
PCscores	主成分评价函数	6.3.1
Scoreplot	自定义得分图绘制函数	6.3.2
Factors	定义因子名称	7.2.1
Biplot	双向因子信息重叠图	7.4.2
FArank	计算综合因子得分与排名	7.4.3
FAscores	因子分析综合评价函数	7.5.2
lxy	离均差乘积和函数	9.2.1
mcor_test	相关系数矩阵检验	9.3.1
CR_test	典型相关检验函数	10.3.4
cancor	典型相关分析函数	10.4.1
Rate	符合率计算函数	12.2.2

为了方便读者使用这些函数，下面提供获得函数的途径。在使用 Python 前，最好在本地建立一个目录，将所有数据、代码及计算结果都保存在该目录下，方便操作。这里假设建

立的目录是 D:\mvsPy，然后将本书所有自定义函数形成一个 Python 文档 mvsFunc.py，读者可加载调用。

二、自定义函数源码

mvsFunc.py （读者可修改这些函数和代码）

```
# 基本设置
import numpy as np                                   # 加载数组运算包
np.set_printoptions(precision=4)                     # 设置 numpy 输出精度
import pandas as pd                                  # 加载数据分析包
pd.set_option('display.precision',4)                 # 设置 pandas 输出精度
import matplotlib.pyplot as plt                      # 加载基本绘图包
plt.rcParams['font.sans-serif']=['SimHei'];          # 设置中文字体为黑体
plt.rcParams['axes.unicode_minus']=False;            # 正常显示图中正负号

# 2.1.3 # 自定义均值计算函数
def xbar(x):
    n=len(x)
    xm=sum(x)/n
    return(xm)

# 2.5.1 # 定量频数表与直方图函数
def freq(X,bins=10):
    H=plt.hist(X,bins);
    a=H[1][:-1];b=H[1][1:];
    f=H[0];p=f/sum(f)*100;p
    cp=np.cumsum(p);cp
    Freq=pd.DataFrame([a,b,f,p,cp])
    Freq.index=['[下限','上限)','频数','频率(%)','累计频数(%)']
    return(round(Freq.T,2))

# 5.3.1 # 规格化计算函数
def bz(x):
    z=(x-x.min())/(x.max()-x.min())*60+40
    return(z)
```

```
#5.3.2 #判断矩阵 A 的 AHP 权重计算
def AHP(A):
    print('判断矩阵:\n',A)
    m=np.shape(A)[0];
    D=np.linalg.eig(A);      #特征值
    E=np.real(D[0][0]);      #特征向量
    ai=np.real(D[1][:,0]);#最大特征值
    W=ai/sum(ai)                #权重归一化
    if(m>2):
        print('L_max=',E.round(4))
        CI=(E-m)/(m-1)#计算一致性比例
        RI=[0,0,0.52,0.89,1.12,1.25,1.35,1.42,1.46,1.49,1.52,1.54,1.56,1.58,1.59]
        CR=CI/RI[m-1]
        print('一致性指标 CI:',CI)
        print('一致性比例 CR:',CR)
        if CR<0.1:print('CR<=0.1, 一致性可以接受!')
        else:print('CR>0.1, 一致性不可接受!')
    print('权重向量:')
    return(W)

#6.3.1 #主成分评价函数
def PCscores(X,m=2):
    from sklearn.decomposition import PCA
    Z=(X-X.mean())/X.std()#数据标准化
    p=Z.shape[1]
    pca = PCA(n_components=p).fit(Z)
    Vi=pca.explained_variance_;Vi
    Wi=pca.explained_variance_ratio_;Wi
    Vars=pd.DataFrame({'Variances':Vi});Vars   #,index=X.columns
    Vars.index=['Comp%d'%(i+1)for i in range(p)]
    Vars['Explained']=Wi*100;Vars
    Vars['Cumulative']=np.cumsum(Wi)*100;
    print("\n 方差贡献:\n",round(Vars,4))
    Compi=['Comp%d'%(i+1)for i in range(m)]
    loadings=pd.DataFrame(pca.components_[:m].T,columns=Compi,index=X.columns);
```

```
    print(" \n 主成分负荷 :\n ",round(loadings,4))
    scores=pd.DataFrame(pca.fit_transform(Z)).iloc[:,:m];
    scores.index=X.index;scores.columns=Compi;scores
    scores['Comp']=scores.dot(Wi[:m]);scores
    scores['Rank']=scores.Comp.rank(ascending=False).astype(int);
    return scores    #print('\n 综合得分与排名 :\n',round(scores,4))

# 6.3.2 # 自定义得分图绘制函数
def Scoreplot(Scores):
    plt.plot(Scores.iloc[:,0],Scores.iloc[:,1],'*');
    plt.xlabel(Scores.columns[0]);plt.ylabel(Scores.columns[1])
    plt.axhline(y=0,ls=':');plt.axvline(x=0,ls=':')
    for i in range(len(Scores)):
        plt.text(Scores.iloc[i,0],Scores.iloc[i,1],Scores.index[i])

# 7.2.1 # 定义因子名称
def Factors(fa):
    return ['F'+str(i)for i in range(1,fa.n_factors+1)]

# 7.4.2 # 双向因子信息重叠图
def Biplot(Load,Score):
    plt.plot(Scores.iloc[:,0],Scores.iloc[:,1],'*');
    plt.xlabel(Scores.columns[0]);plt.ylabel(Scores.columns[1])
    plt.axhline(y=0,ls=':');plt.axvline(x=0,ls=':')
    for i in range(len(Scores)):
        plt.text(Scores.iloc[i,0],Scores.iloc[i,1],Scores.index[i])

# 7.4.3 # 计算综合因子得分与排名
def FArank(Vars,Scores):
    Vi=Vars.values[0]
    Wi=Vi/sum(Vi);Wi
    Fi=Scores.dot(Wi)
    Ri=Fi.rank(ascending=False).astype(int);
    return(pd.DataFrame({'因子得分':Fi,'因子排名':Ri}))
```

```
#7.5.2 #因子分析综合评价函数
def FAscores(X,m=2,rot='varimax'):
    import factor_analyzer as fa
    kmo=fa.calculate_kmo(X)
    chisq=fa.calculate_bartlett_sphericity(X)# 进行 bartlett 检验
    print('KMO检验:KMO值=%6.4f 卡方值=%8.4f,p值=%5.4f' (kmo[1],chisq[0],chisq[1]))
    from factor_analyzer import FactorAnalyzer as FA
    Fp=FA(n_factors=m,method='principal',rotation=rot).fit(X.values)
    vars=Fp.get_factor_variance()
    Factor=['F%d' %(i+1)for i in range(m)]
    Vars=pd.DataFrame(vars,['方差','贡献率','累计贡献率'],Factor)
    print("\n方差贡献:\n",Vars)
    Load=pd.DataFrame(Fp.loadings_,X.columns,Factor)
    Load['共同度']=1-Fp.get_uniquenesses()
    print("\n因子载荷:\n",Load)
    Scores=pd.DataFrame(Fp.transform(X.values),X.index,Factor)
    print("\n因子得分:\n",Scores)
    Vi=vars[0]
    Wi=Vi/sum(Vi);Wi
    Fi=Scores.dot(Wi)
    Ri=Fi.rank(ascending=False).astype(int);
    print("\n综合排名:\n")
    return pd.DataFrame({'综合得分':Fi,'综合排名':Ri})

#9.2.1 #离均差乘积和函数
def lxy(x,y):
    return sum(x*y)-sum(x)*sum(y)/len(x)

#9.3.1 #相关系数矩阵检验
def mcor_test(X):
    p=X.shape[1];p
    sp=np.ones([p,p]);sp
    for i in range(0,p):
        for j in range(i,p):
            sp[i,j]=st.pearsonr(X.iloc[:,i],X.iloc[:,j])[1]
```

```
            sp[j,i]=st.pearsonr(X.iloc[:,i],X.iloc[:,j])[0]
    R=pd.DataFrame(sp,index=X.columns,columns=X.columns)
    print("下三角为相关系数，上三角为概率")
    return round(R,4)

# 10.3.4 # 典型相关检验函数
def CR_test(n,p,q,r):
    m=len(r);
    import numpy as np
    Q=np.zeros(m);P=np.zeros(m)
    L=1   #lambda=1
    from math import log
    for k in range(m-1,-1,-1):
        L=L*(1-r[k]**2)
        Q[k]=-log(L)
    from scipy import stats
    for k in range(0,m):
        Q[k]=(n-k-1/2*(p+q+3))*Q[k] # 检验的卡方值
        P[k]=1-stats.chi2.cdf(Q[k],(p-k)*(q-k))#P 值
    CR=DF({'CR':r,'Q':Q,'P':P})
    return CR

# 10.4.1 # 典型相关分析函数
def cancor(X,Y,pq=None,plot=False):#pq 指定典型变量个数
    import numpy as np
    n,p=np.shape(X);n,q=np.shape(Y)
    if pq==None:pq=min(p,q)
    cca=CCA(n_components=pq).fit(X,Y);
    u_scores,v_scores=cca.transform(X,Y)
    r=DF(u_scores).corrwith(DF(v_scores));
    CR=CR_test(n,p,q,r)
    print('典型相关系数检验:\n',CR)
    print('\n 典型相关变量系数:\n')
    u_coef=DF(cca.x_rotations_.T,['u%d'%(i+1)for i in range(pq)],X.columns)
    v_coef=DF(cca.y_rotations_.T,['v%d'%(i+1)for i in range(pq)],Y.columns)
```

```
    if plot:# 显示第一对典型变量的关系图
        import matplotlib.pyplot as plt
        plt.plot(u_scores[:,0],v_scores[:,0],'o')
    return u_coef,v_coef

# 12.2.2 # 符合率计算函数
def Rate(tab):
    rate=sum(np.diag(tab)[:-1]/np.diag(tab)[-1:])*100
    print('符合率 :%.2f' %rate)
    Rate(tab1)
```

三、自定义函数的使用

将 mvsFunc.py 文档拷贝到当前目录即可在 Jupyter 平台中使用。

In	%run mvsFunc.py
In	X=[1,2,3,4,5,6,7,8,9]; xbar(X)
Out	5.0

参考文献

[1] 王斌会 . 数据分析及 Excel 应用[M]. 广州：暨南大学出版社，2021.
[2] 王斌会，王术 . Python 数据分析基础教程：数据可视化[M]. 2 版 . 北京：电子工业出版社，2020.
[3] 王斌会，王术 .Python 数据挖掘方法及应用[M]. 北京：电子工业出版社，2019.
[4] 王斌会 . 数据统计分析及 R 语言编程[M]. 2 版 . 广州：暨南大学出版社，2017.
[5] 王斌会 . 多元统计分析及 R 语言建模[M]. 5 版 . 北京：高等教育出版社，2020.
[6] 张尧庭，方开泰 . 多元统计分析引论[M]. 北京：科学出版社，1982.
[7] 于秀林，任雪松 . 多元统计分析[M]. 北京：中国统计出版社，1999.
[8] 王学仁，王松桂 . 实用多元统计分析[M]. 上海：上海科学技术出版社，1990.
[9] 陈希孺，王松桂 . 近代线性回归：原理方法及应用[M]. 合肥：安徽教育出版社，1987.
[10] 茆诗松 . 统计手册[M]. 北京：科学出版社，2003.
[11] 方开泰 . 实用多元统计分析[M]. 上海：华东师范大学出版社，1989.
[12] 吴国富，安万福，刘景海 . 实用数据分析方法[M]. 北京：中国统计出版社，1992.
[13] 王国梁，何晓群 . 多变量经济数据统计分析[M]. 西安：陕西科学技术出版社，1993.
[14] 何晓群 . 现代统计分析方法与应用[M]. 北京：中国人民大学出版社，1998.
[15] 王学仁 . 应用多元统计分析[M]. 上海：上海财经大学出版社，1999.
[16] 理查德 · A. 约翰逊，迪安 · W. 威克恩 . 实用多元统计分析[M]. 陆璇，葛余博，等，译 . 北京：清华大学出版社，2001.
[17] 雷钦礼 . 经济管理多元统计分析[M]. 北京：中国统计出版社，2002.
[18] 唐启义，冯明光 . 实用统计分析及其 DPS 数据处理系统[M]. 北京：科学出版社，2002.
[19] 何晓群 . 多元统计分析[M]. 北京：中国人民大学出版社，2004.
[20] 朱建平 . 应用多元统计分析[M]. 3 版 . 北京：科学出版社，2016.
[21] C. Chatfield, A. J. Collins.Introduction to Applied Multivariate Analysis[M]. Chapman and Hall Ltd, 1981.
[22] M J. Karson. Multivariate Statistical Methods[M]. The Iowa Stats University Press, 1982.
[23] M. S. Srivastava, E. M. Carter. An Introduction to Applied Multivariate Statistics[M]. North-Holland, 1983.

[24] T. W. Anderson. An Introduction to Multivariate Statistical Analysis [M]. 2nd ed. Wiley, 1984.

[25] Richard A. Johnson, Dean. W. Wichern. Applied Multivariate Statistical Analysis [M]. 4th ed. Pearson Education, 1998.

教学支持说明

建设立体化精品教材，向高校师生提供整体教学解决方案和教学资源，是高等教育出版社“服务教育”的重要方式。为支持相应课程教学，我们专门为本书研发了配套教学课件及相关教学资源，并向采用本书作为教材的教师免费提供。

为保证该课件及相关教学资源仅为教师获得，烦请授课教师清晰填写如下开课证明并拍照后，发送至邮箱：wushl@hep.com.cn，也可加入 QQ 群：563780432 索取。

编辑电话：010-58581016。

证　　明

兹证明________________大学________________学院/系第________学年开设的__________________课程，采用高等教育出版社出版的《　　　　　　》（　　　　主编）作为本课程教材，授课教师为____________，学生________个班，共________人。授课教师需要与本书配套的课件及相关资源用于教学使用。

授课教师联系电话：__________________ E-mail：__________________

学院/系主任：____________（签字）

（学院/系办公室盖章）

20____年____月____日

郑重声明

高等教育出版社依法对本书享有专有出版权。任何未经许可的复制、销售行为均违反《中华人民共和国著作权法》，其行为人将承担相应的民事责任和行政责任；构成犯罪的，将被依法追究刑事责任。为了维护市场秩序，保护读者的合法权益，避免读者误用盗版书造成不良后果，我社将配合行政执法部门和司法机关对违法犯罪的单位和个人进行严厉打击。社会各界人士如发现上述侵权行为，希望及时举报，我社将奖励举报有功人员。

反盗版举报电话 （010）58581999　58582371

反盗版举报邮箱 dd@hep.com.cn

通信地址 北京市西城区德外大街 4 号

高等教育出版社法律事务部

邮政编码 100120

读者意见反馈

为收集对教材的意见建议，进一步完善教材编写并做好服务工作，读者可将对本教材的意见建议通过如下渠道反馈至我社。

咨询电话 400-810-0598

反馈邮箱 gjdzfwb@pub.hep.cn

通信地址 北京市朝阳区惠新东街 4 号富盛大厦 1 座

高等教育出版社总编辑办公室

邮政编码 100029